"十二五"职业教育国家规划教材
经全国职业教育教材审定委员会审定
21世纪高职高专电子信息类规划教材 · 移动通信系列

第三代移动通信技术（第2版）

宋燕辉 主编

Electronic Information

人民邮电出版社
北 京

图书在版编目（CIP）数据

第三代移动通信技术 / 宋燕辉主编. -- 2版. -- 北京 : 人民邮电出版社, 2013.8（2019.7重印）
21世纪高职高专电子信息类规划教材
ISBN 978-7-115-32692-8

Ⅰ. ①第… Ⅱ. ①宋… Ⅲ. ①移动通信－通信技术－高等职业教育－教材 Ⅳ. ①TN929.5

中国版本图书馆CIP数据核字(2013)第183782号

内 容 提 要

本书全面系统地介绍了第三代移动通信技术，着重介绍 3G 系统的结构、关键技术和实践应用。全书采用模块化的内容结构，共分 9 个模块，内容包括 3G 基础、CDMA 技术基础、WCDMA 移动通信技术、WCDMA 无线网络控制器操作与维护、WCDMA 基站操作与维护、TD-SCDMA 移动通信技术、TD-SCDMA 基站操作与维护、CDMA2000 移动通信技术、CDMA2000 基站操作与维护。

本书介绍的均为 3G 技术的最新应用，内容全面，实用性强，着重于 3G 系统实现结构和操作技能的培养，并配有丰富的图表和习题，可适合不同层次读者的需要。

本书可作为通信、电子、信息类高等职业技术学院及其他大专院校的教材，也可作为通信行业相关管理、技术和业务人员的培训用书，同时也可供 3G 工程技术人员参考。

◆ 主　　编　宋燕辉
责任编辑　刘　博
责任印制　彭志环　焦志炜

◆ 人民邮电出版社出版发行　　北京市丰台区成寿寺路 11 号
邮编　100164　　电子邮件　315@ptpress.com.cn
网址　http://www.ptpress.com.cn
北京九州迅驰传媒文化有限公司印刷

◆ 开本：787×1092　1/16
印张：22　　2013 年 8 月第 2 版
字数：549 千字　　2019 年 7 月北京第 6 次印刷

定价：49.00 元

读者服务热线：(010) 81055410　印装质量热线：(010) 81055316
反盗版热线：(010) 81055315
广告经营许可证：京东工商广登字 20170147 号

第 2 版前言

本书第 1 版于 2009 年由人民邮电出版社出版发行，本版在第 1 版基础上增加了 3G 设备操作与维护相关内容。

随着电信业的再次重组，中国电信市场正在崛起三家大型全业务运营商。把各自企业做大做强，促进电信业的发展，是各运营商的共同目标，而要实现这个目标都需要以 3G 移动通信技术为契机，大力发展新一代的移动通信业务。

为了培养适应现代电信技术发展的应用型、技能型高级专业人才，保证 3G 技术优质高效推广应用，促进电信行业的发展，我们在本书第 1 版基础上，组织专业教师和专家修订了本书。本书采用模块化的内容结构，全面介绍了 3G 技术及设备维护，全书分为 9 个模块：模块 1 重点对 3G 基础知识进行介绍，模块 2 详细介绍 CDMA 技术基础，模块 3 系统地介绍了 WCDMA 移动通信技术，模块 4 完成的是 WCDMA 无线网络控制器操作与维护，模块 5 完成的是 WCDMA 基站操作与维护，模块 6 系统地介绍了 TD-SCDMA 移动通信技术；模块 7 完成的是 TD-SCDMA 基站操作与维护，模块 8 系统地介绍了 CDMA2000 移动通信技术，模块 9 完成的是 CDMA2000 基站操作与维护。

本书在编写过程中，坚持“以就业为导向，以能力为本位”的基本思想，基于岗位技能，引入实践活动，按照 3G 技术应用实践的编写思路，较好地体现了“理论够用，能力为本，面向应用性技能型人才培养”的职业教育培训特色。

本书介绍了 3G 技术在通信企业的最新应用，内容全面，实用性强，侧重业务实现流程和操作技能的培养。在阐述相关业务功能和基本使用方法的同时，注意找好切入点，引入 3G 技术中一些深层次但又非常实用的实践知识和应用技巧，尽量满足零距离上岗的要求。本书作为信息通信类专业教材，根据专业需要选择相关模块，课时为 60～80 课时。本书各模块后附有过关训练，便于自学，可作为大专院校的教材或教学参考书及通信企业的职工培训教材。

本书由宋燕辉主编。模块 1、模块 2、模块 3、模块 4、模块 5、模块 8 由宋燕辉编写，模块 6、模块 7 由李丽编写，模块 9 由李崇鞅编写，全书由宋燕辉统稿，廖海洲审阅了全书。

在本书的编写和审稿过程中，得到了湖南邮电职业技术学院的领导和老师、中国移动湖南公司 3G 技术专家的大力支持和热心帮助，提出了很多有益的意见。本书的素材来自大量的参考文献和 3G 技术应用经验，特此向相关作者致谢。

由于编者水平有限，书中难免存在不妥或错误之处，敬请广大读者批评指正。

编　者

2013 年 6 月

目　录

模块 1　3G 基础……1

任务 1　移动通信概述……1

1．移动通信的特点……1

2．移动通信发展历程……2

3．移动通信的发展趋势……4

4．实践活动：调研我国移动通信的产业化情况……4

任务 2　3G 发展及标准化情况……5

1．3G 的提出……5

2．IMT-2000 无线接口协议规范……6

3．3G 标准化组织……8

4．实践活动：调研 3GPP 和 3GPP2 目前的标准化情况……8

任务 3　3G 三大主流技术标准……9

1．WCDMA……9

2．TD-SCDMA……10

3．CDMA2000……11

4．实践活动：3 种主流技术标准的应用……11

任务 4　3G 频谱分配情况……13

1．国际 3G 频谱分配……13

2．我国 3G 频谱分配……14

3．实践活动：调研我国 3G 牌照的频谱资源和号码资源情况……15

任务 5　3G 业务简介……15

1．移动业务的需求发展……15

2．3G 业务基本知识……16

3．3G 业务分类……18

4．实践活动：3G 业务分类的应用……23

任务 6　典型 3G 业务……25

1．可视电话……25

2．多媒体彩铃业务……25

3．多媒体广播/组播业务……26

4．PTT/PoC……28

5．实践活动：典型 3G 业务的应用……30

任务 7　3G 业务平台和业务支撑系统……30

1．3G 业务平台……30

2．3G 业务支撑系统……37

过关训练……40

模块 2　CDMA 技术基础……42

任务 1　扩频通信概念……42

1．扩频通信的理论基础……42

2．CDMA 扩频通信原理……43

3．直接序列扩频的信号分析……44

4．实践活动：直扩技术的应用……45

任务 2　扩频通信的特点和主要技术指标……46

1．扩频通信的主要特点……46

2．扩频通信的主要技术指标……48

任务 3　CDMA 代码序列……49

1．PN 码……49

2．Walsh 码……51

3．Gold 码……51

4．OVSF 码……52

5．实践活动：码序列的应用……53

任务 4　CDMA 编码技术……54

1．语音编码技术……54

2．信道编码技术……55

3．实践活动：CDMA 编码技术的应用……57

任务 5　CDMA 切换技术……58

1．切换过程……58

2．切换技术……58

3．实践活动：更软切换技术的

应用……63
任务6 CDMA功率控制技术……64
1．功率控制概述……64
2．反向功控……65
3．前向功控……67
4．实践活动：IS-95系统功控机制……68
任务7 CDMA接收和检测技术……68
1．RAKE接收机……69
2．多用户检测……71
3．实践活动：RAKE接收和干扰消除技术的应用……72
过关训练……72
模块3 WCDMA移动通信技术……75
任务1 WCDMA系统概述……75
1．WCDMA主要技术指标和特点……75
2．WCDMA与GSM空中接口的主要区别……76
3．UMTS体系结构……76
4．实践活动：WCDMA网络的构成……77
任务2 WCDMA无线网络……77
1．UTRAN体系结构……77
2．UTRAN的接口协议与功能……78
3．实践活动：WCDMA无线接入网的构成……82
任务3 WCDMA核心网络……82
1．WCDMA核心网络演进策略……82
2．3GPP R99核心网络……83
3．3GPP R4核心网络……85
4．3GPP R5核心网络……88
5．实践活动：3G核心网的构成……90
任务4 WCDMA空中接口……90
1．空中接口协议结构……90
2．空中接口的功能……92
3．实践活动：WCDMA空中接口信令跟踪……93
任务5 WCDMA物理层……93
1．物理层信道特性……94
2．编码与复用……98
3．扩频与调制……100
4．小区搜索过程……102
5．实践活动：WCDMA信道的应用……102
任务6 WCDMA无线资源管理……104
1．无线资源管理概述……104
2．信道配置……104
3．功率控制……104
4．切换策略……107
5．负载控制……108
任务7 WCDMA系统的关键技术……109
1．WCDMA的信道编码方案……109
2．空时码（STC）……110
3．多用户检测技术……112
4．高速下行分组接入技术……113
5．基站发射分集的实现方式……114
过关训练……115
模块4 WCDMA无线网络控制器操作与维护……118
任务1 认识无线网络控制器硬件……118
1．整机构件……119
2．机柜构件……120
3．逻辑结构……122
4．系统信号流……135
任务2 无线网络控制器日常操作与维护……141
1．维护系统及相关MML命令……141
2．RNC日常操作……145
3．RNC例行维护……150
任务3 无线网络控制器故障分析处理……157
1．故障处理的一般流程和常用方法……157

2. 小区类故障排除……160
3. 故障定位及处理……167
过关训练……167
模块 5 WCDMA 基站操作与维护……169
任务 1 认识 WCDMA 基站硬件……169
1. DBS3900 整体认知……169
2. BBU 硬件结构……172
3. RRU 硬件结构……178
4. DBS3900 典型组网……180
任务 2 WCDMA 基站日常操作与例行维护……181
1. WCDMA 基站日常操作……181
2. WCDMA 基站例行维护……183
3. 年度维护……185
任务 3 WCDMA 基站应急维护与故障处理……185
1. 应急维护流程……186
2. 个别 NodeB 业务中断的应急处理……186
3. 大量 NodeB 业务中断的应急处理……190
过关训练……193
模块 6 TD-SCDMA 移动通信技术……195
任务 1 TD-SCDMA 概述……195
1. TD-SCDMA 发展历程……195
2. TD-SCDMA 基本参数……197
3. TD-SCDMA 主要特点……197
4. 实践活动：调研我国 TD-SCDMA 技术的产业化情况……198
任务 2 TD-SCDMA 物理层……198
1. TD-SCDMA 空中接口……199
2. TD-SCDMA 物理信道……200
3. L1 控制信号发送……204
4. 实践活动：传输信道到物理信道的映射关系……205
任务 3 TD-SCDMA 物理层的关键过程……206
1. 小区搜索过程……206
2. 随机接入过程……207
3. 实践活动：熟悉 TD-SCDMA 的功率控制过程……209
任务 4 时分双工与上行同步技术……210
1. 时分双工……210
2. 上行同步……211
任务 5 联合检测与智能天线技术……212
1. 联合检测……212
2. 智能天线……213
3. 实践活动：熟悉常见智能天线产品……215
任务 6 动态信道分配与接力切换技术……215
1. 动态信道分配……215
2. 接力切换……217
过关训练……218
模块 7 TD-SCDMA 基站操作与维护……220
任务 1 认识 TD-SCDMA 基站硬件……220
1. ZXTR NodeB 整体认知……220
2. BBU 硬件结构……221
3. RRU 硬件结构……230
4. ZXTR NodeB 组网及配置……233
任务 2 TD-SCDMA 基站软件安装与开通调测……236
1. 基站软件安装……237
2. 基站系统调试……240
任务 3 TD-SCDMA 基站应急维护与故障处理……244
1. 应急维护流程……244
2. 单个 B328 故障的应急维护……245
3. 多个 B328 业务中断的应急处理……249

过关训练……250

模块 8　CDMA2000 移动通信技术……252

任务 1　CDMA 技术演进……252
1．CDMA 技术简介……252
2．CDMA 技术的演进和标准……253
3．实践活动：调研我国 CDMA 技术的发展情况……255
任务 2　IS-95 系统结构……255
1．系统的结构与功能……256
2．移动台……256
3．基站子系统……257
4．网络子系统……258
5．操作子系统……259
6．实践活动：熟悉 IS-95 系统结构……260
任务 3　IS-95 系统接口与信令协议……260
1．系统接口……260
2．各接口协议……262
3．实践活动：应用于 CDMA 系统的 7 号信令协议层……263
任务 4　CDMA2000 技术特点……264
1．CDMA2000 技术指标……264
2．CDMA2000 1x……265
3．实践活动：归纳 CDMA2000 1x 系统与 IS-95 系统的区别……266
任务 5　CDMA2000 物理层……267
1．CDMA2000 物理层的关键特征……268
2．物理信道的划分……269
3．实践活动：物理层信道的应用……278
任务 6　CDMA2000 网络系统结构……278
1．CDMA2000 网络结构……278
2．无线接入网……280
任务 7　CDMA2000 的分组域网络技术……281
1．简单 IP 技术……281
2．移动 IP 概述……282
3．移动 IP 技术的工作原理……283
4．CDMA2000 分组域网络概述……284
5．实践活动：移动 IP 技术特点和应用……285
任务 8　CDMA2000 业务流程……286
1．语音业务流程……286
2．数据业务流程……289
任务 9　CDMA2000 EV 技术……291
1．CDMA20001x EV-DO 技术……291
2．CDMA2000 1x EV-DV 技术……292
3．实践活动：调研 EV 技术演进及规模商用时间……293
任务 10　CDMA2000 关键技术……294
1．CDMA2000 1x EV-DO 关键技术……294
2．其他关键技术……296
3．实践活动：快速功率控制技术的实现……297
过关训练……298

模块 9　CDMA2000 基站操作与维护……300

任务 1　认识 CDMA2000 基站硬件……300
1．CDMA2000 基站系统……300
2．CBTS I2 的性能及物理构架……301
3．CBTS I2 的单板介绍……301
4．CBTS I2 信号处理流程……306
任务 2　CDMA2000 基站日常操作与维护……308
1．日常操作与维护常用的方法……308
2．日常操作与维护的注意事项……309

3．例行维护 ··········310
任务 3　CDMA2000 基站故障分析处理 ··········314
1．时钟系统告警 ··········315
2．射频系统告警 ··········318
3．传输系统告警 ··········321
4．数字处理系统告警 ··········323
5．语音业务性能告警 ··········326
过关训练 ··········328
英文缩略语 ··········330
参考文献 ··········342

模块 1

3G 基础

【本模块问题引入】目前，移动通信领域最流行的一个词就是：3G！那么，什么是3G？3G究竟能给我们带来怎样的精彩生活？今天我们就一起来认识一下3G。移动通信发展历程是怎样的？3G发展和标准化情况如何？3G三大主流技术标准各自的特点和技术参数是什么？3G频谱资源是如何分配的？3G业务情况如何？这都是我们必须知道的基础内容。

【本模块内容简介】本模块共分7个任务，包括移动通信概述、3G发展及标准化情况、3G三大主流技术标准、3G频谱情况、3G业务简介、典型3G业务、3G业务平台和业务支撑系统。

【本模块重点难点】重点掌握移动通信发展情况、3G三大主流技术标准、我国3G频谱划分情况、3G典型业务；难点是3G标准化进程。

任务 1 移动通信概述

【问题引入】移动通信是目前发展最迅猛的行业之一，其定义如何？特点有哪些？整个移动通信发展历程是怎样的？我国移动通信产业化情况如何？移动通信又会向怎样的方向发展？这是我们首先要掌握的内容。

【本任务要求】

1. 识记：移动通信的定义、特点。
2. 领会：移动通信发展历程和发展趋势。
3. 应用：我国移动通信产业化情况。

移动通信是指在通信中一方或双方均处于移动状态的通信方式，包括移动体（车辆、船舶、飞机或行人）和移动体之间的通信，移动体和固定点（固定无线电台或有线用户）之间的通信。

1. 移动通信的特点

移动通信系统是一个有线和无线相结合的通信系统。移动台由用户直接操作，因此要求移动台体积小、重量轻、成本低，操作使用简便、安全。

移动通信与固定通信相比具有以下几个特点。

（1）移动通信必须利用无线电波进行信息传输。

（2）移动通信是在复杂的干扰环境中运行的。

（3）移动通信可以利用的频谱资源非常有限，而移动通信业务量的需求却与日俱增。

（4）移动通信具有多径衰落现象、多普勒效应、远近效应和阴影效应。

（5）移动通信系统的网络结构多种多样，网络管理和控制必须有效。

（6）移动通信设备（主要是移动台）必须适于在移动环境中使用。

2. 移动通信发展历程

现代无线通信起源于 19 世纪 Hertz 的电磁波辐射试验，该试验使人们认识到电磁波和电磁能量是可以控制发射的，其后 Marconi 的跨大西洋无线电通信证实了电波携带信息的能力，而理论基础由 Maxwell 的电磁波方程组奠定。但是真正的移动通信技术的发展应从 20 世纪 20 年代开始，其发展过程分为六个阶段，如表 1-1 所示。

表 1-1　移动通信发展历程

阶　段	时　间	特　点	典型代表
第一阶段	20 世纪 20 年代至 40 年代	专用网，工作频率低	车载电话调度系统
第二阶段	20 世纪 40 年代至 60 年代	公用网，人工接续，容量小	公用汽车电话网
第三阶段	20 世纪 60 年代至 70 年代中期	自动接续，容量增大	大区制系统
第四阶段	20 世纪 70 年代中期至 80 年代中期	蜂窝小区，大容量，模拟系统	AMPS、TACS
第五阶段	20 世纪 80 年代中期至 90 年代末	数字移动通信系统	GSM、IS-95
第六阶段	20 世纪 90 年代末至今	第三代移动通信系统	WCDMA、TD-SCDMA、CDMA2000

上述移动通信发展的 6 个阶段可以总结为三代移动通信系统，即第一代模拟移动通信系统、第二代数字移动通信系统和第三代移动通信系统，如图 1-1 所示。

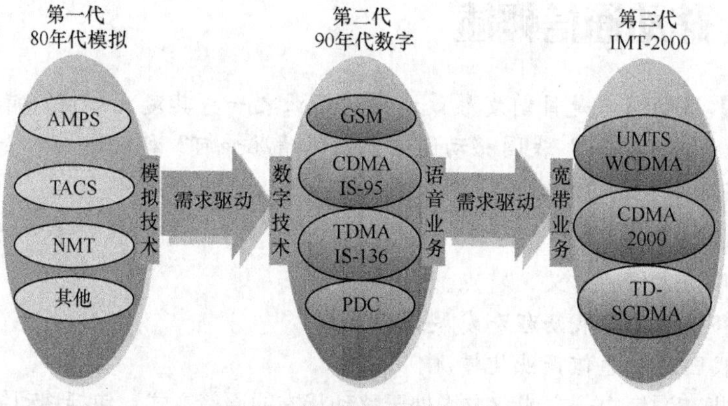

图 1-1　移动通信系统发展演进

（1）第一代模拟移动通信系统

第一代模拟移动通信系统发展时间最长，经历了表 1-1 中的前面 4 个阶段。

第一代模拟移动通信系统典型代表有 AMPS、TACS 等。存在的主要问题是：各系统间没有公共接口；频谱利用率低；无法与固定网向数字化推进的趋势相适应。

（2）第二代数字移动通信系统

第二代数字移动通信系统标准是很完善的大容量系统并且采用了很多新技术。典型代表有 GSM 和 IS-95。

① GSM

由于第一代模拟移动通信系统存在着缺陷和市场对移动通信容量的巨大需求，20 世纪 80 年代初期，欧洲电信管理部门成立了一个被称为 GSM（移动特别小组）的专题小组研究和发展泛欧各国统一的数字移动通信系统技术规范，1988 年确定了采用以 TDMA

为多址技术的主要建议与实施计划，1990 年开始试运行，然后进行商用，到 1993 年中期已经取得相当成功，吸引了全世界的注意，现已成为世界上最大的移动通信网。GSM 已从 Phase1 过渡到 Phase2，再过渡到 Phase2plus，并向第三代移动通信系统过渡。

② IS-95

美国于 1990 年确定了采用以 TDMA 为多址技术的数模兼容的数字移动通信系统 D-AMPS（IS-54/136）。1992 年，美国 Qualcomm 公司发展了基于 CDMA 多址技术的 IS-95 数字移动通信系统，该系统不仅数模兼容，而且系统容量是模拟系统的 20 倍，数字 TDMA 系统的 4～5 倍。IS-95 现已成为仅次于 GSM 的第二大移动通信网，并向第三代移动通信系统过渡。

虽然第二代数字移动通信系统较第一代模拟移动通信系统有很大的改进，但是也存在许多问题：没有统一的国际标准；频谱利用率较低；不能满足移动通信容量的巨大要求；不能提供高速数据业务；不能有效地支持 Internet 业务。

（3）第三代移动通信系统

第三代移动通信系统旨在提供包括卫星在内的全球覆盖并实现有线和无线以及不同无线网络之间业务的无缝连接，同时针对不同的业务应用，提供从 9.6kbit/s～2Mbit/s 的接入速率，满足多媒体业务的要求。国际电联（ITU）把第三代移动通信系统称为 IMT-2000。第三代移动通信系统主流的技术标准有 WCDMA、TD-SCDMA、CDMA2000。

① 2G 与 3G 支持的业务速率

第二代移动通信系统主要支持语音业务，仅能提供最简单的低速率数据业务，速率为 9.6～14.4kbit/s。改进后的第二代系统能够支持几十 kbit/s 到上百 kbit/s 的数据业务。而 3G 从技术上能够最大支持 2Mbit/s 的速率，并且还在不断的发展中，将来将能够支持更高的数据速率。这也为 3G 广泛的应用前景提供了良好的技术保障。图 1-2 所示为从 2G 到 3G 系统所支持业务速率的比较。

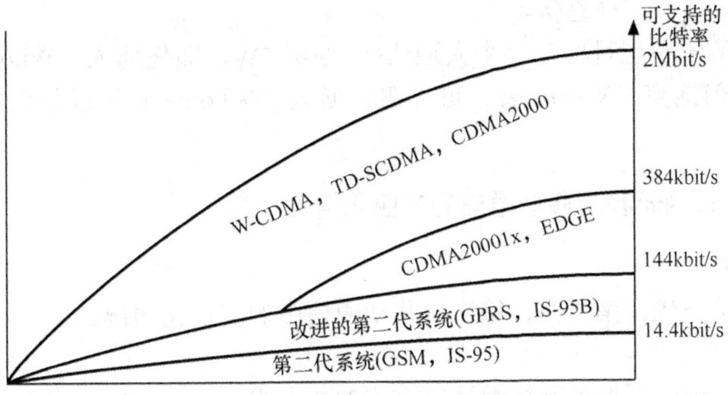

图 1-2 2G 与 3G 支持的业务速率

② 3G 能够提供的业务及所需带宽

一种技术能够很好地满足市场需求，并具有良好的质量保证，才会体现出技术的意义。3G 系统被设计为能够很好地支持大量的不同业务，并且能够方便地引入新的业务。各种不同的业务分别具有不同的业务特性，并且需要不同的带宽来承载。从语音到动态视频，所需的带宽差别很大，从图 1-3 中可以看出 3G 所支持的从窄带到宽带的不同业务的带宽范围。

在本模块的最后一个任务中，会详细介绍 3G 业务情况。

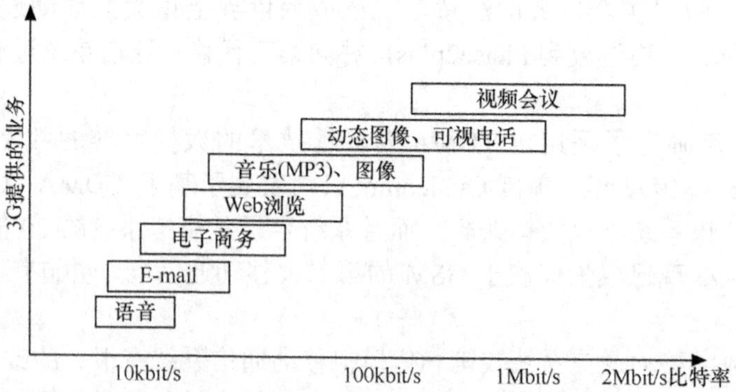

图 1-3　3G 能够提供的业务及所需带宽

3．移动通信的发展趋势

移动通信正在向综合业务化、宽带化、软件化、IP 化、智能化、个人通信方向发展。

（1）人们现在不仅要求移动通信提供简单的电话业务，而且要求提供语音、数据、图像、多媒体等综合业务。

（2）从用户业务需求来看，数据业务越来越多，速率越来越高，因此要求向宽带化发展，目前国际上正在建设宽带的第四代移动通信系统。

（3）由于通信制式越来越多，技术发展越来越快，因此用软件实现尽可能多的移动通信功能，可以兼容多种制式和易于技术升级。

（4）因为 IP 的简单、灵活、高效等特点，在移动网络部分越来越趋向采用 IP 技术。第三代移动通信系统已在移动核心网采用 IP 技术。

（5）人们总是希望设备越来越个性化、智能化，特别是移动通信终端，Nokia 的“科技以人为本”正是体现了这种趋势。

（6）移动通信的理想目标是“个人通信”，亦称 5W，即任何人（Whoever）在任何时间（Whenever）、任何地点（Wherever）可以跟任何人（Whomever）以任何方式（Whatever）进行通信。

4．实践活动：调研我国移动通信的产业化情况

（1）实践目的

熟悉我国在第一代、第二代、第三代移动通信中的产业化情况。

（2）实践要求

各位学员通过调研、搜集网络数据等方式独立完成。

（3）实践内容

① 调研我国移动通信产业化整体情况，完成下面的内容补充。

第一代：TACS 系统（英国）、AMPS 系统（美国）

- 时间：20 世纪 80 年代末至 2001 年底
- 用户数：650 万
- 设备总投资：约 1 000 亿元人民币

- 供应商：全部进口

第二代：

- 时间
- 用户数
- 设备总投资
- 供应商

第三代：

- 时间
- 用户数
- 设备总投资
- 供应商

我国在以语音业务为主的第一、二代移动通信的竞争中，未能占据本应属于自己的巨大市场，国外多家公司在中国市场龙争虎斗，大获其利。目前，国内基本上是装配外国公司的产品，少数公司达到独立开发产品的水平，但在市场上缺乏竞争力。其根本原因是在第一、二代移动通信中，我们没有知识产权，又起步太晚。国家迫切希望技术界和产业界能在第三代移动通信的机遇中获得翻身。

② 调研我国移动运营商发展情况，包括各自采用的标准和目前的用户数情况。

③ 调研目前我国移动用户总数。

任务 2　3G 发展及标准化情况

【问题引入】3G 的发展势头良好，那么其起源、目标、特征如何？标准化进程怎样？有哪些 IMT-2000 无线接口协议规范？3G 标准化组织情况如何？

【本任务要求】

1. 识记：3G 的起源、目标、特征、标准化进程、IMT-2000 无线接口协议规范。
2. 领会：3G 标准化组织。

第三代移动通信系统（3G），按其设计思想，是一代有能力解决第一、二代移动通信系统主要弊端的先进的移动通信系统。它的一个突出特点就是要实现个人终端用户能够在全球范围内的任何时间、任何地点、与任何人、用任意方式、高质量地完成任何信息之间的移动通信与传输。可见，第三代移动通信十分重视个人在通信系统中的自主因素，突出了个人在通信系统中的主要地位，所以又称为个人移动通信系统。

1．3G 的提出

（1）3G 的起源

第三代移动通信系统的主动权受到下面几个支配力量的驱使。

① 国际移动通信 IMT-2000 进程：1985 年开始启动。IMT-2000（International Mobile Telecommunication-2000）是第三代移动通信系统（3G）的统称。

② 日益增长的无线业务需求：许多系统如 D-AMPS、GSM、PDC、PHS 已经不能满足容量需求。

③ 希望更高质量的语音业务。

④ 希望在无线网络中引入高速数据和多媒体业务。

⑤ 基本十年一代的移动通信发展速度。

（2）3G 的提出

第三代移动通信系统是国际电信联盟（ITU）在 1985 年提出的，当时称为未来公用陆地移动通信系统（FPLMTS），考虑到该系统将于 2000 年左右进入商用市场，工作的频段在 2000MHz，且最高业务速率为 2000kbit/s，故于 1996 年正式更名为 IMT-2000。

（3）3G 的目标

① 全球统一频段、统一标准，全球无缝覆盖。

② 高效的频谱效率，更低的成本。

③ 高服务质量、高保密性能。

④ 易于 2G 系统演进过渡。

⑤ 提供多媒体业务：车速环境：144kbit/s；步行环境：384kbit/s；室内环境：2 048kbit/s。

（4）3G 系统特征

3G 系统能够提供大容量语音、高速数据和图像传输等业务；3G 系统是以 2G CDMA 和 GSM 网络为基础，平滑过渡、演进的网络；3G 系统采用无线宽带传送技术，复杂的编译码及调制解调算法，快速功率控制，多址干扰对消，智能天线等先进的新技术。

（5）3G 标准化进程

3G 标准化进程，如表 1-2 所示。

表 1-2　3G 标准化进程

时　间	标准化情况
1985 年	确定发展 FPLMTS
1992 年	WRC92 大会分配频谱 230MHz
1996 年	更名为 IMT-2000，正式确定 3G 的统称
1998 年	成立了 3GPP 标准化组织
1999 年	完成 IMT-2000 RTT 关键参数和技术规范
1999 年	成立了 3GPP2 标准化组织
2000 年	完成 IMT-2000 全部网络标准

2．IMT-2000 无线接口协议规范

为了能够在未来的全球化标准的竞争中取得领先，各个地区、国家、公司及标准化组织纷纷提出了自己的技术标准，到截止日期 1998 年 6 月 30 日，ITU 共收到 16 项建议，针对地面移动通信的就有 10 项之多。表 1-3 所示为所有 10 项 IMT-2000 地面无线传输技术提案。其中包括我国电信科学研究院（CATT）代表中国政府提出的 TD-SCDMA 技术。

表 1-3　10 种 IMT-2000 地面无线传输技术（RTT）提案

技术名称	提交组织	双工方式	适用环境
J:W-CDMA	日本 ARIB	FDD、TDD	所有环境
UTRA-UMTS	欧洲 ETSI	FDD、TDD	所有环境
WIMS W-CDMA	美国 TIA	FDD	所有环境

续表

技 术 名 称	提 交 组 织	双 工 方 式	适 用 环 境
WCDMA/NA	美国 T1P1	FDD	所有环境
Global CDMA Ⅱ	韩国 TTA	FDD	所有环境
TD-SCDMA	中国 CWTS	TDD	所有环境
CDMA2000	美国 TIA	FDD、TDD	所有环境
Global CDMA Ⅰ	韩国 TTA	FDD	所有环境
UWC-136	美国 TIA	FDD	所有环境
EP-DECT	欧洲 ETSI	TDD	室内、室外到室内

通过评估和融合，确认了如图 1-4 所示的 5 种第三代移动通信 RTT 技术为核心的 IMT-2000 无线接口技术规范建议。

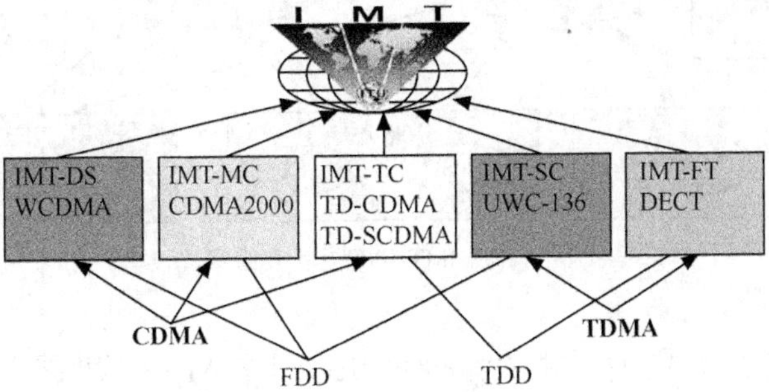

图 1-4　IMT-2000 无线接口规范建议

（1）IMT-2000 CDMA DS（IMT-DS）

IMT-2000 CDMA DS 是 3GPP 的 WCDMA 技术与 3GPP2 的 CDMA2000 技术的直接扩频部分（DS）融合后的技术，仍称为 WCDMA。此标准将同时支持 GSM MAP 和 ANSI-41 两个核心网络。

（2）IMT-2000 CDMA MC（IMT-MC）

IMT-2000 CDMA MC，即 CDMA2000。经融合后，只含多载波方式。即 1x、3x 等。此标准也将同时支持 ANSI-41 和 GSM MAP 两大核心网。

（3）IMT-2000 CDMA TDD（IMT-TD）

IMT-2000 CDMA TDD 目前包括了低码片速率 TD-SCDMA 和高码片速率 UTRA TDD 两种技术。这两种技术的物理层在 3GPP 内归属在同一文档中，只是涉及到两者不相同的部分才分开描述，文档中对层 2 和层 3 的处理也基本上与之类似。具体细节请参考 TD-SCDMA 和 UTRA TDD 相关规范。

（4）IMT-2000 CDMA SC（IMT-SC）

IMT-2000 CDMA SC 是在美国的 IS-136 基础上发展的 UMC-136 标准，对美国的 IS-136 网有继承性，属于 TDMA 接入方式，双工方式可以是 FDD 或 TDD，此体制对北美以外地区基本上没有使用价值。

（5）IMT-2000 CDMA FDMA/TDMA（IMT-FT）

IMT-2000 CDMA FDMA/TDMA 是在欧洲 DECT 基础上提出的 EP-DECT，对于没采用

第二代 DECT 的地区没有意义。

3．3G 标准化组织

IMT-2000 的网络采用了“家族概念”，受限于家族概念，ITU 无法制定详细的协议规范，3G 的标准化工作实际上是由 3GPP 和 3GPP2 两个标准化组织来推动和实施的。

IMT-2000 标准化组织主要由 3GPP、3GPP2 组成，以 CDMA 码分多址技术为核心，如图 1-5 所示。

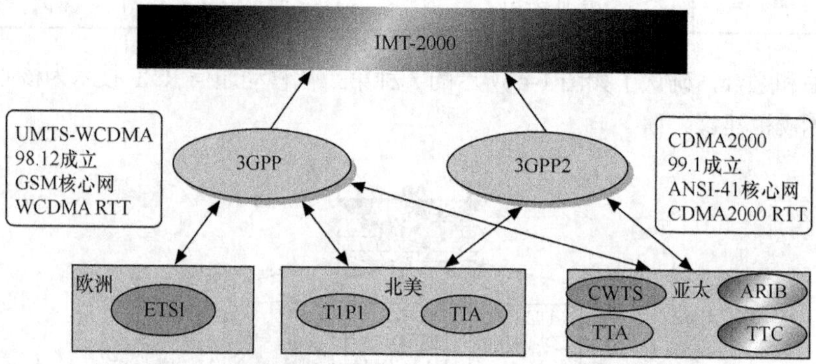

图 1-5　IMT-2000 标准化组织

3GPP 成立于 1998 年 12 月，由欧洲的 ETSI、日本 ARIB、韩国 TTA 和美国 TIA、中国 CWTS 等组成，采用欧洲和日本的 WCDMA 技术，构筑新的无线接入网络，在核心交换侧则在现有的 GSM 移动交换网络基础上平滑演进，提供更加多样化的业务。UTRA 为无线接口的标准。

其后不久，在 1999 年 1 月，3GPP2 也正式成立，由美国的 TIA、日本 ARIB、韩国 TTA 等组成，无线接入技术采用 CDMA2000 和 UWC-136 标准。CDMA2000 这一技术在很大程度上采用了高通公司的专利，核心网采用 ANSI/IS-41。

4．实践活动：调研 3GPP 和 3GPP2 目前的标准化情况

（1）实践目的

熟悉 3GPP 和 3GPP2 目前的标准化情况。

（2）实践要求

各位学员分成两组（3GPP 组和 3GPP2 组）分别完成。

（3）实践内容

① 调研 3GPP 目前的标准化情况。

3GPP 制定的标准基于 GSM 核心网演进，3GPP 制定了 WCDMA、CDMA-TDD、EDGE 等标准，3GPP 版本分为 R99/R4/R5/R6 等多个阶段，截至 2002 年 6 月，已发布了 R99/ R4/ R5 3 个版本，R6 和 LTE 的有关标准正在制定中。

② 调研 3GPP2 目前的标准化情况。

3GPP2 制定的标准基于 ANSI/IS-41 核心网演进，3GPP2 制定了 CDMA2000 标准，3GPP2 已制定了 R0、RA、RB、RC、RD 标准，AIE 的有关标准正在制定中。

任务 3　3G 三大主流技术标准

【问题引入】国际上目前的主流 3G 技术标准有 WCDMA、CDMA2000 和 TD-SCDMA，那么这 3 个标准各自的特点和参数是什么？三大主流标准主要参数的比较和发展路线如何？这是我们要掌握的重点内容。

【本任务要求】

1. 识记：三大标准主要特点。
2. 领会：三大主流标准的空中接口参数。
3. 应用：三大主流标准参数比较、演进策略。

国际上目前最具代表性的第三代移动通信技术标准有 3 种，分别是 WCDMA、CDMA2000 和 TD-SCDMA，其中，WCDMA 和 CDMA2000 属于 FDD 方式，TD-SCDMA 属于 TDD 方式（系统的上、下行工作于同一频率）。

1. WCDMA

WCDMA 由欧洲 ETSI 和日本 ARIB 提出，它的核心网基于 GSM-MAP，同时可通过网络扩展方式提供基于 ANSI-41 的运行能力。WCDMA 系统能同时支持电路交换业务（如 PSTN、ISDN）和分组交换业务（如 IP 网）。灵活的无线协议可在一个载波内同时支持语音、数据和多媒体业务。通过透明或非透明传输来支持实时、非实时业务。

（1）WCDMA 技术的主要特点

① 可适应多种传输速率，提供多种业务。

② 采用多种编码技术。

③ 无需 GPS 同步。

④ 分组数据传输。

⑤ 支持与 GSM 及其他载频之间的小区切换。

⑥ 上下行链路采用相干解调技术。

⑦ 快速功率控制。

⑧ 采用复扰码标识不同的基站和用户。

⑨ 支持多种新技术。

（2）WCDMA 空中接口参数

WCDMA 无线空中接口参数如表 1-4 所示。

表 1-4　WCDMA 空中接口参数

空中接口规范参数	参 数 内 容
复用方式	FDD
每载波时隙数	15
基本带宽	5MHz
码片速率	3.84Mchip/s
帧长	10ms
信道编码	卷积编码、Turbo 编码等

续表

空中接口规范参数	参 数 内 容
数据调制	QPSK（下行链路），HPSK（上行链路）
扩频方式	QPSK
扩频因子	4～512
功率控制	开环+闭环功率控制，控制步长为0.5、1、2或3dB
功率控制速率	1500次/秒
分集接收方式	Rake接收技术
基站间同步关系	同步或异步
核心网	GSM-MAP

2. TD-SCDMA

TD-SCDMA 系统是TDMA和CDMA两种基本传输模式的灵活结合，它由中国无线通信标准化组织（CWTS）提出并得到ITU通过的3G无线通信标准。在3GPP内部，它也被称为低码片速率TDD工作方式（相较于3.84MHz的UTRA TDD）。

（1）TD-SCDMA技术的主要特点

① 时分双工方式。

② 无需成对的频率资源、上下行采用相同的频率资源。

③ 适应于不对称的上下行数据传输。

④ 采用上行同步。

⑤ 采用直扩CDMA技术。

⑥ 适合采用智能天线、软件无线电等新技术。

⑦ 采用接力切换、联合检测等先进技术。

⑧ 设备成本较低。

（2）TD-SCDMA空中接口参数

TD-SCDMA的无线接口参数如表1-5所示。

表1-5　TD-SCDMA空中接口参数

空中接口规范参数	参 数 内 容
复用方式	TDD
基本带宽	1.6MHz
每载波时隙数	10（其中7个时隙被用作业务时隙）
码片速率	1.28Mchip/s
无线帧长	10ms（每个10ms的无线帧被分为2个5ms的子帧）
信道编码	卷积编码、Turbo码等
数据调制	QPSK和8PSK（高速率）
扩频方式	QPSK
功率控制	开环+闭环功率控制，控制步长1、2或3dB
功率控制速率	200次/秒
智能天线	在基站端是由8个天线组成的天线阵

续表

空中接口规范参数	参 数 内 容
基站间同步关系	同步
多用户检测	使用
业务特性	对称和非对称
支持的核心网	GSM-MAP

3．CDMA2000

CDMA2000是从CDMAOne进化而来的一种3G技术。目的是为现有的CDMA运营商提供平滑升级到3G的路径。其核心是Lucent、Motorola、Nortel和Qualcomm联合提出的宽带CDMAOne技术。CDMA2000的一个主要特点是与现有的TIA/EIA-95B标准向后兼容，并可与IS-95B系统的频段共享或重叠，这样就使运营商可以在IS-95B系统基础上平滑地过渡，保护已有的投资。CDMA2000的核心网基于ANSI-41，但通过网络扩展方式也提供基于GSM-MAP核心网上运行的能力。

（1）CDMA2000技术的主要特点

① 采用直扩或多载波技术。

② 实现完全的后向兼容、平滑过渡。

③ 空中接口标准兼容、载频重合。

④ 频分双工方式。

⑤ 灵活帧长结构。

⑥ 可提供更高的数据速率、频谱利用率高。

⑦ 技术、标准成熟，商用化最快。

（2）CDMA2000空中接口参数

CDMA2000的空中接口参数如表1-6所示。

表1-6　　CDMA2000空中接口参数

空中接口规范参数	参 数 内 容
复用方式	FDD/TDD
基本带宽	1.25MHz或3.75MHz
码片速率	1.228 8Mchip/s/3.686 4Mchip/s
帧长	支持5ms、10ms、20ms、40ms、80ms和160ms等多种帧长
信道编码	卷积编码，Turbo码等
数据调制	QPSK（下行链路），BPSK（上行链路）
扩频方式	QPSK
扩频因子数目	4～256
功率控制	开环+闭环功率控制，控制步长为1dB，可选0.5 dB /0.25dB
功率控制速率	800次/秒
分集接收方式	RAKE接收技术
基站间同步关系	需要GPS同步
核心网	ANSI-41

4．实践活动：3种主流技术标准的应用

（1）实践活动一：3种主流3G标准主要技术性能的比较

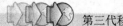

① 实践目的

掌握 3 种主流 3G 标准主要技术性能的比较。

② 实践要求

分成 3 组（WCDMA 组/CDMA2000 组/TD-SCDMA 组）分别完成。

③ 实践内容

完成 3 种主流 3G 标准主要技术性能的比较，如表 1-7 所示。

表 1-7　　3 种主流 3G 标准主要技术性能的比较

主要指标	WCDMA	TD-SCDMA	CDMA2000
采用国家			
继承基础			
同步方式			
信号带宽			
码片速率			
空中接口技术			
核心网			
我国 3G 牌照所属运营商			

（2）实践活动二：3 种主流技术标准的演进策略

① 实践目的

熟悉 3 种主流 3G 标准各自的演进策略。

② 实践要求

各位学员分成 3 组（WCDMA 组/CDMA2000 组/TD-SCDMA 组）分别完成。

③ 实践内容

根据图 1-6 所示详细列出 3 种主流 3G 标准的演进路线。

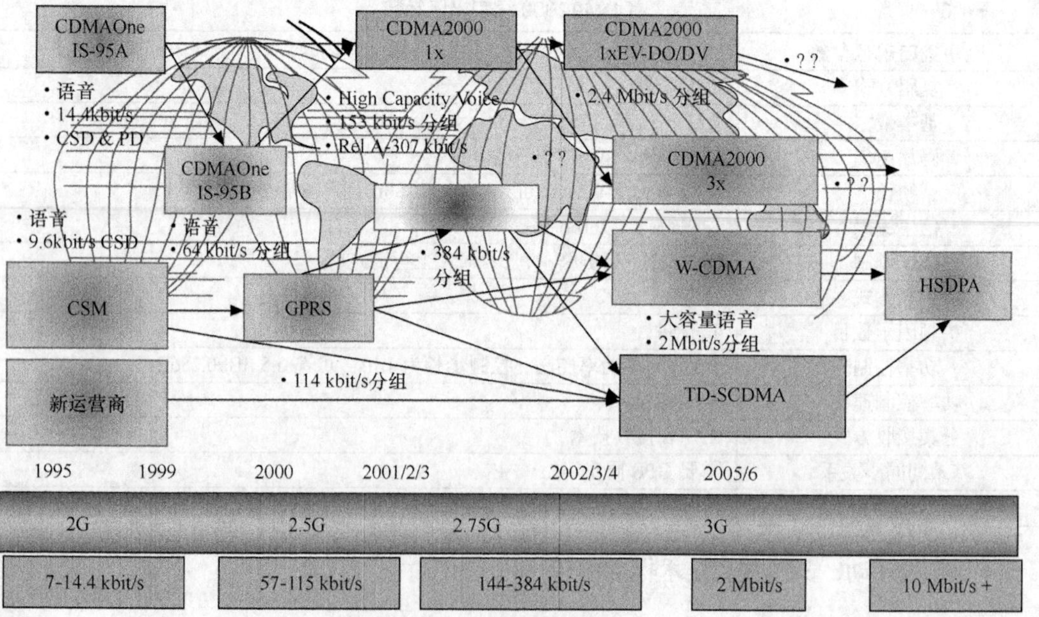

图 1-6　移动通信的发展演进路线

任务 4　3G 频谱分配情况

【问题引入】频谱作为移动通信系统最重要的资源，国际上是如何进行 3G 频谱分配的？做了哪些调整？我国 3G 频谱的分配情况又如何？这是我们要掌握的内容。

【本任务要求】

1. 识记：国际 3G 频谱分配情况。
2. 领会：我国 3G 频谱分配建议情况。
3. 应用：我国 3 个 3G 牌照的频谱资源情况。

无线电频谱是一种特殊的自然资源。它具有一般资源的共同特性，像土地、水、矿山、森林一样是国家所有的。但从国际范围来说，它又属人类共享的。同时它具有一般自然资源所没有的如下特性：①它可以被利用但不会被消耗掉，是一种非消耗性的资源。如果不充分利用它则是一种浪费，然而使用不当也是一种浪费，甚至会造成严重的危害。②无线电波有其固有的传播特性，不受行政区域、国家边界的限制。因此，任何一个国家、一个地区、一个部门甚至个人都不得随意地使用，否则会造成相互干扰而影响正常通信。③频谱资源极易受到污染。它最容易受到人为噪声和自然噪声的干扰，使之无法正常操作和准确有效地传送各类信息。

1. 国际 3G 频谱分配

1992 年 ITU 在 WARC-92 大会上为第三代移动通信业务划分出 230MHz 带宽，如图 1-7 所示。1 885～2 025MHz 作为 IMT-2000 的上行频段，2 110～2 200MHz 作为下行频段。其中 FDD（包括 WCDMA 和 CDMA2000）的上行使用 1 920～1 980MHz，下行使用 2 110～2 170MHz。TDD 方式（包括 TD-SCDMA 和 UTRA TDD）使用 1 885～1 920MHz 和 2 010～2 025MHz，不区分上下行。1 980～2 010MHz 和 2 170～2 200MHz 分别作为移动卫星业务的上下行频段。

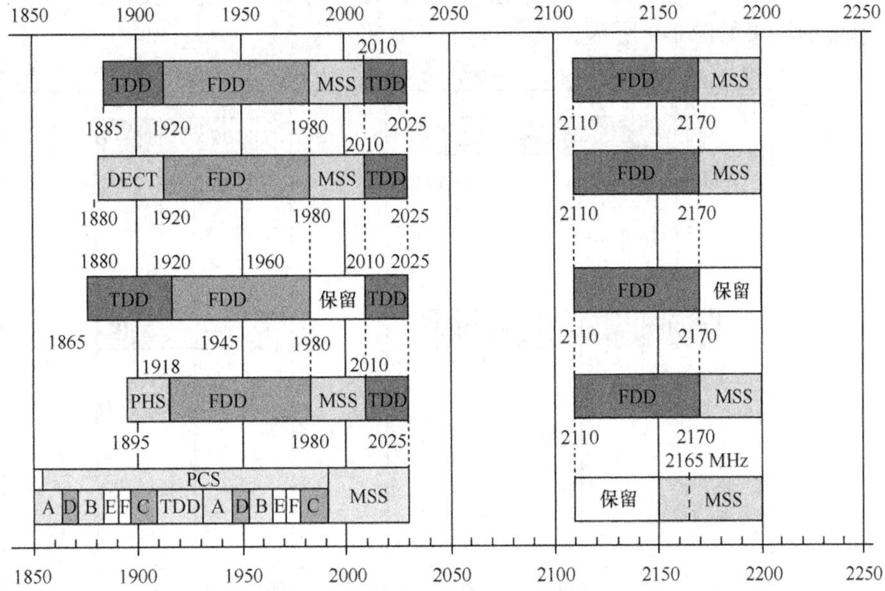

图 1-7　WARC-92 为 3G 分配的频谱

在国际电气通信联合会（ITU）的世界无线通信会议（WRC-2000）（2000 年 5 月 8 日至 6 月 2 日伊斯坦布尔），IMT-2000 的追加频率获得了承认。追加频率的分配主要考虑到将来需求的增加，增加了以下 3 个频段：800MHz 频段（806～960MHz）；1.7GHz 频段（1 710～1 885MHz）；2.5GHz 频段（2 500～2 690MHz）。该追加方案基本上采用了 2000 年 2 月 APT（亚太电气通信共同体）提出的方案，如图 1-8 所示。

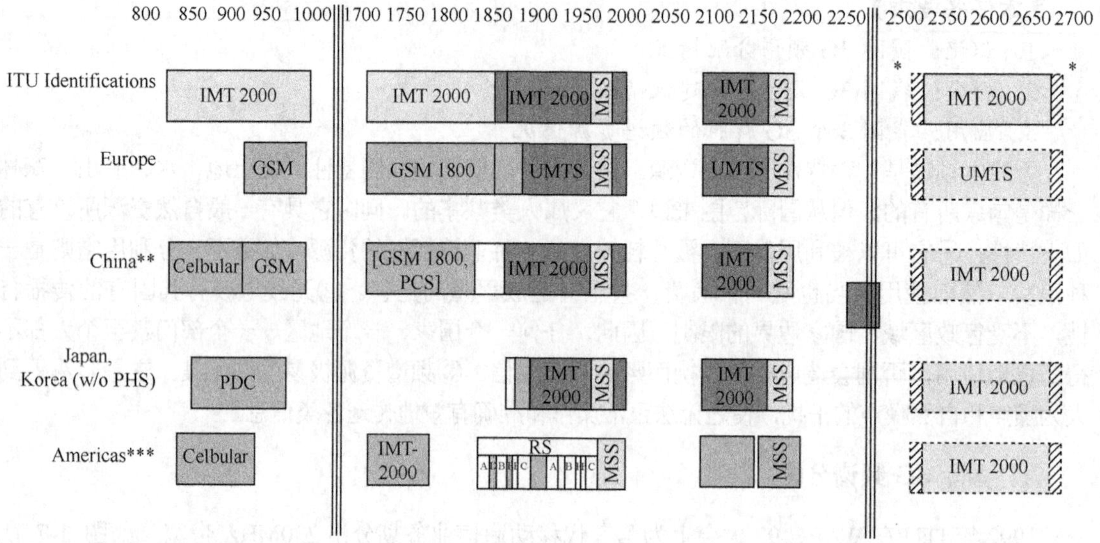

图 1-8　IMT-2000 频率资源划分（WRC2000 大会后）

2．我国 3G 频谱分配

依据国际电联有关第三代公众移动通信系统（IMT-2000）频率划分和技术标准，按照我国无线电频率划分规定，结合我国无线电频谱使用的实际情况，我国第三代公众移动通信系统频率规划结果如图 1-9 所示。

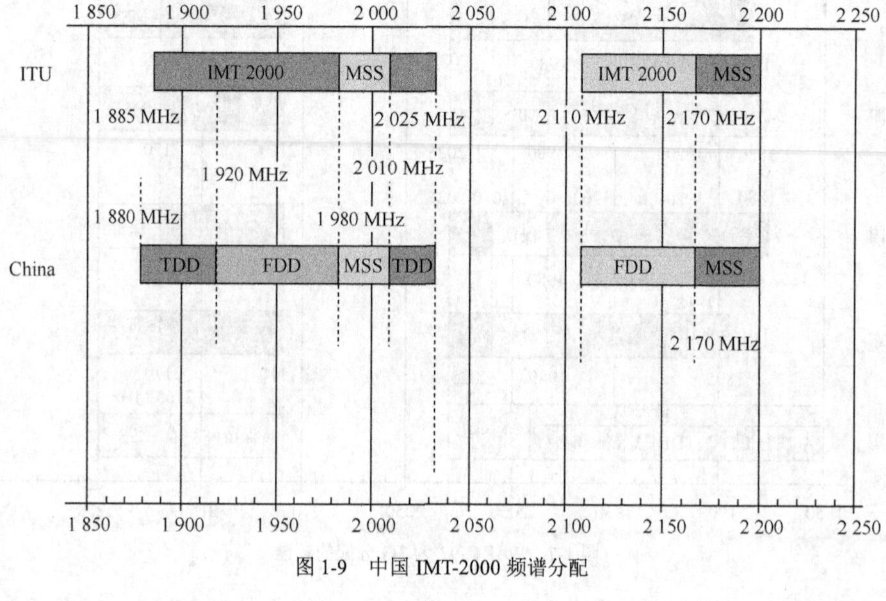

图 1-9　中国 IMT-2000 频谱分配

（1）主要工作频段

频分双工（FDD）方式：1 920～1 980MHz/2 110～2 170MHz；时分双工（TDD）方式：1 880～1 920MHz、2 010～2 025MHz。

（2）补充工作频率

频分双工（FDD）方式：1 755～1 785MHz/1 850～1 880MHz；

时分双工（TDD）方式：2 300～2 400MHz，与无线电定位业务共用，均为主要业务，共用标准另行制定。

（3）卫星移动通信系统工作频段：1 980～2 010MHz/2 170～2 200MHz。

3．实践活动：调研我国 3G 牌照的频谱资源和号码资源情况

（1）实践目的

熟悉我国 3G 牌照的频谱资源和号码资源情况。

（2）实践要求

各位学员分成 3 组（WCDMA 组/CDMA2000 组/TD-SCDMA 组）分别完成。

（3）实践内容

① 调研我国 3G 牌照的频谱资源情况。

② 调研我国 3G 牌照的号码资源情况。

任务 5　3G 业务简介

【问题引入】在 3G 系统中，用户将可以享受到比 2G 系统更为丰富多彩的业务。大家在接触各种令人眼花缭乱的业务时，心中是否想了解：这些业务是如何定义的？3G 业务如何分类？3G 业务具有哪些特点？3G 业务价值链是怎样的？通过对本任务的学习，大家可以对 3G 的业务基本知识有比较好的了解，为后续更加深入的学习和今后的工作打下良好的基础。

【本任务要求】

1. 识记：3G 业务的定义、3G 业务的分类。
2. 领会：移动业务的需求发展、3G 业务的特点、3G 业务价值链。
3. 应用：我国 3G 业务的分类应用。

当前移动通信市场仍处在高速的发展之中，业务收入的增长速度仍然高于 GDP 的增长速度。语音业务仍然保持着主体地位，但是随着数据业务的发展，数据业务的 ARPU 值在业务收入中的比重在逐渐增加。第三代无线通信技术的应用，将使通信能力大大增强，通过 3G 技术构建的承载网络对数据业务的支持能力也得到很大提升。为了满足人们对高速数据业务和日益增加的个性化、娱乐化、生活化业务的需求，将业务与承载相分离，通过统一的综合业务平台更加灵活地为用户提供各种各样的应用。

1．移动业务的需求发展

个人用户对业务的期望：更高的接入速率和业务 QoS 保证；无缝的业务覆盖，全球漫游；多元化的业务与应用；业务的多媒体化；业务的可定制化；业务的个性化；资费策略更合理；永远在线，永远连接（Always online, always connected）。

企业用户对业务的期望：目前，外地员工与企业总部连接需各种租用线，价格昂贵，维

护量大，需要VPN提供安全、廉价的接入服务。

运营商对3G的期望：提高ARPU值；提供运营商之间差异化的业务；提供Killer业务，吸引用户；快速的业务部署和业务生成能力；高效的价值链合作体系。

（1）3G业务的特征变化

3G业务的特征变化如图1-10所示。

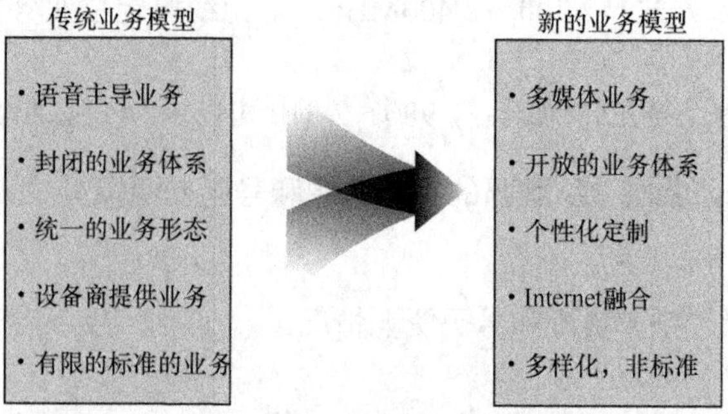

图1-10　3G业务的特征变化

（2）移动通信提供服务的演进

移动通信提供服务的演进如图1-11所示。

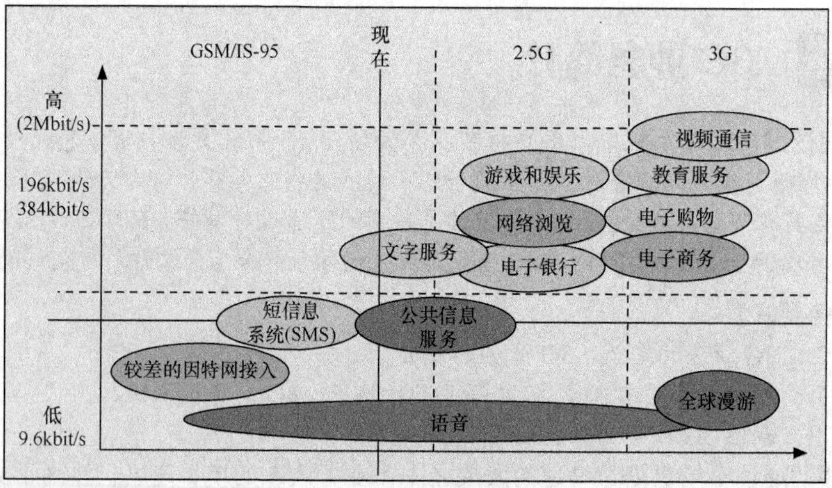

图1-11　移动通信提供服务的演进

2. 3G业务基本知识

（1）3G业务的定义

新的《电信业务分类目录》中对3G业务作了如下描述：3G业务是第一类基础业务中的蜂窝移动通信业务，具体地讲，就是指利用第三代移动通信网络提供的语音、数据、视频图像等业务。其主要特征是可提供移动宽带多媒体业务，其中高速移动环境下支持144kbit/s速率，步行和慢速移动环境下支持384kbit/s速率，室内环境支持2Mbit/s速率的数据传输，并保证高可靠的服务质量。第三代数字蜂窝移动通信业务要包括第二代蜂窝移动通信可提供的所有的业务类型和移动多媒体业务。

（2）3G 业务的特点

3G 时代是一个以业务为主要推动力的时代，相对 2G 业务，3G 业务具有支持承载速率高、支持突发和不对称流量、具有 QoS 保障以及多媒体普遍应用的特点。

3G 业务最基本的特征如下。

① 具有丰富的多媒体业务应用。

② 提供高速率的数据承载：广域范围可达 384kbit/s，室内环境下可高达 2Mbit/s。

③ 业务提供方式灵活：同时提供电路域和分组域、语音和数据业务，支持承载类业务，支持可变的比特率，支持不对称业务，并且在一个连接上可同时进行多种业务。

④ 提供业务的 QoS（质量）保证。UMTS 中定义了 4 种 QoS 类别：即会话类业务、流媒体业务、交互类业务和背景类业务，这 4 种 QoS 类别的主要区别在于各种类别对延时的敏感性不同。

3G不再定义标准的业务，而是定义了标准的业务生成能力。3G 上开展的电信业务可参照 ITU-T F.700，F.700 定义了一组网络独立的多媒体业务，分别为：会议业务，会话业务，信息业务，分发业务，检索业务等。目前看来有 3 项业务是主要的：① 语音业务，不仅是其占有无线资源低，更由于语音在信息传递的实时性、有效性上的优势，另外语音对于人有亲切感；② SMS、E-mail、语音 Mail、多媒体短信息（MMS）等信息类业务，在实时性要求不高的情况下，或者实时性要求比较高但对接收者为突发性的有效信息如股票信息的情况下，资讯类业务都可能是最经济有效的信息传递方式；③ WWW/FTP，当用户在移动中需要主动获取信息时，互联网无疑是未来最大的信息来源。3G 业务应当具备以下 4 个特点。

智能化：业务的智能化主要体现在网络业务提供的灵活性、终端的智能化，例如除输入密码外，还可以通过语音、指纹来识别用户身份。

多媒体化：3G 信息由语音、图像、数据等多种媒体构成，信息的表达能力和信息传递的速度都比 2G 有很大的提高，基本上可以实现多媒体业务在无线、有线网之间的无缝传输。

个性化：用户可以在终端、网络能力的范围内，设计自己的业务，这是实现个性化的首要前提；网络运营商为用户提供虚拟归属环境即 VHE 能力，使用户在拜访网络时可以享受到与归属网络一致的服务，保证个性化业务的全网一致性；网络运营商为了领先竞争对手留住客户，可以依靠 3G 强大的业务开发能力，不断开发新的业务；业务提供者也可以不依赖于网络运营者独立地开发业务，典型的为互联网业务提供商，通过 WAP 网关将 WWW 业务传输到移动终端；今后 3G 终端的形式几乎是无限的。

人性化：业务的人性化就是要满足人的基本需要。人在移动中处理信息的能力比较有限，信息的有效传输和表达尤其重要，带宽并不是越宽越好，要用最少的码元传输量使用户获取最多、最有用的信息；要考虑用户在安全性、可靠性方面的需求，达到固定网的水平。

（3）3G 业务价值链

① 3G 业务价值链

随着移动业务逐渐由语音向数据业务转化，移动产业链由原来简单的基础网络运营商和移动设备提供商向提供移动个性化服务支持以及终端销售等环节延伸。今后的电信市场将越分越细，产业链、价值链正在不断延长，随着制造商、运营商、内容提供商、系统集成商等多个环节的不断加入，新的价值链正在形成，如图 1-12 所示。而价值链越长，专业性将越强，运营商依靠本身已经无法为用户提供个性化的信息服务。电信市场的开放，使新一代产业价值链上所涉及的环节越来越多，移动网络运营商（MNO）要想跨越整个链条，一手包揽并做好所有的环节是难以实现的。但是，运营商仍然是 3G 价值链中最重要的一环。运营商自身结构和发展策略的改变将影响到整个 3G 产业的发展。运营商的“火车头”作用，将促使整个行业的变革。运营商本身的发展与进步，也会给自己带来更强的竞争力和发展空间。

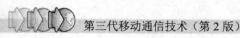

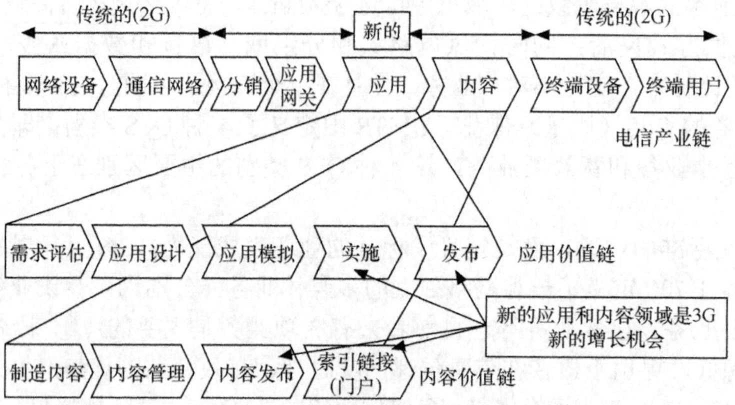

图 1-12 3G 业务价值链

由于社会分工越来越细化，在 3G 的整个业务价值链中，运营商与 3G 业务价值链上的各个参与者之间的关系不仅是合作关系，而且是共同协作，拉动用户需求，在促进对方发展的同时共同推进 3G 的繁荣和发展。

在 3G 业务的整个价值链中，最根本的任务是为最终用户提供高质量的、丰富多彩的业务，所有 3G 业务参与者必须协调好各自的关系才能达到这一目标，单靠网络运营商是远远不够的。

为了确保整个价值链的有效性，首先需要寻找内容来源和组织内容，这一点能确保价值链的长期有效存在，如果内容的质量、数量和表现方式不能使用户满意，用户将不会接受这样的业务；由于内容服务商更多地是为人们提供在某些领域的信息，因此可能没有精力在这些内容中进行数据挖掘，发现并提炼出更具使用价值的信息，因此增值业务也就产生了；而在此价值链中，网络运营商的专长在于建造、维护网络基础设施和提供传统的电信业务，还在于实现网络互连互通，而且需要考虑内容提供商提供的内容或者增值服务产生的信息服务以何种可在 3G 网络中承载的方式进行表述。除此之外，3G 终端设备制造商可能需要与网络运营商一起确定目标市场，联合设计业务，在此基础上确定终端形式。

② 掌握 3G 价值链传统环节

2G 网络的价值链结构主要分成 4 个环节：最终用户、运营商、SP/CP、设备厂商，这 4 个环节在 3G 价值链中仍然起关键作用，如图 1-13 所示，但在新产业链中这些传统环节被赋予了新的内涵。

3．3G 业务分类

（1）基于 QoS 的业务分类

根据不同业务 QoS 要求，可将 IMT-2000 能提供的业务分为 4 类，如图 1-14 所示。

如图 1-14 所示，3GPP 定义了 4 种基本业务类型，即会话类业务、流媒体业务、交互类业务和背景类业务。受 4 类业务自身业务特性及其他因素的影响，如移动通信相对于有线通信的特征、3G 网络业务承载能力限制、运营商利润需求、消费者的消费能力与消费欲望等，4 种业务类型的主流业务各具不同特色，表 1-8 所示为 4 种业务的基本特点。

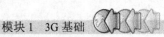

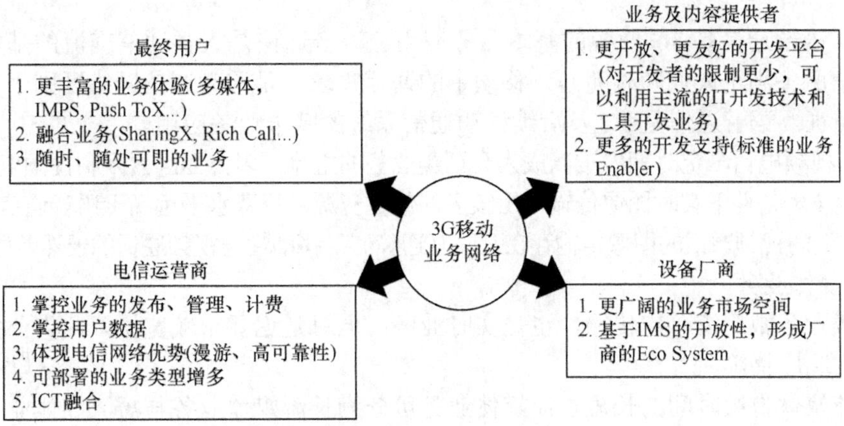

图 1-13　3G 业务网络价值结构分析

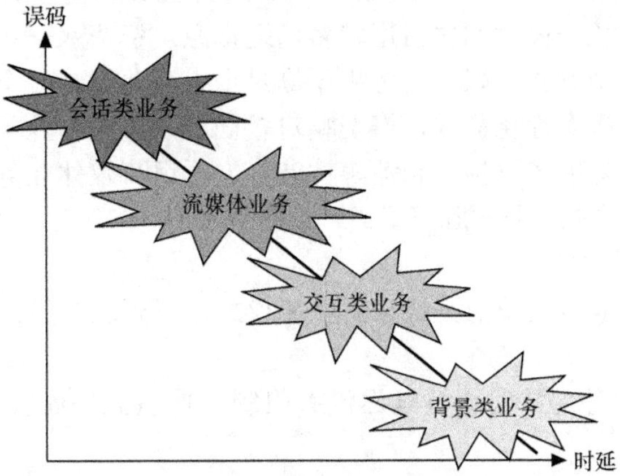

图 1-14　IMT-2000 提供的业务

表 1-8　4 种业务的基本特点

质量等级	会话类业务（Conversational）	流媒体业务（Streaming）	交互类业务（Interactive）	背景类业务（Background）
基本特点	需要具有较低的延迟、较低的延迟抖动变化，以及较低的误差容限。此类业务对速率的大小不作特别的要求，通常是流量基本恒定的，而且通常要求双向业务流速率对称	流类业务对容许误差有着较高的要求，但对延迟和抖动的要求则较低。这是因为接收应用一般会对业务流进行缓冲，从而流数据可以以同步方式向用户进行播放	典型的请求/响应类型事务组合，交互类业务的特征是对容许误差有较高的要求，而对延迟容限的要求则要比会话类业务的要求低一些。抖动（延迟变化）对于交互类业务来说不是一个主要问题	对业务较小的延迟约束（或者也可以没有任何延迟约束）
典型应用	语音业务、视频电话、视频会议	音频流和视频流是两种典型的流类业务	Web 浏览	邮件下载

下面简要介绍一下 3G 各种业务应用的具体特征。

① 会话类业务

这是一类典型的实时业务，要求端到端延迟和抖动小。此类业务有电话、IP 电话、视频会议等。

首先，语音通信是 3G 业务的基本业务应用。语音通信是人类通信交流的基本形式，移动语音通信服务满足人们随时随地、移动中的通信需求，是移动通信网络区别于有线通信网络的基本特征。语音通信是 3G 及后续移动通信系统的基本业务应用。

其次，视频电话一定时期内难以成为会话类业务的主流。多方面因素限制视频电话的广泛应用：现阶段技术条件下实时图像传输占用较多的信道资源，资费水平远高于语音通信资费水平；不同厂商终端间视频通话的图像传输存在互联互通障碍；移动性与视频通话的天然矛盾等。

② 流媒体业务

这一类业务数据流单向传输，也是实时业务，但对延迟要求较宽松。此类业务有视频点播、网络实况广播等。

根据流媒体持续时间的长短，流媒体业务可分为长流媒体业务与短流媒体业务两大类；根据同时使用同一流媒体内容的人数多少，可分为群组流媒体业务与个人流媒体业务；根据人们对流媒体业务的接受主动性，可分为广播式流媒体业务和交互式流媒体业务。

长流媒体业务在很长一段时间内占用较多信道资源，资费水平相对较高，个人消费者难以承受其高资费价格；交互式流媒体业务用于满足个人消费者具有个性化特征的需求，短流媒体业务易于满足消费者个性化需求，资费相对较低。短流媒体业务、个人流媒体业务与交互式流媒体业务具有天然的统一性。长流媒体业务、群组流媒体业务与广播式流媒体业务相一致，适于向群组用户提供广播式服务。

③ 交互类与背景类业务

交互式业务：这类业务的特点是请求一响应模式，对延迟几乎没有要求。此类业务的典型代表是 Web 浏览。

背景业务：这类业务通常对传输延迟没有限制。典型业务如 E-mail，或者后台的 FTP 下载等。

通过 3G 网络提供交互类与背景类业务，能够满足随时随地、移动中的通信需求，且其接入网建设简单。

交互类与背景类业务要求在一定时间范围内获取服务响应与完成服务提供（背景类业务响应时延要求相对较为宽松），且数据传输的 BER 较低。室外环境下无线信道环境恶劣，3G 系统难以同时满足大数据量的交互类与背景类业务的服务响应时间要求与低 BER 要求，仅能承载少数据量的交互类与背景类业务，通过多次重传或降低传输速率的方法满足服务响应时间要求与低 BER 要求。室内环境下，数据传输速率较高，3G 系统能够承载大数据量的交互类与背景类业务，满足其低 BER 要求和服务响应时间要求。

交互类与背景类业务应用种类繁多，对不同的消费群体其应用业务类型不同，具有典型的个性化特征，是 3G 数据业务的主要应用类型。现阶段 GPRS/CDMA 1x 网络能够承载少数据量的交互类与背景类业务。

业界公认，数据业务是 3G 业务的主要应用类型，是 3G 业务区别于传统语音业务的重要方面，何种数据业务是 3G 杀手级应用未达成共识。上面分析指出，语音通信始终是 3G 乃至后续移动通信系统的基本业务应用，3G 数据业务应用重点在于个人交互式短流媒体业务、交互类业务与背景类业务，三类业务均具有面向个人需求的个性化特征。

3G 数据业务不存在所谓高数据速率的杀手级应用，不同的消费人群其消费的数据业务类型和业务内容不同，发展 3G 应研究细分 3G 业务市场，培育多种形式的、多种内容的、面向不同消费群体的数据业务应用。

（2）基于用户需求的分类

按照面向用户需求的业务划分，可以分为通信类业务、资讯类业务、娱乐类业务及互联网业务。由于各地的文化、需求层次不同，运营商在不同的区域内主推的业务不尽相同，各个区域的用户对于不同的 3G 业务种类也有不同的偏好：在欧洲，通信、资讯类的业务比较受人们的欢迎；在亚洲、日韩地区，娱乐类的业务则更容易为用户所接受。

① 通信类业务

通信类业务通常包括基础语音业务、影像业务，以及利用手机终端进行即时通信的相关业务。

基础语音业务。3G 虽然以数据业务区别于现有的 2G 业务，但是专家们认为，传统的语音业务在 3G 时代还是会占有很大的比例。无论手机终端如何发展，运营商提供的数据业务有多丰富，通话毕竟是手机的基础功能，语音业务显然会在 3G 初期占据业务的大额比例。况且，3G 时代的基本语音业务比起 2G 来更有价格优势，其通话质量显著提高，失真率降低，有望接近于固定电话的音质。

视像业务。视像业务是 3G 时代的最引人关注的业务之一。通过 3G 终端的摄像装置以及 3G 网络高速的数据传输，电话两端的用户可以看见彼此的影像，从而实现对话双方的“面对面”实时交流。突破现有的“新视通”、“可见通”由于电话线、网线的限制，基于无线传输的视像业务可以真正做到音频、视频的随时随地交互式交流。同时，3G 的高带宽使 3G 终端与互联网的视频通话成为可能。互联网用户只要拥有宽带网络及计算机视频通话软件，就可以与 3G 用户进行网上视频通话。

② 娱乐类业务

与现有的手机娱乐业务多半依靠文字类的短消息传递相比，3G 的娱乐类业务称得上“声色俱佳”。

音乐、影视的点播业务。用户能够以 2.4Mbit/s 欣赏最新的歌曲、音乐电视和电影，更可以查找喜欢的歌手，尽情点播喜欢的歌曲和电影。

体育新闻的点播与体育赛事的精彩预告、回顾。在雅典奥运会期间，中国移动和中国联通都推出了类似的服务，但是基于 2.5G 网络，其语音和画面质量与 3G 都不可同日而语。

图片、铃声下载。在林林总总的移动数据业务中，图片、铃声下载业务无疑是最受用户欢迎，也是运营商推出的最成功的 3G 增值业务。据统计，铃声、图片下载在韩国的 3G 服务内容中已经占到了 40.1%份额。3G 服务商允许用户下载 MP3 铃声、活动墙纸等影像；通过与世界知名杂志、网站的合作，用户可以通过手机翻阅、下载 SP 提供的图片、视频短片、高清晰照片等。

③ 资讯类业务

由于 3G 网络的大容量与高速率，3G 运营商所提供的资讯类业务大多摆脱了 2G 时代的纯文字内容，更多地是通过视频、音频来实现资讯内容的实时交互性传达。

新闻类资讯。3G 服务商一般与全球著名的新闻资讯供应商合作，提供实时的新闻资讯，用户可以视像的形式接收最新本地及世界新闻，第一时间获知世界大事。

财经类资讯。3G 服务商面向商务人士提供亚洲、美国及欧洲的资本市场动态，全日 24

小时不停放送财经信息。随着传播广度的进一步扩大，运营商提供的财经服务也越来越深入。现在的 3G 服务不再只是单纯地提供财经资讯，更多地是针对财经消息加以分析，提供与消息相关的财经新闻和评论，辅以图表分析和投资组合，让用户在了解信息的同时，还可以得到专业理财专家的建议。

便民类资讯。用户可以在手机屏幕上获取移动银行、电话簿、交通实况、黄页、票务预订、餐馆指南、机票信息、字典服务、城镇信息、FM 收音信息、烹饪查询、赛马等信息，满足日常的衣食住行等生活需要。

④ 互联网业务

3G 通常被认为是移动通信与互联网融合的一个典型运用。运营商在开发 3G 业务时，除了延续移动通信的传统业务外，也开发了与互联网有关的业务，以适应时代的要求。这其中最典型的就是电子邮件业务。通过 3G 网络和服务，用户不仅可以在 3G 手机终端撰写、收发、保存、打印电子邮件，还可以与 MSN、QQ 等即时通信工具融合，收发文字、图片、动画、影像等多媒体信息。

（3）基于承载网络的业务分类

传统的 UMTS 业务分类的参考模型如图 1-15 所示。

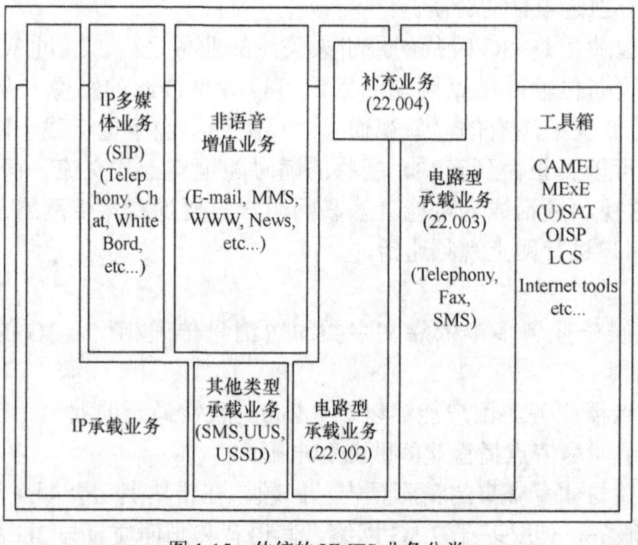

图 1-15 传统的 UMTS 业务分类

从承载网络方面，可以分为电路域和分组域业务，其中电路域业务包括语音、智能网业务、短信、彩铃、补充业务等，分组域业务包括数据业务、数据卡上网、IMS 业务等。

在电路域中，业务可以分为基本业务和补充业务两类。其中基本业务又可分为通信业务和承载业务。这两类业务都可以附加有标准的补充业务。

分组域业务包括 IP 承载业务、IP 多媒体业务和非语音的增值业务。IP 多媒体业务是基于 IP 会话相关的业务，IP 多媒体会话业务使用 PS 域所提供的 IP 承载业务，非语音的增值业务是指与呼叫无关的增值业务，如电子邮件、彩信、网页浏览、新闻等。

3GPP 并没有对增值业务进行规定，但运营商/增值业务提供商可以使用 3GPP 所规定的工具箱（业务能力特性的集合，表现为一组标准的 API）以及外部工具（如 Internet 机制）快速、灵活地创建各种各样的个性化增值业务。

4．实践活动：3G 业务分类的应用

（1）实践活动一：调研运营商对 3G 业务分类

① 实践目的

熟悉各大运营商对 3G 业务的分类情况。

② 实践要求

各位学员按照自己具有的手机所属运营商分成 3 组分别完成。

③ 实践内容

- 熟悉以下中国移动对 3G 业务的分类情况。

中国移动对 3G 业务的分类方法如表 1-9 所示。中国移动将3G增值业务分为“3G特色业务”、“3G 增强型业务”和“3G 移植型业务”3 类。其中“3G 特色业务”主推可视电话及其补充业务，以及随之衍生的显示业务；“3G 增强型业务”包括彩信、手机报、WAP门户和数据上网；“3G 移植型业务”涵盖 2G 主流业务以及 12580 综合信息服务等 2G 特色业务。

表 1-9　　运营商对 3G 业务的分类

业 务 分 类	具体业务列表
3G 特色业务	可视电话、Sharing X、多媒体彩铃、视频留言、视频会议
3G 增强型业务	WAP 门户、PoC、彩信、飞信、手机邮箱、随 e 行、手机报、手机地图、手机导航、无线音乐、无线游戏、手机电视（流媒体）、手机动画、快讯（DCD）
3G 移植型业务	主叫显示、来电提醒、呼叫转移/限制/隐藏/等待、语音信箱、12580 人工信息服务、12590 语音杂志、12586 移动沙龙、小区短信、航信通、彩铃、手机电视（数字广播）、手机证券、条码识别、条码凭证、手机支付

3G 环境是固定和移动、语音和数据、内容和传送的集中，结果产生了人类有史以来设计的最大、最复杂的通信系统。在发展中国 3G 业务方面，应有以下总体思路。

要有中国特色，即在业务层面上，未来移动的发展要走自己的特色之路，应该坚持语音与数据业务融合，以语音业务为基础，以数据业务满足大众市场，语音业务是总体业务收入的保证。技术层面上，鼓励多网络融合，新技术应用，重点地区有效市场建设，灵活推进并占有大众市场应用。

总体上 3G 业务开发与服务有关，与技术无关。真正的“杀手锏”应用是业务/服务属性的有效组合。公司品牌建设和维系是 3G 业务开展的基础。

3G 业务按照属性分类。3G 业务的分类也叫应用和服务的属性分类，根据 UMTS 的定义可以分为 5 个 M，即 Movement、Moment、Me、Money、Machines，就是移动、时刻、我、金钱和机器。5M 中的某些属性可能比另外几个属性更适合某种业务，如果该业务符合增长曲线，那么所有的属性均应该体现。

众所周知，SMS 是 2G 时代的“杀手级应用”，给整个移动市场带来了巨大的活力。2003 年中国 SMS 突破了 2 200 亿条，手机短信增值服务市场的规模也超过 200 亿元。但是 3G 时代，单纯的一、两个应用是不可能成为“杀手级应用”。取而代之的是鸡尾酒似的“杀手级应用包”（Killer Cocktail）。3G 应用的鲜明特点，摆脱了过去单一的功能，3G 应用将融入到用户正常的生活中，真正成为“无时不在，无所不在”的伙伴。基于 3G 技术优势的增值业务的发展是将来 3G 业务发展的卖点和未来趋势。

- 调查出其他运营商对 3G 业务的分类情况。

（2）实践活动二：我国未来 3G 业务体系模型的预测

① 实践目的

预测我国未来 3G 业务体系模型。

② 实践要求

各位学员按照自己具有的手机所属运营商分成三组分别完成。

③ 实践内容

- 熟悉以下我国未来 3G 业务模型情况。

与 2G 以语音业务为核心的业务体系相比较，3G 的业务体系要复杂一些，以满足不同用户的个性化需求。最明显的区别：3G 的业务体系以捆绑业务（业务基本组合）为基本单元，即以多个中心展开。我国未来的 3G 业务体系模型如表 1-10 所示。

表 1-10　　我国未来的 3G 业务体系模型

业务大类	业务范围	业务中心
个人基本通信类	语音电话	视频电话
	视频电话	
	PTT	
	移动可视会议	
	移动 E-mail	
	即时消息	
	统一消息业务	
	点对点 SMS/MMS	
	Web 浏览	
	文件下载	
Internet 类	内容信息服务（包括信息浏览和查询、搜索引擎、个性化信息定制）	内容信息服务、位置信息服务
	位置信息服务（城市交通、紧急求助等）	
	交易类服务（包括电子钱包、移动银行、移动证券、移动订票等）	
	简单下载服务	
	移动广告	
娱乐应用类	流媒体（VOD、AOD）影像发送以及存储个性化 LOGO、下载个性化铃声	流媒体、音乐下载和播放、网络游戏
	音乐下载和播放、网络游戏	
行业应用类	PIM（个人信息管理）	PIM、移动办公
	个性化首页	
	移动办公	
	企业信息公布	
	移动企业资源调配	
	远程监控	

3G 业务发展策略的设计过程要比 2G 复杂得多。其中最主要的困惑不是来自于网络技术、业务平台搭建等方面，而是来源于用户需求的不确定，继而导致对业务体系中的基本业务中心的预测难以确定，即在一项业务还没有进行商用之前，很难准确的掌握业务设计和用户需求匹配程度，对运营商来说，业务模式的选择和落实就显得尤为重要。

- 各位学生根据自己的理解，对我国未来 3G 业务体系模型进行预测。

任务 6　典型 3G 业务

【问题引入】在 3G 系统中，用户将可以享受到丰富多彩的业务。那么具体有哪些特色业务呢？通过对本任务的学习，大家可以对典型的 3G 业务有较好的了解，为今后的工作打下良好的基础。

【本任务要求】本任务将介绍几种典型的 3G 业务，分别是：可视电话、多媒体彩铃业务、多媒体广播/组播业务、位置服务业务、PTT/PoC 业务、即时消息（IM）。

1．识记：可视电话的实现结构、多媒体广播/组播业务网络架构、基于 PS 域的 PTT/PoC 业务模型、即时消息特性。

2．领会：多媒体彩铃业务的网络拓扑图、位置服务业务网络模型。

1．可视电话

可视电话属于多媒体通信的一种，人们在打电话的时候双方能互相看到。俗话说，“百闻不如一见”，看到的比听到的要确切、真实，传达出更大的信息量。在通话中可以看到对方的表情神态，可以出示文件、实物，还可以利用可视电话观看现场情况，因此可视电话赋予了传统电话更新的功能，它将逐步发展成下一代很普及的个人通信手段。

作为 3G 的标志性业务，移动可视电话一直受到运营商的特别关注，也是最受广大用户欢迎的 3G 基本业务。

移动可视电话提供实时语音和视频双向通信。移动用户可以通过可视电话与其亲友分享重要的时刻及其感受。运营商还可以在可视电话之上开发其他的增值服务，如可视会议、多人交互游戏、保险理赔、远距离医护、可视安全系统，也可以拨叫特定服务器号码享受 VOD 和 LIVETV 服务。

在 WCDMA 网络中，一般是通过 64kbit/s 速率的电路域数据 UDI 方式来承载可视电话，要求用户终端是具有可视电话功能的 3G-324M 终端。两个 3G-324M 终端之间建立可视电话呼叫涉及的功能单元如图 1-16 所示。

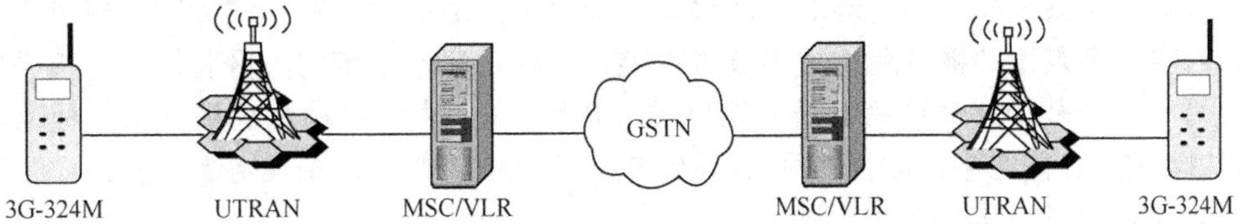

图 1-16　3G-324M 终端之间呼叫连接模型

2．多媒体彩铃业务

电路域可视电话业务是 3G 的基础业务之一，在 3G 网络商用初期，基于电路域开展视频彩铃业务是对音频彩铃业务的有效扩展，具有用户受众面广、业务质量稳定、业务部署快速等优势；随着网络及终端的成熟，运营商可以逐步完善业务部署方案，将彩铃业务扩展到PS域及IMS域。

彩铃业务是近年来增长最快的电信增值业务之一，并可预计在即将到来的3G时代，该业务将得益于3G网络和终端对多媒体内容的支持而得到更大的发展，多媒体彩铃（MRBT，Multimedia Ring Back Tone）业务的概念也由此而产生。

多媒体彩铃业务是对传统彩铃业务概念的一个扩展，是一项由被叫用户定制，运营商为主叫用户提供一段多媒体回铃替代普通铃声的业务。多媒体彩铃的用户不仅可以选择各种音乐、声效作为主叫终端的回铃，还可以为支持多媒体的主叫终端提供包括视频、图片、动画在内的多媒体回铃。各种媒体内容的丰富呈现，能够传达被叫用户的个性化特征，刺激主叫用户对业务的感受和需求，3G时代预期形成多媒体彩铃业务的快速传播。

基于IMS的多媒体彩铃业务系统网络拓扑图如图1-17所示。

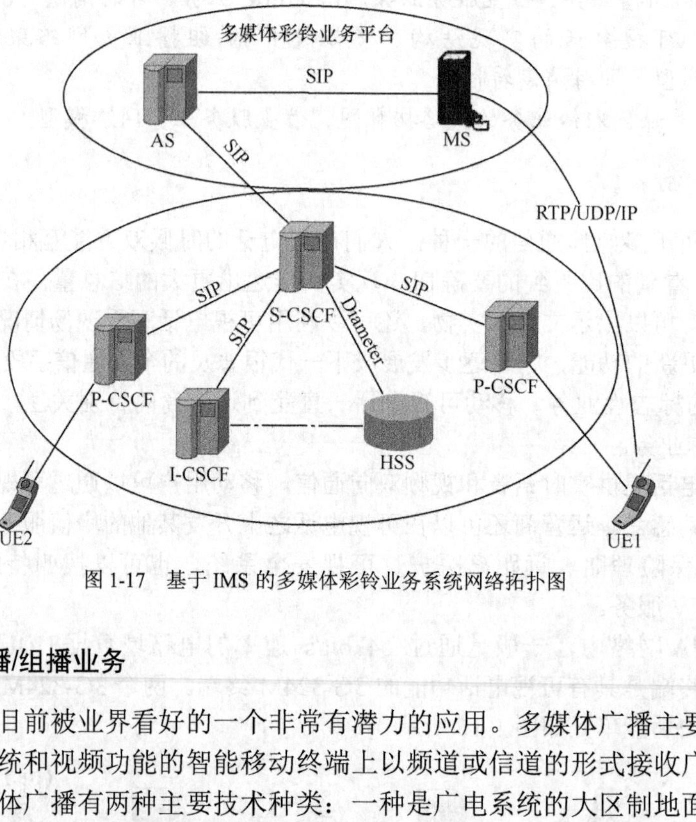

图1-17　基于IMS的多媒体彩铃业务系统网络拓扑图

3．多媒体广播/组播业务

多媒体业务是目前被业界看好的一个非常有潜力的应用。多媒体广播主要是指移动终端用户在具有操作系统和视频功能的智能移动终端上以频道或信道的形式接收广播形式的数字音视频内容。多媒体广播有两种主要技术种类：一种是广电系统的大区制地面广播手机电视标准；另一种是基于移动通信系统蜂窝网的MBMS（多媒体广播和组播技术）标准。下面将主要讨论在3G网络中，如何实现MBMS技术来承载多媒体广播业务。

（1）MBMS的标准进展

组播和广播是指从一个数据源向多个目标传送数据报的方式。在传统移动网络中，小区广播业务（Cell Broadcast Service）也可以完成广播的功能，但仅允许低比特率数据通过小区共享广播信道向所有用户发送，基本上只能用于发送文本信息，已经很难满足今天人们的要求。所以，3GPP在R6版本中，实现了对多媒体的广播和组播功能。

3GPP 是在 R6 中引入 MBMS（Multimedia Broadcast and Multicast Service）功能，是一种面向于组播和广播的业务，基于 WCDMA/GSM 分组网实现，通过增加一些新的功能实体（广播组播业务中心 BM-SC），并对已有的分组域功能实体（如 SGSN，GGSN，RNC，UE 等）增加 MBMS 功能支持来实现，而且在空中接口上定义了新的逻辑共享信道来实现空口资源共享。

3GPP 定义的 MBMS 业务相对来说比较复杂，特别是组播业务。在 2006 年 3 月，Vodafone 提出了广播模式进行增强，以便于用广播模式来承载手机电视业务。因此，这个方案的提出，有利于加快 MBMS 产业的速度。

3GPP 在 R7 中继续研究增强型的 MBMS 业务。研究重点主要在两方面：一方面是 MBMS SFN。在 R6 中，MBMS 业务和其他非 MBMS 业务（如语音业务、数据业务等），在同一个载波中运行；在 R7 中，3GPP 提出了在一个单独的载波上运行 MBMS 业务，因为 MBMS 是一个纯下行的业务，不需要上行反馈。这种思想称为 MBMS SFN 方案。另一个研究的重点就是双接收机，这是针对终端而言的。对于 FDD 的终端来说，如果 MBMS 在一个单独的载波上运行，那么终端只有通过双接收机，才能同时接收非 MBMS 业务和 MBMS 业务。针对 R6 版 MBMS 设计得过于复杂的情况，R7 也进行了一些简化过程。

目前，FDD，HCR TDD 和 TD-SCDMA 已基本完成了各自 MBMS SFN 的标准制定过程。

（2）MBMS 的网络架构

MBMS 有广播和组播两种工作模式。广播模式是指多媒体数据从一个业务源被单向发送给广播服务区域内的所有 UE；组播模式与广播模式十分类似，但接收范围只限于已申请该多媒体业务的 UE。MBMS 的网络参考模型如图 1-18 所示。

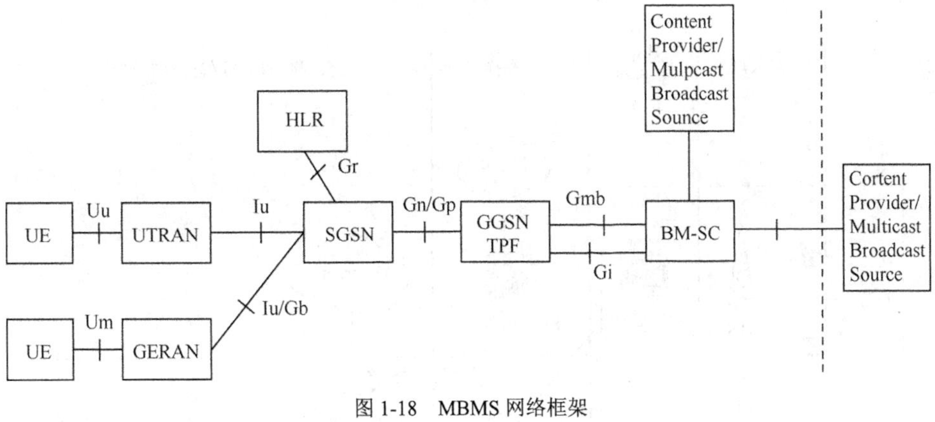

图 1-18　MBMS 网络框架

MBMS 承载业务的边缘是 Gmb 和 Gi 参考点，即广播组播业务中心 BM-SC 与 GGSN 之间的接口，Gmb 接口提供控制面功能，Gi 接口提供用户面承载功能。这里唯一新增的接口是 Gmb 接口，其他都是 WCDMA/GSM 网络已经存在的接口。

对于传统的分组域业务，每个用户都会和核心网建立一条点到点的链路。MBMS 业务是一个点到多点的业务。在 Iu 链路上，只建立一个承载，为多个用户所共享。而且在空口接口上，可以根据小区内使用该业务用户量的多少，决定使用公共信道，即 PTM 方式；或通过使用专用信道，即 PTP 方式，为用户提供服务。

MBMS 是一个端到端的业务，涉及 CN、RAN 和终端。CN 的改动对 WCDMA 和

TD-SCDMA 是相同的。RAN 侧的改动对 WCDMA 和 TD-SCDMA 也是相同的，两者的区别仅在于物理层。

4．PTT/PoC

PTT 又称为“一键通”，其特点是呼叫建立时间短，说话时才占用信道，接听时只监听信道，接收方不需要摘机即可随时接听下行的呼叫信息。基于公众蜂窝移动通信网络的 PTT 业务称为 PoC 业务。未来成熟的 PoC 业务是基于 3G 网络的，它充分利用了 3G 移动分组网络的特性，基于 IMS 多媒体子系统，通过半双工 VoIP 技术来实现 PTT。同时，PoC 还结合了即时消息、Presence 等业务属性，成为一种综合了语音和数据的个性化业务。

PoC 是一种双向、即时、多方通信方式，允许用户与一个或多个用户进行通信。该业务类似移动对讲业务——用户按键与某个用户通话或广播到一个群组的参与者那里。接收方收听到这个发言声音后，可以没有任何动作，例如不应答这个呼叫，或者在听到发送方声音之前，被通知并且必须接收该呼叫。在该初始语音完成后，其他参与者可以响应该语音消息。PoC 通信是半双工的，每次最多只能有一个人发言，其他人接听。

（1）PTT/PoC 实现方案

PTT/PoC 实现方案有基于 PS 域方案和基于 IMS 域方案两种，下面简单介绍基于 PS 域方案。基于 PS 域方案的特点是面向现有的 2.5G 网络，为了尽可能提高 QoS，一般都采用私有优化技术，互联互通性很差，但体系结构简单，技术难度低，对现有网络改造小，部署方便，成本低，便于建设试验网和小规模的商用网。这种特点虽然不足以支持大规模的 PTT/PoC 网络建设，但是在 PTT/PoC 的发展初期仍对运营商有很强的吸引力。基于 PS 域的典型 PTT/PoC 实现方案如图 1-19 所示。

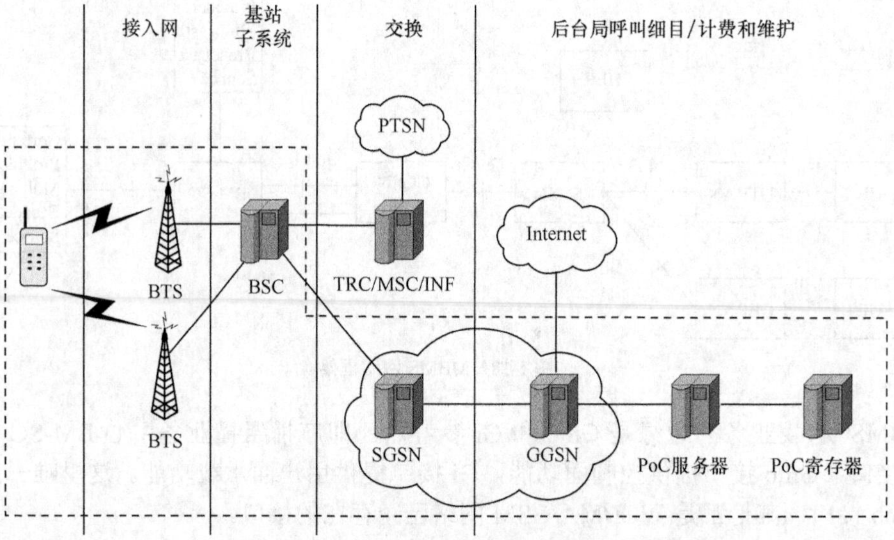

图 1-19　基于 PS 域的 PoC 方案

PoC 服务器直接与 GGSN 相连，负责 PoC 业务的提供。由于没有统一的 IMS 网络的支持，业务发现、地址解析、呼叫信令路由、鉴权、信令压缩等功能都无法以规范的方式实现，因此，PoC 服务器较复杂，一般难以支持漫游，无法组建大规模的网络。

（2）PoC 业务的关键技术

① IMS 对 PoC 的支持

未来 3G 网络中 PoC 业务的实现主要是基于 IMS 架构的。IMS 称为 IP 多媒体子系统。IMS 主要实现了 PoC 业务的注册和安全、SIP 信令路由、SIP 信令压缩、地址解析、对标志隐藏的管理以及计费等功能。

在 IMS 的注册中，首先用户建立 PDP 上下文，通过 GPRS 请求或者 DNS 解析过程发现 IMS 中的 P-CSCF，P-CSCF 把注册请求转发给 I-CSCF，通过 I-CSCF 问询 HSS 而找到 S-CSCF，在 S-CSCF 中实现注册过程。在这个过程中，PoC 用户和 S-CSCF 通过 AKA 算法实现双方的认证与鉴权。

当用户注册和鉴权成功后，PoC 用户可以发起组呼请求。在会话邀请的 SIP 消息头带有 PoC 群组会话标志。P-CSCF 把呼叫邀请转发给 I-CSCF，问询归属的 S-CSCF 地址，从而把邀请转发给 S-CSCF，S-CSCF 通过从 HSS 下载的初始过滤规则，根据业务触发点，把会话邀请转交给响应的 PoC 服务器，PoC 服务器进行会话控制，并通过 IMS 把会话邀请转发给组内其他用户，在经过媒体授权和协商后，组呼可以建立。

PoC 业务的计费基于 IMS 的计费框架，可以根据事件计费、组会话计费、发言计费等。

② PoC 服务器

PoC 服务器是 PoC 业务实现的核心功能实体。从内部实现技术的角度看，PoC 服务器有两种实现方式，综合业务平台方式和软交换方式。

在综合业务平台方式中，PoC 服务器同时负责呼叫控制和媒体处理，内部各模块耦合紧密。这种方式可以使用纯软件实现，也可以基于特定媒体处理硬件板卡的 API 开发。综合业务平台方式一般适用于较小容量的系统，当系统容量持续扩大时，由于呼叫控制和媒体处理耦合紧密，升级和扩容不够灵活，因此成本较高。

软交换方式采用了呼叫控制与媒体处理相分离的软交换技术，PoC 服务器主要分为呼叫控制模块与媒体处理器模块，二者之间采用标准的 H.248（MEGACO）协议。呼叫控制模块用软件实现，而媒体处理模块可用软件或硬件实现，硬件实现将能极大地提高媒体处理的性能。这种分层的体系结构降低了系统的耦合度，增强了稳定性。软交换方式适用于频繁升级或容量大的 PoC 系统。

（3）对 PoC 业务发展的建议

PoC 业务利用公众移动蜂窝网络覆盖广的特点，可以使移动用户实现点到多点的群组呼叫，从而在多人之间有效、及时地分享信息。PoC 业务也能够给用户带来基于 IP 的多媒体应用，例如交互游戏等。PoC 业务能够使群组通话的用户“始终在线”，这种“始终在线”的特点使参与通话的成员只要按下 PTT 键即可通话。

虽然 PoC 有很多优点，但是我们也应看到 PoC 存在的不足，最重要的就是呼叫建立时延性能和通话时延性能不高，这主要是由于 PoC 是基于公众移动蜂窝网络的 VoIP 技术实现的。因此 PoC 不能像数字集群通信那样应用于应急联动和紧急呼叫的情况。同时由于 PoC 的可靠性和安全性不高，因此 PoC 也无法应用在对安全性要求很高的部门。PoC 业务更多的是应用在公司、酒店和休闲娱乐场所，丰富人们的沟通联系方式，增添人们的通信乐趣。

未来 PoC 业务的发展应该更多地关注提高业务时延性能、丰富业务类型和提供更多的业务功能。尽量地缩短 PTT 通话时延，发展 PushtoX（X 可以是文本、语音、图片和影像等多种形式）业务，并增加如用户优先级和灾难处理等功能，让 PoC 的业务更加完善，真正成为未来 3G 增值业务中的亮点和杀手级应用。

5．实践活动：典型 3G 业务的应用

（1）实践目的

熟悉典型 3G 业务的使用情况。

（2）实践要求

各位学员按照自己具有的手机所属运营商分成 3 组分别完成。

（3）实践内容

① 熟悉各大运营商主推的 3G 业务。

② 了解典型 3G 业务的使用情况。

任务 7　3G 业务平台和业务支撑系统

【问题引入】大家在接触各种令人眼花缭乱的业务时，心中是否想了解：这些业务是如何提供的？运营商如何进行管理？通过对本任务的学习，大家可以对 3G 业务平台和支撑系统有较好的了解，为后续更加深入的学习和今后的工作打下良好的基础。

【本任务要求】

1. 识记：3G 业务支撑系统架构。
2. 领会：典型 3G 业务平台架构。

3G 网络能提供比 2G 系统更大的语音容量和更强的数据通信能力，强大的数据通信能力（更大的系统吞吐量、更高的峰值速率、更强的 QoS 保障等）使得 3G 网络能承载更丰富、更多样化的增值业务。为了充分发挥 3G 网络的承载能力、确保 3G 系统的健康持续发展，应建立先进、高效、灵活和可扩展的业务平台，以方便各种业务（包括未来业务）的提供、运营和管理。

1．3G 业务平台

在电信行业，业务平台是指一个业务运营的基础平台。在这一平台上，电信运营商通过提供一些业务、计费等标准接口，就可以快速引入和推广各种新的业务。而其他企业可以借用运营商的平台和资源，推出新的业务。

（1）业务平台现状

目前，业务平台呈“竖井式”结构，各个业务平台间相互独立。这种竖井式的结构存在以下弊端：

① 业务孤岛造成各平台间信息相对孤立，业务使用方式受限，用户体验差；

② 同一用户信息分散在各个业务平台之间，数据分散冗余，无统一的数据中心；

③ 每个业务需在各自平台上进行认证/鉴权/授权，功能重复建设，不利于资源共享；

④ 业务集成与开发复杂，增加了新业务生成周期，市场响应速率慢。

随着移动通信的发展，这种“竖井式”的业务平台已不能满足各方的要求：从消费者角度而言，他们希望通过业务平台能够获得规范和优质的服务、享受统一的体验、灵活使用丰富的接入手段、方便快捷地得到个性化服务；从运营商的角度而言，他们希望通过业务平台

能够对业务进行统一管理、快速提供用户所需的多种业务、规范 SP 服务和管理、整合加工信息以提升产品价值；从业务提供商角度而言，他们希望通过业务平台能够简化接入、快速响应市场推出新产品、降低接入门槛以减少前期投入成本。因此，未来数据业务的发展要求建立统一的业务平台、充分整合和共享相关资源，以满足各方需求。

（2）目标业务平台架构

许多标准组织针对未来 3G 业务提出了统一的业务平台架构理念，旨在对业务进行统一规划和管理。

① GSMA 业务模型

GSMA 针对 3G 提出了十分简单的业务模型：每个业务可以由多个特征组成，而每个特征又基于多个业务引擎。其中业务（即高层应用）是指特定的端到端的业务；业务特征是实施业务的一组能力，如消息处理能力（发送、接收、存储、前转等）、用户文件管理、下载能力等；业务引擎是为实施某一业务特征所采用的网络和终端功能，包括标准的工具、协议和应用接口等，以提供基本的传送和控制机制。这包括 WAP Push、SAT、CAMEL、Java、安全性管理、定位等。GSMA 业务模型架构如图 1-20 所示。

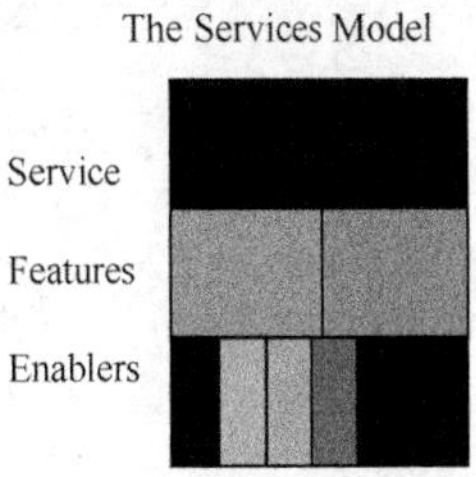

图 1-20　GSMA 业务模型架构

② 基于 VHE 的业务平台

为了确保能开放地对已经定义、未来将要定义的各种电信业务、增值业务进行个性化的商业运营，3GPP 引入了虚拟归属环境（VHE，Virtual Home Environment）的概念。这一抽象概念的目的是，无论用户位于什么地理位置、无论用户使用什么样的终端设备、无论用户访问什么样的网络（制约于网络和终端设备的能力），用户都能体验到一致的个性化特性、个性化用户界面、个性化的业务。换句话说，虚拟归属环境的首要需求是为用户提供个性化的业务环境。

3GPP 的虚拟归属环境（VHE）表达了 3G 中的统一业务（管理）平台的概念，目的是实现跨越不同网络和不同终端的个性化业务可携带性。

③ 基于 OSA 的业务平台

OSA 是 3GPP 组织提出的用于快速部署业务的开放业务平台。OSA 着眼于为移动通信用户提供业务，希望将业务部署和承载网络分离开来，成为独立部分以便第三方业务提供商有机会参与竞争，以利于多厂商互通和快速地部署新业务。OSA 实现方式是采用一种开放的、标准的、统一的网络应用编程接口 API，为第三方厂家提供业务加载手段，目前该接口基于 Parlay API。

OSA 体系架构如图 1-21 所示。

OSA 业务开发体系主要由以下 3 部分组成。

- 应用服务器。应用层主要由各种应用服务器组成，如 Web 服务、邮件服务器、位置服务器，以实现信息查询、信息定制、在线游戏、视频播放、基于位置的应用等，这些应用可以在一个或多个应用服务器中实现。各种各样的业务提供商都可以加入到这个行列中来，利用网络业务平台提供的标准开发接口 OSA API，快速生成丰富多彩的应用。
- 框架服务器。框架服务器典型的功能就是鉴权、授权和“发现”，当一个应用在使用网络的业务能力服务器 SCS 提供的业务功能之前，需要在应用服务器和框架服务器之间进行必要的双向鉴权和授权。鉴权和授权通过之后，应用服务器通过框架服务器的“发现”功能搜索并调用业务能力服务器 SCS 中相应的业务功能 SCF，如呼叫控制功能、移动用户当前位置查询功能、定位数据采集功能等。应用服务器与框架服务器之间采用开放的标准 OSA API 接口，而框架服务器与业务能力服务器之间采用内部自定义接口，为了实现在不同厂商设备之间的互连互通，该接口在一定范围也可以标准化。

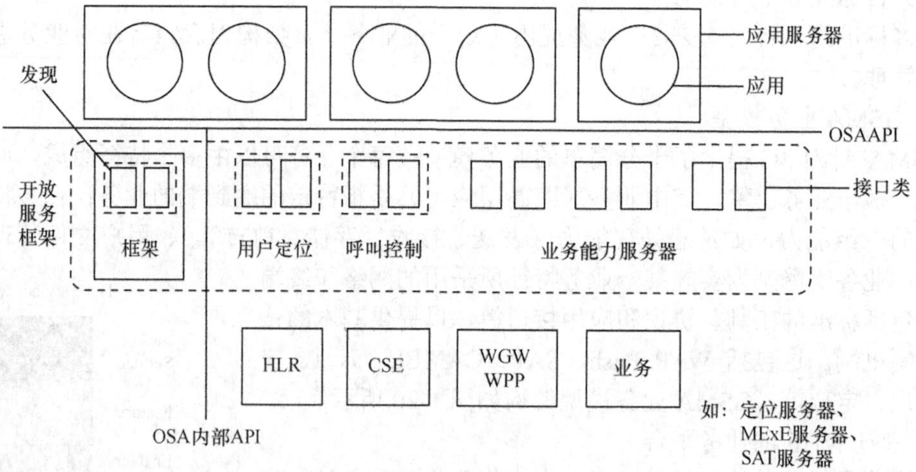

图 1-21　OSA 体系架构

- 业务能力服务器。业务能力服务器主要是为应用提供从底层网络功能中抽象出的业务能力特征（SCF），如呼叫控制、位置查询等。相同的 SCF 可能由多个业务能力服务器提供，也就是说在逻辑上相同的业务功能可能分布在不同的服务器中，例如呼叫控制功能可以由 SCS 在 CAMEL 和 MExE 上提供。同时，提供 OSA API 接口的 SCS 也可被分布到一个或多个物理实体中。例如，用户位置接口和呼叫控制接口可以在一个单个的物理实体中实现或分布到不同的物理实体中实现。简言之，在 3G 网络实现业务承载与业务控制分离的理念中，业务能力服务器（SCS）扮演了主要的呼叫控制功能的角色。

从开始的交换机本身提供业务，到智能网提供智能业务，再到应用 Parlay/OSA 作为下一代网络的业务解决方案，电信业务发展的趋势是业务可以独立于网络而存在。通过提供标准化的开放接口，向第三方开放网络能力及业务引擎，从而使应用提供商、业务提供商、企业乃至个人用户都可以方便地开发自己的业务和应用，这种 OSA 的理念已成为公认的 3G 网络业务发展的基本趋势。OSA 理念的实质就是将网络能力抽象成与网络无关的能力特征，并以开放式的 API 提供给应用，使得软件开发商可以快速的进行业务开发。这样业务平台一方面可以提供快速便捷的业务发布系统、统一的用户管理、业务管理、个性化的业务定制与呈现、严格的访问控制、切实有效的合作伙伴管理，以适应开放模式对业务运营支撑系统的要求；另一方面可以汇聚电信及 IT 域的网络能力，以开放接口及业务中间件的形式提供给第三方的业务开发商，使得业务开发可以真正脱离网络而存在，为业务的多样化、个性化提供技术保证。根据 OSA 理念构成的 3G 业务平台架构模型如图 1-22 所示。

3G 业务平台从功能结构上可分为业务能力、公共支撑、可选的应用中间件、数据存储以及应用 4 部分。

- 业务能力

业务能力是由电信域的业务使能部件如定位网关，以及 IT 域的业务使能部件如 GIS 系统等所提供的业务功能，这些业务能力可以被抽象并以一种开放接口的形式提供出来。所谓业务使能部件即俗称的业务引擎。

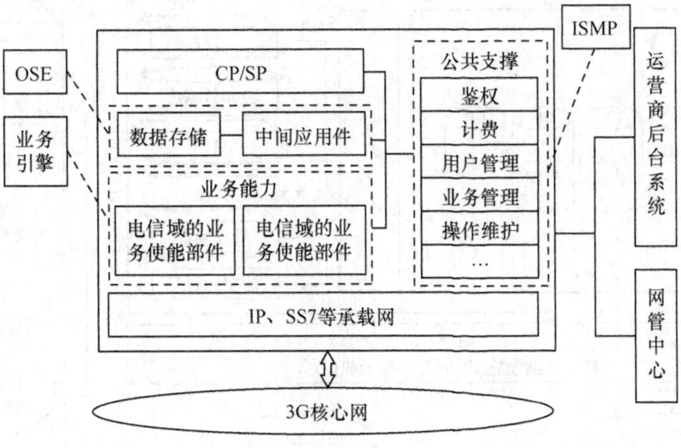

图1-22 基于OSA的3G业务平台架构

- 公共支撑

即综合业务管理平台，公共支撑可以看作是一种几乎所有的业务使能部件都需要使用的公共能力，如鉴权、计费等功能。应用则是包含一系列业务逻辑、可以为用户提供某种服务的应用程序。公共支撑部分要面向终端用户的业务运营及面向CP/SP的网络能力运营两个方面提供公共支撑能力，同时也是运营商增值业务运营的数据中心和管理中心，因此是运营商必须控制的实体。

- 应用中间件

为了进一步简化业务的开发、提供业务的快速部署，在应用与业务能力之间可以配置应用中间件。

- 数据存储

通过Web服务提供给CP使用的公共数据库或目录。

应用中间件和数据存储共同组成开放业务环境（OSE），主要提供与网络无关的业务开发，以简化业务开发、提高业务部署速度为目标，是网络能力的汇聚中心，它可以向第三方提供抽象特征及中间业务，同时它也面向CP提供内容存储、版权保护、内容推送等一站式服务。

④ OMA业务平台

OMA在全面继承WAP Forum工作的同时，也提出了“公共能力”的概念以及开放业务环境（OSE），将垂直架构的业务系统变革为水平架构系统，以便不同的业务系统可以共享鉴权、计费、管理等业务支撑功能。不同业务系统可以共享公共框架层提供的功能，业务引擎之间电能够协同工作，因此会在很大程度上降低业务开发周期、减少功能的重复开发、降低开发成本和风险。如图1-23所示，OMA的理念是在业务标准方面跨越不同的网络、业务、终端和内容，实现业务的平滑漫游和业务的广泛互通。

根据这些理念，并结合支撑电信运营商运营的一些关键要素，提出未来业务平台目标结构，如图1-24所示。

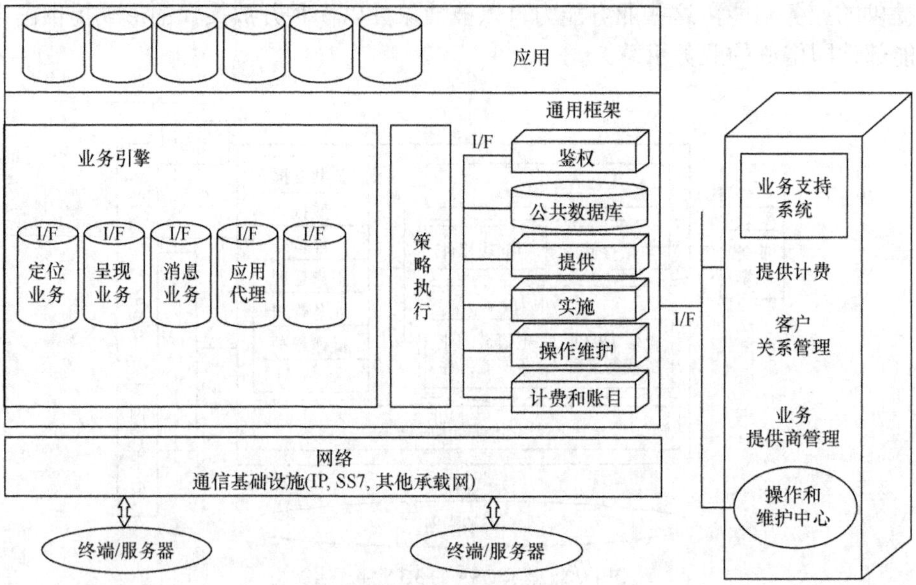

图 1-23　OMA 业务水平架构

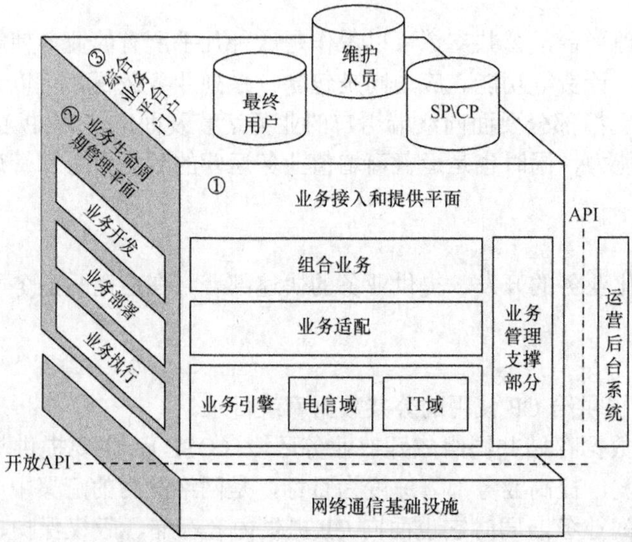

图 1-24　未来业务平台总体结构图

该目标业务网络架构能够高效、灵活地开发和部署各种宽带多媒体数据业务，以满足用户日益增加的个性化需求；并且能够便捷地通过标准的开放接口让更多的内容提供商和服务提供商加入业务供应链。运营商遵循各标准组织所部署的业务并不是最终的业务，而是一些业务使能能力。增值业务提供商可以基于这些业务使能能力去创建和开展各种各样的增值业务，从而形成开放的移动数据业务价值链。

（3）对目标业务平台的能力要求

目标业务平台在公共能力方面应具有以下特点。

① 统一的业务管理

未来的业务管理需要利用统一门户进行用户管理、业务管理、内容管理和合作伙伴管理。

用户管理提供用户注册、用户注销、用户鉴权、用户的业务/内容定购管理、并提供用户个性化的设置等。业务管理提供对业务生命周期的管理，包括业务的增加、删除、更改、查询，测试开通管理、业务鉴权等功能。内容管理提供对内容生命周期的管理，包括内容发布、查询、删除、审核、测试商用等；合作伙伴管理提供对SP/CP的统一管理、包括SP/CP的业务/内容申请、注册管理、鉴权管理、CP/SP的信息管理，采购协议/合同的管理等。

- 统一的用户信息管理

当前用户信息散落在网络各处。各业务平台中分别存储有每个业务使用者的用户业务状态（是否欠费、停机）、用户基本情况（用户名、口令、性别、年龄、伪码等）、用户使用的基础业务数据、用户业务订购情况和用户个性化设置信息等。实现统一的用户信息管理后，可以实现以下目标：集中用户信息，减少数据冗余，方便用户资料查询；分析客户业务定制行为，细化不同客户群的业务需求，制定有效的业务营销策略；掌握用户的业务使用习惯、业务分布情况，指导网络规划优化，提高服务质量；捕捉客户的兴趣爱好，指导业务提供商和内容提供商定制个性化业务和内容；为客户提供个人资料存储和多样化管理手段，方便客户数据恢复。

统一用户数据库是一个跨业务网络的逻辑实体，它在各业务平台用户数据库的基础上实现用户数据的统一存储和使用。

- 统一的门户管理

统一的门户管理包括统一的用户门户和统一的SP/CP门户。

统一的用户门户：业务直接面对用户的界面，门户体系通过多种承载形式（如Web用户界面、WAP用户界面、SMS用户界面、STK卡用户界面等）提供给用户多样化的数据业务的操作能力，如业务订购、取消、业务查询、导购、帮助和费用查询，并提供给用户个性化的设置等。

统一的SP/CP门户：提供给SP/CP作为业务发布和管理、内容发布和管理、统计、查询等接口操作界面，SP/CP可以在任意地点登录、自助进行内容发布维护、创建管理业务频道、查询删除已发布内容等。

门户是品牌的重要体现，统一的业务门户是运营商聚集用户和提供业务的渠道，而品牌是直接构架于这个领域的增值应用。特别是统一的用户门户，它处于面向用户的最前端，是用户用来区别运营商的重要标识。

- 统一的内容管理

统一的内容管理平台实现对内容的统一采集、编码、存储分发、调度、内容适配、版权管理等功能，为组播业务、点播业务、下载业务提供存储或直播的图片类、音乐类、视频类的多媒体内容。

② 标准化的终端管理

终端管理通过软件解决方案在网络侧远程优化手机相关服务，能为运营商客户关系管理系统和用户手机上保存的信息之间提供必要的连接。

终端管理能力非常重要，这是因为：

- 终端厂商手机推出周期越来越短，每2～3个月就会推出一款新品，手机的出产率明显提高；
- 数据业务的发展要求终端功能不断增加，随着大量新应用的涌现，特别是3G启动后越来越多的新业务，普通用户难以应对如此快的更新速度和为使用新业务而主动配置应用软件；
- 目前运营商客服中心通话量的增加基本来自对新业务和手机设置的询问，未来客服中心规模和水准将提高到什么程度。这无疑需要运营商来承担；

- 如果运营商了解用户对业务的使用习惯，并能有针对性地向其推广业务，可以大大提高业务的成功率。

OMA 组织已发布了终端管理标准 DM1.1.2 和 DM1.2，现在奔峰（BITFONE）、创道软件（INNOPATH）、RedBend 等公司主要提供基于 DM1.1.2 的产品，支持固件更新、配置更新为主的基本功能，将来还可支持数据备份、诊断及故障修复、客户化图形用户界面处理，甚至病毒防护等多种功能。

③ 集成 IP 多媒体子系统

IMS（IP 多媒体子系统）具有以下优点。

IMS 采用分层的水平体系架构和灵活的 SIP，提供了一个开放融合的业务平台；IMS 采用标准、开放的第三方接口，使业务开发更加开放，更易掌握，易于新业务的快速生成和应用；IMS 借鉴因特网协议和成功经验，采用基于 IP 的会话和呼叫控制，提供多媒体的业务环境，网络更加开放和灵活，能够快速部署 IP 多媒体应用；IMS 不依赖于任何接入技术和接入方式，保证用户能够获得一致的业务体验；IMS 由归属网络控制，运营商可以掌握网络资源的使用情况，加强对用户和业务的控制；IMS 网络满足通信网络的安全、计费和漫游及 QoS 方面的需求，解决了困扰因特网的可计费、可运营、安全保障等可运营的关键问题。

随着增值业务网络的重要性越来越高，对增值业务网络各个部分的性能要求也越来越高。这包括如下几点。

- 安全性：应建立完善的网络安全机制（防火墙系统、入侵检测系统、病毒防范系统等）；具备访问权限的识别和控制功能，及操作日志记录功能；采取定期备份或作数据容灾备份等措施，确保数据保存；
- 可靠性：具备 7 × 24 小时不间断运行的能力，网络、主机、存储备份设备、系统软件、应用软件等部分应该具有极高的性能，如系统响应速度快、具有冗余备份功能和数据恢复能力等；
- 可扩展性：对于软硬件平台，能够以多种方式支持系统的扩展，包括业务功能的增加，系统升级以及系统容量和规模的扩大等。具备支持多种组件模块、多种物理接口，提供技术升级、设备更新的灵活性；
- 可维护性：采用简洁、易用、统一风格的客户界面，提供维护管理和实时监控功能，简化系统的使用和维护，降低维护成本；
- 开放性：基于业界开放式标准，包括各种网络协议、硬件接口、数据库接口等，以保证系统的生命力；
- 先进性：软硬件平台以及应用软件采用先进成熟的设备和技术，确保系统的技术先进性，保证投资的有效性和延续性；
- 高效性：通过标准接口调用业务引擎，有效地缩短新业务开发周期，使运营商能够根据市场需求灵活地、快速地部署新业务，为用户提供更好的端到端服务及安全保障。

（4）向目标业务平台的逐步演进

3G 业务的继承性决定了业务网络发展是一个渐进的过程，应在保证平滑继承现有业务的同时，不断对现有业务系统进行改造，使业务网络逐步向理想目标演进，这是因为 2G/2.5G 业务是 3G 业务的子集，3G 网络建设需要考虑与现有系统的对接与兼容，业务网络的建设受现有系统的限制很大；考虑到业务开发的滞后性、保护网络投资、降低业务开发和市场培育成本等，运营商也需要将 2G/2.5G 网络的业务平稳过渡到由 3G 网络提供。

因此，建议根据运营商的具体情况，对增值业务网络的各个部分进行逐步改造。

业务管理平台的升级改造：利用统一门户进行用户管理、业务管理、内容管理和合作伙伴管理。同时增强业务管理平台的业务处理能力、平台接口的开放性、提高网络兼容性、采用更新的业务管理模式和运营手段；逐步建立数据中心，统一管理用户状态信息、用户基本信息、用户业务相关信息等用户信息；统一管理业务接入信息、业务参数信息、业务订购关系信息等业务信息；统一管理合作伙伴信息、合作伙伴业务/内容信息等合作伙伴信息；统一管理用户终端能力信息；建立对各业务的公共支撑部件（包括业务参数配置、计费支持、终端管理等）；建立统一的内容管理平台，为流媒体、综合下载、多媒体彩铃等业务平台提供图片类、音乐类、视频类的多媒体内容，包括对内容采集、存储分发、资源调度、内容适配、版权管理等功能；逐步建立完整的 IMS 网络架构，利用其开放业务接口，提供各种会话类和非会话类的增值应用服务；对原有 2G 业务平台进行平滑过渡或升级改造，并新建部分 3G 业务平台。

2．3G 业务支撑系统

3G 业务的推出给业务支撑系统的建设带来了新的挑战，本部分提出了 3G 业务支撑系统的建设方案，对其做了相应的比较分析。

（1）业务支撑系统的现状

移动公司的业务运营支撑系统从功能上讲，涵盖了对个人客户及集团客户的计费、结算、账务、营销管理、客户管理等方面，并根据业务需要与相关外部系统进行互联。业务运营支撑系统是一个综合的业务运营和业务管理平台，同时也是融合了传统语音业务与增值业务的综合管理平台。就目前而言，业务支撑系统在语音业务方面支持得较好，而在数据业务方面的支撑则较为薄弱，特别是数据业务牵涉多业务平台的情况下，系统支撑的矛盾越发突出。业务支撑系统基本上还是准实时计费，对于需要在线实时计费的业务还无法支持，也不支持基于内容的计费。另外后付费和预付费两套计费体系的存在，不利于业务的快速实施、部署和管理，后付费和预付费融合计费的要求迫切。因此，业务支撑系统在迎接 3G 业务的挑战时，应当考虑如何实现对新业务的快速支持，如何满足新业务对计费账务实时性和灵活性的要求，同时要注意平衡业务发展和系统改造之间的关系。

（2）3G 业务对业务支撑系统新的要求

3G 网络所支持的业务与 2G 网络相比有较大的变化，从基本的语音业务拓展到多媒体业务，新业务的特点对业务支撑系统提出了新的要求。

① 业务捆绑。3G 业务众多，针对用户的消费习惯细分客户群，推出各种捆绑业务和服务营销包，业务支撑系统需要支持业务捆绑打包销售。

② 实时计费。3G 业务具有实时的特点，运营商出于对欠费率的控制，以及用户对消费情况的期望，都要求业务支撑系统能够更及时有效和更准确地计算费用。因此，3G 业务支撑系统用户账户和信控管理会更加复杂。

③ 内容计费。针对众多内容供应商推出不同的业务，业务支撑系统还需要进行内容计费，根据通信的内容类型进行资费定制。运营商和内容供应商之间的供应链更加复杂，如何和内容供应商进行结算也是业务支撑系统要考虑的问题。

④ 更灵活的计费方式。3G 业务增加了对 QoS 的要求，业务支撑系统需要将 QoS 作为计费要素之一。业务支撑系统还需要根据不同业务采用按时长、流量和使用次数等方式计

费。3G 的计费采集点众多，协议复杂，业务支撑系统应该能够统一而不失灵活性地计费。

（3）3G 对业务支撑系统的影响

与 2G 相比较，3G 可以提供更高的传输带宽和速度。在业务模式上，3G 将提供更为灵活、多样化、个性化的业务。在运营模式上，3G 网络是一个开放体系，业务运营复杂，提供一种业务可能需要多种服务甚至多个运营商配合提供。复杂的价值链带来了复杂的运营模式，也带来了复杂的结算模式和计费的复杂性，3G 对业务支撑系统的影响主要有以下几方面。

① 数据采集：由于新业务和新计费要素的确定，3G 数据采集的话单格式和内容会有一定的变化，将会有更复杂的话单出现，但计费处理流程并没有太大变化。由于 3G 业务的特性，当用户使用 3G 业务时，会在不同网元设备上产生不同种类的服务使用记录，因而计费数据采集点数量众多，而且采集协议复杂，对复杂网络上的这些记录进行合并、关联、分拣过滤，是 3G 支撑系统准确计费和分析的基础。此时，需要一套专门的综合采集系统作为网络设备和支撑系统之间的桥梁，使运营商能够采集、处理和发送经过其网络的通信信息。

② 计费：需求复杂，3G 业务的计费必须具备对各种业务及服务——如语音、数据、注册用户游戏、影音流媒体内容和基于网络的服务进行融合计费的能力，实时性要求提升，服务定价和计费也比较复杂。

③ 结算：更多突出在合作伙伴方面，应该支持产业链所有环节的需求，系统应该具备代计费、代收费、代结算等能力，可以为产业链前后端提供一系列服务。

④ 账务：强化系统灵活性，要求系统能够针对不同的客户设计和需求来进行灵活的调整，同时要求不断提高系统的实时性，对全网性业务进行支持。

（4）3G 业务支撑系统建设思路及原则

3G 业务支撑系统仍主要包括数据采集、计费账务、结算和业务受理等部分，系统的体系架构和流程处理与 2G 时代基本相同，只是在计费、结算、账务处理和用户资料管理上需提供的功能更为强大，软件设置更为复杂，计费流程有一定的变化，并无本质性的差别。

3G 的建设，不仅要考虑如何满足未来 3G 业务的支撑需求，以及保护投资，确保平滑过渡，建设时更应遵循下列原则。

① 以 NGOSS 商业过程及集成框架模型为指导、以业务流程为导向、以客户为中心、数据为基础；

② 提前跟踪研究 3G 的业务特性和相关技术，统一规划，逐步实施；

③ 以 3G 业务的快速开展为目标，分阶段改造支撑系统，在满足初期 3G 业务开展的支撑需求的同时，逐步对支撑系统的架构进行重整，对系统功能进行扩充完善，对计费模式、市场营销模式等进行探索；

④ 3G 业务具有的实时性、移动性、漫游性、增值性、多方性等特点必然要求计费集中，因此 3G 计费系统应该全省集中建设，同时要求计费系统提供联机采集的功能，实现对 3G 业务详单级的计费处理。

（5）3G 业务支撑系统建设方案

遵循上述的建设思路，3G 业务支撑系统主要有两种建设方案。

方案一：以集中、融合的思想新建 3G 计费账务系统，作为以后融合（全业务，预付费/后付费）的基础。

考虑到融合计费系统建设的难度和周期，可分期建设。初期系统提供满足 3G 语音、数据业务的综合计费能力，3G 业务的实时计费在智能网或数据业务平台实现。3G 提供支持全业务计费的结构和模型扩展能力，满足远期的其他业务融合计费的要求，初期3G和其他业务捆绑策略可以通过账务级优惠来实现。中远期再根据实际情况，将其他业务割接到此系统，逐步融合实时计费功能，实现预付费/后付费的统一计费处理。

方案二：改造现有业务支撑系统实现3G业务支撑。

新建3G专业采集系统，完成3G网络承载业务的话单采集，同时对现有业务支撑系统各模块等进行相应的升级改造和扩容，增加对流媒体、位置服务等3G新业务的支持，并将3G计费账务融入2G的业务支撑系统中，由融合后的综合计费账务系统完成批价、计费、结算、账务处理和用户资料管理等功能，由综合系统出综合账单。此方案实现3G业务的准实时计费功能，3G计费与原有计费系统可直接捆绑，与其他业务捆绑策略可以通过计费账务系统实现。

上述两种方案的比较分析如表1-11所示。

表1-11 3G业务支撑系统建设方案比较表

比较内容	方案一（新建方案）	方案二（改造方案）
3G计费能力	可以高起点的建设新系统，有利于采用新技术、新结构，对3G业务计费提供很好的支撑，能快速满足3G计费需求	受原有计费系统的系统结构、模型和处理能力的限制，对3G业务计费支撑能力较方案一差些
系统演进	融合理念设计的新系统便于以后向全业务融合计费平滑过渡	为达到全业务融合计费，需要进行后续改造，工作量大
全业务优势	初期能体现3G语音业务和数据业务的融合计费	能否体现多业务优势，完全取决于对系统的改造程度
建设难度	起点高、系统扩展能力要求高，设计难度较高	改造难度与原有系统的设计密切相关
实施难度	新建系统的工程实施难度相对较小	对现有系统会产生直接影响，实施难度较大
对现有系统的影响	大大减少了对现有业务支撑系统的改造程度，对现有系统影响甚微	对现有系统会产生直接影响
对现有集成商的要求	与原来系统集成商的关系不大	需要原来系统集成商的参与和密切配合
管理维护	增加了管理维护的工作量，成本较高	整个业务支撑系统是统一的整体，利于后期维护
投资成本	投资很大	可以利用现有系统软硬件、人员、设计思路等多种资源，利于将来2G业务支撑的迁移，可以保护现有投资，避免浪费

（6）相关建议

综合参考上述两个方案的特点，方案二需对现有2G业务支撑系统的各模块进行改造，对现有系统影响较大，但该方案可利用现有业务支撑系统的硬件平台，很大程度上保护现有投资，因而建议采用此方案建设3G支撑系统，改造已有系统实现对3G业务的支撑，并逐步实现全业务的融合计费账务，具体示意图如图1-25所示。

① 数据采集

3G业务的数据采集源头较多，有电路域的MSC（移动交换中心）、分组域的CG（计费网关），以及SMSC（短消息中心）、GMLC（网关移动位置中心）、SCP（业务控制点）等，它们通过FTP或FTAM协议与计费系统进行数据传输，并且数据格式各不相同。对于新建的专业采集系统，应该考虑如何将各种采集源采集来的不同的数据统一起来，建议建立一个综合采集网关，该网关可以通过语义集线器识别不同的采集数据，包括对本地基本电信业务的数据采集、集团公司下发的数据文件采集、代收电信业务数据的采集等，同时还可以扩展到非电信网络运营业务的数据采集，还包括其他运营商或合作伙伴提供的数据文件等。综合采集网关类似于一个计费系统的预处理模块，把从各处采集来的数据通过语义集线器转换成统一的标准格式给计费、结算等系统使用。在建设综合采集网关时，要考虑语义集线器的可扩展性，不但要支持对 3G 的 MSC、CG、SMSC、GMLC、SCP、业务平台等采集数据的识别和转换，还要能够在新增采集源之后，在语义集线器中快速增加对新数据的识别和转换。

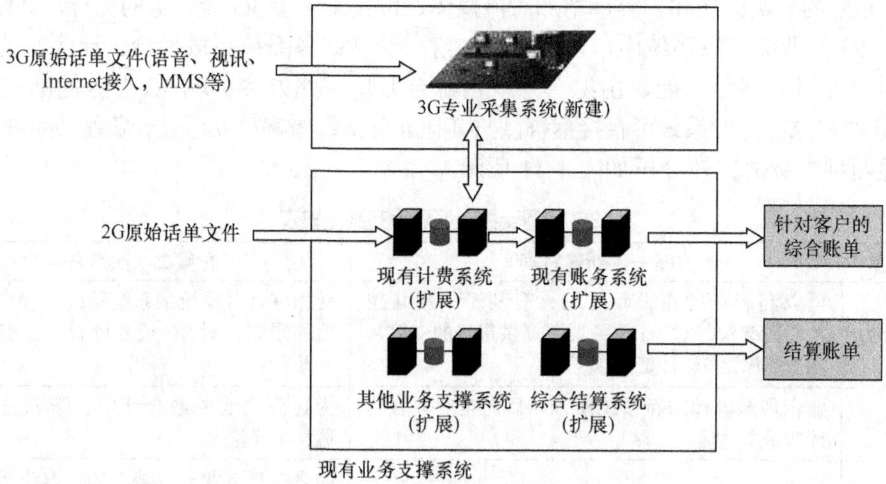

图 1-25　3G 业务支撑系统总体框架图

② 计费账务

改造计费账务系统，实现包括 3G 业务在内的全业务的计费账务处理功能。由于实时计费对于交换机和计费系统都有很高的要求，对软硬件资源的消耗都比较大，对于投资也可能是成倍的增加，因此应充分利用智能网和计费系统各自的优势，近期可以暂在智能网上实现部分用户的实时计费，在计费系统中实现准实时计费，二者分工合作实现对所有用户的计费。

③ 业务受理

通过对原有业务受理的功能扩充来实现 3G 业务受理、营销管理和客户管理等功能，逐步实现统一集中的全业务综合受理功能。

④ 客服

改造现有客服系统，整合 3G 客服功能，主要新增功能包括满足 3G 业务受理、营销、咨询、查询、故障受理等基本功能需求，然后逐步实现 3G 漫游用户的异地客户服务功能需求等。

⑤ 结算

在现有综合结算系统上进行改造升级，增加 3G 结算处理模块来实现对 3G 结算的支持，同时增加原有结算系统所不支持的结算功能。综合结算系统提供与联机采集系统的接口，实现对话单级的结算处理。

过关训练

一、填空题

1. 第一代模拟移动通信系统典型代表有________、________等。第二代数字移动通信系统典型代表有________和________。

2．3G 的 3 大主流标准分别是________、________、和________。

3．移动通信正在向综合业务化、________、软件化、________、智能化、________方向发展。

4．ITU 把第三代移动通信系统（3G）统称为________。车载通信速率为______ bit/s，步行通信速率为________bit/s，室内通信速率________bit/s。

5．3G 的标准化组织有两个，分别是________和________。

6．1G 到 2G 演进的需求推动力是________，2G 向 3G 演进的需求推动力是________。

7．ITU 在 WRC92 大会总共给 3G 系统分配带宽是________Hz。在 2000 年的 WRC2000 大会上，在 WRC-92 基础上又批准了新的附加频段：________、________、________。

8．中国在分配频谱时，给 FDD 系统分配了________________________MHz，给 TDD 系统分配了________MHz。

9．欧洲和日本提出的________，核心网将采用________以继承当前的 GSM 系统。北美提出的________，核心网采用________以兼容当前的 IS-95 CDMA 系统。

10．CDMA 技术与其他多址技术的比较，在相同频谱利用度情况下，CDMA 容量是 GSM 的________倍。

11．移动位置服务又叫________业务。

12．PTT/PoC 实现方案有基于________方案和基于________方案两种。

13．目前，业务平台呈________结构。

二、名词解释

1．移动通信

2．3G 业务

3．LBS

4．LTE

5．AIE

6．ARPU

7．业务平台

三、简答题

1．移动通信与固定通信相比，具有什么特点？

2．IMT-2000，其中 2000 的三重涵义是什么？

3．简述 3GPP 标准化情况。

4．简述 3GPP2 标准化情况。

5．3G 的目标是什么？

6．简述中国 3G 频谱分配（2002 年 11 月）情况。

7．简述 3G 业务的分类。

8．3G 的 3 种主要体制的比较。

模块 2

CDMA 技术基础

【本模块问题引入】在 3G 中最核心的技术就是：CDMA。那么 CDMA 技术有什么样的特色？CDMA 究竟能给移动通信带来怎样的好处？今天我们就一起来认识一下 CDMA。

【本模块内容简介】本模块共分 7 个任务。包括扩频通信概念、扩频通信的特点和主要技术指标、CDMA 码序列、CDMA 编码技术、CDMA 切换技术、CDMA 功率控制技术、CDMA 接收和检测技术。

【本模块重点难点】重点掌握扩频通信的概念、扩频通信的特点和主要技术指标、CDMA 切换技术、CDMA 功率控制技术、CDMA 接收和检测技术；难点是扩频通信的概念、CDMA 码序列。

任务 1　扩频通信概念

【问题引入】扩频通信技术作为新一代移动通信的核心技术，其理论基础是什么？CDMA 扩频通信原理是怎样的？直扩方式的信号频谱是如何变化的？说明了什么问题？这些是我们首先要掌握的内容。

【本任务要求】

1. 识记：扩频通信的理论基础、多址技术、3 种扩频技术。
2. 领会：扩频系统组成、CDMA 直接序列扩频技术、直扩方式的信号频谱变化。
3. 应用：直扩技术的应用分析。

扩频通信技术，即扩展频谱通信（Spread Spectrum Communication），它与光纤通信、卫星通信一同被誉为进入信息时代的三大高新技术通信传输方式。

1. 扩频通信的理论基础

扩频通信的基本思想和理论依据是香农（Shannon）公式。

香农在信息论的研究中得出了信道容量的公式：

$$C = B \times \log_2(1 + S/N)$$

C：信道容量，单位 bit/s；B：信号频带宽度，单位 Hz；S：信号平均功率，单位 W；N：噪声平均功率，单位 W。

这个公式指出：如果信道容量 C 不变，则信号带宽 B 和信噪比 S/N 是可以互换的。只要增加信号带宽，就可以在较低信噪比的情况下，以相同的信息速率来可靠地传输信息。甚至在信号被噪声淹没的情况下，也可以可靠地传输信息。

2．CDMA 扩频通信原理

（1）码分多址技术

码分多址（CDMA）包含两个基本技术：一个是码分技术，其基础是扩频通信技术；一个是多址技术。将这两个基本技术结合在一起，并吸收其他一些关键技术，形成了码分多址移动通信系统的技术支撑。

多址技术使众多的用户共用公共的通信线路。为使信号多路化而实现多址的方法基本上有 3 种，它们分别采用频率、时间或代码分隔的多址连接方式，即人们通常所称的频分多址（FDMA）、时分多址（TDMA）和码分多址（CDMA）接入方式。码分多址方式（CDMA）是一种先进的、有广阔发展前景的多址接入方式。目前，它已成为世界许多国家研究开发的热点。图 2-1 所示为这 3 种方式的简单示意图。

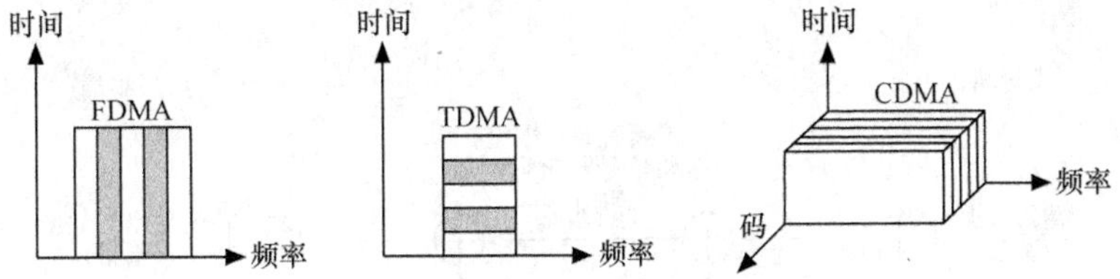

图 2-1　3 种多址方式概念示意图

FDMA 是以不同的频率信道实现通信的，TDMA 是以不同的时隙实现通信的，CDMA 是以不同的代码序列实现通信的。

（2）CDMA 扩频系统组成

码分多址是一种利用扩频技术，通过不同的代码序列实现的多址方式。它不像 FDMA、TDMA 那样把用户的信息从频率和时间上进行分离，它可在一个信道上同时传输多个用户的信息，也就是说，允许用户之间的相互干扰。其关键是信息在传输以前要进行特殊的编码，编码后的信息混合后不会丢失原来的信息。有多少个互为正交的代码序列，就可以有多少个用户同时在一个载波上通信。每个发射机都有自己唯一的代码（伪随机码），同时接收机也知道要接收的代码，用这个代码作为信号的滤波器，接收机就能从接收信号（包含所有其他信号）中恢复成原来的信息码（这个过程称为解扩）。

扩频通信系统的基本组成框图如图 2-2 所示。扩频通信系统除了具有一般通信系统所具有的信息调制和射频调制外，还增加了扩频调制，即增加了扩频调制和解扩部分。

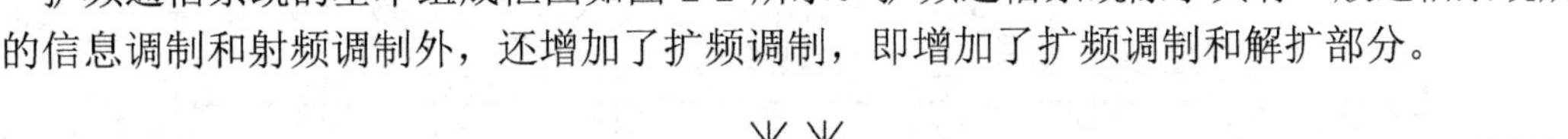

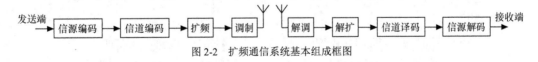

图 2-2　扩频通信系统基本组成框图

（3）CDMA 扩频方式

CDMA 扩频通信系统有 3 种实现方式：直接序列扩频（DSSS）、跳频扩频（FHSS）和跳时扩频（THSS），如图 2-3 所示。

（4）CDMA 直接序列扩频技术

CDMA 采用直接序列扩频通信技术，使用一组正交（或准正交）的伪随机噪声（PN）

序列，通过相关处理来实现多个用户共享空间传输的频率资源和同时入网接续的功能。CDMA 扩频通信原理如图 2-4 所示。

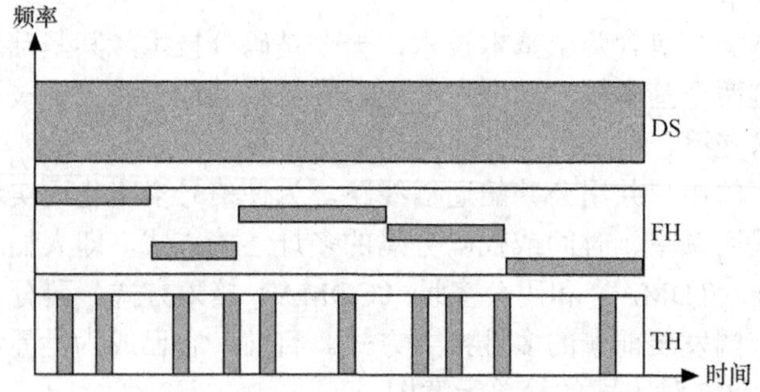

图 2-3 3 种 CDMA 扩频方式概念示意图

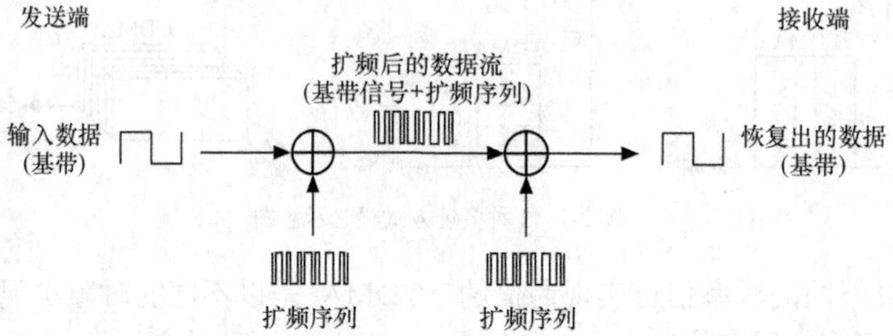

图 2-4 CDMA 扩频通信原理

在发送端，有用信号经扩频处理后，频谱被展宽；在接收端，利用伪码的相关性做解扩处理后，有用信号频谱被恢复成窄带谱。

宽带无用信号与本地伪码不相关，因此不能解扩，仍为宽带谱；窄带无用信号被本地伪码扩展为宽带谱。由于无用的干扰信号为宽带谱，而有用信号为窄带谱，我们可以用一个窄带滤波器滤除带外的干扰电平，于是窄带内的信噪比就大大提高了。

通常，CDMA 可以采用连续多个扩频序列进行扩频，然后以相反的顺序进行频谱压缩，恢复出原始数据，如图 2-5 所示。

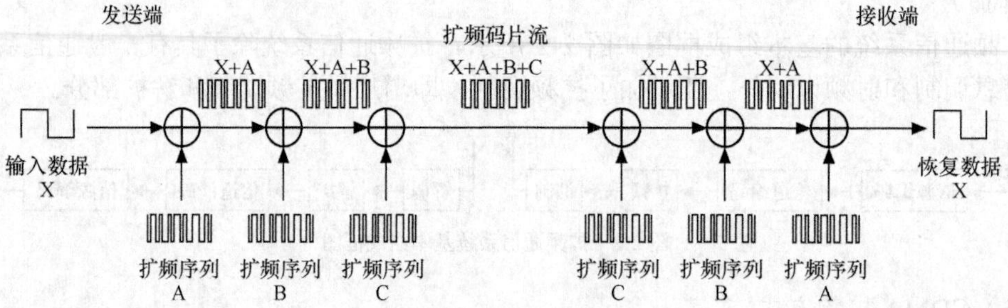

图 2-5 多次连续扩频

3．直接序列扩频的信号分析

直接序列扩频的代码序列时域变化过程如图 2-6 所示。

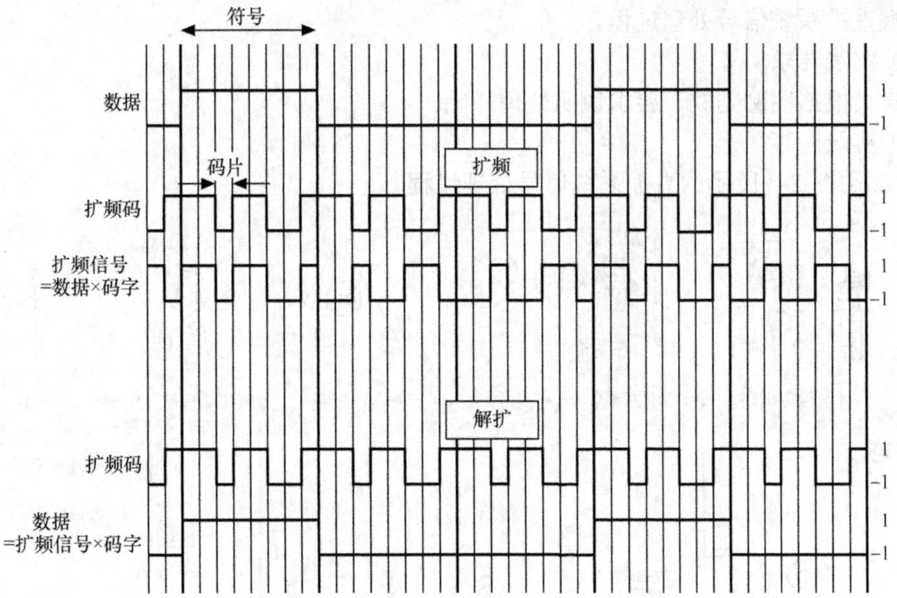

图 2-6　直接序列扩频的代码序列时域变化过程

从图 2-7 所示的扩频通信系统频谱变换过程中，可以知道：

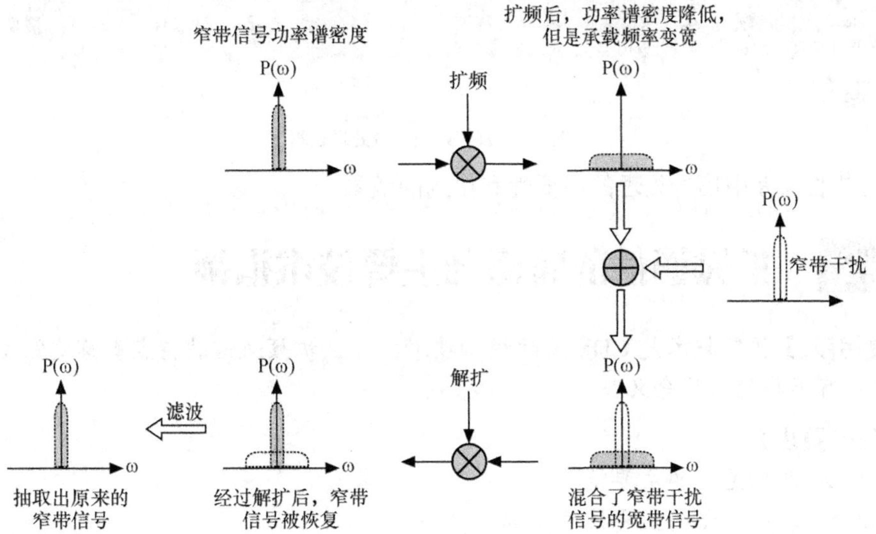

图 2-7　直序列扩频的频域分析

（1）在发送端信息数据经过信息调制器后输出的是窄带信号，经过扩频调制（加扩）后频谱被扩展变成宽带信号。

（2）在接收端，接收机接收的宽带信号中加有噪声信号，经过扩频解调（解扩）后有用信号变成窄带信号，而噪声信号变成宽带信号，再经过窄带滤波器，滤掉有用信号带外的噪声信号，从而降低了噪声干扰信号的强度，改善了信噪比。

4．实践活动：直扩技术的应用

（1）实践目的

掌握直扩系统信号处理过程。

（2）实践要求

各学员根据图例完成，要求说明处理原因。

（3）实践内容

① 熟悉图 2-8 所示的直扩系统信号处理过程。

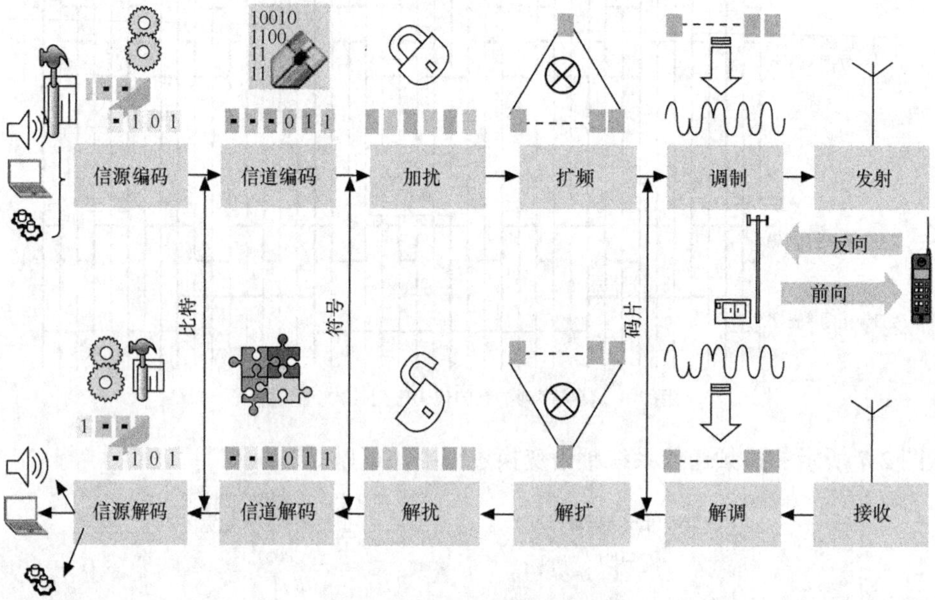

图 2-8　直扩系统信号处理过程

② 分析图 2-8 中信号处理的必要性和得到的效果。

任务 2　扩频通信的特点和主要技术指标

【问题引入】扩频技术是 CDMA 的核心技术，那么扩频通信的特点有哪些？主要技术指标有哪些？有怎样的实用含义？

【本任务要求】

1. 识记：扩频通信的主要特点。
2. 领会：扩频通信的主要技术指标。

1. 扩频通信的主要特点

扩频通信在发送端以扩频编码进行扩频调制，在接收端以扩频码序列进行扩频解调，这一过程使其具有诸多优良特性。

（1）抗干扰能力强

扩频通信在空间传输时所占有的带宽相对较宽，在接收端采用相关检测的方法来解扩，使有用宽带信息信号恢复成窄带信息信号。而对于各种形式的干扰，只要波形、时间和码元稍有差异，解扩后仍然保持其宽带性。然后通过窄带滤波技术提取出有用的信息信号。这样对于各种干扰信号，因其在接收端的非相关性，解扩后在窄带中只有很微弱的成分。因此信噪比高，抗干扰能力强。

（2）提高了频率利用率

在窄带通信中，主要依靠频道间隔来防止信道之间发生干扰。而在扩频通信系统中，由于采用了相关接收技术，系统本身的抗干扰能力强，所以扩频通信的发送功率可以很低（1～650mW），系统可以工作在信道噪声和热噪声背景中，易于在同一地区重复使用同一频率，也可与现今各种窄带通信共享同一频率资源，大大提高了频率利用率。

（3）保密性好

由于扩频信号在很宽的频带上被扩展了，单位频带内的功率很小，即信号功率谱密度很低。所以，在信道噪声和热噪声的背景下，使信号淹没在噪声之中，敌方一般很难发现有信号存在，再加上不知道扩频编码，就很难进一步检测出有用信号。由于它的隐蔽性好，因此，扩频信号具有很低的被截获概率，如图 2-9 所示。

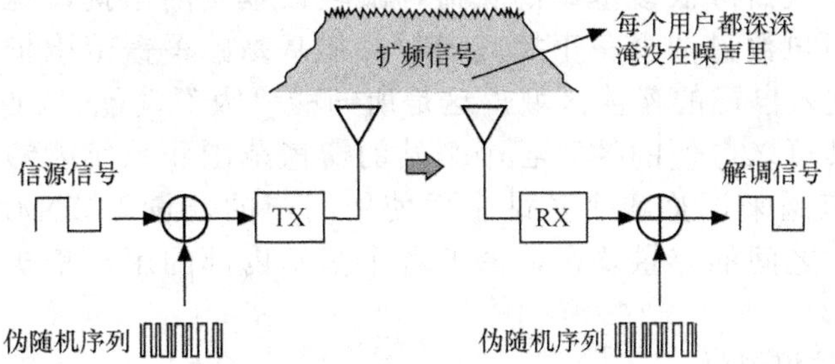

图 2-9　保密性示意图

同时，由于扩频信号具有极低的功率谱密度，它对目前广泛使用的各种窄带通信系统的干扰就很小。因此，在原有窄带通信的频段内同时进行扩频通信，可大大提高频率利用率。

（4）可以实现码分多址

从表面上看，扩频通信提高了抗干扰性能，但付出了占用频带宽的代价。如果能让许多用户共享这一宽频带，则可提高频带的利用率。正是由于扩频通信要用扩频编码进行扩频调制发送，而信号接收需要用相同的扩频编码之间的相关解扩才能得到，这就给频率复用和多址通信提供了基础。充分利用不同码型扩频编码之间的相关特性，给不同用户分配不同的扩频编码，就可以区分不同用户的信号。众多用户只要配对使用自己的扩频编码，就可以互不干扰地同时使用同一频率进行通信，从而实现频率复用和码分多址。

（5）抗衰落、抗多径干扰

扩频信号的频带扩展，信号分布在很宽的频带内，信号的功率谱密度降低，而多径效应产生的频率选择性衰落只会造成传输的小部分频谱衰落，不会造成信号严重变形，扩频系统具有抗频率选择性衰落的能力。

在抗多径干扰方面，扩频通信系统也非常易于实现。在移动通信中，多径干扰是一个很严重的、非解决不可的问题。系统常采用以下两种方法来提高抗多径干扰的能力：一是把最强的有用信号从接收到的多路信号中分离出来，即采用后面将要介绍到的分集技术，解决抗多径干扰的问题；二是设法把不同路径来的不同延迟、不同相位的信号在接收端从时域上对齐相加，合并成较强的有用信号，即采用梳状滤波器的方法。这两种技术在扩频通信中利用扩频码的自相关性都易于实现，由于扩频码具有自相关特性，在接收端可以方便地从多路信号中分离出最强的有用信号，或把多个路径来的同一码序列的波形相加合成。

（6）软容量

对于 CDMA 系统，用户数与服务级别存在比较灵活的关系，运营商可在话务量高峰期将误帧率稍微提高，来增加可用信道数，提高系统容量。

软容量是通过 CDMA 系统的呼吸功能来实现的，小区呼吸功能示意图如图 2-10 所示。

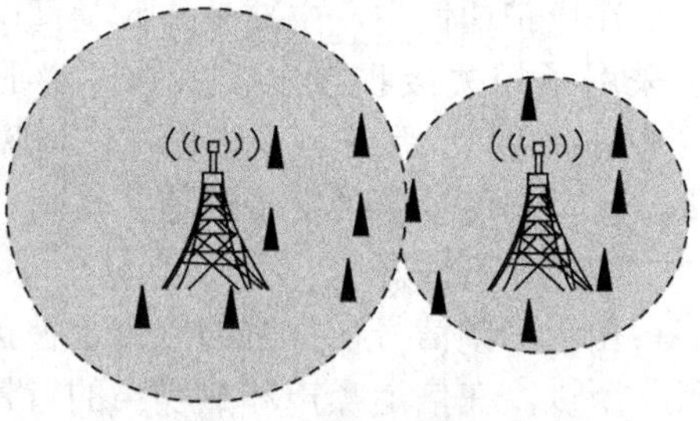

图 2-10　小区呼吸功能示意图

呼吸功能是 CDMA 系统中特有的改善用户相互干扰、合理分配基站容量的功能。它是指相邻基站间，如果某基站覆盖区正在通话的用户数量较多时，该基站的用户之间会产生较大的干扰，这时，该基站的覆盖范围缩小，使边缘部分用户通过软切换切换到负荷较轻的相邻基站中去，从而降低该基站的负荷，减轻该基站的干扰，这是所谓的“呼”功能；当该基站的用户数量减少、干扰减轻时，该基站的覆盖范围扩大，将相邻基站的用户通过软切换纳入自己的覆盖区域，这是所谓的“吸”功能。CDMA 系统实现呼吸功能的本质在于其可以方便的控制各个基站的覆盖范围和系统能够实现软切换，通过改变基站的覆盖范围来调整各个基站下面使用用户的数量，CDMA 系统通过呼吸功能，实现相邻基站之间的容量均衡，降低各个基站内部的用户干扰，从整个系统考虑是增加了容量。

（7）能精确定时和测距

利用电磁波的传播特性和扩频通信 PN 码的相关性，可以精确测出两物体之间距离，使精确定时和测距得以广泛应用。

2. 扩频通信的主要技术指标

衡量扩频通信系统的主要性能指标是系统的处理增益和抗干扰容限。

（1）扩频处理增益

① 扩频处理增益的定义：扩频处理增益（Spread Process Gain）或称为处理增益，是指扩频信号的带宽（即扩展后的信号带宽）与信息带宽（即扩展前的信息带宽）之比。

经分析得到，扩频处理增益 G 为

$$G = W/B = (S/N)_{\text{out}}/(S/N)_{\text{in}}$$

在工程中，以分贝（dB）表示

$$G_{\text{P}} = 10\log G = 10\log(W/B)$$

式中，G —— 扩频通信系统的扩频处理增益；

G_{P} —— 扩频通信系统的处理增益，单位为 dB；

W —— 扩频信号的带宽，单位为 Hz；

B —— 信息带宽，单位为 Hz；

$(S/N)_{\text{in}}$ —— 扩频解调前的信噪比；

$(S/N)_{\text{out}}$ —— 扩频解调后的信噪比。

② 扩频处理增益 G_{P} 的实际意义：扩频处理增益 G_{P} 是扩频通信系统的主要指标，它的取值一般可以在 100～1 000 000 之间（20dB～60dB）。扩频处理增益 G_{P} 正是反映了扩频通信系统对信噪比的改善程度。

在扩频通信系统中，接收机扩频解调后，只提取出带宽为 B 的有用信息，而排除掉宽频带 W 中的外部干扰、噪音和其他用户的通信影响，即接收机的输出信噪比相对于输入信噪比有很大的改善。

（2）抗干扰容限

① 抗干扰容限的定义：抗干扰容限 M_j 是在保证系统正常工作的条件下，接收机输入端能承受的干扰信号比有用信号高出的分贝（dB）数。

即扩频通信系统能在多大干扰环境下正常工作的能力，定义为

$$M_j = G_P - [(S/N)_{out} + L_s]$$

式中，M_j —— 系统的抗干扰容限，单位为 dB；

G_P —— 系统的处理增益，单位为 dB；

$(S/N)_{out}$ —— 接收机的输出信噪比，单位为 dB；

L_s —— 系统的损耗，单位为 dB。

② 抗干扰容限的实际意义：抗干扰容限直接反映了扩频通信系统接收机允许的极限干扰强度，它往往能比处理增益更确切地表征系统的抗干扰能力。

任务 3　CDMA 代码序列

【问题引入】在 CDMA 系统中，扩频过程实现的关键是采用了合理实用的代码序列，那么在 CDMA 系统中采用了哪些代码序列？各种序列如何生成？有哪些特点？应用的领域是怎样的？

【本任务要求】

1. 识记：4 种代码序列的生成方式、特点。

2. 应用：代码序列的应用。

在扩频系统中，要采用不同的码来区分不同的移动用户、多媒体业务中区分不同类型速率的业务、区分每个小区内的不同信道、区分不同基站与扇区。因此码需要有区分度，也就是所谓的正交。目前，扩频系统使用的码有 PN 码、Walsh 码、Gold 码和 OVSF 码。

1．PN 码

在扩频通信系统中，扩频码常采用伪随机序列。伪随机序列常以 PN 表示，称为伪随机码或伪码。

PN 码具有类似噪声序列的性质，是一种貌似随机但实际上有规律的周期性二进制序列。伪随机码的码型将影响码序列的相关性，序列的码元（称为码片 chip）长度将决定扩展频谱的宽度。因此伪随机码的设计直接关系到扩频通信质量的好坏。

（1）PN 码的产生原理

最常用的 PN 码是：m 序列。m 序列是最长线性移位寄存器序列的简称。顾名思义，m 序列是由多级移位寄存器或其他延迟元件通过线性反馈产生的最长码序列。

m 序列发生器的结构为 n 级移位寄存器，有两个等价的构造方法，m 序列产生器结构如图 2-11 所示。

① 简单式码序列发生器（SSRG）：其输入由移位寄存器中若干级的输出经模 2 加后得到，相当于反馈输入，这些反馈输入中至少包括最后一级的输出。

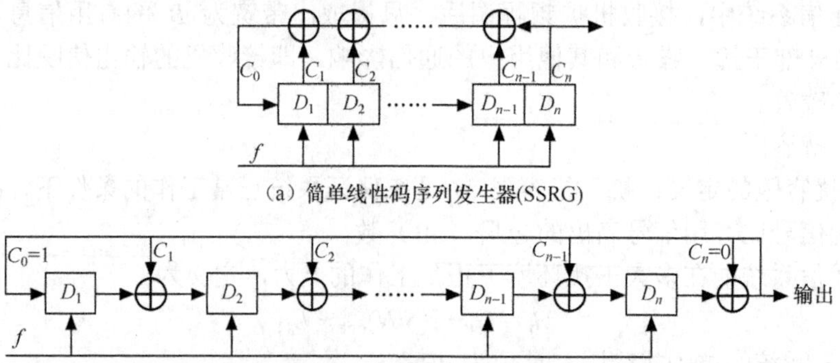

（a）简单线性码序列发生器(SSRG)

（b）模块式码序列发生器(MSRG)

图 2-11 m 序列产生器结构

用多项式来表达反馈输入，称为 m 序列的生成多项式。

$$f(x) = C_0 + C_1x^1 + C_2x^2 + \cdots\cdots + C_{n-1}x^{n-1} + C_nx^n$$

$f(x)$代表反馈输入，x^n 代表第 n 级的输出，C_0～C_n 代表反馈。注意公式中的加法为模 2 加，m 序列发生器要求 C_0 和 C_n 必须为 1。

② 模块式码序列发生器（MSRG）：每级的输出都可能与最后级的输出模 2 加后，作为下一级的输入。这种 m 序列发生器结构称为模块式码序列发生器。

SSRG 和 MSRG 在实际应用中有如下差别：

- SSRG 因多个输出级的模 2 加是串联的，所以时延大，工作速度低；
- 而 MSRG 模 2 加的动作是同时并行的，所以时延小，工作速度高。

CDMA（IS-95）中就是利用了 MSRG 来生成 m 序列。

m 序列的正交性不如 Walsh 码，这体现在同一级数 m 序列的互相关特性上。m 序列的互相关性大于 0，这也是使用 Walsh 码，而不直接使用 m 序列的重要原因。

m 序列的自相关性很强，当级数很大的时候，不同相位的 m 序列可以看成是正交的。

m 序列的周期为 2^r-1，r 表示移位寄存器级数。m 序列的数量与级数有关。

当 $r = 15$ 时，称为 PN 短码。

当 $r = 42$ 时，称为 PN 长码。

（2）PN 码在 CDMA 中的应用

在 CDMA 系统中使用的 m 序列有两种。

PN 短码：码长为 2^{15}；

PN 长码：码长为 $2^{42}-1$。

在前向信道中，长码用于扰码，短码用于正交扩频（标识基站）。长度为 $2^{42}-1$ 的 m 序列被用作对业务信道进行扰码（注意不是用作扩频，在前向信道中是使用正交的 Walsh 函数进行扩频）。长度为 2^{15} 的 m 序列被用作对前向信道进行正交调制，不同的基站使用不同相位的 m 序列进行调制，其相位差至少为 64 个比特，这样，最多有 512 个不同的相位可用。

在反向信道中，长码扩频（标识用户），短码正交调制。长度为 $2^{42}-1$ 的 m 序列被用作直接进行扩频，每个用户被分配一个 m 序列的相位，这个相位是由用户的 ESN（移动台的电子序号）计算出来，这些 m 序列的相位是随机分布且不会重复的。长度为 2^{15} 的 PN 码也被用作对反向业务信道进行正交调制，其相位偏置为 0。

2．Walsh 码

在工程中往往需要寻找一类有限元素的正交函数系，数学上有很多函数符合条件如离散傅里叶级数、离散余弦函数、Hadamard 函数、Walsh 函数等。在 CDMA 中采用了 Walsh 正交码。

Walsh 码是正交码，根据 Walsh 函数集而产生。Walsh 函数是一类取值于 1 与–1 的二元正交函数系。它有多种等价定义方法，最常用的是 Handmard 编号法，IS-95 中的 Walsh 函数就是这类定义方法。Walsh 函数集是完备的非正弦型正交函数集，常用作用户的地址码。

Walsh 函数集的特点是正交和归一化。正交是同阶两个不同的 Walsh 函数相乘，在指定的区间上积分，其结果为 0；归一化是两个相同的 Walsh 函数相乘，在指定的区间上积分，其平均值为+1。

生成 Walsh 序列有多种方法，通常是利用 Handmard 矩阵来产生 Walsh 序列。利用 Handmard 矩阵产生 Walsh 序列的过程采用迭代的方法。

移动信道属于变参多径信道，严格同步很难保证。所以在扩频码分多址系统中不能只采用 Walsh 函数。

对码序列的正交性研究表明，正交 Walsh 码组与伪随机 PN 码序列级联形成的级联码组，既保持了同步正交性又降低了非同步互相关函数值。因此在 CDMA 系统中，通常将 Walsh 码与 PN 码特性中各自优点进行互补，即利用复合码特性，这样可以很好地克服各自的缺点。

3．Gold 码

m 序列虽然性能优良，但同样长度的 m 序列个数不多，且 m 序列之间的互相关函数值并不理想（为多值函数），不便在码分系统中应用。

（1）Gold 序列定义

Gold 码是 m 序列的复合码，由两个码长相等、码时钟速率相同的 m 序列优选对模 2 加组成。

每改变两个 m 序列相对位移就可得到一个新的 Gold 序列。因为总共有 2^n-1 个不同的相对位移，加上原来的两个 m 序列本身，所以两个 n 级移位寄存器可以产生 2^n+1 个 Gold 序列。这样，Gold 序列数比 m 序列数多得多。$n = 5$，m 序列数只有 6 个，而 Gold 序列数有 $2^5+1 = 33$ 个。

（2）Gold 序列的基本性质

Gold 序列的数量：两个 m 序列优选对经不同移位相加产生的新序列都是 Gold 序列，两个 n 级移位寄存器共有 $P = 2^n-1$ 个不同的相对移位，加上原来的两个 m 序列本有身，总共个（2^n+1）Gold 序列，周期均为 2^n-1。

Gold 序列的相关特性：Gold 序列的周期性自相关函数是三值函数，同一优选对产生的 Gold 序列的周期性互相关函数为三值函数。与 m 序列相比，Gold 序列具有良好的互相关特性，系统采用这种码可以提供良好的多址能力。

（3）Gold 序列的生成

令 m_1，m_2 为同长度的两个不同 m 序列，如果 m_1，m_2 的周期性互相关函数为理想三值函数，即只取值：

$$R_c(\tau)=\begin{cases}2^{\left[\frac{n+2}{2}\right]}\\-1\\2^{\left[\frac{n+2}{2}\right]}\end{cases}$$

式中，[ ]表示取实数的整数部分。那么则称 m_1 和 m_2 为一个优选对。

Gold 码＝$m_1 \oplus m_2$（循环移位）

Gold 序列产生电路模型如图 2-12 所示，图中 m 序列发生器 1 和 2 产生的 m 序列是 m 序列优选对。m 序列发生器 1 的初始状态不变。调整 m 序列发生器 2 的初始状态，在同一时钟脉冲的控制下，产生的两个 m 序列经过模 2 加后可得到 Gold 序列。通过设置 m 序列发生器 2 的不同初始状态，可以得到不同的 Gold 序列。

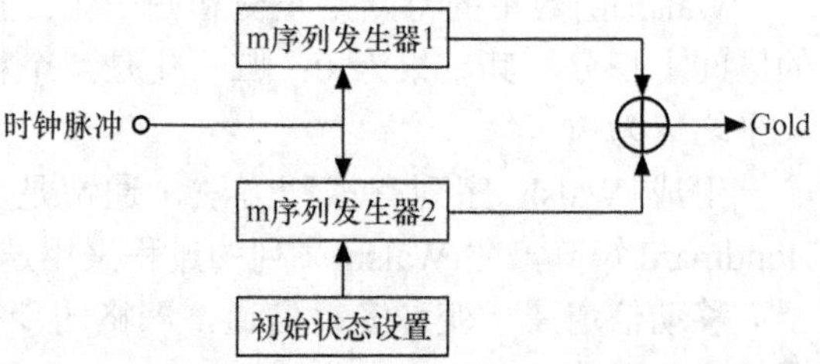

图 2-12 Gold 序列产生电路模型

（4）Gold 序列的应用

与 m 序列相比，Gold 序列具有良好的互相关特性，系统采用这种码可以提供良好的多址能力。Gold 序列在各种码分多址通信系统中获得了广泛的应用。

4．OVSF 码

（1）OVSF 码的定义

OVSF（Orthogonal Spreading Factor）称为可变扩频比正交码，是一类适用于满足不同速率多媒体业务和不同扩频比的正交码。

（2）引入 OVSF 码的原因

3G 系统中为了支持多速率、多业务，只有通过可变扩频比才能达到同一要求的信道速率。在同一小区中，多个移动用户可以在相同频段同时发送不同的多媒体（速率不一样），为了防止多用户业务信道之间的干扰，需要引入适合于多速率业务和不同扩频比的正交信道地址码，即 OVSF 码。

（3）OVSF 码的基本原理

可变扩频正交码可按图 2-13 所示的树状结构递归生成。

① 从长度为 1 的可变长度正交码序列 $W^0{}_1 = 1$ 开始，可在第 k 层生成长为 2^k 个正交扩频码序列；

② 同一层生成的各扩频码序列形成了 Walsh 函数集合，它们相互正交；

③ 不同层的两个扩频序列也是正交的，只要其中一个码序列不是另一个码序列的子集；

④ 有效的码序列数不是固定的，而是取决于每个物理信道的速率和 SF。

（4）OVSF 码的应用

第三代移动通信系统 WCDMA 就是采用这种正交可变扩频码，它对不同的速率和扩频因子均可保持下行信道间的正交性。

例：设用户甲的信息速率为 76.8kbit/s；用户乙的信息速率为 153.6kbit/s；用户丙的信息速率为 307.2kbit/s。经扩频后 3 个用户扩展到同一个码片速率 1.228 8Mbit/s 上。

不同周期长度即不同扩频比的 Walsh 树形结构图如图 2-13 所示。

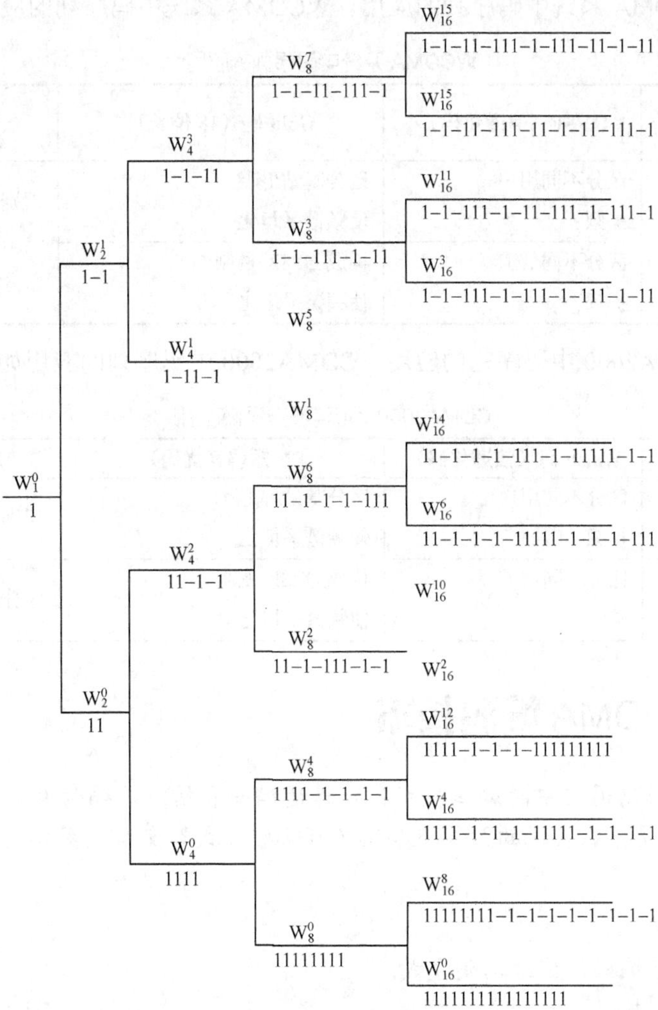

图 2-13　OVSF 码树形结构图

① 当 W_4^1（4 位）被采用作为速率 307.2kbit/s 的扩频码，即 307.2kbit/s × 4 = 1.228 8Mbit/s，则其后面的所有分支，也就是 W_4^1 后面所有延长码 W_8^5，W_8^1 就不能再作为扩频码；

② 当 W_8^2（8 位）被采用作为速率 153.6kbit/s 的扩频码，即 153.6kbit/s × 8 = 1.228 8Mbit/s，则其后面的所有分支，也就是 W_8^2 后面所有延长码 W^{10}_{16}，W^2_{16} 就不能再作为扩频码；

③ 当 W^3_{16}（16 位）被采用作为速率 76.8kbit/s 的扩频码，即 76.8kbit/s × 16 = 1.228 8Mbit/s，则其后面的所有分支，也就是 W^3_{16} 后面所有延长码就不能再作为扩频码。

5. 实践活动：码序列的应用

（1）实践目的

熟悉各种码序列在实际系统中的应用。

（2）实践要求

各学员熟悉码序列的应用。

（3）实践内容

① 熟悉 WCDMA 系统中码序列的应用。WCDMA 系统中码序列的应用如表 2-1 所示。

表 2-1　WCDMA 系统中码序列的应用

链 路 方 向	OVSF（信道化码）	Gold 码（18 位长）	Gold 码（9 和 25 位两种）
前向链路（下行）	区分不同用户 扩频	区分基站/扇区 使频谱平坦化	识别一对连接
反向链路（上行）	区分不同信道 扩频	构成 QPSK 调制 使频谱平坦化	区分用户

② 熟悉 CDMA2000 中码序列的应用。CDMA2000 中码序列的应用如表 2-2 所示。

表 2-2　CDMA2000 系统中码序列的应用

链 路 方 向	Walsh 码（信道化码）	PN 短码（扰码）	PN 长码（掩码）
前向链路（下行）	区分不同用户 扩频	区分基站/扇区 使频谱平坦化	识别一对连接
反向链路（上行）	区分不同信道 扩频	构成 QPSK 调制 使频谱平坦化	区分用户

任务 4　CDMA 编码技术

【问题引入】移动通信中的编码技术包括信道编码和信源编码两大部分。那么语音编码在 CDMA 系统中是怎么实现的？信道编码又有哪些方式？交织技术解决什么问题？这些都是应该掌握的内容。

【本任务要求】

1. 识记：语音编码、信道编码方式。
2. 领会：交织技术。
3. 应用：语音编码技术。

信源编码的目的是将信号转为适合在信道中传输的形式，并提高信息传输的有效性，即在保证不失真或允许一定失真条件下用尽可能少的符号来传送信息，以提高信息的传输率。信道编码的目的是以加入多余的码元为代价，换取信息码元在传输中可靠性的提高。信道编码的主要作用是差错控制。

1．语音编码技术

语音编码属于信源编码，目前语音编码技术通常分为 3 类：波形编码、参量编码和混合编码。

那么，什么样的语音编码技术适用于移动通信呢？这主要取决于移动信道的条件。由于频率资源十分有限，所以要求编码信号的速率较低；由于移动信道的传播条件恶劣，因而编码算法应有较好的抗误码能力。另外，从用户的角度出发，还应有较好的语音质量和较短的时延。

归纳起来，移动通信对数字语音编码的要求如下。

① 速率较低，纯编码速率应低于 16kbit/s。

② 在一定编码速率下音质应尽可能高。

③ 编码时延应较短，控制在几十毫秒以内。

④ 在强噪声环境中，算法应具有较好的抗误码性能，以保持较好的语音质量。

⑤ 算法复杂程度适中，易于大规模集成。

由于蜂窝系统在世界范围内的迅速发展，现在 CDMA 蜂窝系统的容量是以前其他蜂窝移动通信系统容量的 4～5 倍，而且服务质量、覆盖范围都较以前系统好。语音编码原理如图 2-14 所示。

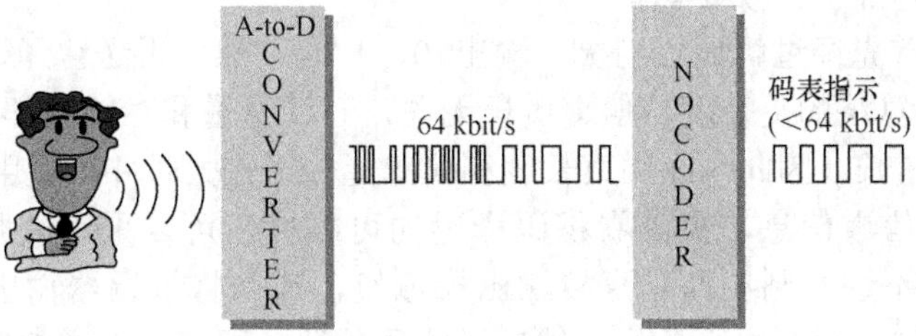

图 2-14 语音编码原理

为了适应这种发展趋势，CDMA 系统采用了一种非常有效的语音编码技术：Qualcomm 码激励线性预测（QCELP）编码。它是北美第二代数字移动电话的语音编码标准（IS-95），其语音编码算法是美国 Qualcomm 通信公司的专利。这种算法不仅可工作于 4kbit/s、4.8kbit/s、8kbit/s、9.6kbit/s 等固定速率上，而且可变速率工作于 800～9 600bit/s 之间。该技术能够降低平均数据速率，平均速率的降低可使 CDMA 系统容量增加到 2 倍左右。

QCELP 算法被认为是到目前为止效率最高的。它的主要特点之一是使用适当的门限值来决定所需速率。门限值随背景噪声电平变化而变化，这样就抑制了背景噪声，使得即使在喧闹的环境中，也能得到良好的语音质量，CDMA 8kbit/s 的语音近似于 GSM 13kbit/s 的语音质量。

CDMA2000 增加了 EVRC 语音编码方式，WCDMA 则采用的是 AMR 语音编码技术。

2．信道编码技术

信道编码是按一定的规则给数字序列 M 增加一些多余的码元，使不具有规律性的信息序列 M 变换为具有某种规律性的数字序列 Y（码序列）。也就是说，码序列中信息序列的诸码元与多余码元之间是相关的。在接收端，信道译码器利用这种预知的编码规则来译码，或者说检验接收到的数字序列 R 是否符合既定的规则从而发现 R 中是否有错，进而纠正其中的差错。根据相关性来检测（发现）和纠正传输过程中产生的差错就是信道编码的基本思想。信道编码示意图如图 2-15 所示。

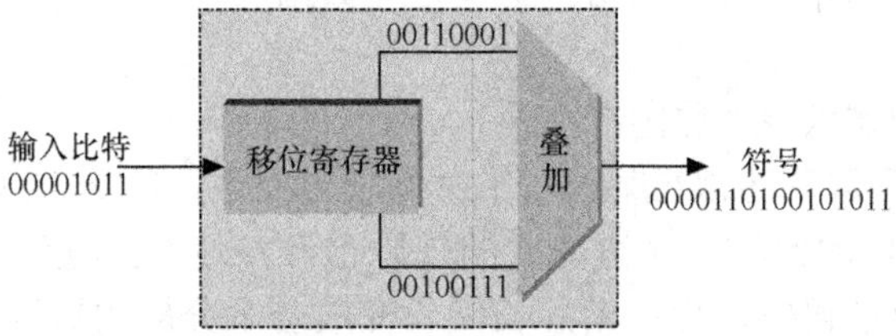

图 2-15 信道编码示意图

我们通常采用的编码方式有卷积编码、Turbo 编码、Reed-Solomon 编码等，CDMA 选用的码字是语音和低速信令采用卷积码，数据采用 Turbo 码。

（1）卷积码

卷积编码器在任何一段规定时间内产生的 n 个码元，不仅取决于这段时间中的 k 个信息位，而且还取决于前 $N-1$ 段时间内的信息位。此时监督码元监督着这 N 段时间内的信息，这 N 段时间内的码元数目 nN 称为这种码字的约束长度。

卷积码的解码方法有门限解码、硬判决 Viterbi 解码和软判决 Viterbi 解码。其中，软判决 Viterbi 解码的效果最好，是通常采用的解码方法，与硬判决方法相比复杂度增加不多，但性能上却优于硬判决 1.5～2dB。

接收到的符号首先经过解调器判决，输出 0、1 码，然后再送往译码器的形式，称为硬判决译码。Viterbi 算法的复杂度与信道质量无关，其计算量和存储量都随约束长度 N 和信息元分组 k 呈指数增长。因此，在约束长度和信息元分组较大时并不适用。

为了充分利用信道信息，提高卷积码译码的可靠性，可以采用软判决 Viterbi 译码算法。此时，解调器不进行判决而是直接输出模拟量，或是将解调器输出波形进行多电平量化，而不是简单的 0、1 两电平量化，然后送往译码器。即编码信道的输出是没有经过判决的“软信息”。

（2）Turbo 码

Turbo 编码由两个或以上的基本编码器通过一个或一个以上交织器并行级联构成，如图 2-16 所示。Turbo 码的原理是基于对传统级联码算法和结构上的修正，内交织器的引入使得迭代解码的正反馈得到了很好地消除。Turbo 码的迭代解码算法包括 SOVA（软输出 Viterbi 算法）、MAP（最大后验概率算法）等。由于 MAP 算法的每一次迭代的性能提高都优于 Viterbi 算法，因此 MAP 算法的迭代译码器可以获得更大的编码增益。

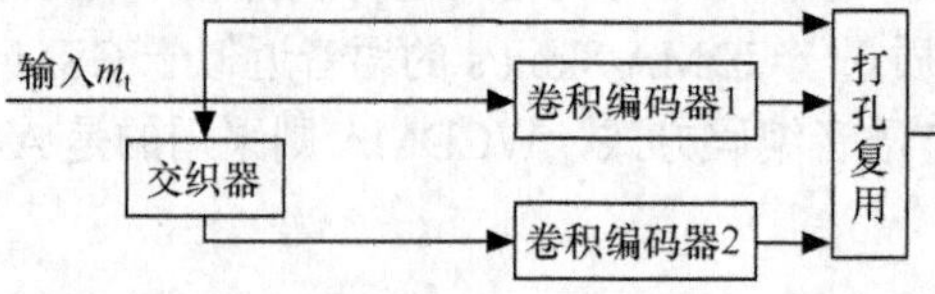

图 2-16　Turbo 编码器

（3）Reed-Solomon 码

Reed-Solomon 码是一类具有很强纠错能力的多进制 BCH 码，它由 Reed 和 Solomon 应用 MS 多项式于 1960 年构造出来。在线性分组码中 R-S 码的纠错能力和编码效率是最高的。

R-S 码常作为级联码的外码使用，CCSDS 标准采用了 R-S（255，233）与（2，1，7）卷积码加块交织的级联码编码方案，用于卫星空间数据的传输。

（4）交织技术

为什么要采用交织技术呢？原因有两个。

① 无线传输干扰和误码通常在某个较小时间段内发生，影响连续的几个突发脉冲。

② 如果把语音帧内的比特顺序按一定的规则错开，使原来连续的比特分散到若干个突发脉冲中传输，则可分散误码，使连续的长误码变成若干分散的短误码，以便于纠错，提高语音质量。

交织处理的优点：可以减少干扰对某个语音块的集中影响；通过信道解码，可以实现部分误码的纠正。

交织处理的缺点：语音处理加长了时延，增加了信号处理的复杂度。

交织技术示意图如图 2-17 所示。

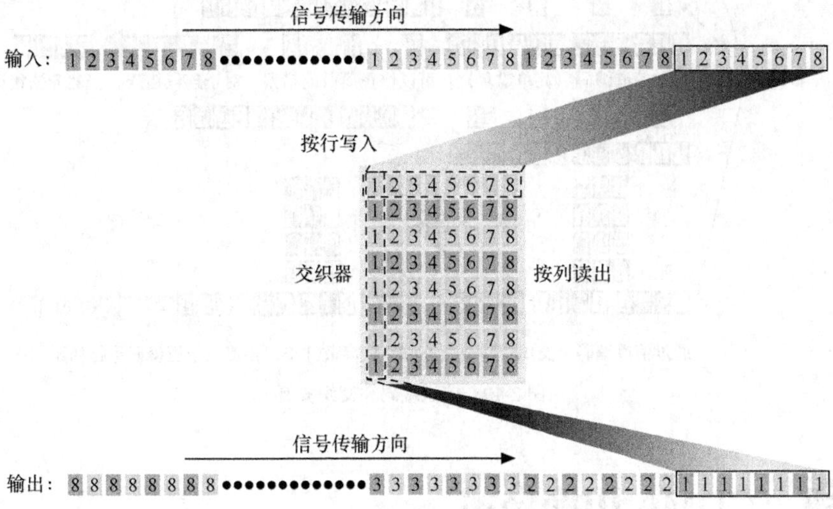

图 2-17　交织技术示意图

3．实践活动：CDMA 编码技术的应用

（1）语音编码技术的应用

① 实践目的：熟悉 CDMA 语音编码技术在实际系统中的应用。

② 实践要求：各学员结合实际情况熟悉 CDMA 语音编码技术在实际系统中的应用。

③ 实践内容：熟悉语音编码技术在实际系统中的应用。在现有移动通信系统中，语音编码技术的使用如图 2-18 所示。

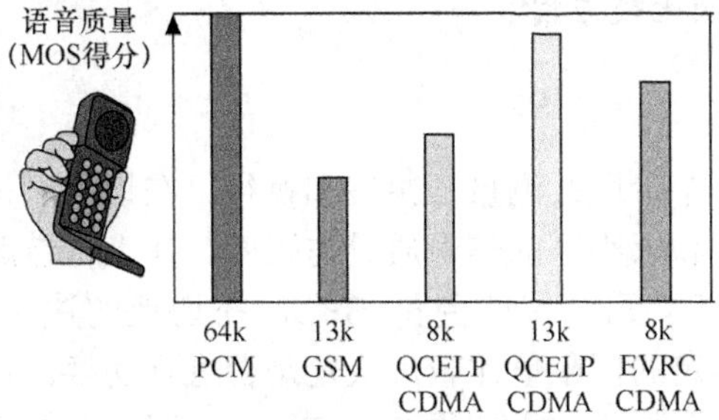

图 2-18　语音编码技术的使用

（2）信道编码和交织技术的应用

① 实践目的：熟悉信道编码和交织技术在实际系统中的应用。

② 实践要求：学员可结合实际情况熟悉信道编码和交织技术在实际系统中的应用。

③ 实践内容：熟悉信道编码和交织技术在实际系统中的应用。信道编码和交织实例如图 2-19 所示。

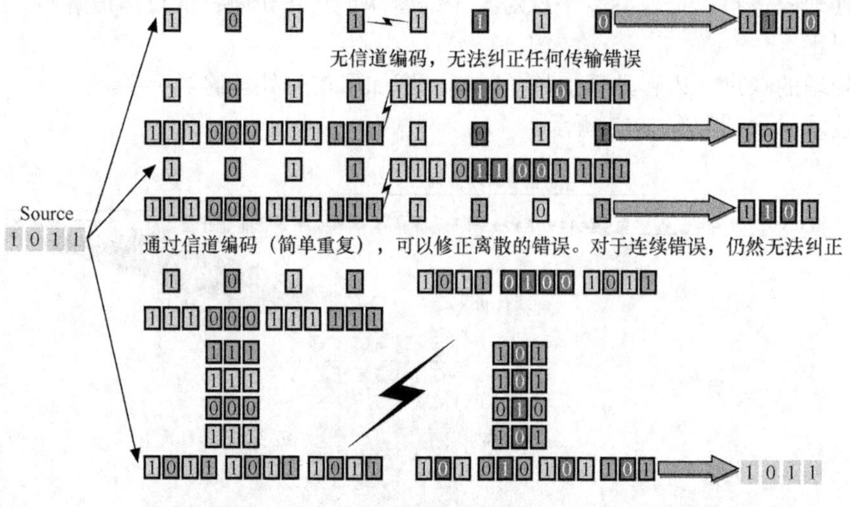

图 2-19　信道编码和交织实例

任务 5　CDMA 切换技术

【问题引入】切换是指将一个正在进行的呼叫从一个小区转移到另一个小区的过程。切换是由于无线传播、业务分配、激活操作维护、设备故障等原因而产生的。那么 CDMA 系统中用到哪些切换技术？各种切换技术有怎样的优缺点？应用场合怎样？这些都是我们要掌握的内容。

【本任务要求】

1. 识记：切换过程、各种切换技术的优缺点和应用场合。
2. 领会：各种切换技术的实现过程。
3. 应用：切换技术的比较应用。

1. 切换过程

切换过程可以分为 3 个阶段：测量、决策和执行。在切换测量阶段，典型的下行链路的测量由移动台测量本小区和邻小区的信号质量与强度。在上行链路由基站测量信号质量。测量结果发送到有关的网络单元、移动台和 BSC。在切换的决策阶段，有时也称为估值价段，将测量结果与预先确定的门限值比较后决定是否进行切换。再者，完成允许控制以验证新的用户能够进入新的小区而不致于使原有用户质量下降。在执行阶段，移动台进入软切换状态，一个新的基站加入或退出，或完成频率间的切换。

2. 切换技术

CDMA 系统中的切换技术包括：软切换、更软切换、频率间的硬切换。

（1）硬切换

无缝隙频率间的切换是 CDMA 网络一个重要的特性。用于具有分层小区结构和周围小区有更多载波的热点小区。在后一种情况下频率之间的切换可由热点小区中小区之间的切换来完成。在前一种情况下，有效的方法是测量另一载波频率。

硬切换是指先断开与旧的小区的联系，再和新的小区建立联系的切换过程，如图 2-20 所示。硬切换包括以下两种情况：同一 MSC 中的不同频点之间；不同 MSC 之间。

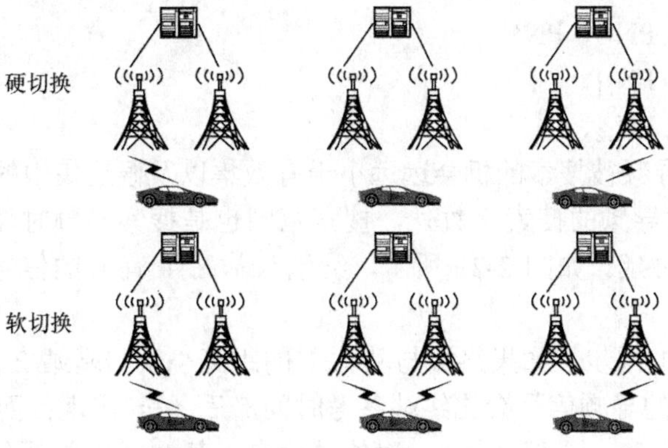

图 2-20　硬切换和软切换示意图

（2）软切换

软切换（Soft Handoff）是 CDMA 移动通信系统所特有的。软切换是指移动台在与新的基站建立联系之前并不断开与原基站的联系，而是同时保持与两个以上基站连接的切换过程，如图 2-20 所示。其基本原理如下：当移动台处于同一个 BSC 控制下的相邻 BTS 之间区域时，移动台在维持与原 BTS 无线连接的同时，又与目标 BTS 建立无线连接，之后再释放与原 BTS 的无线连接。发生在同一个 BSC 控制下的同一个 BTS 的不同扇区间的软切换又称为更软切换。

① 软切换的方式。软切换有以下几种方式：同一 BTS 内不同扇区相同载频之间的切换，也就是通常说的更软切换（Softer Handoff）；同一 BSC 内不同 BTS 之间相同载频的切换；同一 MSC 内，不同 BSC 之间相同载频的切换。

② 软切换的实现。所谓软切换就是当移动台需要跟一个新的基站通信时，并不先中断与原基站的联系。

软切换只能在相同频率的 CDMA 信道间进行。它在两个基站覆盖区的交界处起到了业务信道的分集作用。这样可大大减少由于切换造成的掉话。因为据以往对模拟系统 TDMA 的测试统计，无线信道上 90%的掉话是在切换过程中发生的。实现软切换以后，切换引起掉话的概率大大降低，保证了通信的可靠性。

在讲述软切换的流程之前，先介绍几个概念：导频集、搜索窗及切换参数。

- 导频集。与空闲切换类似，软切换中也有导频集的概念，终端将所有需要检测的导频信号根据导频 PN 序列的偏置归为以下 4 类。

有效集：当前前向业务信道对应的导频集合。

候选集：不在有效集中，但终端检测到其强度足以供业务正常使用的导频集合。

邻区集：由基站的邻区列表消息所指定的导频集合。

剩余集：未列入以上 3 种集合的所有导频的集合。

在搜索导频时，终端按照有效集以及候选集、邻区集和剩余集的顺序测量导频信号的强度。假设有效集以及候选集中有 PN_1、PN_2 和 PN_3，邻区集中有 PN_{11}、PN_{12}、PN_{13} 和 PN_{14}，剩余集中有 PN’、…，则终端测量导频信号的顺序如下：

PN_1、PN_2、PN_3、PN_{11}、

PN_1、PN_2、PN_3、PN_{12}、

PN_1、PN_2、PN_3、PN_{13}、

PN_1、PN_2、PN_3、PN_{14}、PN’

PN_1、PN_2、PN_3、PN_{11}、

PN_1、PN_2、PN_3、PN_{12}、…

可见剩余集中的导频被搜索的机会远远小于有效集以及候选集中的导频。

- 搜索窗。除了导频的搜索次数外，搜索范围也是搜索导频时需要考虑的因素。终端在与基站通信时存在时延。如图 2-21 所示，终端与基站 1 有 t_1 的信号延时，与基站 2 有 t_2 的信号延时。

假定终端与基站 1 同步，如果终端与基站 1 的距离小于与基站 2 的距离，必然 $t_1 < t_2$。对终端而言，基站 2 的导频信号会比终端参考时间滞后 $t_2 - t_1$ 出现；而如果终端与基站 1 的距离大于与基站 2 的距离，必然 $t_1 > t_2$，对终端而言，基站 2 的导频信号会比终端参考时间提前 $t_1 - t_2$ 出现。

因此在检测导频强度时，终端必须在一个范围内搜索才不会漏掉各个集合中的导频信号。终端使用了搜索窗口来捕获导频，也就是对于某个导频序列偏置，终端会提前和滞后一段码片时间来搜索导频。

如图 2-22 所示，终端将以自身的短码相位为中心，在提前于和滞后于搜索窗口尺寸一半的短码范围内进行导频信号的搜索。

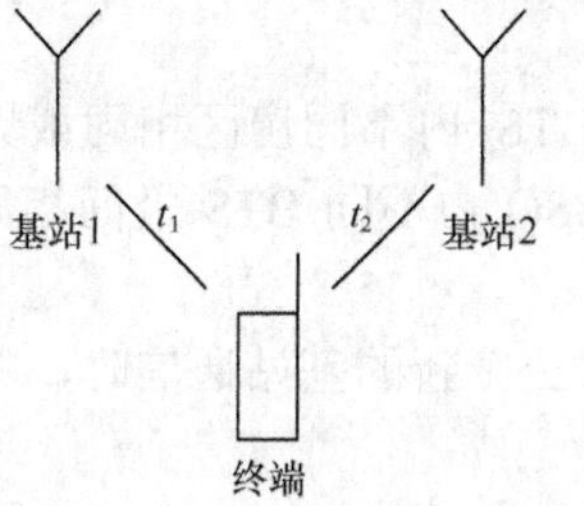

图 2-21　基站之间的延时差别

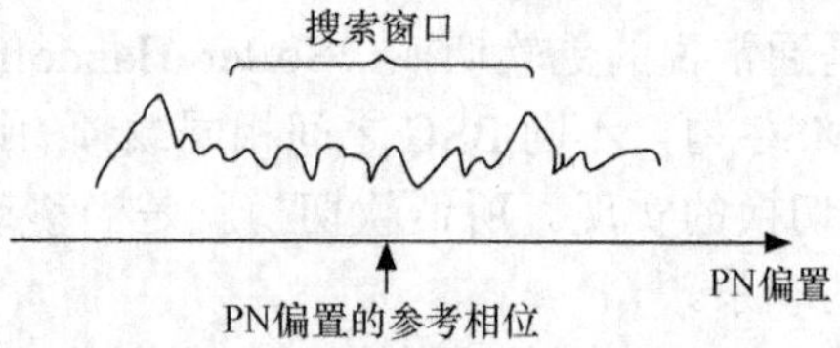

图 2-22　搜索窗口与导频信号

搜索窗口的尺寸越大，搜索的速度就越慢；但是搜索窗口的尺寸过小，会导致延时差别大的导频不能被搜索到。对于每种导频集，基站定义了各自的搜索窗口尺寸供终端使用。

- SRCH_WIN_A：有效集和候选集导频信号搜索窗口的尺寸；
- SRCH_WIN_N：邻区集导频信号搜索窗口的尺寸；
- SRCH_WIN_R：剩余集导频信号搜索窗口的尺寸。

SRCH_WIN_A 尺寸应该根据预测的传播环境进行设定，该尺寸要足够大，大到能捕获目标基站的所有导频信号的多径部分，同时又应该足够小，从而使搜索窗的性能最佳化。

SRCH_WIN_N 尺寸通常设得比 SRCH_WIN_A 尺寸大，其大小可参照当前基站和邻区基站的物理距离来设定，一般要超过最大信号延时的 2 倍。

SRCH_WIN_R 尺寸一般设得和 SRCH_WIN_N 一样大。如果不需要使用剩余集，可以

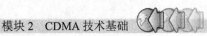

把 SRCH_WIN_R 设得很小。

例：在 CDMA 系统中，设 MS 到 BS 的直接传输距离为 1km，多径信号的传播距离为 3km，则 SRCH_WIN_A 的窗口尺寸应该设为多少？

解：

直传引起的 PN 码片延迟为：1 000/244 = 4.1chips；

多径传播引起的 PN 码片延迟为：3 000/244 = 12.3chips；

$$12.3 - 4.1 = 8.2\text{chips}$$

故 SRCH_WIN_A 的窗口尺寸应 ≥ 2 × 8.2 = 16.4chips，实际上可选 17chips。

- 切换参数。

T_ADD：基站将此值设置为移动台对导频信号监测的门限。当移动台发现邻区集或剩余集中某个基站的导频信号强度超过 T_ADD 时，移动台发送一个导频强度测量消息（PSMM），并将该导频转向候选集。

T_DROP：基站将此值设置为移动台对导频信号下降监测的门限。当移动台发现有效集或候选集中的某个基站的导频信号强度小于 T_DROP 时，就启动该基站对应的切换去掉计时器。

T_TDROP：基站将此值设置为移动台导频信号下降监测定时器的预置定时值。如果有效集中的导频强度降到 T_DROP 以下，移动台启动 T_TDROP 计时器；如果计时器超时，这个导频从有效集退回到邻区集。如果超时前导频强度又回到 T_DROP 以上，则计时器自动被删除。

T_COMP：基站将此值设置为有效集与候选集导频信号强度的比较门限。当移动台发现候选集中某个基站的导频信号强度超过了当前有效集中基站导频信号强度的 T_COMP × 0.5 dB 时，就向基站发送导频强度测量消息（PSMM），并开始切换。

移动台进行软切换的流程如图 2-23 所示。

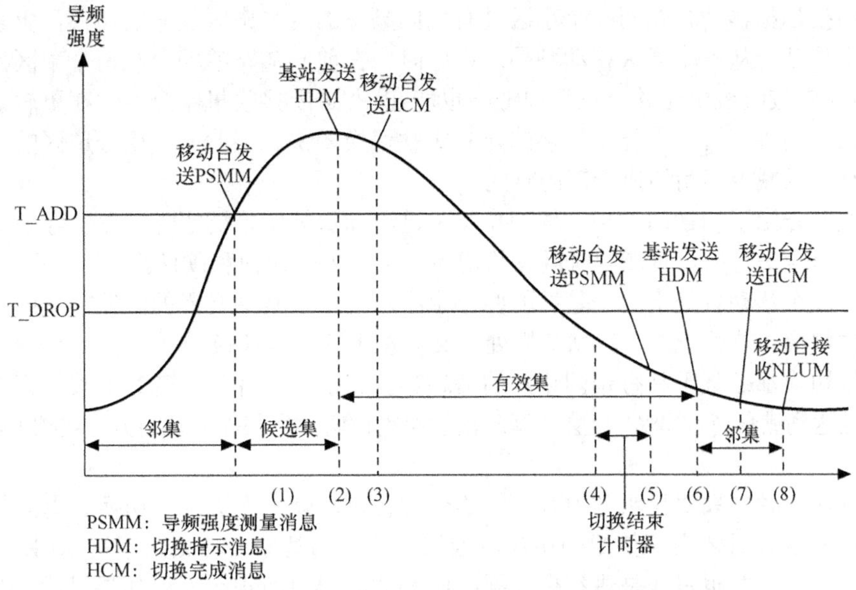

图 2-23　IS-95 软切换流程图

③ 软切换流程详细说明。

- 在进行软切换时，移动台首先搜索所有的导频信号，并测量它们的强度。当该导频强度大于一个特定值 T_ADD 时，移动台认为此导频的强度已经足够大，能够对其进行正确解调，但尚未与该导频对应的基站相联系时，它就向原基站发送一条导频强度测量消息（PSMM），以通知原基站这种情况，并且将导频集纳入候选集。
- 原基站将测量报告送往移动交换中心，移动交换中心让新的基站安排一个前向业务信道给移动台，并且原基站发送一条切换指示消息（HDM）指示移动台开始切换。
- 当收到来自基站的切换指示消息后，移动台将新基站的导频从候选集纳入有效集，开始对新基站和原基站的前向业务信道同时进行解调。移动台向原基站发送一条切换完成消息（HCM），通知基站自己已经根据命令开始对两个基站同时解调了。
- 随着移动台的移动，可能两个基站中某一方的导频强度已经低于某一特定值 T_DROP，这时移动台启动切换去掉计时器（移动台对在有效导频集和候选导频集里的每一个导频都有一个切换去掉计时器，当与之相对应的导频强度比特定值 T_DROP 小时，计时器启动）。
- 当该切换去掉计时器 T_TDROP 期满时（在此期间，其导频强度应始终低于 T_DROP），移动台向基站发送导频强度测量消息（PSMM）。
- 基站接收到导频强度测量消息后，将此信息送至 MSC（移动交换中心），MSC 再返回相应切换指示消息（HDM）给基站，基站发切换指示消息给移动台。
- 移动台将切换去掉计时器到期的导频将其从有效集移到邻区集。此时，移动台只与目前有效导频集内的导频所代表的基站保持通信，同时会发一条切换完成消息（HCM）告诉基站，表示切换已经完成。
- 移动台接收一个不包括该导频的 NLUM（邻域列表更新消息）。

（3）更软切换

更软切换是指移动台在同一个小区具有相同频率的两个扇区之间的切换。更软切换发生在一小区中移动台从一个扇区移动到另一扇区时。在前向链路移动台从两个扇区接收信号，然后在 RAKE 接收机中合并。在反向链路也能在 RAKE 接收机中合并。在更软切换中因不需要在基站之间进行转换，更软切换的建立比软切换要快。因此，可用分扇区的小区来实现街道的微小区以减少拐角切换所需的时间。

上面主要介绍了切换的类型、软切换实现过程和更软切换的概念，在实际系统运行时，这些切换是组合出现的，可能同时既有软切换，又有更软切换和硬切换。

例如，一个移动台处于一个基站的两个扇区和另一个基站交界的区域内，这时将发生软切换和更软切换。若处于 3 个基站交界处，又会发生三方软切换。

两种软切换都是基于具有相同载频的基站容量有余的条件下，若其中某一相邻基站的相同载频已经达到满负荷，MSC 就会让基站指示移动台切换到相邻基站的另一载频上，这就是硬切换。

在三方切换时，只要另两方中有一方的容量有余，就优先进行软切换。也就是说，只有在无法进行软切换时才考虑使用硬切换。当然，若相邻基站恰巧处于不同 MSC，这时即使是同一载频，在目前也只能是进行硬切换，因为此时要更换声码器。如果以后 BSC 间使用了 IP 或 ATM 接口，才能实现 MSC 间的软切换。

（4）3 种切换方式的比较

3 种切换方式的比较如表 2-3 所示。

表 2-3　　3 种切换方式的比较

切换方式	特　点	应　用
硬切换	（1）先断后接 （2）算法简单，资源利用率高，信令开销少 （3）切换成功率较低，掉话率较高	（1）主要是 FDMA 和 TDMA 系统中，如（1G、2G 的 GSM） （2）CDMA 系统中不同载频间 （3）不同系统间
软切换	（1）先接后断 （2）切换成功率高，掉话率低，具有增益 （3）资源利用率低，增加信令负荷，下行链路干扰增大	（1）适用于 FDD/CDMA 系统 （2）IS-95 获得成功应用 （3）WCDMA 和 CDMA2000 中主要切换方式
更软切换	（1）属于软切换 （2）由基站完成，不通过 MSC/RNC （3）不同的扇区天线起宏分集作用	（1）已在 IS-95 系统使用 （2）3G 系统中应用

（5）其他切换之空闲切换

另外需要提到的一个概念就是空闲切换。下面介绍在 IS-95 系统中，空闲切换的时机及工作原理。

当移动台在空闲状态下，从一个小区移动到另一个小区时，必须切换到新的寻呼信道上，当新的导频比当前服务导频高 3dB 时，移动台自动进行空闲切换。

导频信道通过相对于零偏置导频信号 PN 序列的偏置来识别。导频信号偏置可分成几组用于描述其状态，这些状态与导频信号搜索有关。在空闲状态下，存在 3 种导频集合：有效集、邻区集和剩余集。每个导频信号偏置仅属于一组中的一个。

移动台在空闲状态下监视寻呼信道时，它在当前 CDMA 频率指配中搜索最强的导频信号。

如果移动台确定邻区集或剩余集的导频强度远大于有效集的导频，那么进行空闲切换。

移动台在完成空闲切换时，将工作在非分时隙模式，直到移动台在新的寻呼信道上收到至少一条有效的消息。在收到消息后，移动台可以恢复分时隙模式操作。

在完成空闲切换之后，移动台将放弃所有在原寻呼信道上收到的未处理的消息。

3．实践活动：更软切换技术的应用

（1）实践目的

熟悉更软切换技术在实际 CDMA 系统中的应用。

（2）实践要求

各学员结合实际情况熟悉更软切换技术在实际系统中的应用。

（3）实践内容

熟悉软切换与更软切换的区别，软切换与更软切换如图 2-24 所示。

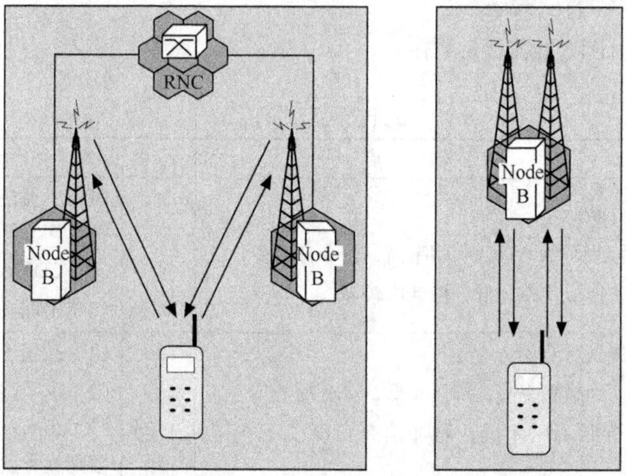

图 2-24　软切换与更软切换

任务 6　CDMA 功率控制技术

【问题引入】在 CDMA 系统中，功率控制被认为是所有关键技术的核心。那么功率控制是如何产生的？功率控制有哪些类型？如何完成功率控制？这些都是我们应该掌握的内容。

【本任务要求】

1. 识记：功率控制的产生及达到的效果。
2. 领会：各种功率控制的实现过程。
3. 应用：IS-95 系统中功率控制机制。

功率控制作为对 CDMA 系统功率资源（含手机和基站）的分配，如果不能很好解决，则 CDMA 系统的优点就无法体现，高容量、高质量的 CDMA 系统也不可能实现。

1. 功率控制概述

功率控制用于解决远近效应，可以通过图 2-25 所示的示意图来简单说明一下功率控制过程。

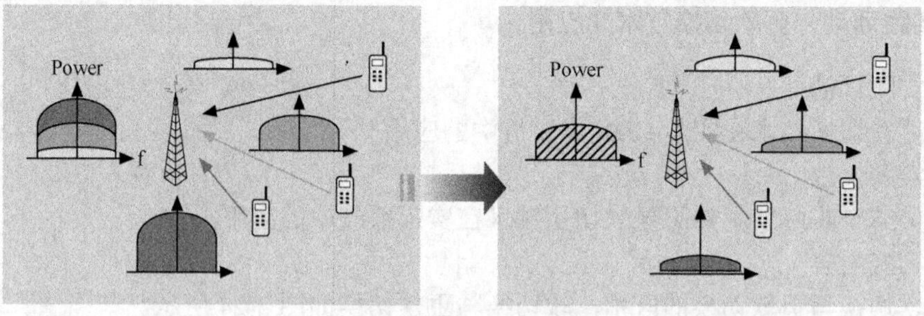

图 2-25　功率控制示意图

如果小区中的所有用户均以相同功率发射，则靠近基站的移动台到达基站的信号强；远离基站的移动台到达基站的信号弱，导致强信号掩盖弱信号。这就是移动通信中的“远近效应”问题。

CDMA 是一个自干扰系统，所有用户共同使用同一频率，所以“远近效应”问题更加突出。

CDMA 系统中某个用户信号的功率较强，对该用户的信号被正确接收是有利的，但却会增加对共享频带内其他用户的干扰，甚至淹没有用信号，结果使其他用户通信质量劣化，导致系统容量下降。为了克服远近效应，必须根据通信距离的不同，实时地调整发射机所需的功率，这就是“功率控制”。

按照通信的上下行链路方向，功率控制可以分为前向功控和反向功控，如图 2-26 所示。

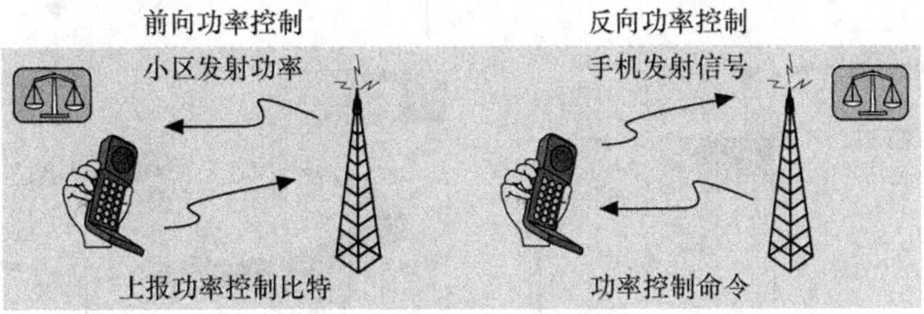

图 2-26　前向功控和反向功控

前向功控用来控制基站的发射功率，使所有移动台能够有足够的功率正确接收信号，在满足要求的情况下，基站的发射功率应尽可能地小，以减少对相邻小区间的干扰，克服角效应。前向链路公共信道的传输功率是由网络决定的。

反向功控用来控制每一个移动台的发射功率，使所有移动台在基站端接收的信号功率或 SIR 基本相等，达到克服远近效应的目的。

2．反向功控

CDMA 系统的容量主要受限于系统内移动台的相互干扰，所以如果每个移动台的信号到达基站时都达到所需的最小信噪比，系统容量将会达到最大值。

在实际系统中，由于移动台的移动性，使移动台信号的传播环境随时变化，致使每时每刻到达基站时所经历的传播路径、信号强度、时延、相移都随机变化，接收信号的功率在期望值附近起伏变化。因此，在 CDMA 系统的反向链路中引入了功控。

反向功控通过调整移动台发射功率，使信号到达基站接收机的功率相同，且刚刚达到信噪比要求的门限值，同时满足通信质量要求。各移动台不论在基站覆盖区的什么位置，经过何种传播环境，都能保证每个移动台信号到达基站接收机时具有相同的功率。

反向功控包括 3 部分：反向开环功控、反向闭环功控和反向外环功控。

（1）反向开环功控

CDMA 系统的每一个移动台都一直在计算从基站到移动台的路径损耗。当移动台接收到从基站来的信号很强时，表明要么离基站很近，要么有一个特别好的传播路径，这时移动台可降低它的发送功率，而基站依然可以正常接收；相反，当移动台接收到的信号很弱时，它就增加发送功率，以抵消衰耗，这就是反向开环功控，如图 2-27 所示。

反向开环功控简单、直接，不需在移动台和基站之间交换控制信息，同时控制速度快并节省开销。

但 CDMA 系统中，前向和反向传输使用的频率不同（IS-95 规定的频差为 45MHz），频差远远超过信道的相干带宽。因而不能认为前向信道上衰落特性等于反向信道上衰落特性，这是反向开环功控的局限之处。反向开环功控由反向开环功控算法来完成，主要利用移动台前向接收功率和反向发射功率之和为一常数来进行控制。具体实现中，涉及开环响应时间控制、开环功率估计校正因子等主要技术设计。

（2）反向闭环功控

反向闭环功控，即由基站检测来自移动台的信号强度或信噪比，根据测得结果与预定的标准值相比较，形成功率调整指令，通过前向功控子信道通知移动台调整其发射功率。反向闭环功控如图 2-28 所示。

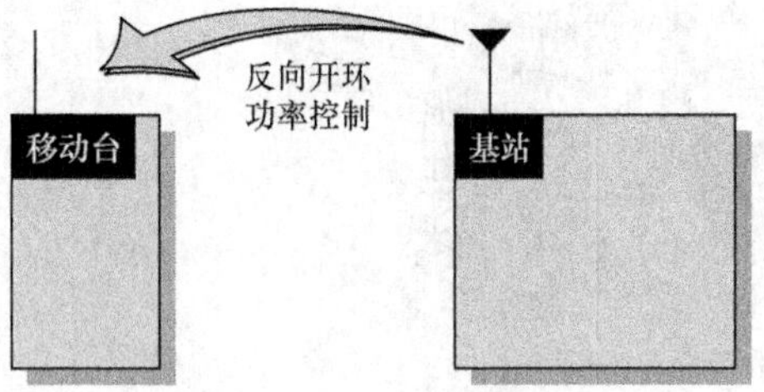

图 2-27　反向开环功控

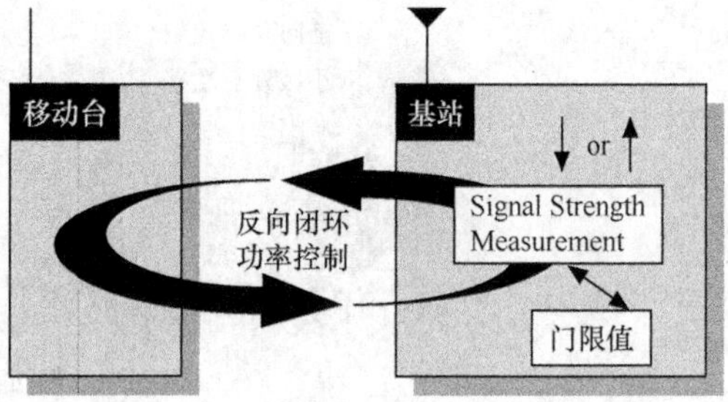

图 2-28　反向闭环功率控制

（3）反向外环功控

在反向闭环功控中，信噪比门限不是恒定的，而是处于动态调整中。这个动态调整的过程就是反向外环功控，如图 2-29 所示。

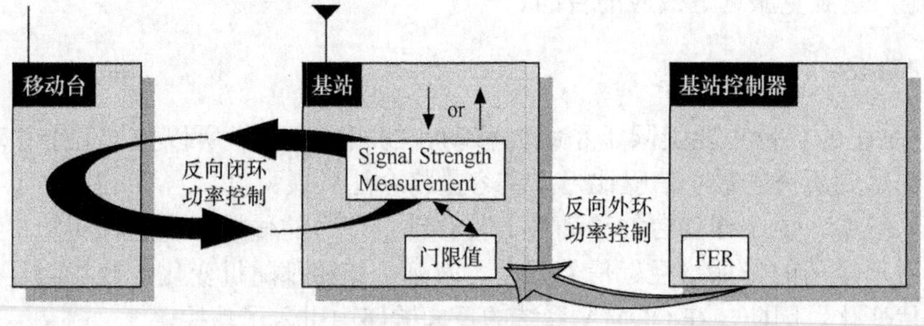

图 2-29　反向外环功控

在反向外环功控中，基站统计接收反向信道的误帧率 FER。

如果误帧率 FER 高于误帧率门限值，说明反向信道衰落较大，于是通过上调信噪比门限来提高移动台的发射功率。

反之，如果误帧率 FER 低于误帧率门限值，则通过下调信噪比门限来降低移动台的发射功率。

根据 FER 的统计测量来调整闭环功控中的信噪比门限的过程是由反向外环功控算法来完成的。算法分为 3 个状态：变速率运行态、全速率运行态、删除运行态。这 3 种状态全面反映了移动台的实际工作情况，不同状态下进行不同的功率门限调整。

考虑 9 600bit/s 速率下要尽可能保证语音帧质量，因此在全速率运行态加入了 1%的

FER 门限等多种判断。

反向外环功控算法涉及步长调整、状态迁移、偶然出错判定、软切换 FER 统计控制等主要技术。

在实际系统中，反向功率控制是由上述 3 种功率控制共同完成的。即首先对移动台发射功率作开环估计，然后由闭环功控和外环功控对开环估计作进一步修正，力图做到精确的功率控制。

3．前向功控

在前向链路中，当移动台向小区边缘移动时，移动台受到邻区基站的干扰会明显增加；当移动台向基站方向移动时，移动台受到本区的多径干扰会增加。

这两种干扰将影响信号的接收，使通信质量下降，甚至无法建链。因此，在 CDMA 系统的前向链路中引入了功率控制，前向功控如图 2-30 所示。

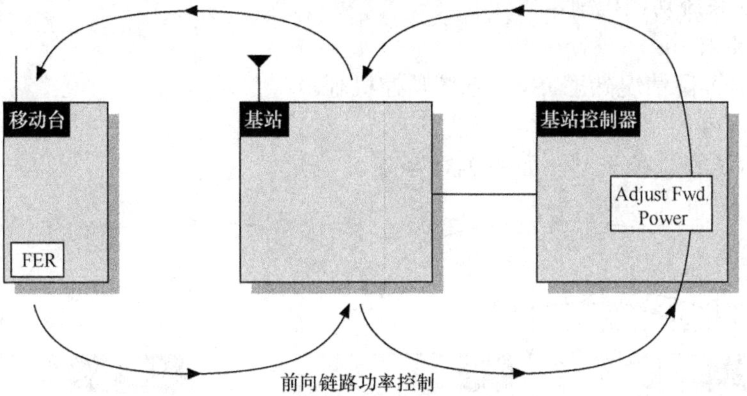

图 2-30　前向功控

前向功控通过在各个前向业务信道上合理地分配功率来确保各个用户的通信质量，使前向业务信道的发射功率在满足移动台解调最小需求信噪比的情况下尽可能小，以减少对邻区业务信道的干扰，使前向链路的用户容量最大。

在理想的单小区模型中，前向功控并不是必要的。在考虑小区间干扰和热噪声的情况下，前向功控就成为不可缺少的一项关键技术，因为它可以应付前向链路在通信过程中出现的以下异常情况。

当某个移动台与所属基站的距离和该移动台与同它邻近的一个或多个基站的距离相近时，该移动台受到邻近基站的干扰会明显增加，而且这些干扰的变化规律独立于该移动台所属基站的信号强度。此时，就要求该移动台所属的基站将发给它的信号功率提高几个分贝以维持通信。

当某个移动台所处位置正好是几个强多径干扰的汇集处时，对信号的干扰将超过可容忍的限度。此时，也必须要求该移动台所属的基站将发给它的信号功率提高。

当某个移动台所处位置具有良好的信号传输特性时，信号的传输损耗下降，在保持一定通信质量的条件下，该移动台所属的基站就可以降低发给它的信号功率。由于基站的总发射功率有限，这样就可以增加前向链路容量，也可以减少对小区内和小区外其他用户的干扰。

与反向功控相类似，前向功控也采用前向闭环功控和前向外环功控方式。在 CDMA 2000 1x

系统中，还引入了前向快速功控概念。

（1）前向闭环功控

闭环功控把前向业务信道接收信号的 E_b/N_t（E_b 是平均比特能量，N_t 指的是总的噪声，包括白噪声、来自其他小区的干扰）与相应的外环功控设置值相比较，来判定在反向功控子信道上发送给基站的功率控制比特的值。

（2）前向外环功控

前向功控虽然发生作用的点是在基站侧，但是进行功率控制的外环参数和功率控制比特都是移动台通过检测前向链路的信号质量，得出输出结果，并把最后的结果通过反向导频信道上的功率控制子信道传给基站。

4．实践活动：IS-95 系统功控机制

（1）实践目的

熟悉 IS-95 系统功控机制。

（2）实践要求

各学员结合实际情况熟悉 IS-95 系统功控机制。

（3）实践内容

熟悉 IS-95 系统功控机制，如图 2-31 所示。

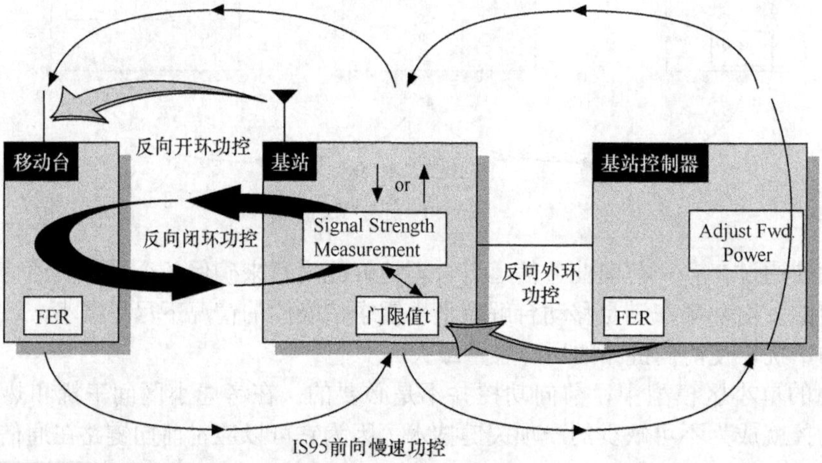

图 2-31　IS-95 系统功控机制

任务 7　CDMA 接收和检测技术

【问题引入】RAKE 接收技术是 CDMA 系统中的重要创新，也是解决多径衰落最有效的措施，那么 RAKE 接收技术是如何接收信号的？对应的检测技术又是怎样消除干扰的？

【本任务要求】

1. 识记：RAKE 接收原理。
2. 领会：多用户检测实现原理。
3. 应用：RAKE 接收抗多径衰落原理、干扰消除技术。

1．RAKE 接收机

RAKE 接收机也称为多径接收机，即指 RAKE 接收机可以分离多径信号。由于无线信号传播中存在多径效应，基站发出的信号会经过不同的路径到达移动台处，经不同路径到达移动台处的信号到达时间是不同的，如果两个信号到达移动台处的时间差超过一个信号码元的宽度（CDMA2000 中，每个 chip 的空间距离约为 244m；WCDMA 中，每个 chip 的空间距离约为 78m），RAKE 接收机就可将其分别成功解调，RAKE 接收机将分离的多径信号进行矢量相加（即对不同时间到达移动台的信号进行不同的时间延迟使其同相），这样移动台就可以处理几个多径分量，达到抗多径衰落的目的，提高移动台的接收性能。基站对每个移动台信号的接收也是采用同样的道理，即也采用 RAKE 接收机。另外，在移动台进行软切换时，也是由于使用 RAKE 接收机接收不同基站的信号才得以实现。RAKE 接收技术在多径衰落条件下有效提高接收性能的示意图如图 2-32 所示。

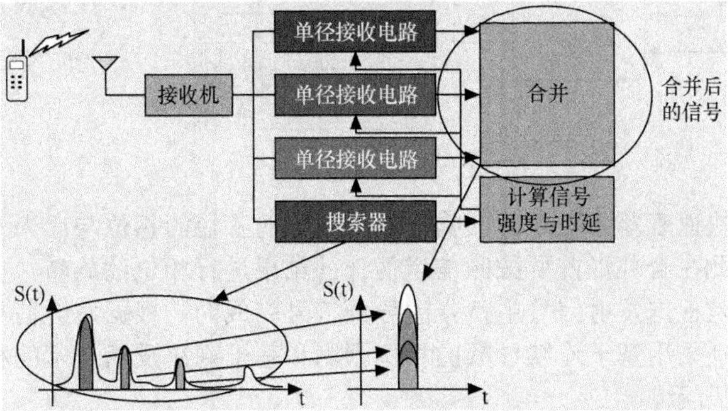

图 2-32　RAKE 接收技术在多径衰落条件下有效提高接收性能示意图

在 CDMA 扩频系统中，信道带宽远远大于信道的平坦衰落带宽。不同于传统的调制技术需要用均衡算法来消除相邻符号间的码间干扰，CDMA 扩频码在选择时就要求它有很好的自相关特性。这样，在无线信道中出现的时延扩展，就可以被看作只是被传信号的再次传送，如果这些多径信号相互间的延时超过了一个码片的长度，那么它们将被 CDMA 接收机看作是非相关的噪声，而不再需要均衡了。

由于在多径信号中含有可以利用的信息，所以 CDMA 接收机可以通过合并多径信号来改善接收信号的信噪比。其实 RAKE 接收机所作的就是：通过多个相关检测器接收多径信号中的各路信号，并把它们合并在一起。图 2-33 所示为一个 RAKE 接收机，它是专为 CDMA 系统设计的经典的分集接收器。其理论基础就是：当传播时延超过一个码片周期时，多径信号实际上可被看作是互不相关的。

带 DLL 的相关器是一个迟早门的锁相环，它由两个相关器（早和晚）组成，解调相关器分别相差 1/2（或 1/4）个码片，迟早门的相关结果相减可以用于调整码相位，延迟环路的性能取决于环路带宽。

延迟估计的作用是通过匹配滤波器获取不同时间延迟位置上的信号能量分布，识别具有较大能量的多径位置，并将它们分配到 RAKE 接收机的不同接收径上。匹配滤波器的测量精度可以达到 1/4～1/2 码片，而 RAKE 接收机的不同接收径的间隔是 1 个码片，实际实现中如果延迟估计的更新速度很快（比如几十毫秒一次），就可以不需要带迟早门的锁相环。

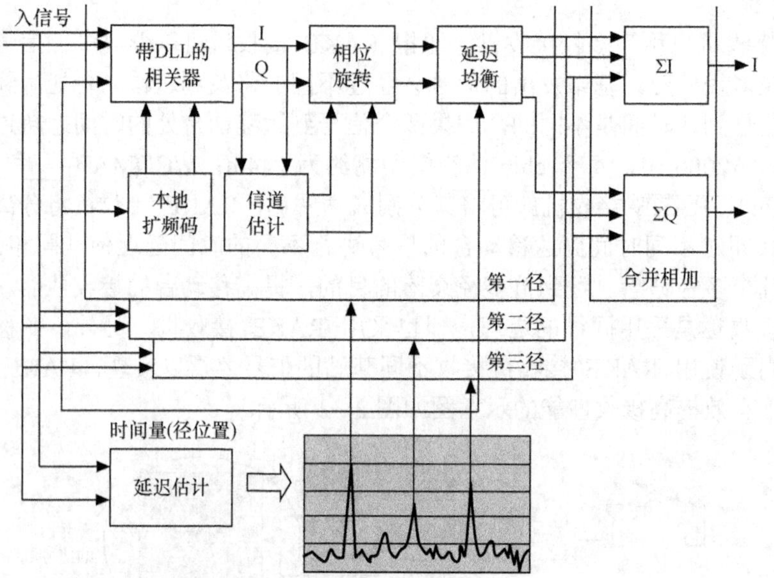

图 2-33　RAKE 接收机框图

由于信道中快速衰落和噪声的影响，实际接收的各径的相位与原来发射信号的相位有很大的变化，因此在合并以前要按照信道估计的结果进行相位的旋转，实际的 CDMA 系统中的信道估计是根据发射信号中携带的导频符号完成的。根据发射信号中是否携带有连续导频，可以分别采用基于连续导频的相位预测和基于判决反馈技术的相位预测方法，如图 2-34、图 2-35 所示。

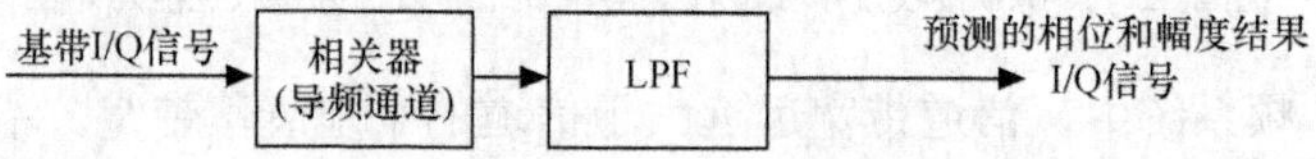

图 2-34　基于连续导频信号的信道估计方法

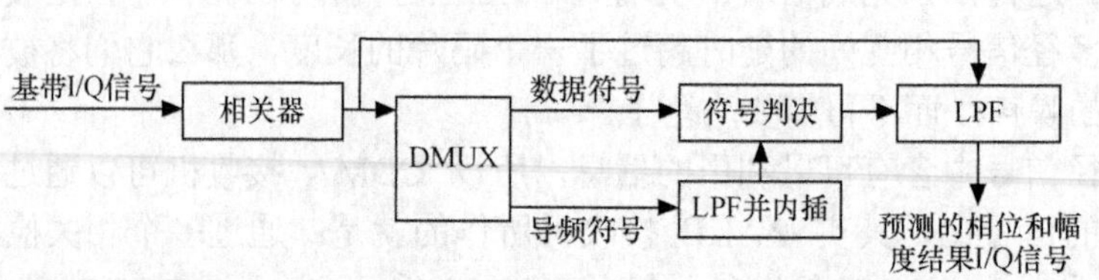

图 2-35　使用判决反馈技术的间断导频条件的信道估计方法

LPF 是一个低通滤波器，滤除信道估计结果中的噪声，其带宽一般要高于信道的衰落率。使用间断导频时，在导频的间隙要采用内插技术进行信道估计，采用判决反馈技术时，先应判决出信道中的数据符号，再将已判决结果作为先验信息（类似导频）进行完整的信道估计，通过低通滤波得到比较好的信道估计结果。这种方法的缺点是由于使用非线性和非因果预测技术，使噪声比较大时信道估计的准确度大大降低，而且还引入了较大的解码延迟。图 2-36 所示为匹配滤波器的基本结构。

延迟估计的主要部件是匹配滤波器，匹配滤波器的功能是用输入的数据和不同相位的本地码字进行相关，取得不同码字相位的相关能量。当串行输入的采样数据和本地的扩频码和扰码的相位一致时，其相关能量最大，在滤波器输出端，有一个最大值。根据相关能量，延迟估计器就可以得到多径的到达时间量。

从实现的角度而言，RAKE 接收机的处理包括码片级和符号级，码片级的处理包括相关器、本地码产生器和匹配滤波器。符号级的处理包括信道估计、相位旋转和合并相加。码片级的处理一般用 ASIC 器件实现，而符号级的处理用 DSP 实现。移动台和基站的 RAKE 接收机的实现方法和功能尽管有所不同，但其原理是完全一样的。

对于多个接收天线分集接收而言，多个接收天线接收的多径可以用上面的方法同样处理，RAKE 接收机既可以接收来自同一天线的多径，也可以接收来自不同天线的多径，从 RAKE 接收的角度来看，两种分集并没有本质的不同。但是，在实现上由于多个天线的数据要进行分路的控制处理，增加了基带处理的复杂度。

2. 多用户检测

将单个用户的信号分离看作是各自独立的过程的信号分离技术称为单用户检测（SUD）。IS-95 系统的实际容量远小于设计码道数，就是因为采用了 SUD。

实际上，由于 MAI 包含了许多先验信息，如确知的用户信道码、各用户的信道估计等，因此 MAI 不应当被当作噪声处理，它可以被利用起来以提高信号分离的准确性。这样充分利用 MAI 中的先验信息而将所有用户信号的分离看作一个统一的过程的信号分离方法称为多用户检测。

基于 RAKE 接收机原理的 CDMA 接收机将其他用户的信号视为干扰信号，优化后的接收机可以检测所有信号，并从指定的信号中减去其他信号的干扰。当新的用户或干扰源进入网络时，其他用户的服务质量会下降，网络抗干扰能力越强，可服务的用户就越多。干扰一个基站或移动台的多路接入干扰是小区内和小区间干扰的总和。

多用户检测（MUD）也称为联合检测和干扰消除，它降低多路接入干扰的影响，因而增加系统容量。同时 MUD 显著降低了 CDMA 系统的远近效应。MUD 可以缓解系统对功率控制的需求，多用户检测示意图如图 2-37 所示。

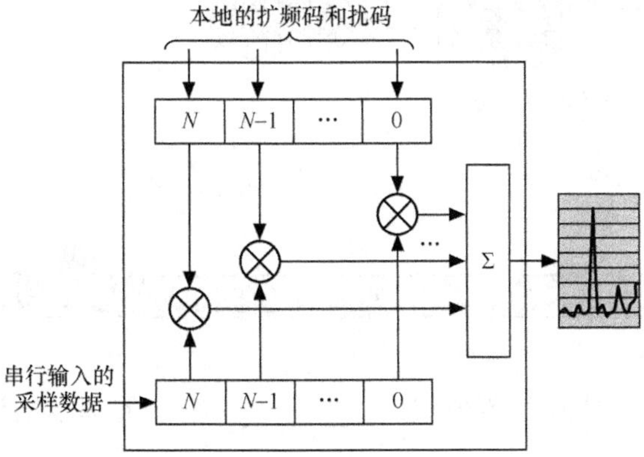

图 2-36　匹配滤波器的基本结构

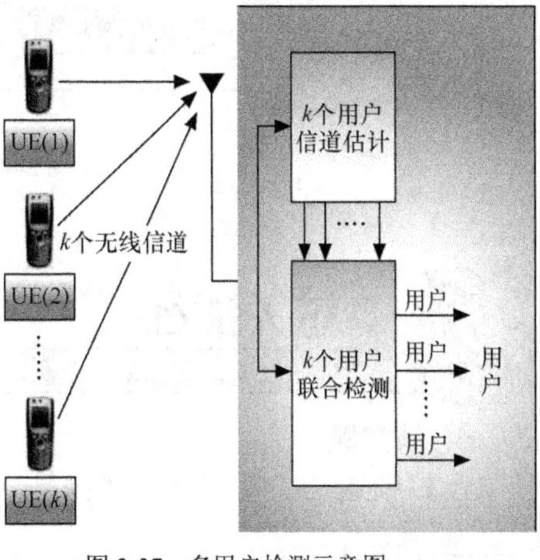

图 2-37　多用户检测示意图

3．实践活动：RAKE 接收和干扰消除技术的应用

（1）实践目的

熟悉 CDMA 中 RAKE 接收和干扰消除技术在实际系统中的应用。

（2）实践要求

各学员结合实际情况熟悉 RAKE 接收和干扰消除技术在实际系统中的应用。

（3）实践内容

① 熟悉 RAKE 接收抗多径衰落的原理。多径衰落信号示意图如图 2-38 所示，RAKE 接收信号处理过程如图 2-39 所示。

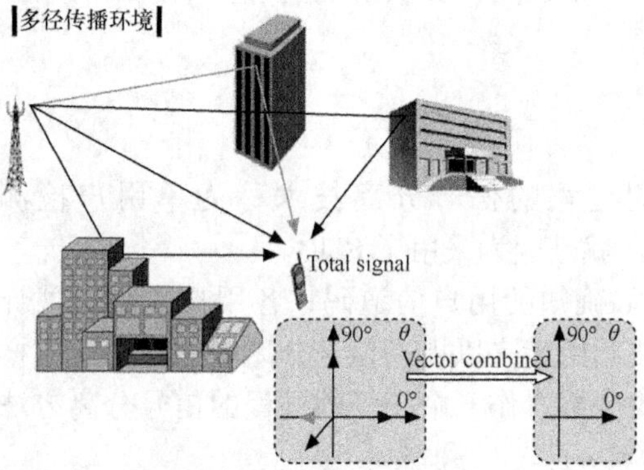

图 2-38　多径衰落信号示意图

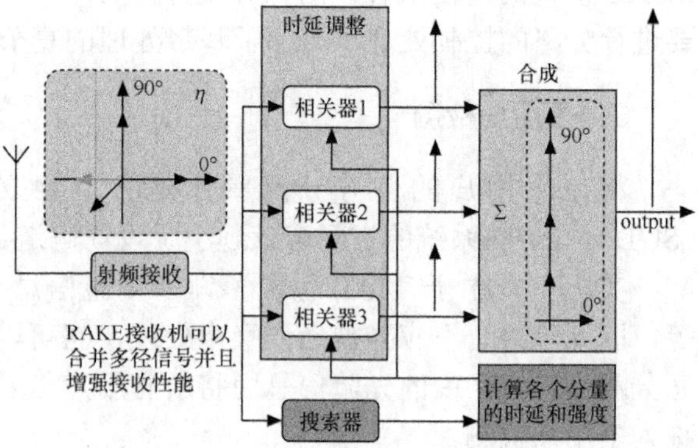

图 2-39　RAKE 接收信号处理过程

② 熟悉干扰消除技术在实际系统中的应用。在现有 CDMA 移动通信系统中，一种干扰消除的实现方式如图 2-40 所示。

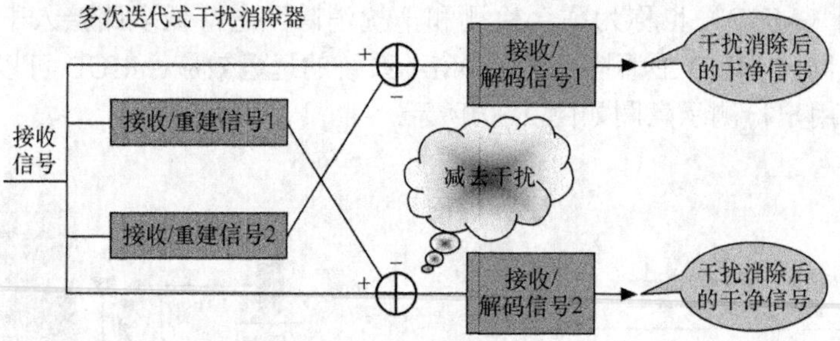

图 2-40　一种干扰消除实现方式

过关训练

一、填空题

1．扩频通信的基本理论依据是________公式，该公式为________，得出的基本结论是________。

2．________是以不同的频率信道实现通信的，________是以不同的时隙实现通信

的，________是以不同的代码序列实现通信的。

3．CDMA 扩频通信系统有 3 种实现方式________、________和跳时扩频（THSS）。

4．扩频处理增益 G_P 正是反映了________。抗干扰容限直接反映了________。

5．在扩频通信系统中，扩频码常采用________。

6．在 CDMA 系统中使用的 m 序列有两种：PN 短码，码长为________；PN 长码：码长为________。

7．Walsh 函数集是________函数集，常用作________。Walsh 函数集的特点是________和归一化。

8．每改变两个 m 序列相对位移就可得到一个新的 Gold 序列，所以两个 n 级移位寄存器可以产生________个 Gold 序列。Gold 序列的周期性自相关函数是________函数，同一优选对产生的 Gold 序列的周期性互相关函数为________函数。

9．信源编码的目的是________，并提高信息传输的________性。信道编码的目的是以________为代价，换取信息码元在传输中________性的提高。

10．CDMA 系统中的切换技术包括：软切换、________、________。其中，软切换是________移动通信系统所特有的。

11．终端将所有需要检测的导频信号根据导频 PN 序列的偏置归为以下 4 类：________、________、邻区集和剩余集。

12．搜索窗口的尺寸越________，搜索的速度就越________；但是搜索窗口的尺寸过________，会导致________。对于每种导频集，基站定义了各自的搜索窗口尺寸供终端使用。

13．一个移动台处于一个基站的两个扇区和另一个基站交界的区域内，这时将发生________。若处于 3 个基站交界处，又会发生________软切换。

14．若相邻基站恰巧处于不同 MSC，这时即使是同一载频，在目前也只能是进行________切换，因为此时要________。

15．CDMA 是一个自干扰系统，所有用户共同使用同一频率，所以________问题更加突出。

16．按照通信的上下行链路方向，功率控制可以分为________和反向功控。其中，反向功率控制包括 3 部分：________、________和反向外环功率控制。

17．RAKE 接收机是专为 CDMA 系统设计的经典的分集接收器。其理论基础就是____。

18．多用户检测（MUD）也称为联合检测和干扰消除，它提供了________的影响，因而增加系统________。同时 MUD 显著降低了 CDMA 系统的________效应。

二、名词解释

1．扩频通信

2．码分多址

3．扩频处理增益

4．抗干扰容限

5．m 序列

6．Gold 码序列

7．空闲切换

8．多用户检测

三、简答题

1．简述 CDMA 扩频通信基本原理。

2．简述扩频通信的主要特点。

3．简述小区的呼吸功能。

4．在 CDMA 系统中，PN 长码和 PN 短码在上下行信道中的基本作用是什么？

5．为什么在扩频码分多址系统中不能只采用 Walsh 函数？

6．简述引入 OVSF 码的原因。

7．为什么要采用交织技术？

8．简述切换过程的 3 个阶段。

9．简单叙述 IS-95 系统的软切换流程（8 步）。

10．简述反向闭环功控过程。

11．简述 RAKE 接收机的基本工作原理。

模块 3

WCDMA 移动通信技术

【本模块问题引入】WCDMA 系统是第三代移动通信系统中一个影响非常广泛的标准。那么 WCDMA 的系统由哪些部分组成？WCDMA 的空中接口具有怎样的特色和功能？WCDMA 的无线资源管理和关键技术有哪些？这都是我们必须知道的基本内容。

【本模块内容简介】本模块共分 7 个任务，包括 WCDMA 体系结构、无线网络、核心网络、空中接口、物理层、无线资源管理和 WCDMA 系统的关键技术。

【本模块重点难点】重点掌握 WCDMA 体系结构、无线网络系统结构以及核心网络各演进版本的网络结构和特点。

任务 1 WCDMA 系统概述

【问题引入】WCDMA 作为新一代移动通信的主流标准之一，其主要技术指标和特点有哪些？与 GSM 空中接口的主要区别有哪些？其体系结构如何？这是我们首先要掌握的内容。

【本任务要求】

1. 识记：WCDMA 主要技术指标和特点，WCDMA 与 GSM 空中接口的主要区别。
2. 领会：UMTS 体系结构。

UMTS 是采用 WCDMA 空中接口的第三代移动通信系统。通常把 UMTS 称为 WCDMA 移动通信系统，其标准由 3GPP 具体定义。

1. WCDMA 主要技术指标和特点

WCDMA 核心网络基于 GSM/GPRS 网络的演进，保持与 GSM/GPRS 网络的兼容性；核心网络可以基于 TDM、ATM 和 IP 技术，并向全 IP 的网络结构演进；核心网络逻辑上分为电路域和分组域两部分，分别完成电路型业务和分组型业务；MAP 技术和 GPRS 隧道技术是 WCDMA 体制移动性管理机制的核心。WCDMA 的主要技术指标和特点如下。

① 基站同步方式：支持同步和异步；

② 调制方式：上行 BPSK、下行 QPSK；

③ 解调方式：导频辅助的相干解调；

④ 多址接入方式：CDMA-DS 方式；

⑤ 3 种编码方式：卷积码、R-S 编码和 Turbo 编码；

⑥ 适应多种速率的传输，可灵活提供多种业务，分配不同资源；

⑦ 采用功率控制方式：开环，闭环——内环和外环；

⑧ 核心网络基于 GSM/GPRS 演进；

⑨ 异步的 PN 码，无需基站间同步；

⑩ 切换：更软切换，软切换，硬切换；

⑪ 先进技术的采用：智能天线、多用户检测、分集接收、分层小区结构。

2．WCDMA 与 GSM 空中接口的主要区别

WCDMA 与 GSM 空中接口的主要区别如表 3-1 所示。

WCDMA 的语音演进：采用 AMR 语音编码，支持从 4.75～12.2kbit/s 的语音质量；采用软切换和发射分集，提高容量；将提供高保真的语音模式；采用快速功率控制技术。

表 3-1　WCDMA 与 GSM 空中接口的主要区别

比 较 参 数	WCDMA	GSM
载波间隔	5MHz	200kHz
频率重用系数	1	1～18
功率控制频率	1500Hz	2Hz 或更低
服务质量控制（QoS）	无线资源管理算法	网络规划（频率规划）
频率分集	5MHz 频率的带宽使其可以采用 RAKE 接收机进行多径分集	跳频
分组数据	基于负载的分组调度	GPRS 中基于时隙的调度
下行发射分集	支持，以提高下行链路的容量	标准不支持，但可以应用

WCDMA 的数据演进：支持最高 2Mbit/s 的数据业务；支持包交换；目前采用 ATM 平台；提供 QoS 控制；公共分组信道（CPCH）和下行共享信道（DSCH），更好的支持 Internet 分组业务；提供移动 IP 业务（IP 地址的动态赋值）；提供动态数据速率的确定；对于上下行对称的数据业务提供高质量的支持，如语音、可视电话、会议电视等。

3．UMTS 体系结构

通用移动通信系统（Universal Mobile Telecommunications System，UMTS）是 IMT-2000 的一种，UMTS 是采用 WCDMA 空中接口技术的第三代移动通信系统，通常也把 UMTS 系统称为 WCDMA 通信系统。它的网络结构由核心网（Core Network，CN）、陆地无线接入网（Universal Terrestrial Radio Access Network，UTRAN）和用户设备（User Equipment，UE）3 部分组成，如图 3-1 所示。CN 和 UTRAN 之间的接口称为 Iu 接口，UTRAN 和 UE 的之间接口称为 Uu 接口。

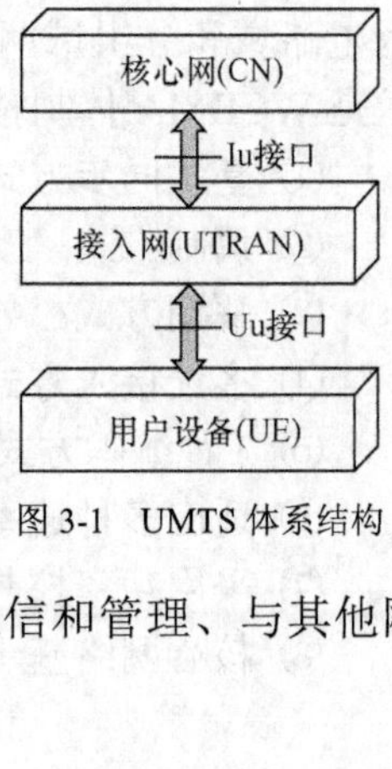

图 3-1　UMTS 体系结构

用户终端设备（UE）包括射频处理单元、基带处理单元、协议栈模块和应用层软件模块。UE 可以分为两个部分：移动设备（ME）和通用用户识别模块（USIM）。

通用陆地无线接入网络（UTRAN）由基站（NodeB）和无线网络控制器（RNC）组成。NodeB 完成扩频解扩、调制解调、信道编解码、基带信号和射频信号转换等功能；RNC 负责连接建立和断开、切换、宏分集合并、无线资源管理等功能的实现。

核心网络（CN）处理所有语音呼叫和数据连接，完成对 UE 的通信和管理、与其他网

络的连接等功能。核心网分为 CS 域和 PS 域。

4．实践活动：WCDMA 网络的构成

（1）实践目的

掌握 WCDMA 网络的构成，包括各部分之间的连接情况。

（2）实践要求

各位学员在实验室根据具体网络结构独立完成，并画出其网络结构。

（3）实践内容

① 熟悉 WCDMA 网络的整体结构。

结合图 3-1 分析实验室 WCDMA 网络的具体结构。

② 熟悉 WCDMA 网络各部分之间的连接。

③ 画出 WCDMA 网络的整体结构，并描述各部分之间的连接情况。

任务 2　WCDMA 无线网络

【问题引入】作为 WCDMA 系统中最重要的无线网络部分，其体系结构如何？有哪些主要的功能实体？实体间接口有哪些协议？分别完成哪些功能？

【本任务要求】

1．识记：UTRAN 的接口协议与功能。

2．领会：UTRAN 体系结构。

UTRAN 由若干通过 Iu 接口连接到 CN 的无线网络子系统（Radio Network Subsystem，RNS）组成。其中一个 RNS 包含一个 RNC 和一个或多个 Node B，而 Node B 通过 Iub 接口与 RNC 相连接。Node B 应该可以支持 FDD 模式、TDD 模式或者以上 2 个模式都支持。并且，对 FDD 模式下的一个小区来说，应该支持的码片速率为 3.84Mchip/s。

1．UTRAN 体系结构

在 UTRAN 内部，RNS 通过 Iur 接口进行信息交互，Iu 和 Iur 是逻辑接口，Iur 接口可以是 RNS 之间的直接物理连接，也可以通过任何合适的传输网络的虚拟连接来实现。RNC 用来分配和控制与之相连或相关的 Node B 的无线资源，Node B 则完成 Iub 接口和 Uu 接口之间的数据流的转换，同时也参与一部分无线资源管理。

UTRAN 的内部结构如图 3-2 所示。

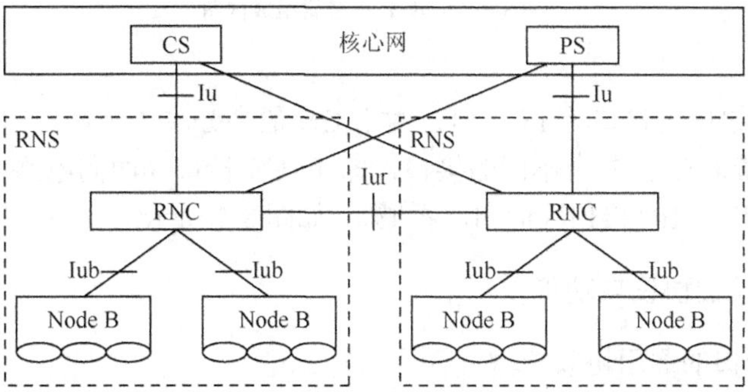

图 3-2　UTRAN 体系结构

（1）RNC

RNC 用于控制 UTRAN 的无线资源，它通过 Iu 接口与电路域 MSC 和分组域 SGSN 以及广播域 BC 相连。在移动台和 UTRAN 之间的无线资源控制（RRC）协议在此终止。它在逻辑上对应 GSM 网络中的基站控制器（BSC）。控制 Node B 的 RNC 称为该 Node B 的控制 RNC（CRNC），CRNC 负责对其控制小区的无线资源进行管理。

每个 RNS 管理一组小区的资源。在 UE 和 UTRAN 的每个连接中，其中一个 RNS 充当服务 RNS（Serving RNS，SRNS）。如果需要，一个或多个漂移 RNS（Drift RNS，DRNS）通过提供无线资源来支持 SRNS。SRNS 和 DRNS 的结构关系如图 3-3 所示。

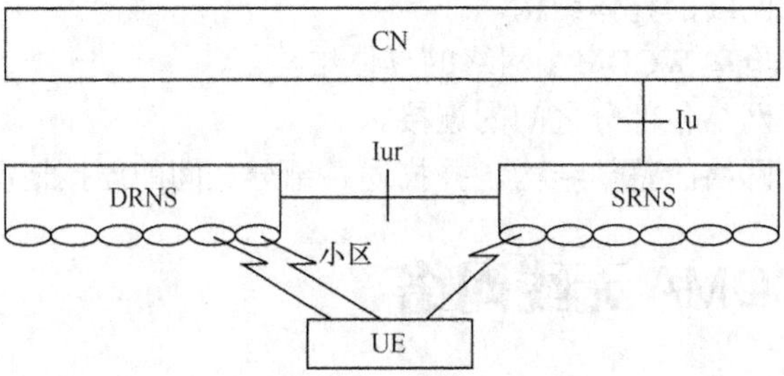

图 3-3　SRNS 和 DRNS 的结构关系

（2）Node B

Node B 是 WCDMA 系统的基站（即无线收发信机），通过标准的 Iub 接口和 RNC 互连，主要完成 Uu 接口物理层协议的处理。它的主要功能是扩频、调制、信道编码及解扩、解调、信道解码，还包括基带信号和射频信号的相互转换等功能。同时它还完成一些如内环功率控制等无线资源管理功能。它在逻辑上对应于 GSM 网络中的基站（BTS）。

Node B 由下列几个逻辑功能模块构成：RF 收发放大、射频收发信机（TRX）、基带部分（Base Band）、传输接口单元、基站控制部分，如图 3-4 所示。

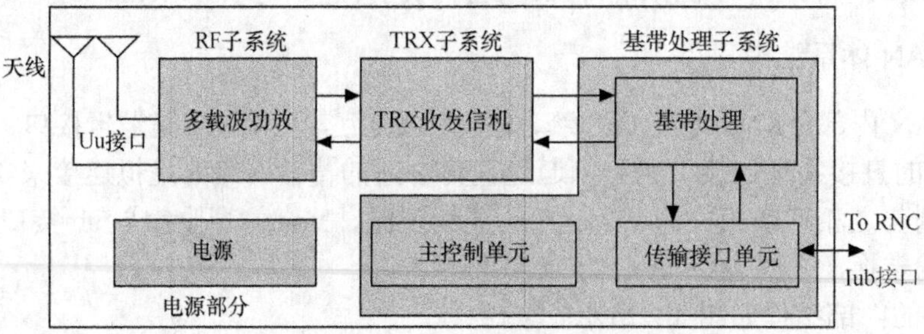

图 3-4　Node B 的逻辑组成框图

（3）Iu 接口

UTRAN 与 CN 之间的接口为 Iu 接口，由于 CN 最多分成 3 个域，即 CS 域、PS 域和 BC 域，Iu 接口也对应最多存在 3 个不同的接口，即 Iu-CS 接口（面向电路交换域）、Iu-PS 接口（面向分组交换域）和 Iu-BC 接口（面向广播域），如图 3-5 所示。

2. UTRAN 的接口协议与功能

（1）UTRAN 接口的通用协议模型

UTRAN 各个接口的协议结构是按照一个通用的协议模型设计的。设计的原则是层和面在逻辑上是相互独立的。如果需要，可以修改协议结构的一部分而无需改变其他部分。

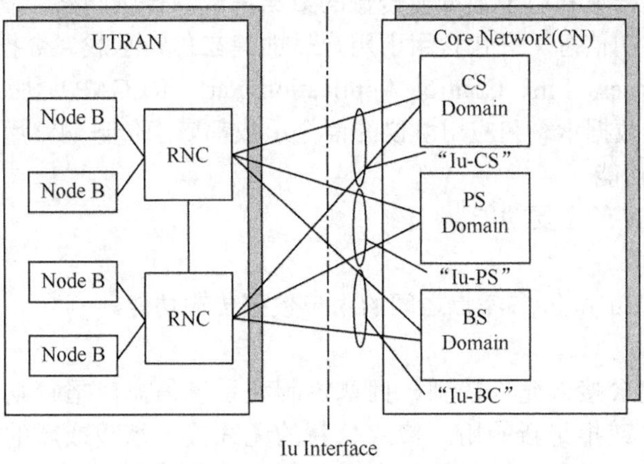

图 3-5　Iu 接口

UTRAN 接口的通用协议模型如图 3-6 所示。

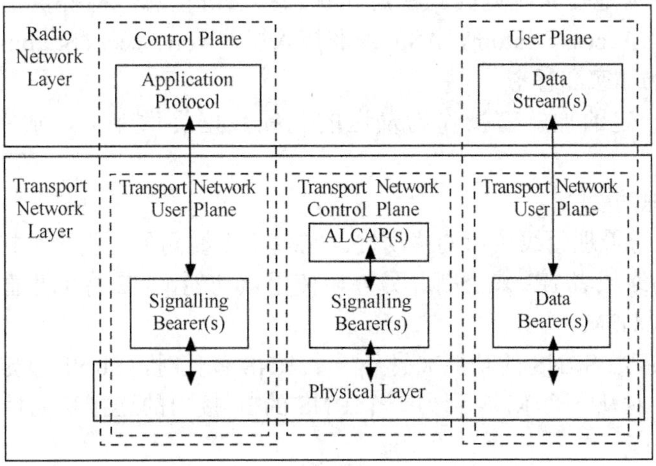

图 3-6　UTRAN 接口的通用协议模型

从水平平面来看，协议结构主要包含两层：无线网络层和传输网络层。其中 UTRAN 的逻辑节点和它们之间的接口被定义为无线网络层的一部分。传输网络层为用户平面传输、信令传输和特定的运行与维护（O&M）传输提供服务，与 UTRAN 特定的功能无关。

从垂直平面来看，无线网络层分为用户平面和控制平面，传输网络层分为传输网络用户平面和传输网络控制平面。

控制平面包括应用协议和用于传输应用消息的信令承载，在 Iu 接口上的应用协议是无线接入网络应用部分（Radio Access Network Application Part，RANAP），负责 CN 和 RNS 之间的信令交互。在 Iur 接口上的应用协议是无线网络子系统应用部分（Radio Network Subsystem Application Part，RANSAP），负责 2 个 RNS 之间的信令交互。Iub 接口上的应用协议是 Node B 应用部分（Node B Application Part，NBAP），负责 RNS 内部的 RNC 与 Node B 之间的信令交互。在传输网络层，以上 3 个接口都使用 ATM 传输技术，3GPP 还建议可支持 7

号信令的 SCCP、MTP 以及 IP 等技术。

用户平面包括数据流和用于数据流传输的数据承载。传输网络控制平面只在传输层，不包含任何无线网络层的信息。它包含用于用户平面建立传输承载（数据承载）所需的接入链路控制应用部分（Access Link Control Application Part，RLCAP）协议和用于 ALCAP 的信令承载。用户平面的数据承载和应用协议的信令承载都属于传输网络用户平面。

（2）UTRAN 的功能

下面介绍 UTRAN 的主要功能。

① 用户数据传输

UTRAN 提供在 Uu 和 Iu 参考点之间的用户数据传输功能。

② 系统接入控制

系统接入控制包含接入允许控制、拥塞控制和系统信息广播等功能。其中接入允许控制功能用来控制允许或拒绝新的用户接入、新的无线接入承载或新的无线连接（例如，切换情况）的建立。基于上行干扰和下行功率的接入允许控制功能位于控制无线网络控制器（Controlling RNC，CRNC）中，在 Iu 接口中由服务 RNC（Serving RNC，SRNC）来执行接入允许控制功能；拥塞控制是当系统接近于满载或已经超载时用来监视、检测和处理阻塞情况，该功能尽量平滑地使系统返回到稳定的状态；系统信息广播提供了在其网络内运行的 UE 所需的接入层（Access Stratum，AS）或非接入层（Non Access Stratum，NAS）信息。

③ 无线信道的加密和解密

该功能通过一定的加解密操作为发送的无线数据提供保护，加密功能位于 UE 和 UTRAN 中。

④ 移动性管理功能

切换管理：用于管理无线接口的移动性。它基于无线测量，用来维持核心网要求的服务质量。它可以由网络或者 UE 来控制。另外，使用该功能，UE 将可能直接切换到其他的系统，如从 UMTS 到 GSM。

SRNS 重定位：当 SRNS 的功能被另外一个 RNS 替代时，SRNS 重定位用来协调相关的操作和过程。主要对从一个 RNS 到另一个 RNS 的 Iu 接口的连接移动性进行管理，该功能位于 RNC 和 CN 中。

寻呼功能：该功能在 UE 处于空闲模式、CELL_PCH 或 URA_PCH 状态下提供了请求 UE 和 UTRAN 建立连接的能力，也包含在单一 RRC 连接上不同 CN 域的寻呼协调功能。

UE 的定位：该功能提供对 UE 所处地理位置的定位能力。

⑤ 无线资源的管理和控制

无线资源管理包括对无线资源的分配和保持等相关功能，UMTS 的无线资源应该能在电路交换业务和分组交换业务之间共享，无线资源管理和控制具体功能如下。

无线资源的配置和操作：该功能执行无线网络资源的配置，即对小区和公共传输信道资源的配置和管理。

无线环境的测量：包括对当前服务小区和周围邻近小区的无线信道测量，并把测量结果作为无线信道质量的评估依据。测量过程是在 UE 和 UTRAN 中执行的，主要包括对接收信号强度、估计的误比特率、传播环境的估计、发射距离、多普勒偏移、同步状态、接收的干扰功率和每个小区下行发射的总功率等参数的测量和估计。

合并/分离控制：该功能控制信息流的合并/分离，UTRAN 可以合并通过多个物理信道

（可能属于不同的小区）接收来自于同一移动终端的相同信息流或分离通过多个物理信道（可能属于不同的小区）发送到同一移动终端的相同信息流。

连接的建立与释放功能：控制无线接入子网络的连接建立、保持和释放，该功能可以在 UE 和 UTRAN 中完成。

无线承载的分配和重分配：该功能根据无线接入承载的 QoS 来执行连接建立（或释放）的请求单元到物理无线信道上的分配（或重分配）的转化过程，在 CRNC 和 SRNC 中实现。

TDD 动态信道分配（Dynamic Channel Allocation，DCA）：动态信道分配在 TDD 模式下使用，包含快速 DCA 和慢速 DCA。快速 DCA 把资源直接分配到无线承载上去。慢速 DCA 则根据小区负载的变化把无线资源（包括时隙）分配到不同的 TDD 小区上去。

无线协议功能：该功能把业务（根据 RAB 的 QoS）适配到无线传输上，通过 UMTS 无线接口向用户提供数据和信令传输的能力，主要包含在无线承载上对业务和 UE 的复用、对数据分段和重组以及根据无线接入承载的 QoS 的确认/非确认模式的数据传递。

RF 功率控制：该功能控制发送功率的等级以降低干扰和保持高质量的连接。功率控制包括前反向外环功率控制、前反向内环功率控制和前反向开环功率控制等类型。

信道的编/解码。

初始随机接入的检测和处理：该功能使网络能检测从 UE 来的初始接入请求并对接入请求进行适当的响应过程。

对非接入层消息的 CN 域分配：在 RRC 协议中，来自于 NAS 的消息应该通过直接传输过程透明地传递到接入层内，而 SRNC 和 UE 将负责把携带 CN 域信息的 NAS 消息分配到对应的 NAS 实体中去。

TDD 的定时提前处理：该功能用来在上行方向处理从 UE 到 UTRAN 的无线信号的定时提前量。定时提前量是基于 Node B 物理层对上行突发的时间测量得到的。并通过下行链路把定时提前命令发送给 UE。

对非接入层消息业务的特定功能。

TDD 的上行同步功能：该功能用于从 UE 到 UTRAN 的上行信号的同步。同步过程是当 Node B 检测到上行的突发时，估计所接收到的时间和功率，并且把基于估计的时间和功率参数而决定的时间和功率调整量返回给 UE，让 UE 在下一次上行发送时做出相应时间和功率调整以实现上行同步。

⑥ 广播和多播功能

广播/多播信息的分配：把接收到的 CBS（Cell Broadcast Service）消息分配到每个小区配置的广播/多播控制（Broadcast/Multicast Control，BMC）实体中去，以便进一步处理，该功能是由 RNC 控制和处理的。

广播/多播流量控制：该功能通过对数据源的控制来实现对 RNC 信息流量的控制，以防止信息拥塞。

CBS 状态的报告：RNC 收集每个小区的状态数据，并对应到各自的服务区。

⑦ 跟踪功能

UTRAN 可以跟踪与 UE 的位置及其行为相关的各种事件。

⑧ 流量报告

UTRAN 可以向 CN 报告非确认数据的流量信息。

3．实践活动：WCDMA 无线接入网的构成

（1）实践目的

掌握 WCDMA 无线接入网的构成，包括 Node B 和 RNC 之间的连接情况。

（2）实践要求

各位学员在实验室根据具体网络结构独立完成，并画出其网络结构。

（3）实践内容

① 熟悉 WCDMA 无线接入网的整体结构。

结合图 3-2 分析实验室 WCDMA 无线接入网的具体结构。

② 熟悉 WCDMA 无线接入网各部分之间的连接。

③ 画出 WCDMA 无线接入网的整体结构，并描述各部分之间的连接情况。

任务 3　WCDMA 核心网络

【问题引入】WCDMA 的标准由 3GPP 定义，3GPP 协议版本分为 R99/R4/R5/R6 等多个版本，那么核心网络如何演进？各个版本具有怎样的特点？其网络结构又如何？

【本任务要求】

1．识记：WCDMA 核心网络各版本的网络结构。

2．应用：WCDMA 核心网络演进策略。

WCDMA 核心网络是由一系列完成用户位置管理、网络功能和业务控制等功能的物理实体组成，包括（G）MSC、HLR、SCP、SMC、GSN 等。核心网络又分为归属网络、拜访网络和传送网络 3 类。WCDMA 核心网络基本结构如图 3-7 所示。

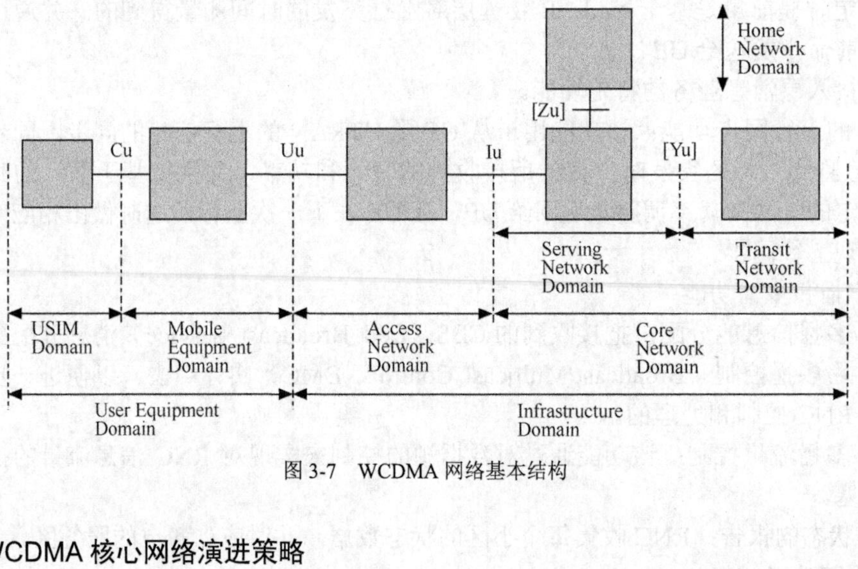

图 3-7　WCDMA 网络基本结构

1．WCDMA 核心网络演进策略

WCDMA 的标准由 3GPP 定义，3GPP 协议版本分为 R99/R4/R5/R6 等多个版本，其中 R99 协议于 2000 年 3 月冻结，R4 协议于 2001 年 3 月冻结，R5 协议于 2002 年 3 月冻结。R99、R4、R5 目前已经成熟商用，R6、R7 协议还在进一步完善过程中，如图 3-8 所示。此

外，3GPP 还定义 LTE 标准。

R99 是目前最成熟的一个版本，目前国外已经商用。它的核心网继承了传统的电路语音交换。

R4 的电路域实现了承载和控制的分离，引入了移动软交换概念及相应的协议，如 BICC（Bearer Independent Call Control，承载独立的呼叫控制）、H.248（媒体网关控制协议），使之可以采用 TrFO（Transcoder Free Operation，自由代码转换操作）等新技术以节约传输带宽并提高通信质量。此外，R4 还正式在无线接入网系统中引入了 TD-SCDMA。

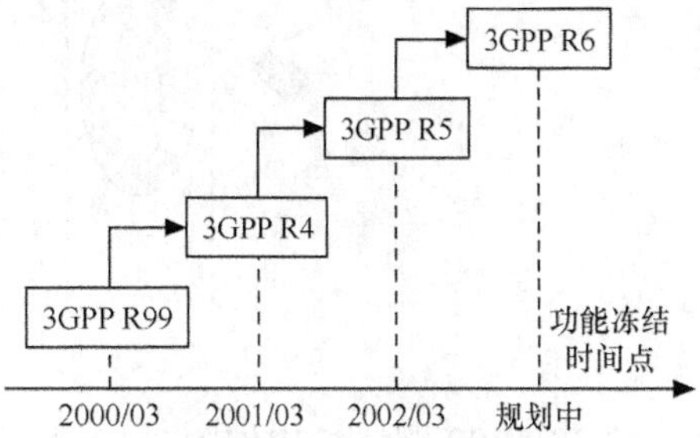

图 3-8　3GPP 协议版本

R5 版本在空中接口上引入了 HSDPA 技术，使传输速率提高到约 10Mbit/s。同时 IMS（IP Mutimedia Subsystem，IP 多媒体子系统）域的引入则极大增强了移动通信系统的多媒体子能力；智能网协议则升级到了 CAMEL4（移动网络增强逻辑 4 客户应用）。

在 R6 版本中，将会实现 WLAN 与 3G 系统的融合，并加入了多媒体广播与多播业务。

在 R7 版本中，在空中接口上引入了 HSUPA 技术。

【相关知识】 3GPP 定义的下一个移动宽带网络标准 LTE（Long-Term Evolution 长期演进）业已列入 3GPP R8 正式标准。在 20MHz 载波的情况下，LTE 拥有下行 326Mbit/s，和上行 86Mbit/s 的速率，延时小于 10ms，可以实现移动高清电视和互动游戏等业务，更高的速率预示着进入了移动多媒体时代。

LTE 是 3GPP 长期演进任务，是近两年来 3GPP 启动的最大的新技术研发任务，这种以 OFDM、MIMO 为核心的技术可以被看作“准 4G”技术。LTE 能够为 350km/h 高速移动用户提供大于 100Mbit/s 的接入服务，支持成对或非成对频谱，并可灵活配置 1.25MHz 到 20MHz 多种带宽，使语音、互联网和电视都能在手机上实现，家庭、办公室和移动状态的界限也将被打破。

2．3GPP R99 核心网络

（1）R99 核心网络特点

核心网络逻辑上划分为 CS 电路域和 PS 分组域。

核心网和接入网之间的 Iu 接口基于 ATM：语音业务基于 ATM AAL2；数据业务基于 ATM AAL5/GTP。

核心网络电路域基于 TDM 承载技术，由 MSC/VLR、GMSC 等功能实体构成。

核心网络分组域基于 GPRS 技术，由 SGSN、GGSN、BG（边界网关）、CG（计费网关）等功能实体构成。

3GPP R99 网络构架如图 3-9 所示。

（2）R99 核心网络结构

R99 核心网基础功能实体（公共实体）有 HLR、AUC、EIR 和 SCP 等。HLR 完成移动用户的数据管理（MSISDN、IMSI、PDP ADDRESS、签约的电信业务和补充业务及其业务的适用范围）和位置信息数据管理（MSRN、MSC 号码、VLR 号码、SGSN 号码等）；AUC 存储用户的鉴权信息（密钥）；EIR 存储用户的 IMEI 信息；SCP 为智能网的业务控制点，存储业务逻辑，负责智能业务处理。

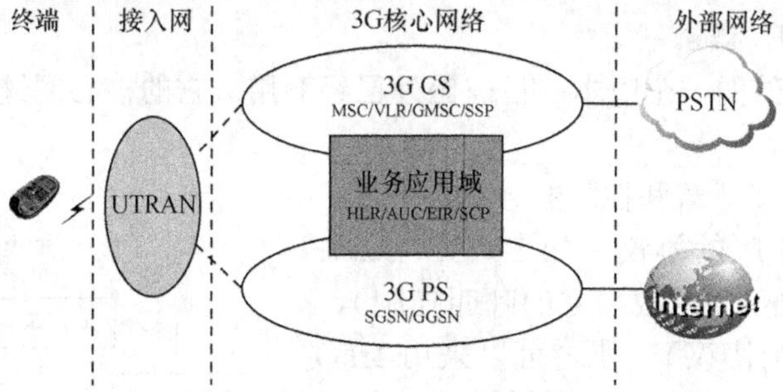

图 3-9 3GPP R99 网络构架

3GPP R99 网络结构如图 3-10 所示。

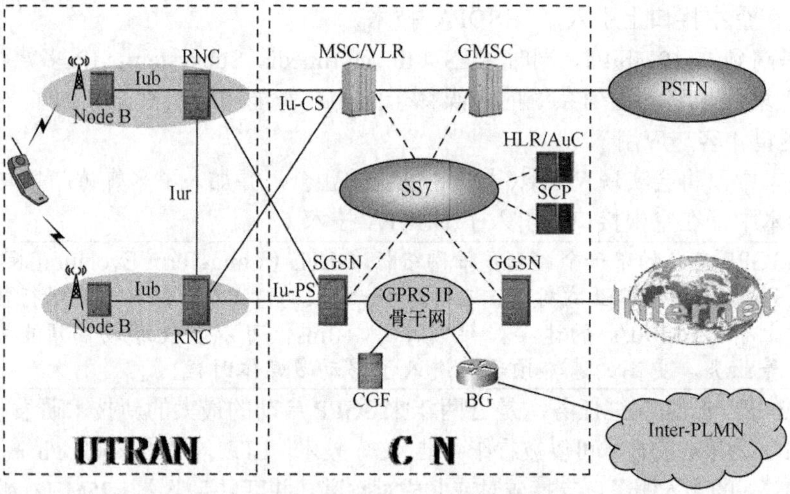

图 3-10 3GPP R99 网络结构

R99 核心网功能实体（CS 域）有 MSC/VLR、GMSC、SSP 等。MSC/VLR 完成电路交换型业务的交换和信令控制，包括移动性管理、呼叫接续及业务处理、短消息控制等功能；GMSC 是在某一个网络中完成移动用户路由寻址功能的 MSC，可以与 MSC 合设，也可分设；SSP 是智能网中的业务交换点，负责业务触发，可以和 MSC/GMSC 合设。

R99 核心网功能实体（PS 域）有 SGSN、GGSN 和 CG 等。SGSN 完成分组型业务的交换功能和信令控制功能，包括位置更新流程、PDP 上下文激活、切换控制、短消息控制和采用 GTP 隧道模式的数据包转发功能；GGSN 是移动分组网络与 Internet 间的网关设备，主要功能包括 GTP 隧道的管理与激活、GTP 隧道的封装与解封装；CG 是计费网关，收集并合并话单。

R99 CS 域主要接口如表 3-2 所示。

表 3-2 R99 CS 域主要接口

接　口	相 关 实 体	接 口 功 能
Iu-CS 接口	MSC-RNC	用户侧信令的接入及语音通道承载的建立
B 接口	MSC-VLR	用户的移动性管理、位置更新和补充业务的激活等功能。此接口为内部接口，标准不规范
C 接口	MSC-HLR	获取用户的 MSRN 和与智能业务相关的用户状态、用户位置等信息（29.002、23.078）

续表

接　口	相关实体	接口功能
D 接口	VLR-HLR	获取用户的 MSRN 和与智能业务相关的用户状态、用户位置等信息（29.002、23.078）
E 接口	MSC-MSC	用于两个 MSC 之间的切换过程。同时，若一个 MSC 兼作 SC，当向一个用户发送或接收短消息时，也需在此接口传送信息（29.002）
F 接口	MSC-EIR	用于 EIR 验证用户的 IMEI 状态信息
G 接口	VLR-VLR	当用户从一个 VLR 移动至另一个 VLR 时，用于交换用户的 IMSI 和鉴权参数信息（29.002）

R99 PS 域主要接口如表 3-3 所示。

表 3-3　　R99 PS 域主要接口

接　口	相关实体	接口功能
Iu-PS 接口	SGSN-RNC	用于传送会话管理（SM）和移动性管理（MM）信息（25.41x）
Gr 接口	SGSN-HLR	完成用户位置信息的交换和用户签约信息的管理。同 C 接口功能相似（29.002）
Gn 接口	SGSN-GGSN	采用 GTP，在 GSN 设备间建立隧道，传送数据包（29.060）
Gp 接口	SGSN-BG	不同 PLMN 的 GSN 间的接口，用于运营商之间的分组域互联互通。Gp 的协议栈同 Gn，设备上经 BG（主要提供路由和防火墙功能）连接到对端 GSN
Gc 接口	GGSN-HLR	该接口为可选，实现 GGSN 与 HLR 之间的信息交互功能，主要用于网络侧激活时 GGSN 从 HLR 获取签约用户的相关信息
G_f接口	SGSN-EIR	当 SGSN 需要检查国际移动设备识别码（IMEI）的合法性时，需要通过 G_f接口与 EIR 交换与 IMEI 有关的信息。本接口通过基于 No.7 信令的 MAP 协议实现以上功能
G_i接口	GGSN-Internet	GGSN 与外部数据网之间的接口，基于 TCP/IP 实现外部分组网络的互联功能

3．3GPP R4 核心网络

3GPP R99 与 R4 网络差异如图 3-11 所示。

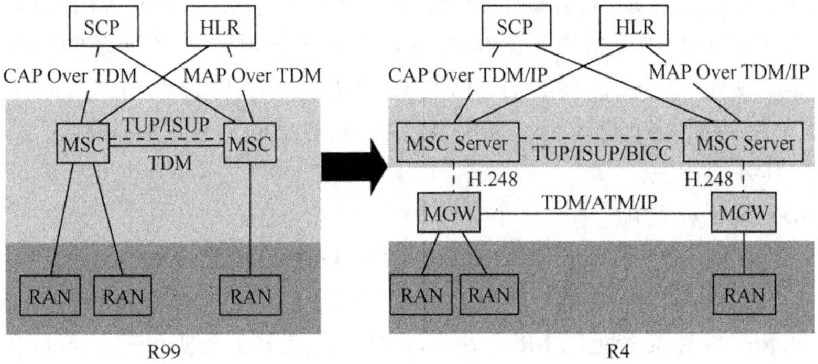

注：R99与R4的分组域无变化，图中未画出。

图 3-11　3GPP R99 与 R4 网络差异

（1）R4 核心网结构优势分析

① 灵活的组网方式：TDM/ATM/IP 组网；

② 承载网络融合：TDM/ATM/IP 组网，电路域与分组域采用相同的分组传输网络，可与城域网进行融合；

③ 可扩展性：控制面 MSC Server、承载面 CS-MGW 可分别扩展；

④ 可管理性：控制面 MSC Server 集中设置在中心城市，承载面 CS-MGW 分散设置在边缘城市，而在承载层，可使用 IP 作为承载，更利于新业务迅速普及开展；

⑤ 向 NGN 的演进：R4 控制与承载相分离，具备 NGN 网络的基本形态。

可见，WCDMA 系统核心网络（R4 版本）的设计将能满足人们的多媒体业务需求。第三代移动通信系统将产生一个容量更大，利润更丰厚的市场。

（2）R4 核心网络结构

3GPP R4 网络结构如图 3-12 所示。

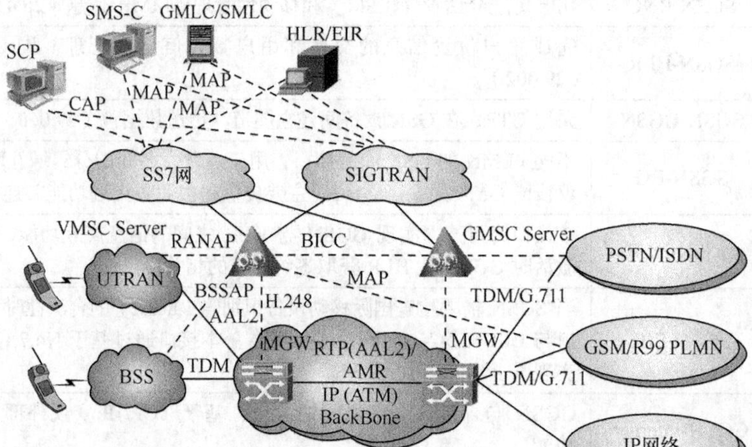

图 3-12　3GPP R4 网络结构

① R4 MSC Srever 功能

继承了 R99 MSC 的所有电路域控制面功能，不在其内部实现承载面的交换功能（由 MGW 以多种承载方式实现）；对外提供纯粹的信令接口；集成了 R99 VLR 功能，以处理移动用户业务数据及 CAMEL 相关数据；对电路域基本业务及补充业务涉及的 MGW 中承载终端及媒体流的控制，是通过 3G 扩展的 H.248 协议来实现的；与其他 MSC Server 间通过 BICC 信令实现承载无关的局间呼叫控制；支持 MGW 及自身的登记及故障恢复操作，并可要求 MGW 主动上报其终端特性。

② R4 GMSC Srever 功能

由 GMSC 的呼叫控制和移动控制组成，只完成 GMSC 的信令处理功能。具有查询位置信息的功能。如 MS 被呼时，网络如不能查询该用户所属的 HLR，则需要通过 GMSC Server 查询，然后将呼叫转接到目前登记的 MSC Server 中。通过 H.248 协议控制 MGW 中媒体通道的接续。支持 BICC 与 ISUP 的协议互通。

③ R4 MGW 功能

MGW 是 3G R4 核心网的用户承载面的网关交换设备，位于 3G CS 核心网通往无线接入网（UTRAN/BSS）及传统固定网（PSTN/ISDN）的边界处；是 Iu 接口、PSTN/PLMN 接口的承载通道，以及分组网媒体流（如 RTP 流）的终结点。MGW 不负责任何移动用户相关的业务逻辑处理。MGW 可以支持媒体转换、承载控制及业务交换等功能，如 GSM/UMTS 各类语音编解码器、回音消除器、IWF、接入网与核心网侧终端媒体流的交换，会议桥、放音收号资源等。MGW 可通过 H.248 信令，接受来自 MSC Server 及 GMSC Server 的资源控制命令。支持电路域业务在多种传输媒介（基于 AAL2/ATM、TDM 或基于 RTP/UDP/IP）上的实现，提供必要的承载控制。

④ R4 SG 功能

信令网关（SG）在基于 TDM 的窄带 SS7 信令网络与基于 IP 的宽带信令网络之间，完成 MTP3 用户的传输层信令协议栈的双向转换（SIGTRAN M3UA /SCTP/IP <=> SS7 MTP3/2/1）。SG 在物理实现上可与（G）MSC Server 或 MGW 合一。

⑤ 承载控制接口（Mc 接口）

（G）MSC Server 与 MGW 间的标准接口，其协议将遵从由 ITU-T 及 IETF 联合制定的 H.248 协议，及针对 3GPP 特殊需求的 H.248 扩展事务（Transaction）及包（Package）定义；该接口提供了（G）MSC Server 在呼叫处理过程中控制 MGW 中各类传输方式（IP/ATM/TDM）的静态及动态资源的能力（包括终端属性、终端连接交换关系及其承载的媒体流）；该接口提供了独立于呼叫的 MGW 状态维护与管理能力；该接口的协议消息编码采用 ASN.1 BER 或文本方式，底层传输机制将采用 MTP3B（基于 ATM 的信令传输）或 SCTP（基于 IP 的信令传输）为其提供协议承载。

⑥ H.248 协议基本概念

在 R4 网络连接模型中，对 MGW 内可被 MSC Server 所控制的实体或对象的描述，主要通过"上下文"和"终端"2 个抽象概念来描述：终端（Termination）：一个终端是 MGW 中媒体/控制流的起点或终结点。一个终端由一系列特征属性来描述。而相关特征属性则通过包含在命令中的一系列描述符来表征。每个终端都拥有一个唯一的标识符（TerminationID）；终端属性（Property）：终端属性用来描述终端的功能特性，具有紧密关联的终端属性被封装在"描述符"内，每个终端属性都自己的唯一标识符（PropertyID）；上下文（Context）：一个上下文是一组终端的关联的抽象。若上下文关联中包含了多于一个的承载终端，则该上下文描述了终端间的拓扑关系（如谁听取/看到谁）、媒体混合和/或交换参数。

⑦ 呼叫控制接口（Nc 接口）

（G）MSC Server 间的标准接口，运行 ITU-T 制订的 BICC 协议，为 UMTS/GSM 的窄带电路域业务提供独立于用户面承载技术及控制面信令传输技术的局间呼叫控制能力；Nc 接口的 BICC 信令在对基本呼叫流程及补充业务特性的支持方面基本向下兼容 ISUP；BICC 新增的"应用信息传输"（APM）机制使得 Nc 接口两端的呼叫控制节点间可以交互承载相关的信息：包括承载地址、连接参考、承载特性、承载建立方式及支持的 Codec 列表等；BICC 可为 MGW 间的承载信令在 Nc 接口提供可选的控制面隧传功能。

⑧ 承载控制接口（Nb 接口）

MGW 间的 Nb 接口用来在 R4 核心网内承载用户业务流，并以承载控制信令管理业务流连接的建立、释放与维护。Nb 接口可选择采用 ATM、IP 或 TDM 作为物理承载方式，对于 ATM 承载，传输网络用户面业务流的协议栈为 AAL2 SAR-SSCS（I.366.1）/AAL2（I.363.2）/

ATM，承载控制信令的协议栈为 Q.AAL2（Q.2630.2）/STC（Q.2150.1）/MTP3B/ SSCF-NNI/ SSCOP/AAL5/ATM；对于 IP 承载，传输网络用户面业务流的协议栈为 RTP/UDP/IP，承载控制信令的协议栈为 Q.1970/SCTP/IP，或通过 Mc 接口及 Nc 接口以 Q.1990 BCTP 在 MGW 间实现承载控制信令的隧传。Nb UP 在承载面 MGW 间提供业务数据流的组帧、差错校验、速率匹配及定时控制等功能，与 Iu UP 基本相同，支持压缩语音、数据流的传输。

⑨ SIGTRAN 协议

SIGTRAN 协议是 IETF 的信令传送组 SIGTRAN 所建立的一套在 IP 网络上传送 PSTN 信令的传输控制协议。SIGTRAN 协议栈分为 4 层：IP 协议层、信令传输层、信令传输适配层和信令应用层。

4．3GPP R5 核心网络

（1）3GPP R5 主要特点

① 新增 IP 多媒体域 IMS，提供实时 IP 多媒体业务。

② 基于 SIP 的多媒体呼叫信令。

③ PS 域和 IMS 为网络发展的重点。

④ 基于 IPv6 协议，增强的 QoS 保证功能。

⑤ 增强的业务：CAMEL4、PUSH 和增强的 OSA/VHE 业务环境。

（2）R5 核心网络结构

3GPP R5 网络结构如图 3-13 所示。

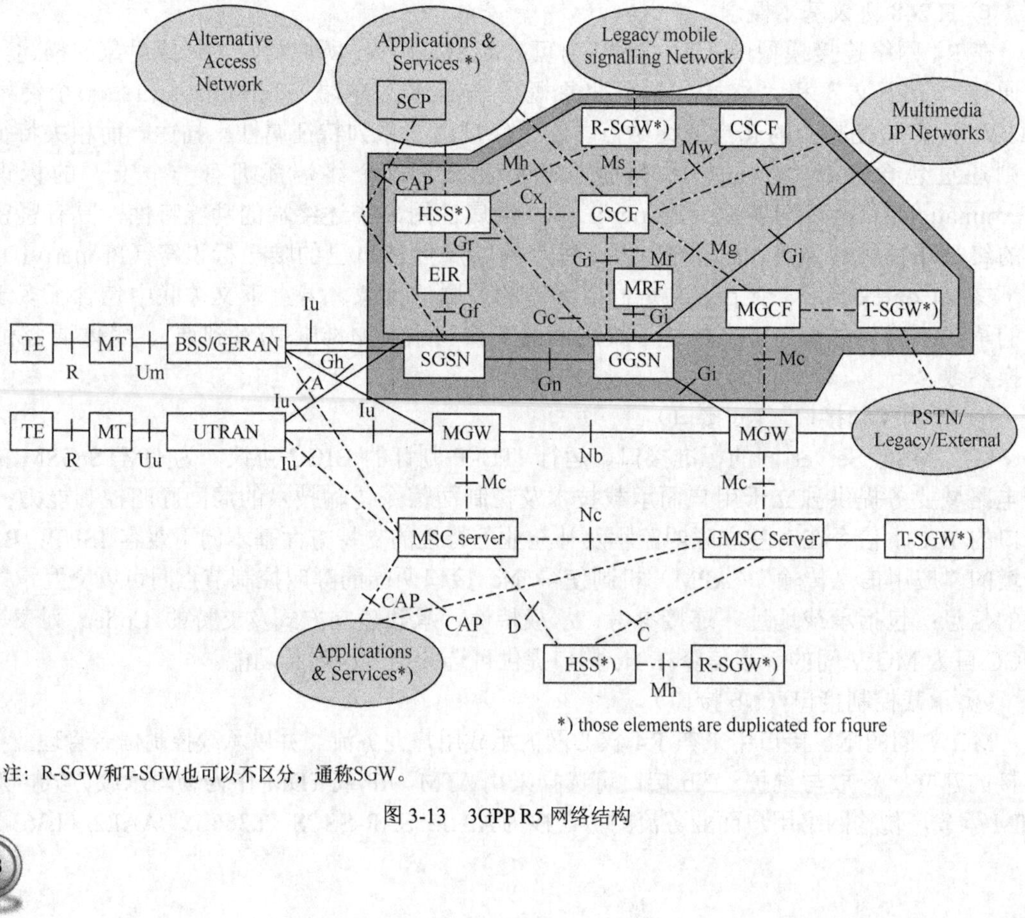

注：R-SGW和T-SGW也可以不区分，通称SGW。

图 3-13　3GPP R5 网络结构

① P-CSCF 功能

代理 CSCF（呼叫状态控制功能实体）。SIP 终端接入 IMS 的汇聚点，包括 SIP Proxy；支持终端注册过程、管理注册后的连接信息；QoS 控制；安全管理；资源优化，包括 SIP 压缩/解压缩、SIP 消息优化；紧急会话检测处理和计费。

② S-CSCF 功能

服务 CSCF。IMS 网络的业务交换中心，包括：用户管理，处理用户登记请求，对用户进行鉴权及业务合法性检查；业务交换与业务控制，根据签约信息确定 SDP，根据定制的规则执行会话控制，连接到业务服务器；SIP 消息处理，处理 SIP 请求及回应消息；将 E.164 地址转化为 SIP URL；在 SIP 消息中插入或剥离相关参数及加密；计费。

③ I-CSCF 功能

查询 CSCF。IMS 域的互通关口局，其功能包括：对 SCSCF 的管理，包括分配一 S-CSCF 处理用户的登记请求；将 SIP 请求路由给相关的 S-CSCF；把网络的拓扑、容量、配置隐藏起来（THIG），会话穿过不同运营商的网络时，将由 I-CSCF 进行网络之间的交互，起到关口局作用；产生相关计费数据。

④ MRF 功能

MRF（多媒体资源功能实体）包括 MRFC 和 MRFP 两部分，提供 3 种主要的功能：语音通知、多方呼叫、码变换。

MRF 与 MGW 的功能有些相似。一般说来，MGW 实现异质网络的互通，MRF 解决同质网络的互通。

MRFC 的功能：控制 MRFP 上的媒体流资源；解释来自 AS 和 S-CSCF 的信息（如会话识别符）并相应地控制 MRFP；生成 CDR。

MRFP 的功能：在 Mb 参考点的承载控制；在 MRFC 控制下提供资源；多方输入媒体流的混合；生成多媒体公告的媒体流；媒体流处理（如音频编码转换、媒体分析）。

⑤ MGCF 功能

媒体网关控制功能实体。对于一个特定网络而言，MGCF 是 PSTN/PLMN 网络的终结点。主要功能有：呼叫处理、媒体网关控制；执行 ISUP/BICC 与 IMS 呼叫控制协议（SIP）间的协议转换；根据入局呼叫的路由号码，选择 CSCF；当 MGCF 收到带外信息时，转发给 CSCF 或 IM-MGW。

⑥ HSS（归属用户服务器）

HSS 结构如图 3-14 所示。HSS 是 HLR 功能的扩展：IMS 子系统请求的用户控制功能；PS 域请求的有关 HLR 功能子集；CS 域部分的 HLR 功能。HSS 支持鉴权、授权、名称/地址解析、位置信息等功能。维护与管理用户信息：识别码、地址信息、安全信息、位置信息、签约服务等用户信息。

⑦ 呼叫控制协议（SIP）

有别于其他 IP 协议，SIP 是端到端的通信协议，SIP 能方便地实现媒体的添加、删除，能方便地实现各种业务：Find me/Follow me、PRESENCE 业务、即时消息、会议和远程工作、多方游戏等，简单、易扩展。

综上所述，3GPP 核心网络各协议版本的功能总结如下。R99：新的无线技术的引入，核心网络无根本性改变；R4：核心网电路域 MSC 被拆分为 MSC Server 和 MGW 两部分；R5：支持端到端的 VoIP，核心网络引入了大量新的功能实体组成 IMS 域，改变了原有的呼叫流程。

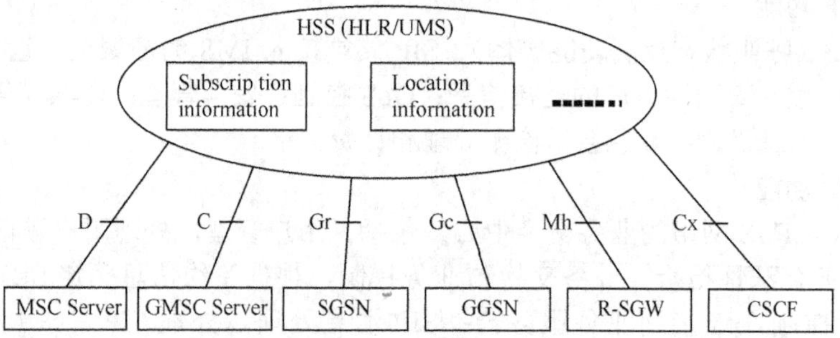

图 3-14　HSS 结构

5. 实践活动：3G 核心网的构成

（1）实践目的

掌握 3G 核心网的构成，包括各组成部分之间的连接情况。

（2）实践要求

各位学员在实验室根据具体网络结构独立完成，并画出其网络结构。

（3）实践内容

① 熟悉 3G 核心网的整体结构。

结合图 3-9 分析实验室 3G 核心网的具体结构。

② 熟悉 3G 核心网各部分之间的连接。

③ 画出 3G 核心网的整体结构，并描述各部分之间的连接情况。

任务4　WCDMA 空中接口

【问题引入】在 WCDMA 系统中，无线接口称为 Uu 接口，该接口在 WCDMA 系统中是最重要的接口。那么该接口的协议结构如何？又具有怎样的功能？

【本任务要求】

1. 识记：空中接口的功能。
2. 领会：空中接口协议结构。

在 UMTS 系统中，移动用户终端（UE）与系统固定网络之间通过无线接口上的无线信道相连，无线接口定义无线信道的信号特点、性能，在第三代移动通信 WCDMA 系统中无线接口称为 Uu 接口，该接口在 WCDMA 系统中是最重要的接口。

1. 空中接口协议结构

在 WCDMA 系统中，Uu 接口协议栈的分层结构如图 3-15 所示。

在 Uu 接口上，协议栈按其功能和任务，被分为物理层（Layer 1，L1）、数据连路层（Layer 2，L2）和网络层（Layer 3，L3）3 层。其中 L2 又分为媒体接入控制（Media Access Control，MAC）、无线链路控制（Radio Link Control，RLC）、分组数据会聚协议（Packet Data Convergence Protocol，PDCP）和广播/多播控制（Broadcast/Multicast Control，BMC）4 个子层。L3 和 RLC 按其功能又被分为控制平面（C-平面）和用户平面（U-平面），L2 的 PDCP 和

BMC 只存在于 U-平面中。在 C-平面上，L3 又分为无线资源控制（Radio Resource Control，RRC）、移动性管理（Mobility Management，MM）和连接管理（Connection Management，CM）等 3 个子层，其中 CM 层还可按其任务进一步进行划分（如呼叫控制、补充业务、短消息等功能模块）。按其信令及过程是否和接入有关，Uu 接口协议也被分作接入层（包括 L1、L2 和 L3 的 RRC 子层）和非接入层（MM、CM 等），其中，非接入层信令属于核心网功能。在图 3-15 中，用圆圈来标注的是层（或子层）之间的业务接入点（Service Access Points，SAP）。在物理层和 MAC 子层之间的 SAP 提供传输信道，在 RLC 子层和 MAC 子层之间的 SAP 提供逻辑信道，RLC 子层提供 3 类 SAP，对应于 RLC 的 3 种操作模式：非确认模式（Unacknowledge Mode，UM）、确认模式（Acknowledge Mode，AM）和透明模式（Transparent Mode，TM）。在 C-平面中，接入层和非接入层之间的 SAP 定义了通用控制（General Control，GC）、通知（Notification，Nt）和专用控制（Dedicated Control，DC）3 类业务接入点。

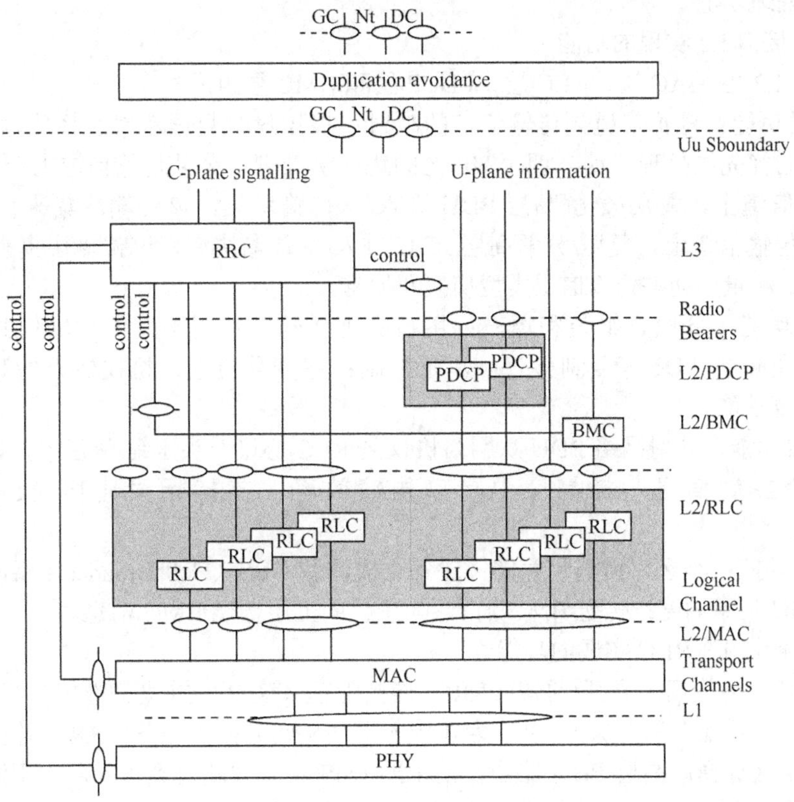

图 3-15　Uu 接口协议栈结构

物理层通过传输信道为 MAC 层提供相应的服务；MAC 层通过逻辑信道承载 RLC 的业务；RLC 通过业务接入点为上层提供业务。

PDCP 只存在于分组域，主要是对分组数据进行头压缩，以提高空中接口的传输效率，以及对诸如 IPv6 等其他网络协议，使其能够通过 UMTS 网络进行传输而毫不影响 UMTS 网络协议本身。BMC 用于在空中接口上传递由小区广播中心产生的消息，主要是原 GSM 系统的短消息小区广播业务。

在 UE 侧，高层 NAS 通过接入点和 RRC 交互消息；在 UTRAN 侧，Iu RANAP 通过业务接入点和核心网进行交互。

2．空中接口的功能

空中接口协议栈由 L1（物理层）、L2（数据链路层）和 L3（网络层）组成。物理层与层 2 的 MAC 子层和层 3 的 RRC 子层相连。物理层同 MAC 层连接是通过不同的传输信道。MAC 层与 RLC 层连接是通过不同的逻辑信道。

（1）Uu 接口 L1 实现的功能

传输信道复用和码组合信道解复用；码组合传输信道到物理信道的映射；宏分集合并/分发和软切换执行；传输信道错误检测，并向高层指示；FEC 编解码和交织/去交织；速率匹配；功率加权和物理信道合并；闭环功率控制和开环功率控制；调制/解调和扩频/解扩；频率和时间（chip，bit，slot，frame）同步；测量并向高层指示；压缩模式支持；收发分集和其他基带处理功能。

（2）Uu 接口 L2 实现的功能

Uu 接口 L2 由 MAC 层、RLC 层、PDCP 层和 BMC 层组成。

MAC 层功能：逻辑信道到传输信道的映射；根据瞬时数据速率选择传输格式；UE 内不同数据流的优先级处理；动态调度 UE 之间优先级处理；公共传输信道上标示不同 UE；在公共传输信道上，复用/分解高层 PDU 进入/从传输块集，该传输块集来自/发送到物理层；在专用传输信道上，复用/分解高层 PDU 进入/从传输块集，该传输块集来自/发送到物理层；业务量测量；动态传输信道类型切换和加密。

RLC 层功能：分段、组装和填充；用户数据传输；使用不同的传输模式进行差错纠正；顺序传递高层 PDU、复制检查；流量控制；序列号检查；协议错误检测和恢复；加密；挂起/恢复功能。

PDCP 层功能：映射网络 PDU 从网络协议到 RLC 协议；头压缩/解压缩，以减少上层数据中的冗余控制信息，提高空中接口传输效率；支持无损迁移（Lossless SRNS Relocation）。

BMC 层功能：小区广播消息存储；业务量监测和 CBS（Cell Broadcast Service）无线资源请求；BMC 消息调度；传送 BMC 消息到 UE；向上层传送 BMC 消息。

（3）Uu 接口 L3-RRC 实现的功能

系统信息广播管理；寻呼/通知；RRC 连接管理（建立、重建、维护和释放）；无线承载管理（建立、重配置和释放），以便为非接入层（NAS）提供服务；RRC 连接移动性管理功能；初始小区选择；高层 PDU 路由；请求的 QoS 控制并映射到接入层中不同的资源；无线资源管理和控制；RB、传输信道、物理信道的管理和控制；开环功控；SRNS relocation（迁移）支持；UE 测量控制和测量报告；加密控制，完整性保护；CBS 相关功能（BMC 配置，CBS 无线资源分配请求，CBS 非连续接收支持等）。

（4）Uu 接口 L3 提供的服务

通用控制（GC）：GC SAP 提供信息广播服务，在地理范围内对所有 UE 广播信息。

通知（Nt）：Nt SAP 提供寻呼和通知广播服务。寻呼服务给一指定 UE 发送信息。通知广播服务在地理范围内，对所有 UE 广播信息。

专用控制（DC）：DC SAP 提供连接建立/释放服务，并用此连接传输消息，并可在建立期间传输消息。

3．实践活动：WCDMA 空中接口信令跟踪

（1）实践目的

熟悉 WCDMA 空中接口协议情况。

（2）实践要求

各位学员分 3 组拨打语音电话、视频电话、浏览网页 3 种方式跟踪空中接口信令。

（3）实践内容

① 拨打语音电话跟踪空中接口信令。

② 拨打视频电话跟踪空中接口信令。

③ 浏览网页跟踪空中接口信令。

任务 5　WCDMA 物理层

【问题引入】物理层处于无线接口协议模型的最底层，它提供物理介质中比特流传输所需要的所有功能。那么 WCDMA 的物理层信道具有哪些特性？编码和复用，扩频与调制过程，以及小区搜索过程是怎样的？

【本任务要求】

1. 识记：物理层信道特性。
2. 领会：编码与复用、扩频与调制。
3. 应用：小区搜索过程。

物理层处于无线接口协议模型的最底层，它提供物理介质中比特流传输所需要的所有功能。物理层主要功能包括：传输信道的 FEC 编/解码、向上层提供测量及指示（如 FER、SIR、干扰功率、发送功率等）、宏分集分布/组合及软切换执行、传输信道的错误检测、传输信道的复用、CCTrCH（编码复合传输信道）的解复用、速率匹配、编码复合传输信道到物理信道的映射、物理信道的调制/扩频与解调/解扩、频率和时间（码片、比特、时隙、帧）的同步、闭环功率控制、物理信道的功率加权与组合、射频处理等。

物理层通过 MAC 子层的传输信道实现向上层提供数据传输服务，传输信道特性由传输格式定义，传输格式同时也指明物理层对这些传输信道的处理过程。物理层的操作严格按照无线帧的定时进行，传输块定义为能被物理层联合编码的数据，传输块的定时与无线帧严格对应，每 10ms 或 10ms 的整数倍产生一个传输块。一个 UE 可同时建立多个传输信道，每个传输信道都有其特征。每个传输信道都可为一个无线承载提供信息比特流的传输，也可用于 L2 和高层的信令消息传输。物理层实现传输信道到相同或不同物理信道的复用，在当前无线帧中，传送格式组合指示（TFCI）字段用于唯一标识编码复合传输信道中每个传输信道的传输格式。

传输块（TB）：定义为物理层与 MAC 子层间的基本交换单元，物理层为每个 TB 添加一个 CRC。

传输块集（TBS）：定义为多个传输块的集合，这些传输块是在物理层与 MAC 子层间的同一传输信道上同时交换。

传输时间间隔（TTI）：定义为一个传输块集合到达的时间间隔，等于在无线接口物理

层传送一个 TBS 所需的时间。在每一个 TTI 内 MAC 子层传送一个 TBS 到物理层。

传输格式组合（TFC）：一个或多个传输信道复用到物理层，对于每一个传输信道，都有一系列传输格式（传输格式集）可使用。对于给定的时间点，不是所有的组合都可应用于物理层，而只是它的一个子集，这就是 TFC。它定义为当前有效传输格式的指定组合，这些传输格式能够被同时提供给物理层，用于 UE 侧编码复用传输信道，即每一个传输信道包含一个传输格式。

传输格式组合指示（TFCI）：它是当前 TFC 的一种表示。TFCI 的值和 TFC 间是一一对应的，TFCI 用于通知接收侧当前有效的 TFC，即如何解码、解复用以及在适当的传输信道上递交接收到的数据。

1．物理层信道特性

WCDMA 无线信道如图 3-16 所示。无线信道分为 3 层，分别是逻辑信道、传输信道和物理信道。

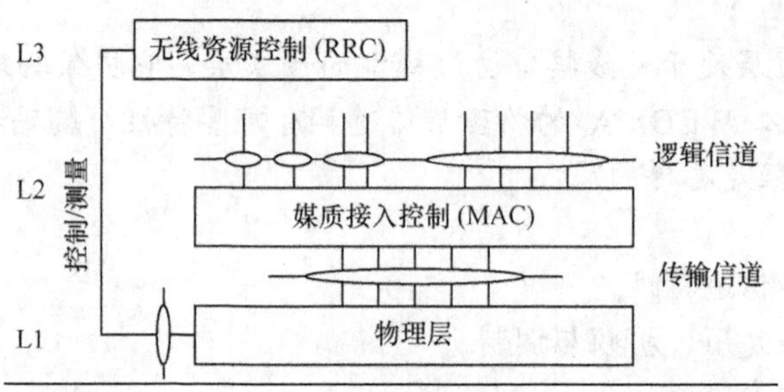

图 3-16　WCDMA 无线信道

（1）逻辑信道

逻辑信道（Logical Channel）：位于 RLC 与 MAC 之间，直接承载用户业务；根据承载的是控制平面业务还是用户平面业务，分为两大类，即控制信道和业务信道，具体逻辑信道如图 3-17 所示。

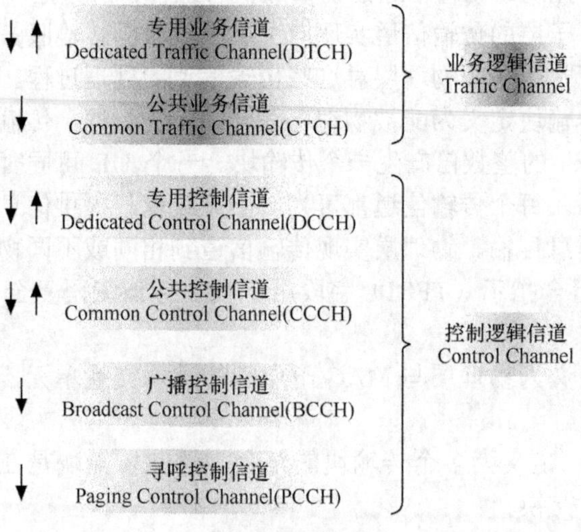

图 3-17　逻辑信道

（2）传输信道

传输信道（Transport Channel）：位于 MAC 与 PHY 之间，无线接口 L2 和物理层的接口，是物理层对 MAC 层提供的服务；根据传输的是针对一个用户的专用信息还是针对所有用户的公共信息，可分为专用信道和公共信道两大类，具体传输信道如图 3-18 所示。

图 3-18　传输信道

（3）物理信道

物理信道（Physical Channel）：各种信息在无线接口传输时的最终体现形式，每一种使用特定的载波频率、码（信道化码和扰码）以及载波相对相位（0 或π/2）的信道都可以理解为一类特定的信道。

① 物理信道分类——上行物理信道

上行物理信道如图 3-19 所示。

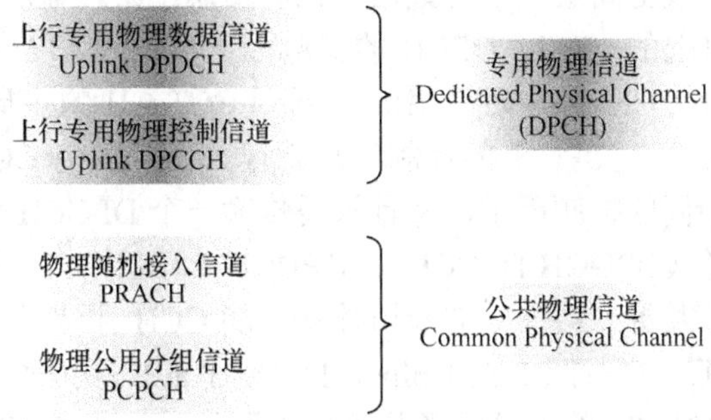

图 3-19　上行物理信道

② 物理信道分类——下行物理信道

下行物理信道如图 3-20 所示。

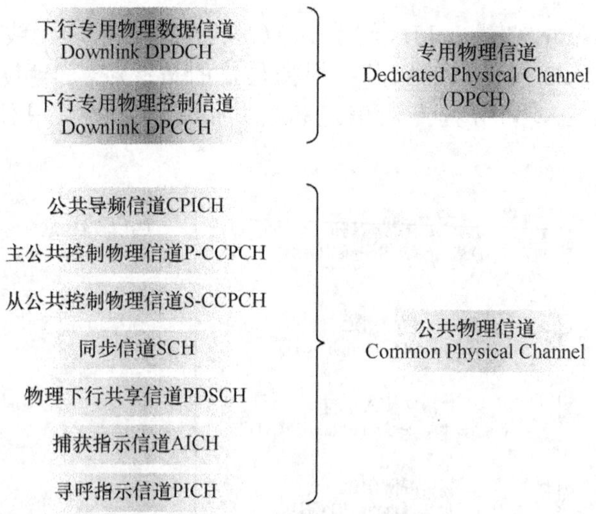

图 3-20　下行物理信道

主公共控制物理信道（P-CCPCH）：用于承载 BCH 信道（系统消息）；固定速率（30kbit/s，SF=256）；使用相同的信道码，即 Cch，256，1；扰码为主扰码；每个时隙的头 256chips 为空，只有数据域；可以采用 STTD 传输分集。

从公共控制物理信道（S-CCPCH）：用于传送 FACH 和 PCH；两种 SCCPCH：有 TFCI 和无 TFCI；UTRAN 决定 TFCI 是否发送，UE 支持 TFCI；可能的传送速率与下行 DPCH 相同；SF = 256～4；具体信道码与扰码由 UTRAN 确定。

寻呼指示信道（PICH）：PICH 为固定速率（SF=256）的物理信道，用于传送 Page Indicators（PI）；PICH 总是与一个 S-CCPCH 相联系，这个信道正在传送一个 PCH；PICH 的帧结构：一帧为 10ms，包括 300bits。其中，288bits 用于传送 Page Indicators。其余 12 bits 尚未定义；N 个寻呼指示{PI_0，…，PI_{N-1}}在一帧内传送，N=18，36，72，or144；如果某一帧中的 PI_i 被置为 1，说明 PI_i 对应的 UE 应对 S-CCPCH 对应帧进行解调。

专用下行物理信道 DPCH：DPCH 包括专用的数据（DPDCH）及控制信息（DPCCH）。专用数据用于传输层 2 或更高层产生的数据；控制信息用于传输层 1 的控制信号；控制信息包括：导频、TPC、可选的 TFCI。DPCH 的扩频因子可以为 512～4，并且在连接过程中可以改变，DPDCH 和 DPCCH 是时间复用的。同一 CCTrCH 的多码传输使用相同的扩频因子，此时，只需传输第一个 DPCH 的控制信息就行。当有多个 CCTrCH 给同一用户时，每个 CCTrCH 可以使用不同的扩频因子，并且只需传输一个 DPCCH 信息。

上行专用物理信道（DPDCH/DPCCH）：DPDCH 和 DPCCH 在无线帧通过 I/Q 复用，DPDCH 用来传输层 2 及更高层产生的专用数据，DPCCH 用来传输层 1 的控制信息。帧长为 10ms，分 15 个时隙，每时隙 2 560chips，DPDCH 的扩频因子为 4～256，在相同的层 1 连接中，DPDCH 与 DPCCH 的扩频因子是可以不同的，每个 DPCCH 时隙由导频、TFCI、FBI、TPC 构成。

物理下行共享信道（PDSCH）：PDSCH 传送 DSCH，DSCH 被多个码分用户共享。PDSCH 总是与一个 DPCH 相联系，所需控制信息在 DPCH 上传送，两种方式通知 UE 解调

DSCH（用 TFCI 域，用高层信令），DSCH 是特殊形式的多码传输，DSCH 与相联系的 DCH 可以具有不同的 SF，SF 可在帧间改变。

物理随机接入信道（PRACH）：随机接入是基于快速捕获指示的时隙 ALOHA 方法。时间上用接入时隙来确定，UE 只能在时隙的开始位置进行随机接入传送，每个时隙 5 120chips，每 2 帧有 15 个时隙。

捕获指示信道（AICH）：AICH 的帧结构：两帧，共 20ms，包括重复的 15 接入时隙 AS，每个时隙有 20 个符号（5 120 码片）。每个时隙包括两部分，捕获指示 AI 和空部分。捕获指示 AI 有 16 种 Signature 信号特征，AICH 的相位参考为 CPICH。

物理公共分组信道（PCPCH）：CPCH 传输是基于快速捕获指示的，CPCH 也是在与 RACH 一样的时隙开始时刻传输的。

同步信道（SCH）：SCH 不进行扩频和加扰；用于小区搜索；SCH 信道占用前 256 个 chip；分成 P-SCH 和 S-SCH；主同步码（PSC）在每个时隙内重复发射，传送完全确知的序列；用于 UE 与 UTRAN 之间的比特同步；从同步码（SSC）中包含扰码组信息，用于确定小区中使用的扰码组。

公共导频信道（CPICH）：传送确知序列，固定速率 30kbit/s，SF=256，发射分集时，使用相同的扩频码和扰码，但传送序列不同。主 CPICH：使用相同的信道码，即 Cch，256，0；扰码为主扰码；一个小区只有一个主 CPICH，在整个小区广播；用于小区（主扰码）搜索；主 CPICH 为 SCH、P-CCPCH、AICH、PICH 提供相位基准。还是其他下行物理信道的缺省相位基准。其他信道的功率基准，测量其他信道都是通过测量 CPICH 信道来实现的。确定小区覆盖范围，小区呼吸功能。从 CPICH：可以使用任意信道码，只要满足 SF=256；扰码可以使用主扰码，也可以使用从扰码，一个小区可以有 0、1 或几个从扰码，可以在小区内部分发射，可以作为 S-CCPCH 和下行 DPCH 的参考。

（4）逻辑信道—传输信道—物理信道的映射关系

逻辑信道—传输信道—物理信道的映射关系如图 3-21 所示。

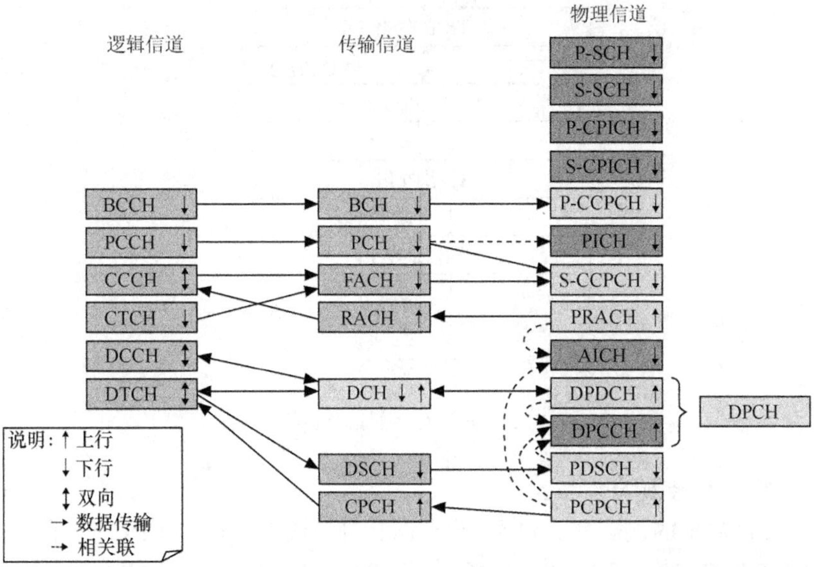

图 3-21　信道映射关系

2．编码与复用

信道编码分为上行链路和下行链路信道编码，在网络侧完成下行链路编码和上行链路译码，在终端侧完成上行链路编码和下行链路译码。

（1）上行链路信道编码与复用

上行链路信道编码和复用包括：CRC 校验、传输块级联与分割、信道纠错编码、无线帧尺寸均衡、第一次交织、无线帧分段、速率匹配、传输信道复用并映射到物理信道、物理信道分割、第二次交织、物理信道映射到无线帧。上行链路信道复用结构流程如图 3-22 所示。

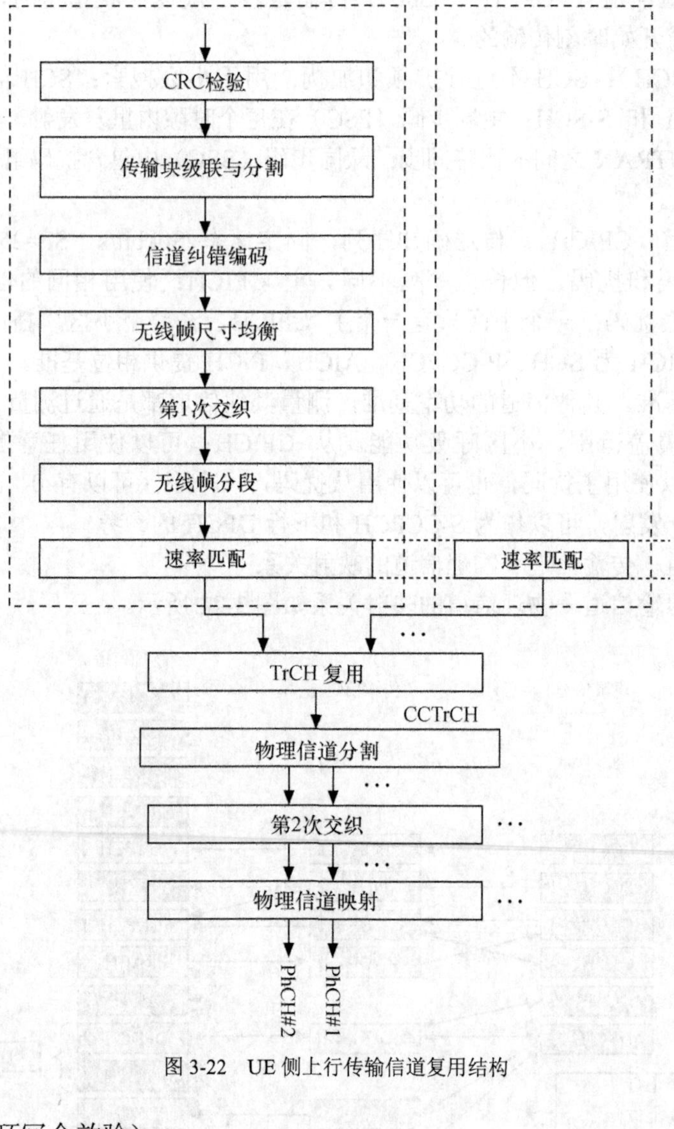

图 3-22　UE 侧上行传输信道复用结构

① CRC（循环冗余效验）

用于计算接收数据的误码率。对于一个 TTI 内到达的 TBS，CRC 处理单元将为其中的每一个 TB 附加上独立的 CRC 码。CRC 长为 24、16、12、8 或 0bit，每个 TrCH 使用的 CRC 长度由高层信令给出。每个传输块的 CRC 是通过对整个传输块进行计算得来的。

② 传输块的级联和分割

给一个 TTI 内的所有传输块附加上 CRC 比特后，从编号最小的传输块开始，连同附加的 CRC 比特，将它们依次串联起来，这样就得到了一个 TrCH 的数据码块。

如果传输信道数据码块的总比特数 A 大于一个编码块允许的最大长度 K，则在传输块级联后就需要进行码块分割处理。分割后码块的最大长度将取决于传输信道使用的编码方案。卷积编码：K=504；Turbo 编码：K=5 114；无信道编码：K 没有限制。

③ 信道编码

信道编码方案分为：卷积编码、Turbo 编码和不编码 3 种。

④ 无线帧尺寸均衡

以上的数据处理均是针对一个传输信道在一个 TTI 内传输下来的数据块进行的。一个 TTI 的长度为 10ms、20ms、40ms 或 80ms，对应的这些数据需要被平均分配到 1 个、2 个、4 个或 8 个无线帧上发送。尺寸均衡是通过对输入比特序列进行适当地填充，保证经过填充后的输出能够被均匀分割。

⑤ 第一次交织

系统的第一次交织为列间交换的块交织，它完成无线帧之间的交织。

⑥ 无线帧分割

当传输信道的 TTI 大于 10ms 时，输入比特序列将被分段映射到连续的 F 个无线帧上。经过前面的无线帧均衡后，可以保证输入比特序列的长度为 F 的整数倍。

⑦ 速率匹配

一个 TrCH 中的比特数在不同的 TTI 可以发生变化，而所配置的物理信道容量（或承载比特数）却是固定的。

因而，当不同 TTI 的数据比特发生改变时，为了匹配物理信道的承载能力，输入序列中的一些比特将被重复或打孔，以确保在传输信道复用后总的比特率与所配置的物理信道承载能力相一致。

⑧ 传输信道复用

根据无线信道的传输特性，在每一个 10ms 周期，来自不同 TrCH 的无线帧被送到传输复用单元。复用单元根据承载业务的类别和高层设置，分别将其进行复用或组合，构成一条或多条 CCTrCH。

⑨ 物理信道分割

一条 CCTrCH 的数据速率可能要超过单条物理信道的承载能力，这就需要对 CCTrCH 数据进行分割处理，以便比特流分配到不同的物理信道中。

（2）下行链路信道编码与复用

下行链路信道编码和复用基本上与上行类似，包括：CRC 校验、传输块级联与分割、信道编码、速率匹配、第一次 DTX 插入、第一次交织、无线帧分割、传输信道复用、第二次 DTX 插入、物理信道分割、第二次交织、物理信道映射。

下行信道复用结构流程如图 3-23 所示。

DTX 比特的插入：在下行链路中，当无线帧要发送的数据无法把整个无线帧填满时，需要采用非连续发送（DTX）技术，DTX 指示比特插入点算法有两种情况，即 TrCH 在无线帧的位置是固定的还是不固定的。DTX 指示比特的作用是指出何时传输需要被关闭，所以指示比特本身不需要被发送。

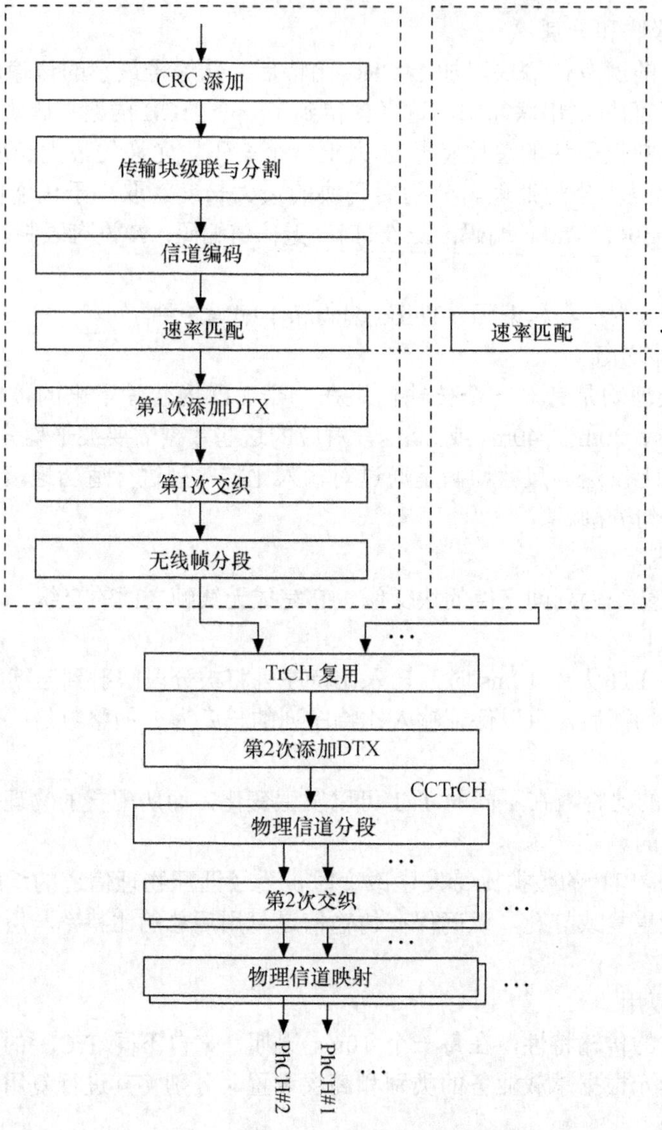

图 3-23 UTRAN 下行传输信道复用结构

3. 扩频与调制

（1）扩频与扰码

扩频与扰码应用在物理信道上，它包括两个操作，如图 3-24 所示，第一个是信道化操作，通过与信道化码相乘将每一个数据符号转换为若干码片，因此增加了信号的带宽。每一个数据符号转换的码片数称为扩频因子。第二个是扰码操作，将扰码与扩频后的码片符号相乘。

信道化码是正交可变扩频因子（OVSF）码，用于保持用户不同物理信道之间的正交性。

扰码采用的是 Gold 码，扰码序列具有伪随机性，对于上行物理信道可用的扰码分为长扰码和短扰码，各有 2^{24} 个，上行扰码由高层分配。对于下行物理信道扰码产生方法是通过将两个实数序列合并成一个复数序列构成一个扰码序列，共有 8 192 个上行扰码可以用。

① 上行链路扩频与扰码

上行链路扩频包括 DPDCH/DPCCH、PRACH、PCPCH 3 种。上行 DPDCH/DPCCH 的扩频原理如图 3-25 所示。

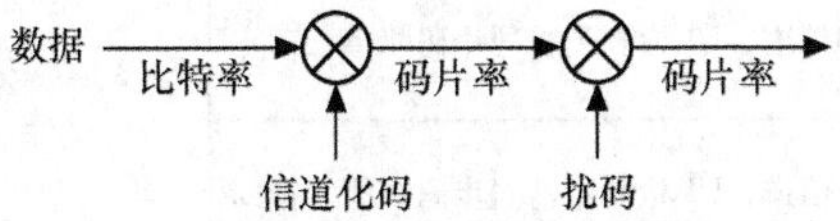

图 3-24　扩频与扰码

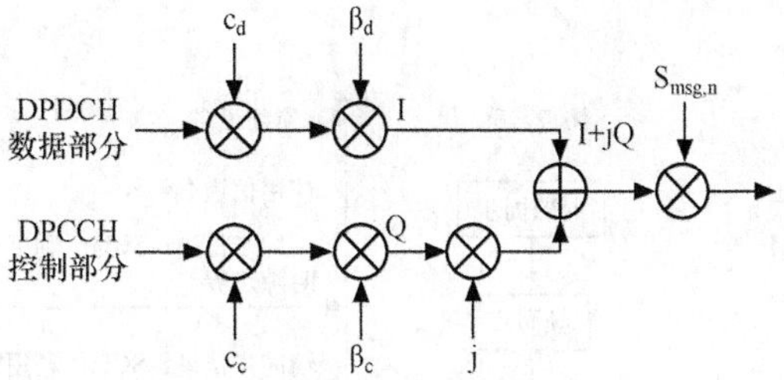

图 3-25　上行链路扩频

② 下行链路扩频与扰码

下行物理信道除 SCH 比较特殊，其他物理信道（P-CCPCH、S-CCPCH、CPICH、AICH、PICH、PDSCH）和下行 DPCH 信道相同，如图 3-26 所示。

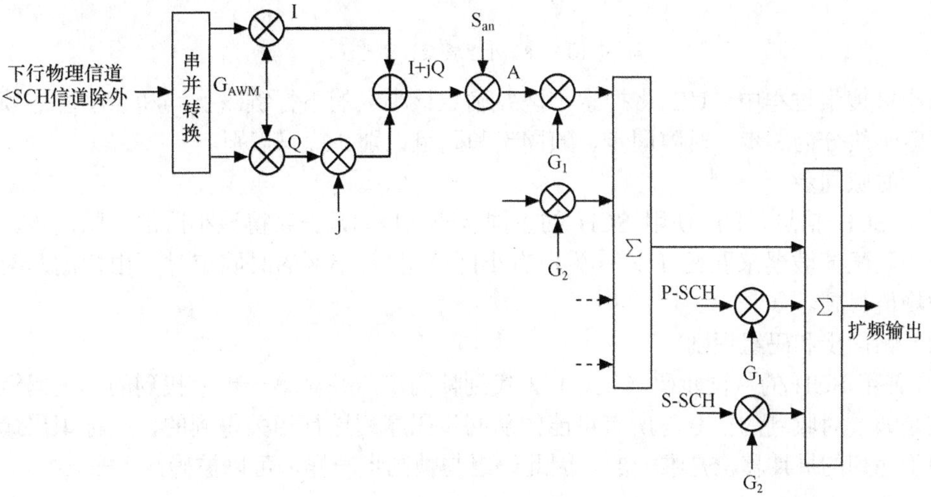

图 3-26　下行链路扩频

（2）调制

WCDMA 系统的调制码片速率是 3.84Mchip/s。通过扩频产生的复数值码片用 QPSK 方式进行调制，如图 3-27 所示。上下行链路调制相同。

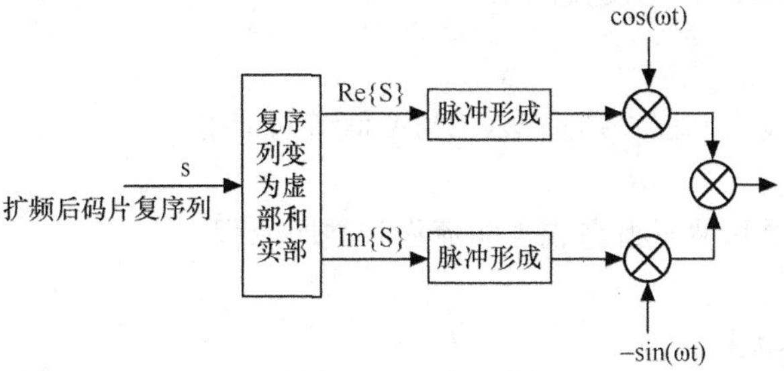

图 3-27　上下行链路调制

4．小区搜索过程

小区搜索详细过程如图 3-28 所示。

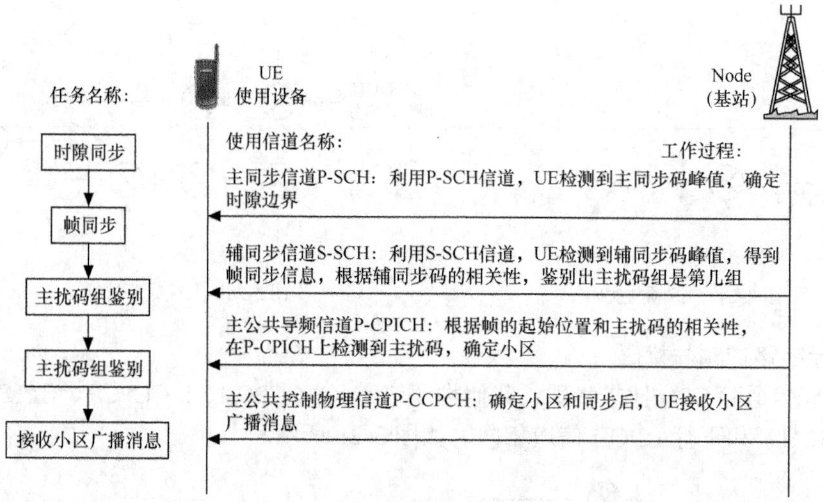

图 3-28　小区搜索详细过程

在小区搜索过程中，UE 将搜索小区并确定该小区的下行链路扰码和该小区的帧同步，小区搜索一般分为 3 步：时隙同步、帧同步和码组识别、扰码识别。

（1）时隙同步

基于 SCH 信道，UE 使用 SCH 的主同步码（PSC）去获得该小区的时隙同步。典型方法是使用匹配滤波器来匹配 PSC（为所有小区公用）。小区的时隙定时可由检测匹配滤波器输出的峰值得到。

（2）帧同步和码组识别

UE 使用 SCH 的从同步码（SSC）去找到帧同步，并对第一步中找到的小区码组进行识别。这是通过对收到的信号与所有可能的从同步码序列进行相关得到的，并标识出最大相关值。由于序列的周期移位是唯一的，因此码组与帧同步一样，可以被确定下来。

（3）扰码识别

UE 确定找到的小区所使用的主扰码。主扰码是通过在 CPICH 上对识别的码组内的所有的码按符号相关而得到的。在主扰码被识别后，则可检测到主 CCPCH。系统和小区特定的 BCH 信息也就可以读取出来了。

5．实践活动：WCDMA 信道的应用

（1）实践目的

通过用户主叫和被叫流程，熟悉 WCDMA 信道的运用。

（2）实践要求

各位学员分主叫组和被叫组完成主叫流程和被叫流程。

（3）实践内容

① 熟悉主叫基本流程

UE 主叫的基本流程及采用的信道如图 3-29 所示。

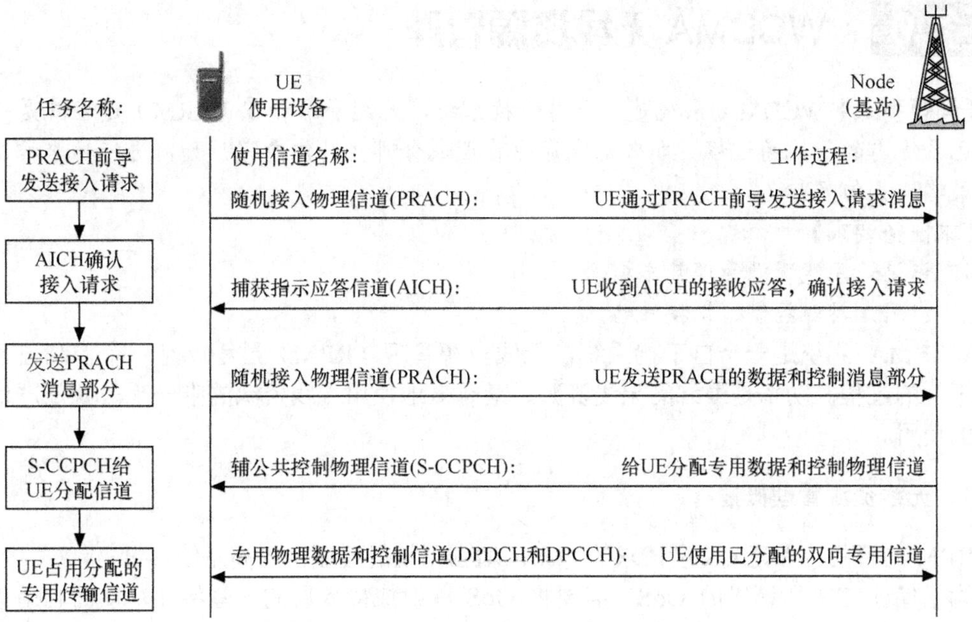

图 3-29　UE 主叫的基本流程及采用的信道

② 熟悉被叫基本流程

UE 被叫的基本流程及采用的信道如图 3-30 所示。

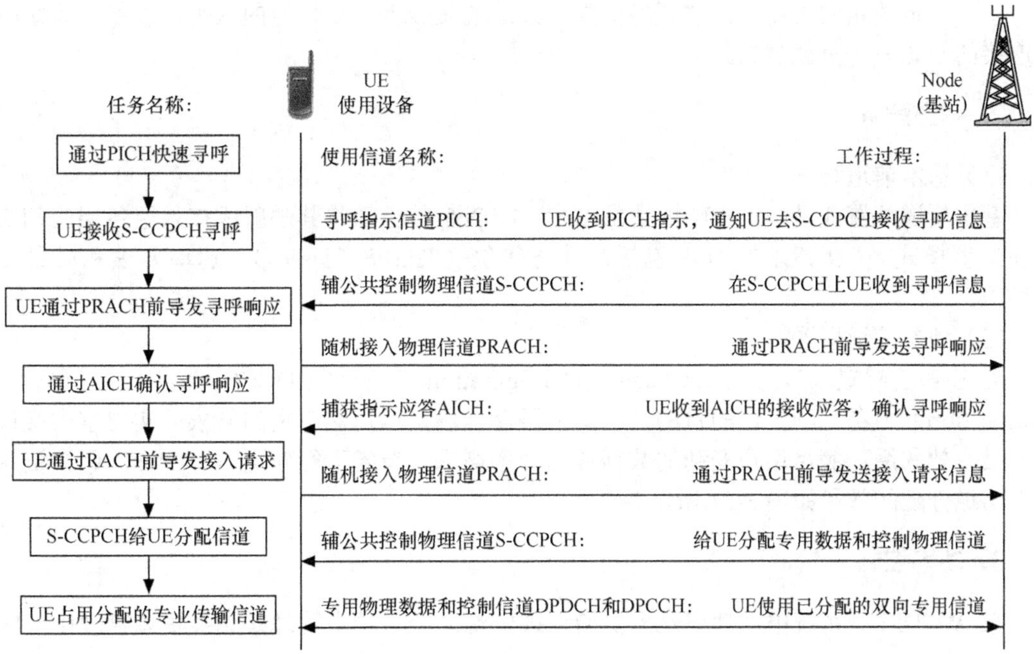

图 3-30　UE 被叫的基本流程及采用的信道

任务 6　WCDMA 无线资源管理

【问题引入】WCDMA 系统是一个自干扰系统，无线资源管理（RRM）过程就是一个控制自己系统内的干扰的过程。那么无线资源管理包含哪些具体内容？如何进行功率控制？切换的策略又如何呢？

【本任务要求】

1. 识记：无线资源管理基本概念。
2. 应用：功率控制、切换策略。

WCDMA 系统是一个自干扰系统，无线资源管理（RRM）过程就是一个控制自己系统内的干扰的过程。功率是最终的无线资源，最有效地使用无线资源的唯一手段就是严格控制功率的使用。

1. 无线资源管理概述

RRM 的目的：保证 CN 所请求的 QoS；增强系统的覆盖；提高系统容量。

为了保证 CN 所请求的 QoS，需要将 QoS 映射成接入层的一些特性，从而利用接入层的资源为本条连接服务——信道配置。

在保证 CN 所请求的 QoS 前提下，使用户的发射功率最小，从而减少该 UE 对于整个系统的干扰，提高系统的容量和覆盖——功率控制。

需要确保 UE 移动到其他小区（系统）后，能够继续得到服务，以保证 QoS——切换控制。

接入一定数量的 UE 后，需要确保整个系统的负载保持在稳定的水平，以保证系统中每条连接的 QoS——负载控制。

2. 信道配置

（1）基本信道配置

基本信道配置就是根据 CN 所请求 RAB 的 QoS 特性，将其映射成接入层各层的相应参数和配置模式。CN 请求的 QoS 包括：业务等级（Traffic Classes）、速率要求和质量要求（BLER）。

（2）动态信道配置

动态信道配置（Dynamic Channel Configuration Control，DCCC）针对的对象是 BE（Best Effort）业务。DCCC 的目的是：最大限度地满足用户对带宽的需求；实现空中接口资源的最有效利用；满足用户变动的数据传输速率需求；节省下行信道码（OVSF 码）资源。动态信道分配的效果如图 3-31 所示。

3. 功率控制

在 WCDMA 系统中，功率是重要的无线资源之一，功率管理是无线资源管理中非常重要的一个环节。

从保证无线链路可靠性的角度考虑，提高基站和终端的发射功率能够改善用户的服务质量；而从自干扰的角度考虑，由于 WCDMA 采用了宽带扩频技术，所有用户共享相同的频谱，每个用户的信号能量被分配在整个频带范围内，而各用户的扩频码之间的正交性是非理想的。这样一来，某个用户对其他用户来说就成为宽带噪声，发射功率的提高会导致其他用户通信质量的降低。因此，在WCDMA系统中功率的使用是矛盾的，发射功率的大小将直接影响到系统的总容量。

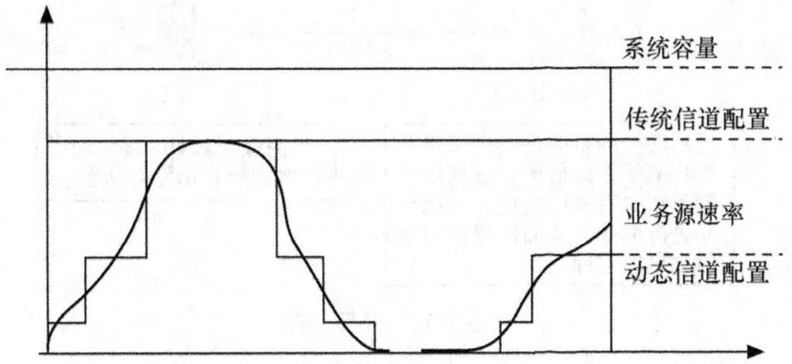

图3-31 动态信道分配的效果

此外，在WCDMA系统中还受到远近效应、角效应和路径损耗的影响。上行链路中，由于各移动台与基站的距离不同，基站接收到较近移动台的信号衰减较小，接收到较远移动台的信号衰减较大，如果不采用功率控制，将导致强信号掩盖弱信号，这种远近效应使得部分用户无法正常通信。在下行链路中，当移动台处于相邻小区的交界处时，收到所属基站的有用信号很小，同时还会受到相邻小区基站的干扰，这就是角效应。无线电波在传播中经常会受到阴影效应的影响。移动台在小区内的位置是随机的，且经常移动，所以路径损耗会快速大幅度地变化，必须实时调整发射功率，才能保证所有用户的通信质量。

功率控制通过对基站和移动台发射功率的限制和优化，使得所有用户终端的信号到达接收机时具有相同的功率，可以克服远近效应和角效应，补偿衰落，提高系统容量。因此，功率控制是WCDMA系统中无线资源管理最重要的任务。

（1）开环功控和闭环功控

按照形成环路的方式，功率控制可以分为开环功率控制和闭环功率控制。

开环功控是指移动台和基站间不需要交互信息而根据接收信号的好坏减少或增加功率的方法，一般用于在建立初始连接时，进行比较粗略的功率控制，开环功控目标值的调整速度典型值为10～100Hz。开环功控是建立在上下行链路具有一致的信道衰落的基础之上的，然而WCDMA系统是频分双工（FDD）的，上下行链路占用的频带相差190MHz，远远大于信道的相关带宽，因此上下行链路的衰落情况是不相关的。所以，开环功控的控制精度受到信道不对称的影响，只能起粗控的作用。

下行链路的开环功控是根据上行链路的测量报告来设定下行链路信道的初始功率。上行链路的开环功控主要应用于终端，但需要知道小区广播的一些控制参数和终端接收到主公共导频信道（P-CPICH）的功率，开环功控如图3-32所示。

闭环功控是指移动台和基站之间需要交互信息而采用的功率控制方法。下行闭环功控中，基站根据移动台的请求及网络状况决定增加或减少功率；前上行闭环功控中，移动台根据基站的功率控制指令增加或减少功率。闭环功控的主要优点是控制精度高，也是实际系统中常采用的精控手段，其缺点是从控制命令的发出到改变功率，存在着时延，当时延上升时，功控性能将严重下降，同时还存在稳态误差大、占用系统资源等缺点。为了发挥闭环功控的优点，克服它的缺点，可以采用自适应功控、自适应模糊功控等各种改进性措施和实现算法。

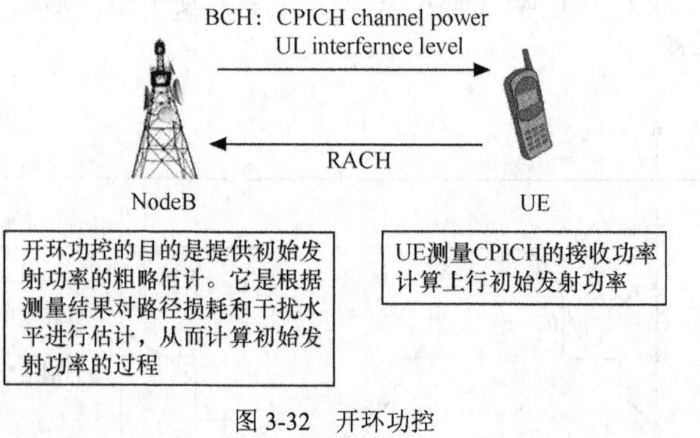

图 3-32　开环功控

（2）内环功控和外环功控

按照功率控制的目的，功率控制可以分为内环功控和外环功控。

外环功控的目的是保证通信质量在一定的标准上，而此标准的提出是为了给内环功率控制提供足够高的信噪比要求。上行外环功控如图 3-33 所示，具体实现过程是根据统计接收数据的误块率（BLER），为内环功控提供目标 SIR，而目标 SIR 是同业务的数据速率相关联的。外环功控的速度比较缓慢，因此外环功控又称为慢速功控，一般是每 10～100ms 调整一次。

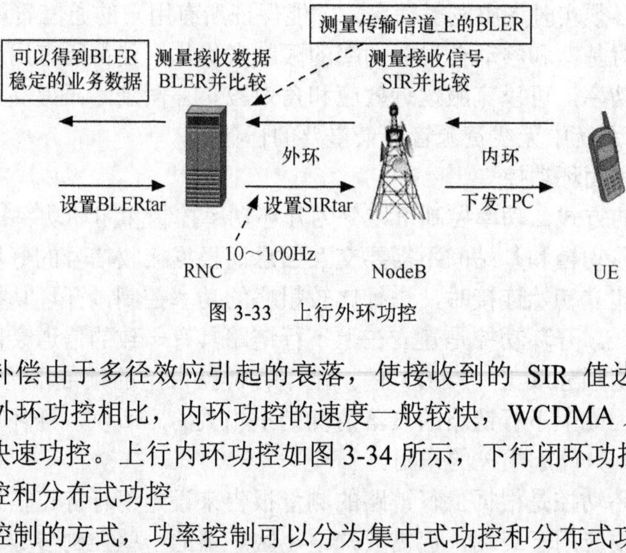

图 3-33　上行外环功控

内环功控用来补偿由于多径效应引起的衰落，使接收到的 SIR 值达到由外环功控提供的目标 SIR 值，同外环功控相比，内环功控的速度一般较快，WCDMA 系统为 1 500Hz，因此内环功控又称为快速功控。上行内环功控如图 3-34 所示，下行闭环功控如图 3-35 所示。

（3）集中式功控和分布式功控

按照实现功率控制的方式，功率控制可以分为集中式功控和分布式功控。下行功控一般都是集中式功控，上行功控是分布式功控。

集中式功控根据接收到的信号功率和链路预算来调整发射端的功率，以使接收端的 SIR 基本相等，其最大的难点是要求系统在每一时刻获得一个归一化的链路增益矩阵，这在用户较多的小区内是较难实现的。

分布式功控首先是在窄带蜂窝系统中提出来的，它通过迭代的方式近似地实现最佳功控，而在迭代的过程中只需各个链路的 SIR 即可。即使对 SIR 的估计有误差，分布式平衡算法仍是一种有效的算法。对于 WCDMA 系统，当不考虑 SIR 估计误差时，分布算法非常有效。但是当 SIR 估计存在误差时，分布式 SIR 平衡算法有可能不再收敛于一个平衡 SIR，随着 SIR 误差的增加，系统的性能很快下降。

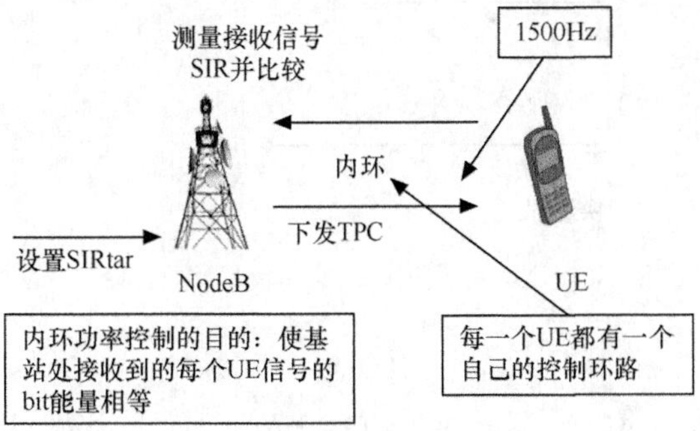

图 3-34　上行内环功控

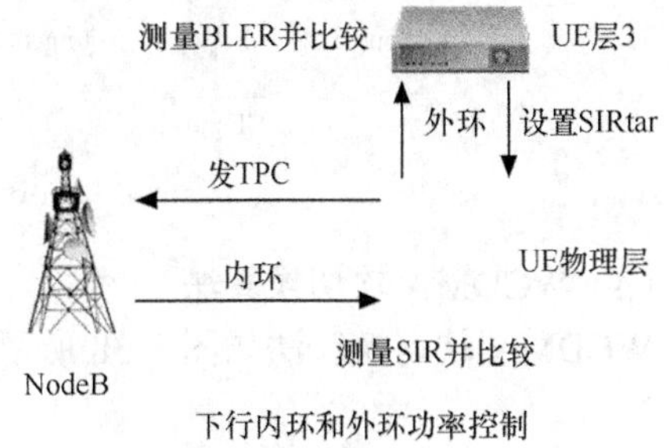

图 3-35　下行闭环功控

4．切换策略

为保证 QoS，需要确保 UE 移动到其他小区（系统）后，能够继续得到服务，这就是无线资源管理中重要的任务，即切换控制。

WCDMA 系统的切换控制技术包括：软切换、更软切换、频率间的硬切换。

（1）硬切换

硬切换的特点：先中断源小区的链路，后建立目标小区的链路；通话会产生“缝隙”；非 CDMA 系统都只能进行硬切换，硬切换过程如图 3-36 所示。

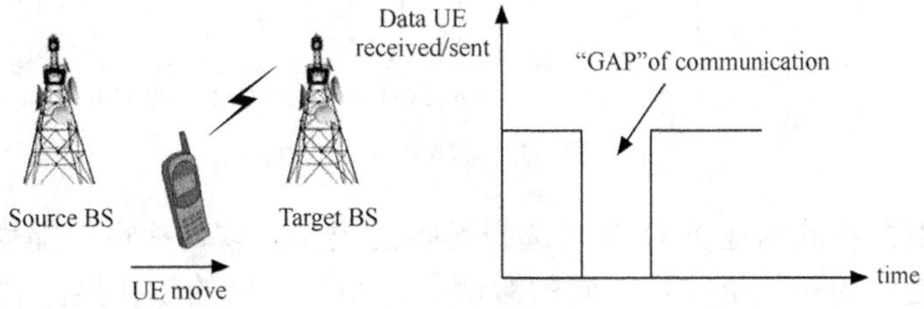

图 3-36　硬切换过程

硬切换在 3G 系统中的应用有以下几种。频内硬切换：码树重整；频间硬切换：网络优化的原因，在特定的区域需要频间负载的平衡；系统间切换：2G-3G 的平滑演进，3G 初期的覆盖范围有限。

（2）软切换

软切换特点：CDMA 系统所特有，只能发生在同频小区间；先建立目标小区的链路，后中断源小区的链路；可以避免通话的“缝隙”；软切换增益可以有效地增加系统的容量；软切换会比硬切换占用更多的系统资源，软切换过程如图 3-37 所示。

（3）更软切换

对于软切换，多条支路的合并，下行进行最大比合并（RAKE 合并），上行进行选择合并。当进行软切换的两个小区属于同一个 Node B 时，上行的合并可以进行最大比合并，此时，成为更软切换。由于最大比合并可以比选择合并获得更大的增益，在切换的方案中，更软切换优先。

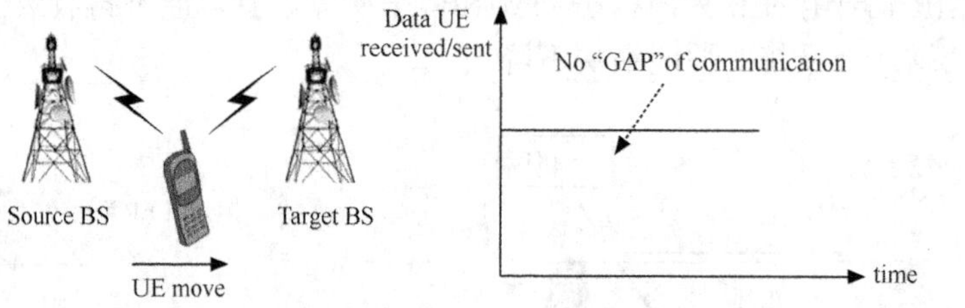

图 3-37　软切换过程

（4）WCDMA 软切换算法

WCDMA 软切换算法如图 3-38 所示。

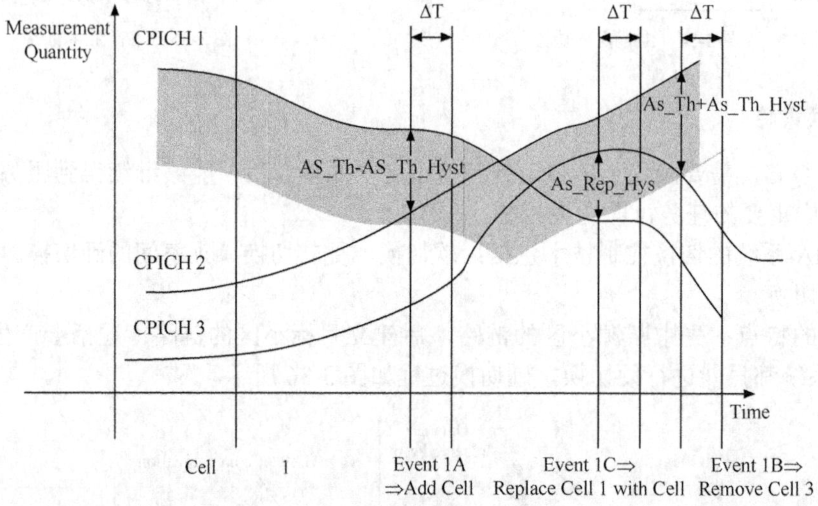

图 3-38　软切换算法

总之，需要根据不同的业务 QoS 来选择切换的类型。软切换可以提供比较好的业务质量；软切换占用更多的系统资源；不同的激活集大小、不同的软切换区大小在 QoS 保证和系统资源占用上各不相同；硬切换产生通话“缝隙”；硬切换占用系统资源少。需要综合考虑业务的 QoS 要求和切换对系统资源的占用，在系统资源占用和 QoS 保证上实现折衷。

5．负载控制

负载控制技术分类：准入控制（Call Admission Control）、小区间负载的平衡、数据调度（Packet Scheduling）和拥塞控制（Congestion control）。

（1）准入控制

准入控制涉及：负载监测和衡量、负载预测、不同业务的准入策略和不同呼叫类型的准入策略。并且，上下行分别进行准入控制。

（2）负载平衡

小区间负载的平衡包括同频小区间负载的平衡（如小区呼吸）和异频小区间负载的平衡。潜在用户控制使那些处于 Idle 模式和 Connected 模式下但非 Cell-DCH 状态的 UE 预先停留到负载较轻的载频或者小区上，从而进入 Cell-DCH 状态后，可以有效地避免负载的不均衡。

（3）数据调度

为了提高小区资源的利用率，必须引入 Packet Scheduling（分组调度）技术；小区内的速率不可控业务负载大时，降低 BE 业务的吞吐率，以控制小区的整体负载在一个稳定的水平；小区速率不可控业务负载小时，增加 BE 业务的吞吐率，以提高系统资源的利用率。

（4）拥塞控制

为了最大限度地利用系统的资源，仅仅准入控制，小区负载平衡，数据调度等技术不能保证系统的绝对稳定，必须引入拥塞控制技术。拥塞控制目的：保证系统的负载处于绝对稳定的门限以下。拥塞控制的手段：暂时降低某些低优先级业务的 QoS；比较极端的手段，如暂时降低 CS 业务的 QoS。

任务 7　WCDMA 系统的关键技术

【问题引入】WCDMA 的关键技术有很多，如智能天线、软件无线电、切换技术、功率控制、信道编码、多用户检测、空时码、高速数据传输等，那么了解其中的一些特色技术是很有必要的。

【本任务要求】

1. 识记：空时码、多用户检测技术。
2. 领会：高速下行分组接入技术、基站发射分集的实现方式。

WCDMA 的关键技术有很多，如信道编码、多用户检测、空时码、高速数据传输等，而我们在这里只着眼于部分物理层的关键技术。

1. WCDMA 的信道编码方案

WCDMA 的信道编码方案包括以下几部分：纠错编码/译码（包括速度适配），交织/解交织，传输信道映射至/分离出物理信道。另外，某些业务的组合可能要求不同层次上的业务复用，也会在信道编译码器的设计上有所体现。

由图 3-39 可以看出，信道编码方案已不仅仅是纠错的选择、编译码算法和交织算法的问题。它还涉及与高层消息的通信，从高层获得业务质量指示、业务复用方式等信息，以实现不同业务中不同编码和复用方案，以最高的效率提供多种业务的组合。为了适应多种速率的传输，信道编码方案中还增加了速率适配功能，WCDMA 给出了一种速率适配算法，目的是把业务速率适配为标准速率集中的一种速率。

当然，决定信道编码性能最基本的问题还是它的差错控制方案。WCDMA 标准中建议了 3 种前向信道纠错码，它们分别是：卷积码、Turbo 码以及 R-S 编码。卷积码沿用了第二代的技术，约束长度为 9，常用码率为 1/3 和 1/2，译码一般为基于最大似然的 Viterbi 算法。Turbo 码是能提供更高业务质量的新技术，下面将重点进行介绍。

Turbo 码是一种新型级联递归系统卷积码，它是由两个结构通常相同的递归系统卷积（RSC）编码器通过内部交织器的级联而成。Turbo 码的主要优点是在 AWGN（加性高斯白噪声）信道中，其纠错性能可接近香农极限。

从上面的分析中可以看到，在 WCDMA 中，在低速率和低性能要求下仍然采用第二代移动通信系统中类似的卷积码编译码技术，而在高速率和高性能要求的情况下，采用 Turbo 码编码方案。目前，Turbo 码编解码技术发展很快，它已经发展为一种包括多种编译码方法的 FEC 技术分支。

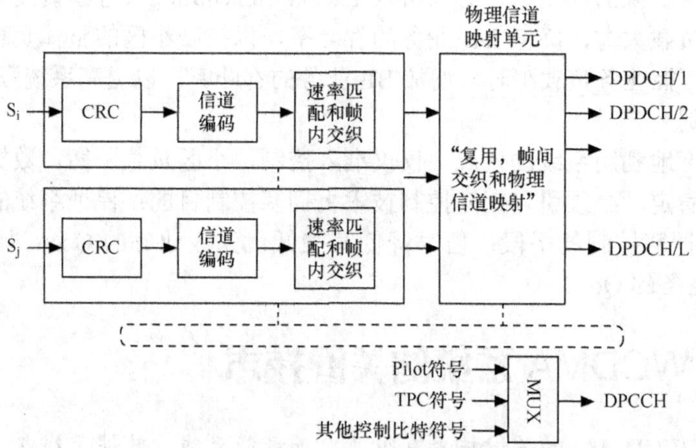

图 3-39　WCDMA 的信道编码和业务复用方案示意

定性地看，Turbo 码可以看作是编码为随机编译码的长码，译码采用迭代的最大似然译码的编译码方式。它是目前最接近于香农提出的三个必要条件的编译码器，所以得到惊人的性能。它本身带有的内部交织器可以把两个分量码的对应关系随机化（尽管达到完全的随机化很困难）。它采用的迭代 MAP（最大后验概率）算法在 AWGN 信道中是最优准则。它允许的分组数据块长度一般很大，最初的文献中的数据长度为 65 536，但在 WCDMA 应用中为 40～5 114。Turbo 码在 WCDMA 应用中，必须考虑在不同数据块长度下的性能。

（1）Turbo 编译码器的结构

Turbo 编译码器有并行和串行两种形式。WCDMA 中现采用并行级联 Turbo 编译码器（PCCC），图 3-40 是一个 PCCC 编码器。

（2）Turbo 码的译码

在 Turbo 码的各种译码算法中，标准 MAP 算法是接近香农极限的译码算法，性能非常好，缺点是存在大量指数、乘除法运算，不易实现。实际上，人们只是将标准 MAP 算法作为一种参考标准，而用它的简化算法进行实际应用。把标准 MAP 算法中的参量用它们的对数形式表示，可以把繁琐的指数和乘除运算转化为加减运算，降低复杂度。目前最常用的简化方法有几种：一是基于符号的最大后验概率的 MAX-LOG-MAP 算法和 LOG-MAP 算法，这样就把标准 MAP 中占主要部分的指数、乘、除运算省略掉；二是基于序列的最大后验概率软输出维特比算法（SOVA）。Turbo 译码器如图 3-41 所示。

Turbo 码的编码理论正处在建立、完善和发展之中，特别是它的理论分析和在衰落环境下的应用仍有待进一步研究；另外，它与其他技术的结合也成为未来通信技术的发展热点。

2．空时码（STC）

由于移动用户的增多，以及与此同时人们对移动通信业务的追求已从单纯的语音业务扩展到多媒体业务，频谱资源就显得日趋紧张。因此追求尽可能高的频谱利用率已成为并且在今后若干年内仍然是一个充满挑战的问题。这种挑战使得人们努力开发高效的编码、调制以及信号处理技术来提高无线频谱的效率。而近年来提出的空时码就是能够有效提高无线频谱利用率的最重要方案之一。所谓空时码就是信号在时间和空间域都引入了编码。在空时码的研究之中，一方面，Da-shan Shiu、Joseph M.Kahn、G.D.Golden 和 Foschini 等在分层空时码（LST）上做了很多工作；另一方面，AT&T 的 Tarokh 等人在总结了前人关于发射分集研究的基础上，在基于发射分集的空时码的研究上做了一些开创性的工作。所有的分析和仿真表明，上述两种空时码频率利用率可达 20～40bit/s/Hz，具有良好的频带利用率。可以预料，以空时码作为最重要技术特征，未来移动通信系统将具备极大的系统容量、极好的通信质量、极高的频带利用率。

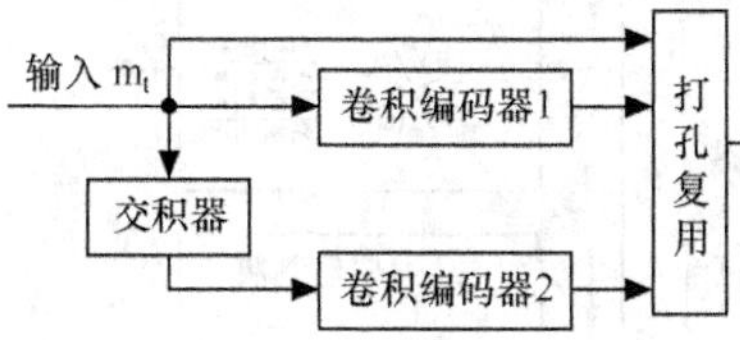

图 3-40　Turbo 编码器

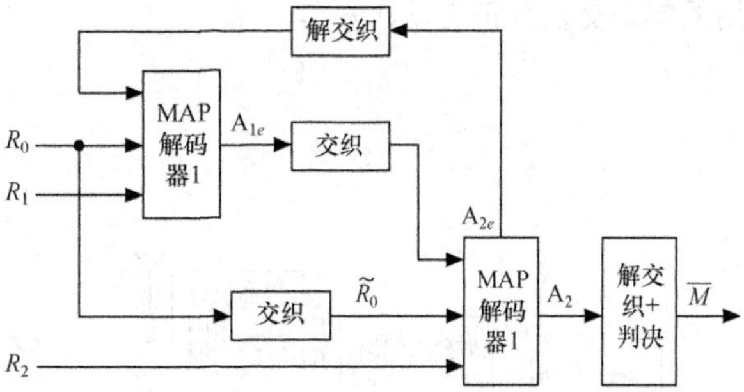

图 3-41　Turbo 译码器

（1）分层空时码

分层空时码最初是由 Foschini 提出的。它将信源数据分为几个子数据流，独立地进行编码、调制，因而它不是基于发射分集的。分层空时码的基本结构：发射机有 n 根发射天线，接收机有 m 根接收天线（$m \geqslant n$）。在发射机内信道编码后的数据被分为 n 路，分别流向 n 根天线。接收端 m 根接收天线同时接收 n 根发射天线的信号，然后进行解调、信道估计、译码。分层空时码的特点如下：

① n 根发射天线使用同一频带，符号同步，使用同样的星座图；

② n 根天线上发射的信号是独立的，故分层空时码不是基于发射分集的；

③ 发射单元天线的总功率恒定，与发射天线数 n 无关；

④ 将单个高 SNR 的信道分割成 n 个相互重叠的低 SNR 信道，以此来达到提高频谱效率的目的；

⑤ 空时分层空时码的优点是当 $m \geqslant n$ 时，可以证明系统容量与发射天线个数 n 近似成正比；

⑥ 不同的收发天线之间信道增益不相关。

（2）基于发射分集的空间码

移动通信系统中，分集是提供可靠通信最重要的方法之一。常用的分集方式有以下几种：时间分集，如信道编码、交织，信道编码和交织对抗快衰落非常有效，但对抗慢衰落则性能有限；频率分集，如扩频等；空间分集，多根天线的接收分集和发射分集都属于空间分集。但在实际的移动通信系统中，由于移动台尺寸及电池能量的限制以及媒体业务的不对称性，最佳的方式是基站使用多根天线实现接收分集和发射分集，而移动台则不强求使用多根天线。但目前采用的主要方式是接收分集。鉴于此，AT&T 的 Tarokh 等人在发射延迟分集的基础上正式提出了基于发射分集的空时码。一般认为，发射分集将是提高无线链路性能的一项重要技术。基于发射分集的空时码按照编码方式的不同又可分为空时分组码（Space-time block code，STBC）和空时格码（Space-time trellis code，STTC）。

图 3-42 是空时分组编码调制框图。空时分组码是由 Tarokh 等人提出的，由于空时格码考虑了前后输入的关联，所以它比空时分组码应该具有更好的性能。但是，对于发射天线数固定的空时格码而言，其译码复杂度与发射数据速率成指数关系。为了降低空时码的译码复杂度，Tarokh 在 Alamouti 研究的基础上，应用了正交设计理论，提出了空时分组码。空时分组码具有很低的译码复杂度，利用简单的最大似然译码算法即可，而且还可能得到最大的发射分集增益。接收译码框图如图 3-43 所示。正交设计是空时分组码的核心，目前已有通用的实正交及复正交设计方案。

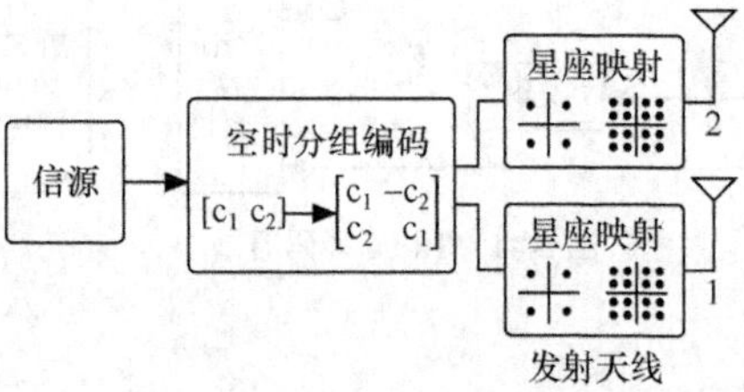

图 3-42　空时分组编码调制

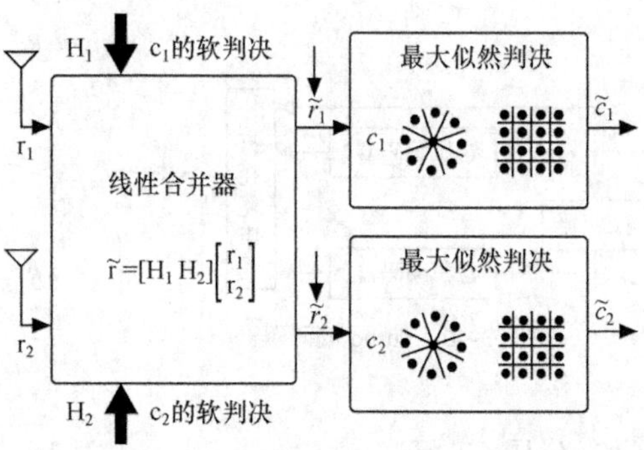

图 3-43　空时分组码的接收译码

空时分组编码由于很低的译码复杂度已经被正式列入在 WCDMA 提案中。WCDMA 系统提案中下行发射分集共有两种：STTD 和 TSTD。其中的 STTD 技术即为基于发射分集的空时分组编码。提案中的空时分组编码分为两种模式：开环模式和闭环模式。开环模式是指发射端发出训练序列，接收端使用最大似然译码以获得信道信息；而闭环模式是通过收发信机之间的反馈回路来获得信道信息。同一物理信道不能同时使用这两种模式。

3．多用户检测技术

多用户检测是近十年来在相关检测的基础上发展起来的一种有效的抗干扰措施，它利用多址干扰的各种可知信息对目标用户的信号进行联合检测，从而具有良好的抗多址干扰能力，可以更加有效地利用反向链路频谱资源，显著提高系统容量，而且由于 MUD 具有抗远近效应的能力，可以降低系统对功率控制的要求。

1979 年和 1983 年，K.S.Schnedier 和 R.Kohno 分别提出了多用户接收机（即多用户检测）的思想，即利用其他用户的已知信息消除多址干扰，实现无多址干扰的多用户检测，并指出了一些研究方向，这是多用户检测的最早的文献。1986 年，S.Verdu 将多用户检测的理论向前推进了一大步，他提出了匹配滤波器组加 Viterbi 译码的异步 CDMA 最佳检测。此后，多用户检测取得了很大的发展，已形成了几种比较清晰的思路。

尽管多用户检测的算法种类较多，但算法的基本思路都是最大限度地利用整个用户的信号资源来抑制多址干扰和克服远近效应。

下面我们对各种多用户检测器加以简单介绍。

（1）线性多用户检测器

线性多用户检测器是依据一定的判别准则，在用户输出线性匹配滤波器的后面加上一个线性算子，然后对输出序列再加以判决，该类多用户检测器主要包括两大类：解相关线性多用户检测器和最小均方误差多用户检测器。

（2）非线性多用户检测器

利用有效的非线性多用户检测器来消除多址干扰也是大家关注的热点问题。非线性多用户检测器可以划分为：判决反馈多用户检测器、串/并行干扰消除器、多组多用户检测器、基于神经网络的多用户检测器。

串行干扰消除器是基于传统的 CDMA 检测器，然后对之进行扩充后得到的。首先是恢复干扰信号，然后再提取有用信号。它的思想是把解调后用户信号按信号强度进行排序，即使用户 1 的信号强度大于用户 2 的信号强度，依此类推。首先用常规的解调方法来解调用户 1 的信号，经判决得到用户 1 的信息比特，然后利用解调后用户 1 的信号恢复出对用户 2 的干扰信号，把用户 2 的信号减掉用户 1 的干扰后再进行判决，同理，用户 3 的接收信号减掉用户 1 和用户 2 的干扰，按此顺序进行下去。

这种处理方法的好处是双重的：首先判决是对最强信号作出的，因而其受多址干扰的影响最小，判决最准确；其次，其他用户判决前减掉了最强的多址干扰信号。串行干扰消除器结构简单，大大提高了传统检测器的性能，对它的要求是运算速度要快，避免给弱用户带来较大的时延。若用户能量近似相等的情况下，可以用并行干扰删除器代替串行干扰删除器，不再需要对用户排序，也可获得较好的性能。干扰消除器由于其简单的结构，极有可能在 WCDMA 系统中获得应用。

近年来各种技术的结合问题引起了人们广泛的注意。主要有以下几种：空时二维信号处理技术、多用户检测和信道编译码结合技术、多用户检测和功率控制结合技术等。

4．高速下行分组接入技术

高速下行分组接入（High Speed Downlink Packet Access，HSDPA）是 3GPP 在 R5 协议中为了满足上下行数据业务不对称的需求提出来的，它可以使最高下行数据速率达 14.4Mbit/s，从而大大提高了用户下行数据业务速率，而且不改变已经建设的 WCDMA 系统的网络结构。因此，该技术是 WCDMA 网络建设后期提高下行容量和数据业务速率的一种重要技术。

HSDPA 采用的关键技术有自适应调制编码（AMC）和混合自动请求重传（HARQ）。AMC 自适应调制和编码方式是根据信道的质量情况，选择最合适的调制和编码方式。信道编码采用 1/3Turbo 码以及通过相应码率匹配后产生的其他速率的 Turbo 码，调制方式可选择 QPSK、8PSK、16QAM 等。通过编码和调制方式的组合，产生不同的传输速率。而 HARQ 基于信道条件提供精确的编码速率调节，可自动适应瞬时信道条件，且对延迟和误差不敏感。

为了更快地调整参数以适应变化迅速的无线信道，HSDPA 与 WCDMA 基本技术不同之处是将 RRM 的部分实体如快速分组调度等放在 Node B 中实现，而不是将所有的 RRM 都放在 RNC 中实现。

5．基站发射分集的实现方式

发射分集方式包括STTD、TSTD和闭环发射分集。

（1）STTD发射分集

STTD（空时发射分集）是将在非分集模式下进行信道编码、速率匹配和交织的数据流在4个连续的信道比特块中使用STTD编码。STTD除SCH信道以外均可使用。

STTD发射分集编码方式如图3-44所示。STTD可以提高下行链路性能和容量、STTD对基站下行基带处理复杂性影响小、对移动台的解码影响小，对解调部分的复杂性增加有一定影响，主要是对每个分集路径每个符号需要解扩（despreader）、搜索（searcher）、最大比合并（maximal ratio combiner）。

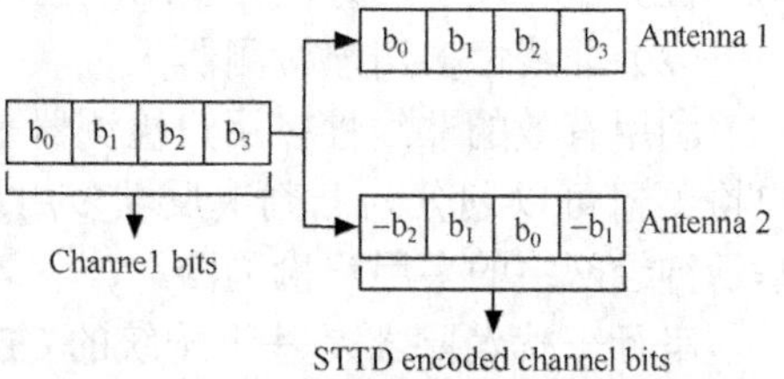

图3-44　STTD发射分集编码方式

（2）TSTD发射分集

TSTD称为时间切换发射分集，该发射分集仅仅用于SCH信道。该分集由于减少了SCH信道的发射功率，从而减少了对系统其他信道的干扰，降低基站的PA要求。对UE没有影响，对UE的小区搜索也不会有影响。图3-45是SCH信道采用TSTD发射分集示意图。

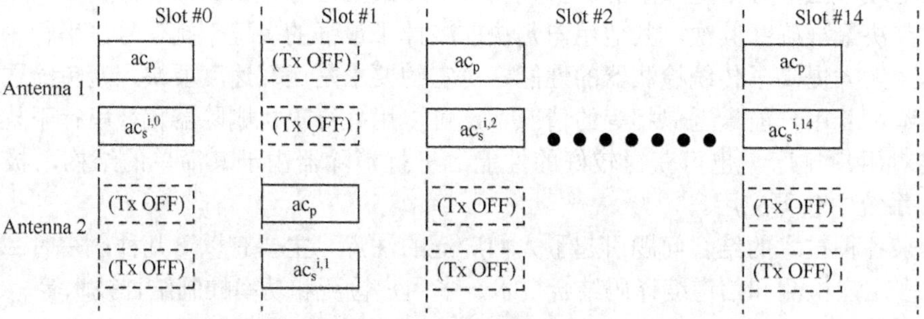

图3-45　TSTD发射分集示意图

TSTD是根据时隙号的奇偶，在两个天线上交替发送基本同步码和辅助同步码。采用TSTD，在移动台中可以很简单地获得与最大比合并相当的效果，大大提高了用户端正确同步的概率，并缩短了同步搜索的时间。

（3）闭环反馈发射分集

闭环反馈发射分集用于DPCH和PDSCH信道，对于下行链路性能提高为2～3dB左右。UE利用CPICH估计来自每个天线的信道，在每一个时隙，UE计算相位调整量，在模式2还要计算幅度调整量，这些调整量用于UTRAN控制UE的接收功率达到最大。模式1是通过调整相位、模式2是通过调整相位和幅度。模式1的应用场合主要是低速移动或分集天线路径之间有相关衰落的信道，而模式2的应用场合可以保证两个分集天线通道之间的功率平衡。闭环反馈发射分集如图3-46所示。

该分集方式对于UE的RAKE接收机的复杂度增加18%。闭环反馈发射分集对于基站侧而言作为可选项，对于UE侧而言，如果是低档终端（low cost terminals）为可选项，如果是高档终端（high-end terminals）为必选项。

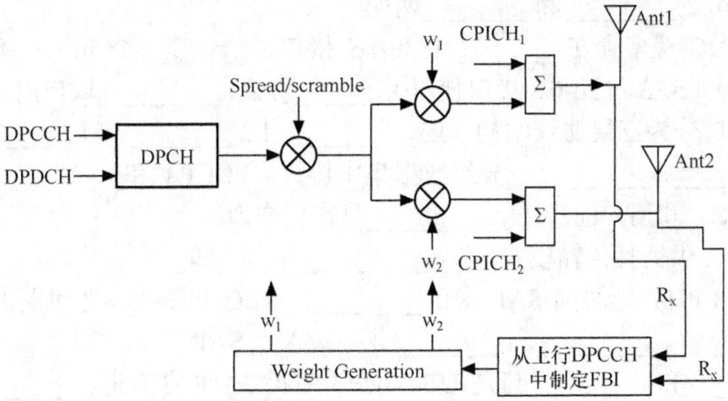

图 3-46　闭环反馈发射分集

过关训练

一、填空题

1．UMTS 的英文全称为________，中文全称为________；WCDMA 的英文全称为________中文全称为________。

2．通常把 UMTS 系统也称为________，其系统带宽是________MHz，码片速率为________。调制方式，上行为________，下行为________。

3．WCDMA 的基站同步方式，可以是________或________。多址接入方式为________。解调方式为________。

4．WCDMA 的发射分集技术有________、________和________。

5．由于信道的非正交性和不同用户的扩频码字的非正交性，导致用户间存在相互干扰。多用户检测（MUD）的作用，就是________。

6．多用户检测（MUD）中，联合检测性能优于干扰抵消，但复杂度也高于干扰抵消。一般在基站侧采用________，在终端侧采用________。

7．WCDMA 采用________语音编码技术，支持从________bit/s 到________bit/s 的语音质量。

8．UTRAN 为非接入层（NAS）提供________的建立，维护、释放等服务，以屏蔽 NAS 对于________特性的关注。

9．对于某一个 UE 来说，其与 CN 之间的连接中，直接与 CN 相连，并对 UE 的所有资源进行控制的 RNC 叫该 UE 的________；与 CN 没有连接，仅为 UE 提供资源的 RNC 叫该 UE 的________。处于连接状态的 UE 必须而且只能有一个________，可以有 0 个或者多个________。

10．直接和某 Node B 相连接，对该 Node B 资源的使用进行控制的 RNC 叫该 Node B 的________，一个 Node B 有且只能有一个________。

11．WCDMA 中，UE 的工作模式有________和 Connected 模式。

12．UTRAN 接口的一般协议模型为两层两面结构，水平平面分为________和________

两层，垂直平面分为________和________两面。

13．一个 RNC 最多存在________个 Iu-PS 接口，________个 Iu-CS 接口，但可以有多个________接口；Iu-PS 与 Iu-CS 接口使用________协议，________域使用 SABP 协议。

14．无线接口分为三层协议结构：L1________、L2________和 L3________，L2 又分为下列子层：________、________、分组数据集中协议（PDCP）和________。L3 和________被分为控制面（C）和用户面（U），________只在用户面。

15．RLC 层提供三种传输模式，________、________和________。

16．MAC 和 PHY 之间的 SAP 提供________，RLC 和 MAC 之间提供________，网络层向上提供________、________和________业务接入点 SAP。

17．________和________都是 UE-NodeB-RNC 之间的信道，________信道是 UE-NodeB 之间的信道。

18．核心网络由一系列完成用户位置管理、网络功能和业务控制等功能的物理实体组成，包括________等。核心网络又分为________网络、________网络和________网络 3 类。

19．HLR 主要完成________管理（MSISDN、IMSI、PDP ADDRESS、签约的电信业务和补充业务及其他业务的适用范围）和________管理。

20．与 R99 网络系统相比，R4 网络系统在核心网的________域有重大变化，引入了________的概念，将连接控制和________分开。原 MSC 变为________和________。

21．MGW 和 MGW 之间的接口为________；MSC Server 和 MGW 的接口为________，协议为________，用________传输。

22．R5 版本的 CN，在 R4 的基础上增加了________，________和 PS 域一起实现了实时和非实时的多媒体业务；在无线接入网，提出了________，使下行峰值数据速率达到________bit/s；在 Iu、Iur、Iub 接口增加了基于________可选传输方式，使无线接入网实现 IP 化。

23．WCDMA 是基于________为基础构建的网络，WCDMA 的发展目标是全 IP 移动通信网络。

24．在 WCDMA 应用中，信道化码 CC 为________码，在上行链路区分________，在下行链路区分________；扰码 SC 为________码，在上行链路区分________，在下行链路区分________。扩频调制由________和________联合完成。

25．每一个传输信道都有一个传输格式（TF），如果多个（2 个及以上）传输信道的信息使用同一物理信道，要用各传输信道的________组合成________，来通知接收机正确解调接收信息。

26．WCDMA 中前向纠错编码的编码类型有三类：________、________和未编码。

27．速率匹配就是对 TrCH 上的比特进行________或________。下行物理信道的 DTX 比特________在空中接口的发送。

28．每个传输信道上可传送不同业务数据，多个传输信道复用为一个________，CCTrCH 映射到物理信道的________部分，物理层填加物理层信号________、________和 Pilot，形成完整物理信道，而后进行________，最后在无线接口上发送。

29．下行信道码使用 OVSF 码，主 CPICH 固定使用________信道码，主 CCPCH 固定使用________信道码。

30．WCDMA 的下行链路扩频，除________外的其他下行物理信道，经________变换后，用________扩频码扩频，然后进行复扰码操作。

31．WCDMA 系统是一个________的系统，________的过程就是一个控制自己系统内干扰的过程。

32．为 NAS 建立的 RAB 中，UTRAN 必须提供相应的________保证。一般的 QoS 主要存在三个方面要求：________、传输时延要求、________。

33．对于软切换，多条支路的合并，下行进行________合并（RAKE 合并），上行进行________合并；当进行软切换的两个小区属于同一个 Node B 时，上行的合并可以进行________合并，此时，成为更软切换；由于最大比合并可以比选择合并获得更大的增益，在切换方案中，________优先。

二、名词解释

1．SRNS Relocation

2．TTI

3．HSS

4．NBAP

5．SIGTRAN

6．H.248 协议

7．IMS

8．TFCI

9．Turbo 码

10．SIP

11．HSDPA

12．STC

三、简答题

1．简述 WCDMA 的技术特点。

2．简述 UMTS 的结构和功能。

3．简述 UMTS 的主要接口。

4．WCDMA 空中接口定义了哪三种信道，这三种信道间的层次关系是什么？

5．UTRAN 的功能有哪些？

6．简述 3GPP 各版本功能差异。

7．简述 WCDMA R99 核心网络特点。

8．简述 WCDMA R99 核心网络有哪些功能实体。

9．简述 R4 网络系统的优势。

10．简述 R4 MSC Server 和 MGW 的功能。

11．简述 3GPP R5 的主要特点。

12．简述 WCDMA 移动通信网络演进。

13．简述 WCDMA 下行物理信道的扰码使用。

14．简述 WCDMA 物理层编码与复用的基本步骤。

15．简述 RRM 的目的和任务。

16．简述 WCDMA 中的功率控制的目的和分类。

17．简述小区搜索过程。

模块 4

WCDMA 无线网络控制器操作与维护

【本模块问题引入】 无线网络控制器（RNC）是 WCDMA 网络的重要组成部分，它和 NodeB 一起构成移动接入网络（UTRAN）。那么，RNC 硬件结构如何？RNC 逻辑结构及单板特性如何？基站系统信号流如何？RNC 日常操作、例行维护如何进行？RNC 故障处理的一般流程和常用方法如何？小区类故障现象和处理方法有哪些？典型故障分析处理如何进行？这都是我们必须知道的内容。

【本模块内容简介】 本模块共分 3 个任务，包括 WCDMA 无线网络控制器开通与维护、无线网络控制器日常操作与维护、无线网络控制器故障分析处理。

【本模块重点难点】 重点掌握 RNC 硬件结构和逻辑组成、RNC 日常操作和例行维护、RNC 故障分析与处理。

任务 1　认识无线网络控制器硬件

【问题引入】 无线网络控制器（RNC）是 WCDMA 网络的重要组成部分，其 RNC 整机结构是怎样的？机柜包括哪些组成部分？逻辑结构及单板原理和特性如何？系统信号流如何？本任务通过认识硬件、熟悉逻辑功能、思考分析系统信号流，培养学习者的动手技能和分析能力。

【本任务要求】

1. 识记：RNC 整机结构、机柜硬件结构。
2. 领会：RNC 逻辑组成、各功能单板的面板结构和功能原理及特性。
3. 应用：基站系统信号流。

RNC（Radio Network Controller）是 WCDMA 网络的重要组成部分，它和 NodeB 一起构成移动接入网络（UMTS Terrestrial Radio Access Network，UTRAN），主要处理系统信息广播、切换、小区资源分配、用户面等无线资源管理等功能。如图 4-1 所示，RNC 通过 Iub 接口和 NodeB 设备连接；通过 Iu-CS 接口和负责处理电路业务的核心网 MSC（R4 构架下为 MSC Server 和 MGW）设备相连；通过 Iu-PS 接口和负责处理分组业务的核心网 SGSN 设备相连；通过 Iu-BC 和负责处理广播业务的 CBC 实体连接；通过 Iur 接口和其他 RNC 设备连接。

华为 RNC 的型号为 BSC6800（以下用 BSC6800 表示）。BSC6800 的接口（包括 Iub、Iur、Iu-CS、Iu-PS 和 Iu-BC）都是标准的接口，能够和其他厂商的 NodeB、MSC、SGSN、CBC 和 RNC 等设备对接。

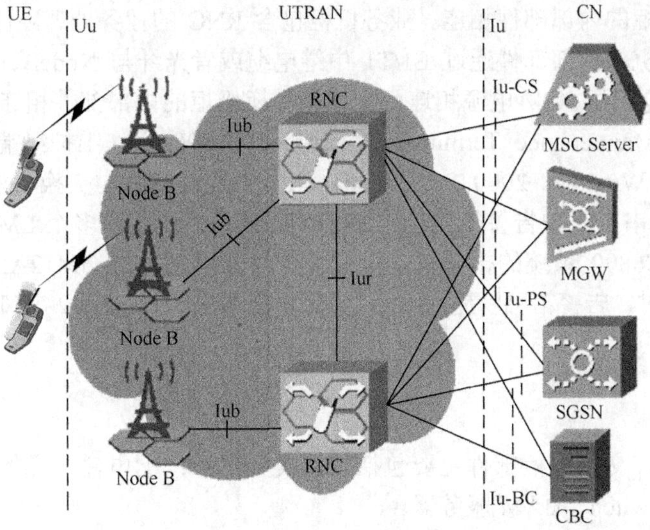

图 4-1　RNC 在 WCDMA 移动通信网络中的位置

1．整机构件

BSC6800 整机由交换机柜和业务机柜、LMT（Local Maintenance Terminal）和告警箱等组成，如图 4-2 所示。BSC6800 整机除了提供电源、时钟信号等输入接口外，还提供与 NodeB、SGSN、MSC、其他 RNC、M2000 等设备的通信接口。

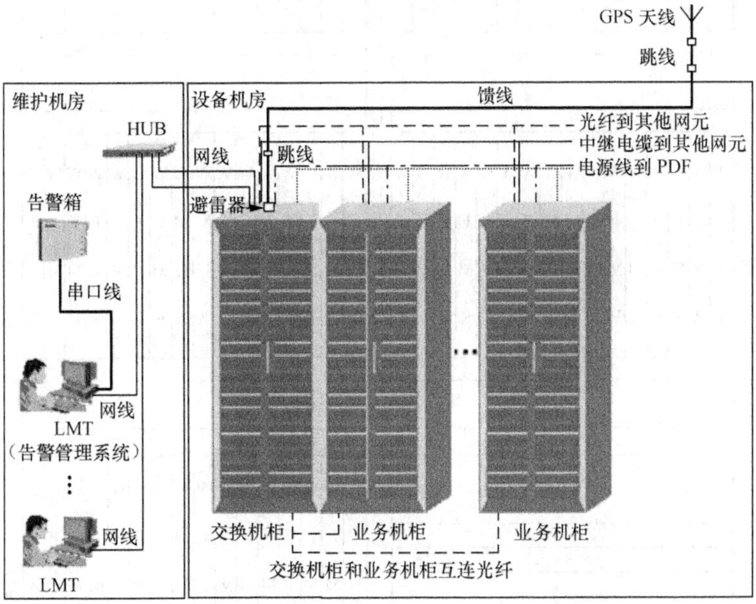

图 4-2　BSC6800 硬件组成

BSC6800 机柜分为交换机柜和业务机柜两种。交换机柜只有一个，业务机柜的个数可以为 0～5。交换机柜包含 RNC 所有类型的硬件部件。因此 BSC6800 可以提供单机柜解决方案。交换机柜内部部件通过网线与 LMT、M2000 相连，E1/T1 中继电缆或者光纤与 MSC、SGSN、其他 RNC 或者 NodeB 相连，电缆与外部-48V 电源相连，时钟线和时钟源（可选）相连，光纤和业务机柜的内部部件相连。业务机柜包含 RNC 的业务处理硬件，是系统平滑扩容的叠加机柜。业务机柜内部部件通过 E1/T1 中继电缆或者光纤与 NodeB、MSC、SGSN 或者其他 RNC 相连，电缆与-48V 电源相连，光纤和交换机柜的内部部件相连。

LMT（Local Maintenance Terminal）是安装 BSC6800 操作维护终端软件的计算机，它采用的操作系统为 Windows 2000 Professional。LMT 通过网线与交换机柜内的 LAN Switch 连接，通过 RS232 串口线与告警箱连接。BSC6800 系统可以存在多个 LMT。

告警箱是 BSC6800 系统的报警装置，采用华为公司通用的 GM12ALMZ 告警箱。设备在运行中出现告警时，告警箱可以提供声、光提示。告警箱通过 RS232 串口线与 LMT 相连。

2．机柜构件

（1）机柜组成

如图 4-3 所示，交换机柜部件主要包括以下类型部件：配电盒、交换插框、业务插框、GRU 部件、LAN Switch、BAM 服务器。

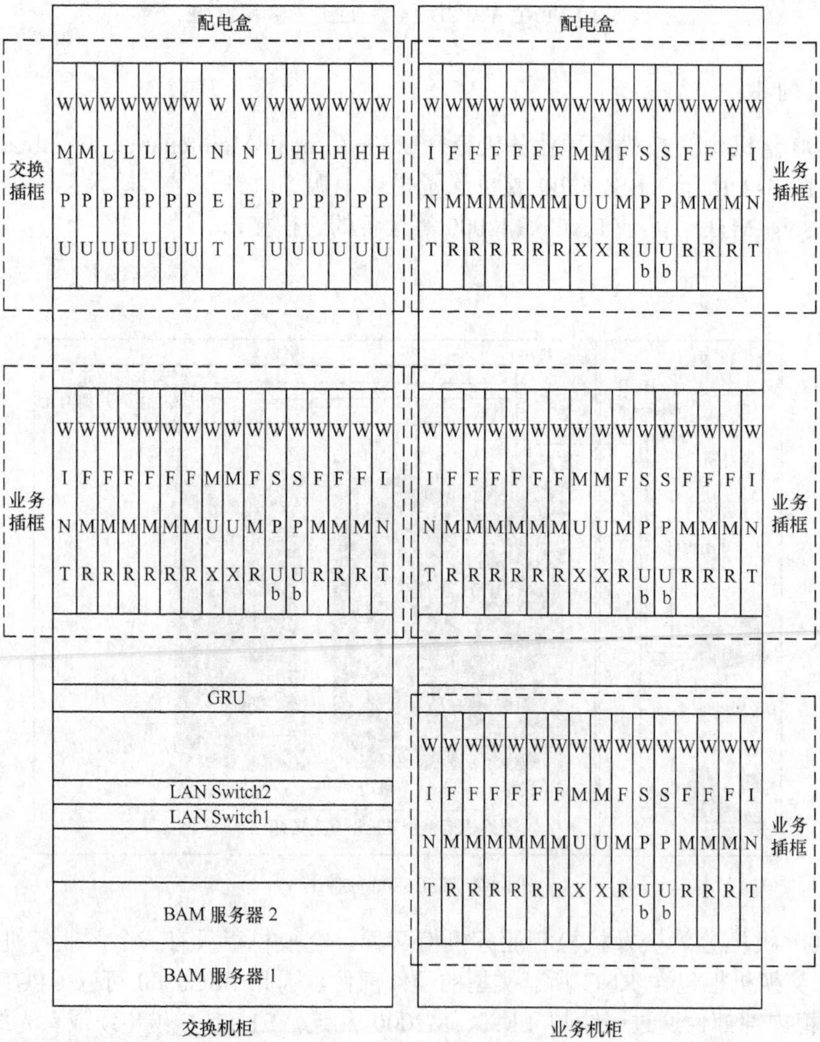

图 4-3　机柜构件

（2）机柜连线

机柜内部构件之间、以及内部构件和其他设备之间的物理连线如图 4-4 所示。

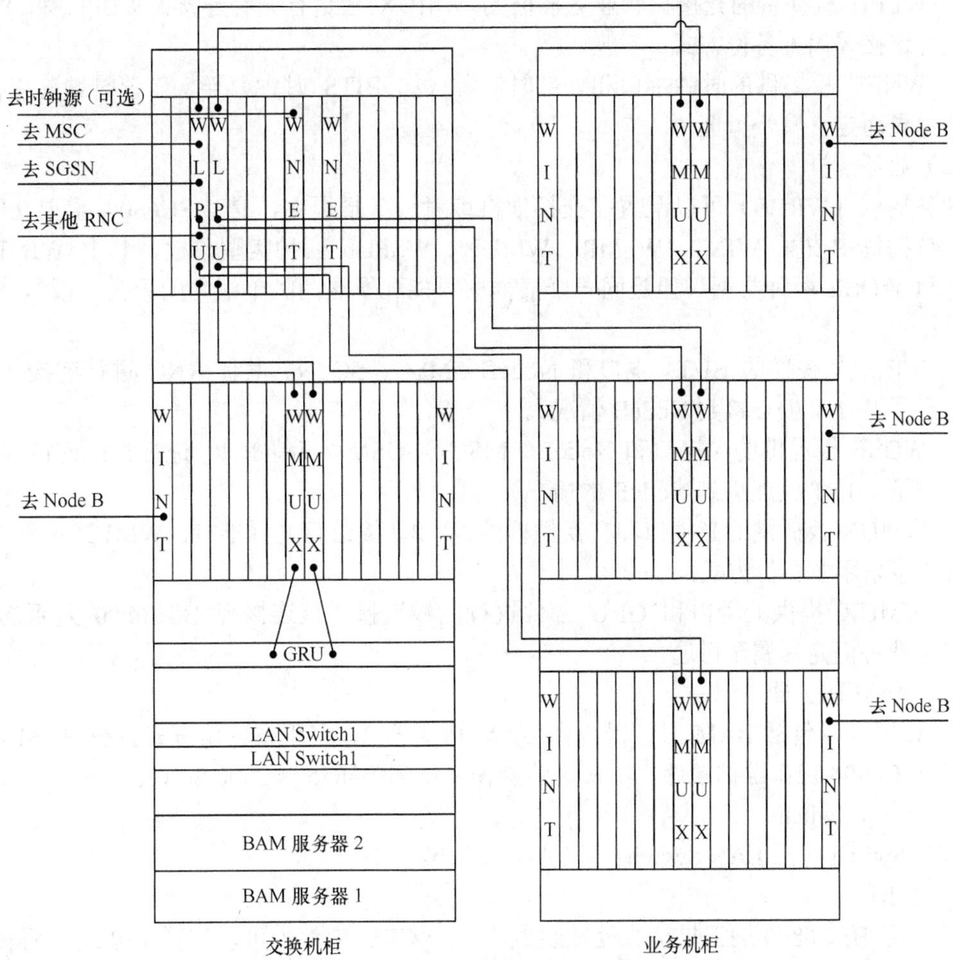

图 4-4　物理连线举例

BSC6800 提供多种接口板，可以适用于多种传输组网。图 4-3 中仅示意了一种传输连接方式，即 WLPU 只连接到 MSC、SGSN、其他 RNC，而 WINT 只连接到 NodeB 的情况。实际上 WLPU 也可以连接到 NodeB，而 WINT 也可以连接到 MSC、SGSN、其他 RNC。

（3）配电盒

配电盒配置在交换机柜和业务机柜的顶部。完成机柜配电功能，负责将外部-48V 输入电源，转化成几组独立的-48V 输出电源，提供给本机柜的各个部件使用。

（4）交换插框

交换插框（WRSS）只配置在交换机柜中，是 BSC6800 重要功能插框之一。该插框中安插 WMPU、WLPU、WNET、WHPU 单板。交换插框通过：

- WLPU 板提供的光接口和 MSC、SGSN、其他 RNC、NodeB 进行光纤连接（图 4-3 中只示意了 WLPU 板连接到 MSC、SGSN、其他 RNC 的情况）。WLPU 板的光接口支持主用和备用功能，和 MSC、SGSN、其他 RNC 以及 NodeB 的光口连接可视具体情况确定是否采用主备份方式。

- WLPU 板提供的光接口和业务插框的 WMUX 板进行光纤连接。WLPU 和 WMUX 板的光纤连接采用主备份方式。
- WNET 板提供的时钟接口和外部时钟源（如 BITS 时钟）连接。该时钟连接视实际时钟的要求而定，属于可选。

（5）业务插框

业务插框（WRBS）可以配置在交换插框或者业务插框中，是 BSC6800 重要功能插框之一。该插框中安插 WINT、WFMR、WMUX、WSPUb 四种类型单板，其中 WINT 包括 WBIE 和 WOSE 两种类型（但是同一个插框中只能配置这两类单板中的一类单板）。业务插框通过：

- WBIE 板提供的 E1/T1 电口和 NodeB、MSC、SGSN、其他 RNC 进行连接（图 4-3 中只示意了 WINT 板连接到 NodeB 情况）。
- WOSE 板提供的光接口和 NodeB、MSC、SGSN、其他 RNC 进行光纤连接（图 4-3 中只示意了 WINT 板连接到 NodeB 的情况）。
- WMUX 板提供的光接口和交换插框的 WLPU 板进行光纤连接。WMUX 板和 WLPU 板光纤连接采用主备份方式。
- WMUX 提供的网口和 GRU 部件进行网线连接。该连接视 BSC6800 是否支持 A-GPS 定位业务而定，属于可选。

（6）BAM 服务器

BAM 服务器包括 BAM 服务器 1 和 BAM 服务器 2，采用主备用方式。在 BAM 服务器上运行 BSC6800 操作维护软件，所采用的操作系统为 Windows 2000 Server。

（7）LAN Switch

LAN Switch 包括 LAN Switch1 和 LAN Switch2。

（8）GRU

GRU 是 BSC6800 的卫星接收处理装置，一个 GRU 部件中可以配置 1 套或者两套 GRU 套件。GRU 通过网线和 WMUX 连接。

3．逻辑结构

如图 4-5 所示，BSC6800 系统主要由以下逻辑功能子系统组成：业务处理子系统、交换子系统和操作维护子系统，另外还包括环境监控子系统和时钟同步子系统。

（1）业务处理子系统

业务处理子系统功能主要由业务插框实现，用于完成 RNC 的基本业务处理，包括：宏分集和 L2 处理、呼叫控制、无线资源管理、对外提供 Iub/Iur/Iu 接口。

业务处理子系统可以根据业务的需要进行线性叠加，从而线性增加系统业务处理容量。

业务处理子系统之间通过交换子系统可以进行通信，从而完成协同任务的处理，比如切换功能。

① 业务处理子系统硬件结构

业务处理子系统对应的硬件是业务插框，如图 4-6 所示。根据业务量大小，BSC6800 可以配置 1～16 个业务插框，对应 1～16 个业务处理子系统。

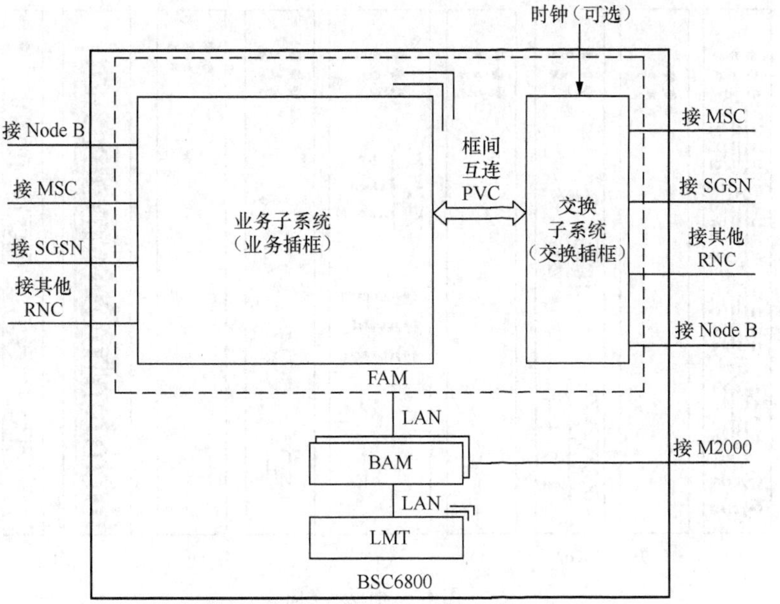

图 4-5　BSC6800 系统逻辑结构

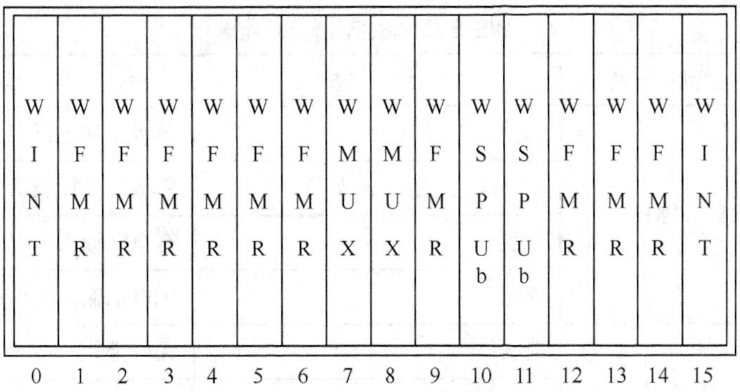

图 4-6　业务处理子系统组成

a．WINT 接口板

WINT 包括 WBIE、WOSE 两种类型接口板，运营商可以根据传输网络资源进行灵活配置。

各个接口板具有的功能如下。

WBIE 板：提供中继传输接口，并支持 32 路 E1/T1。支持 Fractional ATM 和时隙交叉功能。

WOSE 板：提供 SDH 传输接口，并支持 63 路 E1 over SDH 承载，可以支持 1:1 MSP（Multiplex Section Protection）功能。同时提供中继传输接口，支持 8 路 E1 电口，用于实现 Fractional ATM 和 CES 功能。

WBIE 和 WBIEb 均为 BSC6800 基站接口板，配置在业务插框的第 0、15 号槽位，用作 Iub/Iur/Iu 接口板。其中 WBIEb 在处理能力方面比 WBIE 更为强大。WBIE 板面板示意图如图 4-7（a）所示。

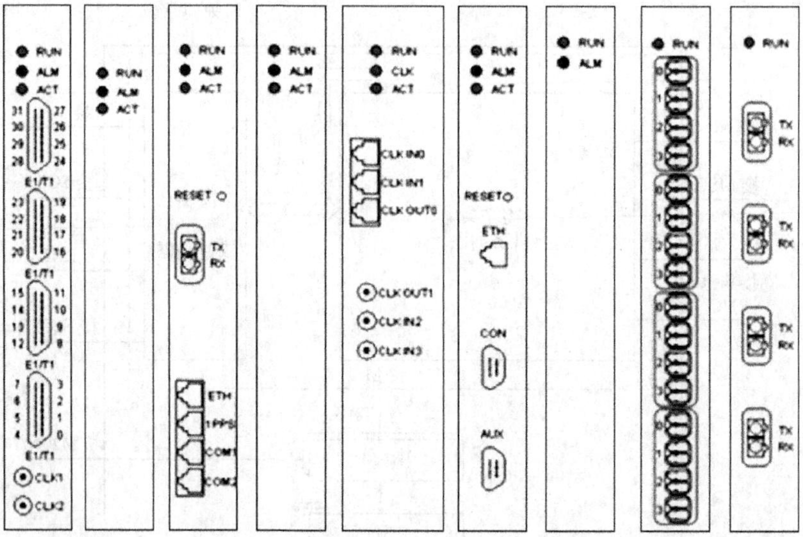

（a）（b）（c）（d）（e）（f）（g）（h）

图 4-7　面板示意图

WBIE 板面板上各指示灯的说明如表 4-1 所示。

表 4-1　WBIE 板面板指示灯说明表

指示灯名称	颜　色	状　态	含　义
RUN	绿色	1s 亮，1s 灭	单板正常运行
		0.125s 亮，0.125s 灭	单板处于加载状态
		常亮	有电源输入，但单板存在故障
		常灭	无电源输入或单板处于故障状态
ALM	红色	常灭	无告警
		常亮（包含高频闪烁）	告警状态，表明在运行中存在故障
ACT	绿色	常亮	因 WBIE 板没有主备用之分，常亮
		常灭	无

b．WFMR/WFMRb 板

WFMR 和 WFMRb 均为 BSC6800 无线帧处理板，配置在业务插框中，按照业务量的大小，1 个业务插框框内最多配置 10 块 WFMR/WFMRb，通常按顺序依次插在第 1、2、3、4、5、6、9、12、13、14 号槽位。其中 WFMRb 在处理能力方面比 WFMR 更为强大。WFMR 板面板示意图如图 4-7（b）所示。

c．WMUX 板

WMUX 为 BSC6800 系统复用板，配置在业务插框中，每框插两块，固定插在第 7、8 号槽位，构成主备用关系。WMUX 板由主板和光扣板两部分组成，完成以下功能：进行 ATM 信元交换，为本框单板提供同步时钟，实现对本业务插框所有单板的管理和监控，处理电源和风扇告警。WMUX 板面板示意图如图 4-7（c）所示。

d．WSPU 板

WSPU 板配置在业务插框中，每框插两块，固定插在第 10、11 号槽位，构成主备用关系。WSPU 板完成以下功能：处理 Uu/Iu/Iur/Iub 接口的高层信令，如 Uu 接口的 RRC、Iu 接口的 RANAP、Iur 接口的 RNSAP 和 Iub 接口的 NBAP；分配和管理建立业务所需要的各类资源（PVC、AAL2、AAL3-PATH、GTP-U、PDCP、IUUP、RLC、MACD、MDC、FP 等），建立信令和业务连接。WSPU 板面板示意图如图 4-7（d）所示。

② 业务处理子系统的逻辑结构

业务处理子系统的逻辑结构如图 4-8 所示，包括以下逻辑处理单元。

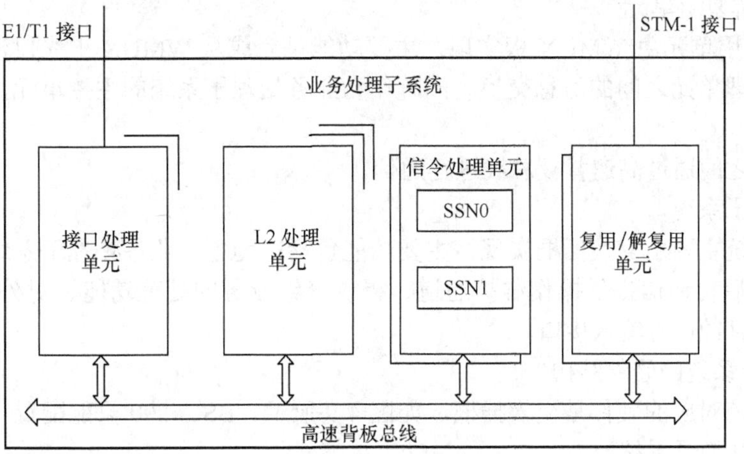

图 4-8　业务处理子系统逻辑结构

a．接口处理单元

接口处理单元由 WINT 接口板实现，主要功能是处理 E1/T1 上承载的 ATM 信元，并通过高速背板传递给其他处理单元。

b．L2 处理单元

L2 处理单元由 WFMR 板实现，主要功能是在 WSPUb 板的控制下，对接口处理单元的送来的消息进行 L2 处理后，分离出 CS 域业务和 PS 域业务。然后将 CS 域业务发送给 WMUX 板，由 WMUX 板发送到 Iu-CS 接口板；将 PS 域业务通过 WMUX 板发送给 WHPU 板，由 WHPU 板发送到 Iu-PS 接口板。或者反之。

L2 实体包括 FPMDC、MAC、RLC、PDCP、Iu UP、BMC 模块。

FPMDC 模块：用于完成 FP 和 MDC 功能。FP 是 Iub/Iur 接口的传输网络层用户面的帧协议；MDC 用于处理 Iub/Iur 接口宏分集的上行合并和下行分发。

MAC 模块：用于完成 Uu 接口中 L2 的 MAC 功能。

RLC 模块：用于完成 Uu 接口中 L2 的 RLC 功能。

PDCP 模块：用于完成 Uu 接口中 L2 的 PDCP 功能。

Iu UP 模块：用于完成 Iu 接口用户面处理。

BMC 模块：用于完成 CBS 广播业务处理。

c．信令处理单元

信令处理单元由 WSPUb 板实现，主要功能是对接口处理单元传来的 Iub/Iur/Iu 接口信令消息和 L2 处理单元传来 Uu 接口信令消息进行处理。同时还负责和其他业务处理子系统之间的协调和控制。

信令处理单元的功能可以分为业务层和信令资源层两个层次。业务层实现 Uu 接口和 Iub/Iur/Iu 接口的信令处理。信令资源层则提供 Iub/Iur/Iu 接口信令所需要的承载资源。

业务层处理分别由 RRM 和 RR 两个模块完成。RRM 包括面向连接的和 NodeB 的无线资源的分配和控制。RR 模块用于处理各个接口控制面协议，同时完成 L2 实例资源管理。

信令资源层包含 SCCP、MTP-3b、SAAL、Q.AAL2 等模块。用于建立业务层所需要的信令承载。

d．复用/解复用单元

复用/解复用单元由 WMUX 板实现，主要功能是完成从 WMUX 上光口消息和业务处理子系统其他处理单元之间的信息交换。同时作为业务处理子系统的主控单元，承担操作维护的功能。

各个单元之间通过高速背板总线进行通信。

（2）交换子系统

交换子系统主要由交换插框实现，主要功能包括：为各个业务处理子系统提供业务流通道、为前台和后台通信提供操作维护通道、提供分组业务的处理功能、对外提供 Iub/Iur/Iu 接口、可选的时钟信号输入接口。

① 交换子系统的硬件结构

交换子系统对应的硬件是交换插框，如图 4-9 所示。BSC6800 只能配置一个交换插框，因此只有一个交换子系统。

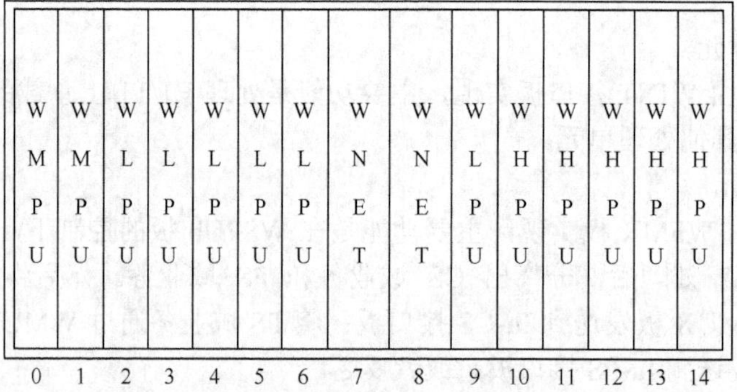

图 4-9　交换子系统组成

a．WNET 板

WNET 板和 WNETc 板均为 BSC6800 的交换网板，配置在交换插框中，每框插两块，固定插在第 7、8 号槽位，WNET 和 WNETc 可以混插。WNET 板和 WNETc 板均由主板和时钟扣板两部分组成，其中主板工作在双平面方式，时钟扣板构成主备关系。WNET 板和 WNETc 板功能上分为交换网络部分和时钟部分。

WNET 板和 WNETc 板的时钟扣板相同，时钟部分完成的功能如下：从外同步定时接口和线路同步信号中提取定时信号并进行处理，为整个系统提供定时信号；提供 2 个 2048kbit/s 输入接口；提供 2 个 2048kHz 输入接口，与 2048kbit/s 输入接口复用端口；提供 1 个 8kHz 输入接口，与 2048kbit/s 输入接口复用端口 IN1；提供 2 个卫星时钟同步输入接口，每个时钟同步接口包括差分 1PPS 信号和串口信号；提供 1 个时钟同步输出接口；提供 1 个外同步输出接口；提供线路时钟提取和参考时钟输出。WNET/WNETc 板面板示意图如图 4-7（e）所示。

b．WMPU 板

WMPU 板配置在交换插框中，每框插两块，固定插在第 0、1 号槽位，构成主备用关系。

WMPU 板完成以下功能：分配交换插框的资源；管理和监控交换插框中的其他单板；提供 BAM 到业务插框的操作维护通路。WMPU 板面板示意图如图 4-7（f）所示。

c．WHPU 板

WHPU 板配置在交换插框中，采用 N+1 资源池方式进行配置，按照业务量的大小，1 个交换插框框内最多配置 5 块 WHPU 板，通常按顺序依次插在第 10、11、12、13、14 号槽位。

WHPU 板完成以下功能：管理 GTP-U 隧道资源、建立和释放隧道连接；转发 GTP-U 隧道；管理 GTP-U PATH。WHPU 板面板示意图如图 4-7（g）所示。

d．WLPU 板

WLPU 板配置在交换插框中，按照业务量的大小，1 个交换插框框内最多配置 6 块 WLPU 板，通常按顺序依次插在第 2、3、4、5、6、9 号槽位。WLPU 板由主板和光扣板两部分组成，完成以下功能：提供 16 路 155Mbit/s（满配置 4 路单模 ATM 光扣板 W4ASb 板时）或 4 路 622Mbit/s 光接口（满配置 1 路 STM-4 ATM 单模光扣板 W1TSb 板时）；对同步时钟质量进行实时监测，并上报 WMPU 板。WLPU 板面板示意图如图 4-7（h）所示。

② 交换子系统的逻辑结构

交换子系统包括以下逻辑处理单元：主控单元、高速分组业务处理单元、交换网络单元、ATM 线路处理单元、时钟单元。交换子系统逻辑结构如图 4-10 所示。

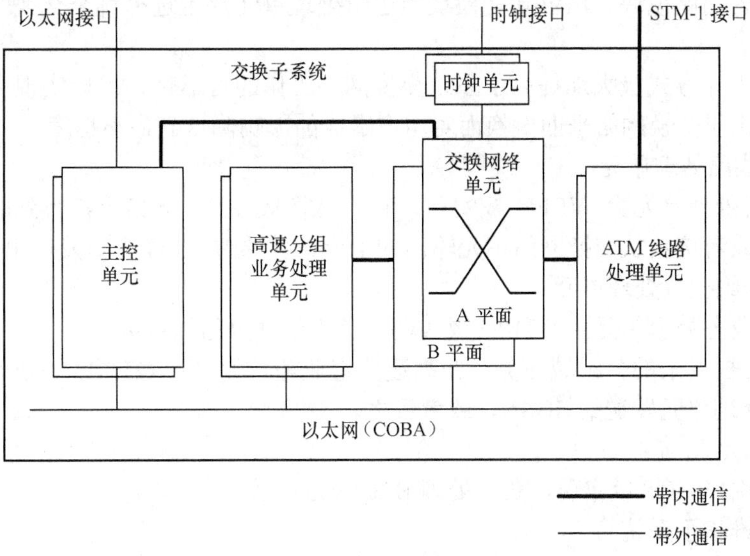

图 4-10　交换子系统逻辑结构

为了方便理解，此处明确两个概念：带内通信和带外通信。带内通信和带外通信是相对于物理通道内传输不同的信息流而言的。如果该通道内传输的仅仅是控制信息，则该通信过程称为带外通信，该通道称为带外通道；如果该通道内不仅传输控制信息，同时还传输业务信息，即控制信息和业务信息使用相同的通道的通信过程称为带内通信，该通道称为带内通道。交换子系统通过交换插框背部的 COBA 板构建一个内部以太网，用于实现各个处理单元的带外通信。交换子系统通过交换网络单元和高速背板总线可以实现各个处理单元之间的带内通信。

a．主控单元

主控单元由 WMPU 板实现，完成交换子系统资源分配、对其他处理单元的管理监控和为前后台操作维护信息提供路由等功能。

主控单元通过以太网口和后台 BAM 通信，提供操作维护信息的转发功能，可以将这些操作维护信息通过带内通道发往各个业务处理子系统，或者反之。

主控单元通过带外通道，实现对交换子系统其他处理单元的配置、维护和告警传递等。

另外 WMPU 本身提供硬盘，可以为其他处理单元保存程序和数据，提高了交换子系统本身的可靠性。

b．交换网络单元

交换网络单元由 WNET 板实现，它将各个处理单元通过带内通道传递过来的信元交换后传递给相应的处理单元。

两块 WNET 板工作在热备份状态，因此存在两个交换网络单元，构成一个双平面系统（平面 A 和平面 B），平面 A 和平面 B 采用同步工作方式，各自独立完成定长分组交换。

上行方向（上行方向此处是指数据进 WNET 板方向），所有与交换网络单元的互联的功能模块同时输出两路待交换的定长数据包到 A、B 两个平面，并行完成交换。

下行方向（下行方向此处是指数据出 WNET 板方向），A、B 两个平面输出的定长数据包都送到相应的功能模块，由该功能模块的逻辑处理单元决定选择哪个交换网络平面输出的下行数据包。

双平面的工作方式极大地提高了系统交换网络工作的可靠性，可以实现基于端口的故障切换方式，将由于交换网络平面倒换而对用户造成的影响降低到最小程度。

c．ATM 线路处理单元

ATM 线路处理单元由 WLPU 板实现，它负责将从 ATM 光口上接收到的信元发送给交换网络单元，或者接收从交换网络单元输出的信元，并通过 ATM 光口发送出去。

d．高速分组业务处理单元

高速分组业务处理单元由 WHPU 板实现，负责处理分组域业务。

从 WFMR 板发来的分组域业务，在高速分组业务单元进行 GTP-U 等处理后，通过适当的 ATM 线路处理单元发送给 SGSN，或者反之。

e．时钟单元

时钟单元由 WNET 板实现，负责处理 BSC6800 时钟。

（3）操作维护子系统

操作维护子系统功能由 BAM、LMT 和前台各个单板上的操作维护实体组成。主要提供以下功能：安全管理、配置管理、性能管理、设备管理、告警管理、加载管理、对外提供到 M2000 系统的接口。BSC6800 操作维护子系统硬件组成结构和物理连线如图 4-11 所示。

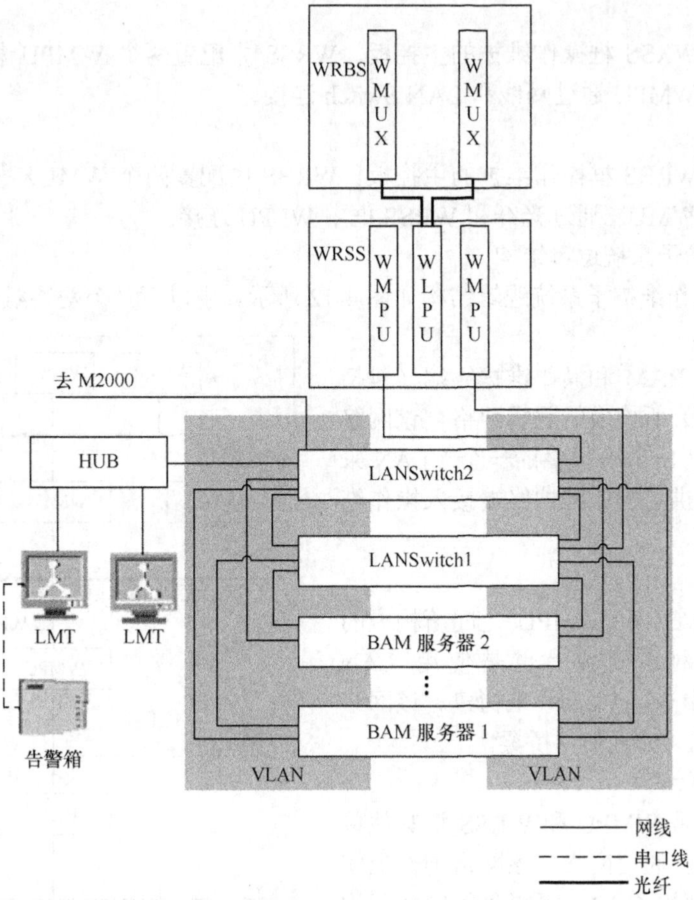

图 4-11　操作维护子系统硬件组成

① 操作维护子系统硬件组成

a．BAM（Back Administration Module）

BAM 是操作维护系统的服务器，安装了 Windows 2000 Server 操作系统和 SQL Server 2000 数据库。系统配置两个 BAM 服务器（BAM 服务器 1 和 BAM 服务器 2），分别工作在主用和备用状态。BAM 固定配置在交换机柜中。BAM 通过网线和 LAN Switch 连接。两台 BAM 之间还通过串口线进行连接。

b．LMT（Local Maintenance Terminal）

LMT 是操作维护终端软件计算机，安装 Windows 2000 Professional 操作系统。可以配置一台或者多台 LMT。LMT 通过 HUB 和 LAN Switch 连接（或者直接连接到 LAN Switch 上），通过串口线和告警箱连接。

c．LAN Switch

LAN Switch 是操作维护各个实体的连接器。通过数据配置，LAN Switch 可以提供两个 VLAN（Virtual Local Area Network）构建内网和外网。系统配置两个 LAN Switch（LAN Switch1 和 LAN Switch2）。LAN Switch 固定配置在交换机柜中。LAN Switch 通过网线和 LMT（或者 HUB）、BAM 以及 WMPU 板连接，两台 LAN Switch 之间的两个 VLAN 之间分别通过网线互连。

d．WMPU

WMPU 是 WRSS 框操作维护的主控板。WRSS 中配置两个 WMPU 板，分别工作在主用和备用状态。WMPU 通过网线和 LAN Switch 连接。

e．WMUX

WMUX 是 WRBS 框操作维护的主控板。WRBS 中配置两个 WMUX 板，分别工作在主用和备用状态。WMUX 通过光纤和 WRSS 框中 WLPU 连接。

② 操作维护子系统逻辑结构

BSC6800 操作维护子系统逻辑结构如图 4-12 所示。由以下几个网络组成。

a．外网

外网指的是 BAM 和操作维护终端（包括 LMT 和 M2000）所构成的逻辑网络。该网络硬件上使用 LAN Switch 提供的一个 VLAN 来构建。该网络提供了操作维护终端接入操作维护子系统的接口。

b．内网

内网是指 BAM 和 WMPU 之间所构成的逻辑网络。该网络硬件上也是使用 LAN Switch 提供的另一个 VLAN 来构建。该网络提供了 BAM 和 FAM 通信的桥梁。

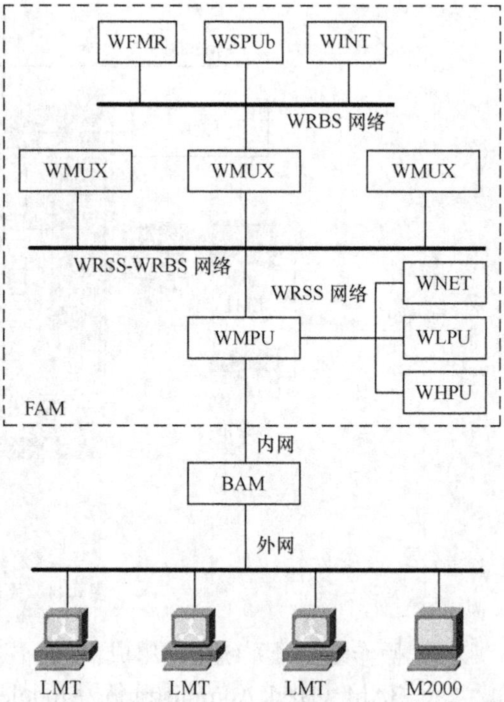

图 4-12 操作维护子系统逻辑结构

c．WRSS 网络

WRSS 网络是 WMPU 和 WRSS 框其他单板之间的操作维护通信网络。该网络硬件上使用 WRSS 框后部的 COBA 板提供的以太网构建。该网络提供了 WMPU 维护 WNET、WLPU、WHPU 板的通道。

d．WRSS-WRBS 网络

WRSS-WRBS 网络是 WRSS 框 WMPU 板和各个 WRBS 框 WMUX 板之间的逻辑网络。该网络硬件上使用 WMPU、WLPU、WMUX、WLPU-WMUX 光纤构建。该网络用于 WMPU 和各个 WRBS 框的主控板 WMUX 进行通信，从而可以将后台发来的操作维护信息通过 WMPU 路由到 WMUX。

e．WRBS 网络

WRBS 网络是 WRBS 框内 WMUX 和各个业务单板之间的逻辑网络。该网络硬件上使用 WMUX、WRBS 背板、WFMR、WSPUb、WINT 板构建。该网络用于 WMUX 和 WRBS 框各个业务单板进行通信，从而可以将后台发来的操作维护信息通过 WMUX 处理并路由到各个业务单板。

另外，BSC6800 可以为 NodeB 提供透明的操作维护通道。可以理解为：在 IP 层面上，NodeB 作为 RNC 和 NodeB 之间操作维护网络（且称之为 RNC-NodeB 网络）的一个节点。

RNC-NodeB 网络在 BSC6800 一侧可以由 WMPU 或者 WMUX 提供路由，也就是说，该网络可以是 WMPU-NodeB 网络或者 WMUX-NodeB 网络。

需要说明的是，WMPU-NodeB 网络、WMUX-NodeB 网络和图 4-18 中的 WRSS-WRBS

网络、WRBS 网络不是同一个网络，它们都是分别独立的网络图中，图中没有绘出。

（4）环境监控子系统

环境监控子系统由配电盒和各个插框的环境监控部件组成，主要负责电源和风扇的监控和调整。

① 供电系统

供电系统是整个设备的动力系统，可靠性要求高。BSC6800 供电系统在设计上采用了双电路备份、逐点监控的方案。

BSC6800 供电系统可以分为两部分：电源引入部分和电源分配部分。

a．电源引入部分

电源引入是指电源从由直流配电柜引入到 BSC6800 机柜的配电盒，如图 4-13 所示。

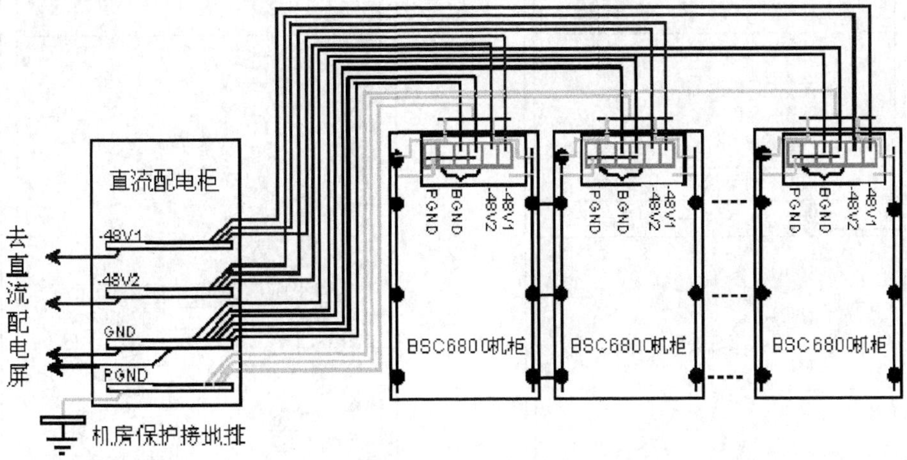

图 4-13　电源引入部分

电源引入部分包括直流配电柜、配电盒以及它们之间的连接电缆。

直流配电柜以及上游的直流配电屏等不属于 BSC6800 设备，但要求直流配电柜能够提供两路相互独立、电压稳定的输入电源。

直流配电柜为每个 BSC6800 机柜提供两路独立的−48V 工作电源、工作接地和一路保护接地。

两路电源正常情况下同时工作，一路出现故障，将由另外一套独立提供电源。

b．电源分配部分

电源分配部分是指 BSC6800 机柜内部的电源分配，即从配电盒分配到各个机柜内部组件。BSC6800 包括两种机柜：交换机柜和业务机柜，不同的机柜电源分配方式有所不同，如图 4-14 所示。

配电盒输入为 2 路−48V 电源，经过内部防雷、过流保护等处理后，输出 2 组共 6 路（每组 3 路，互为热备份）−48V 电源，为机柜各功能框提供工作电源。

② 电源监控

BSC6800 电源监控功能用于实现对供电系统进行实时监控，报告电源运行状况，并对异常情况进行告警。

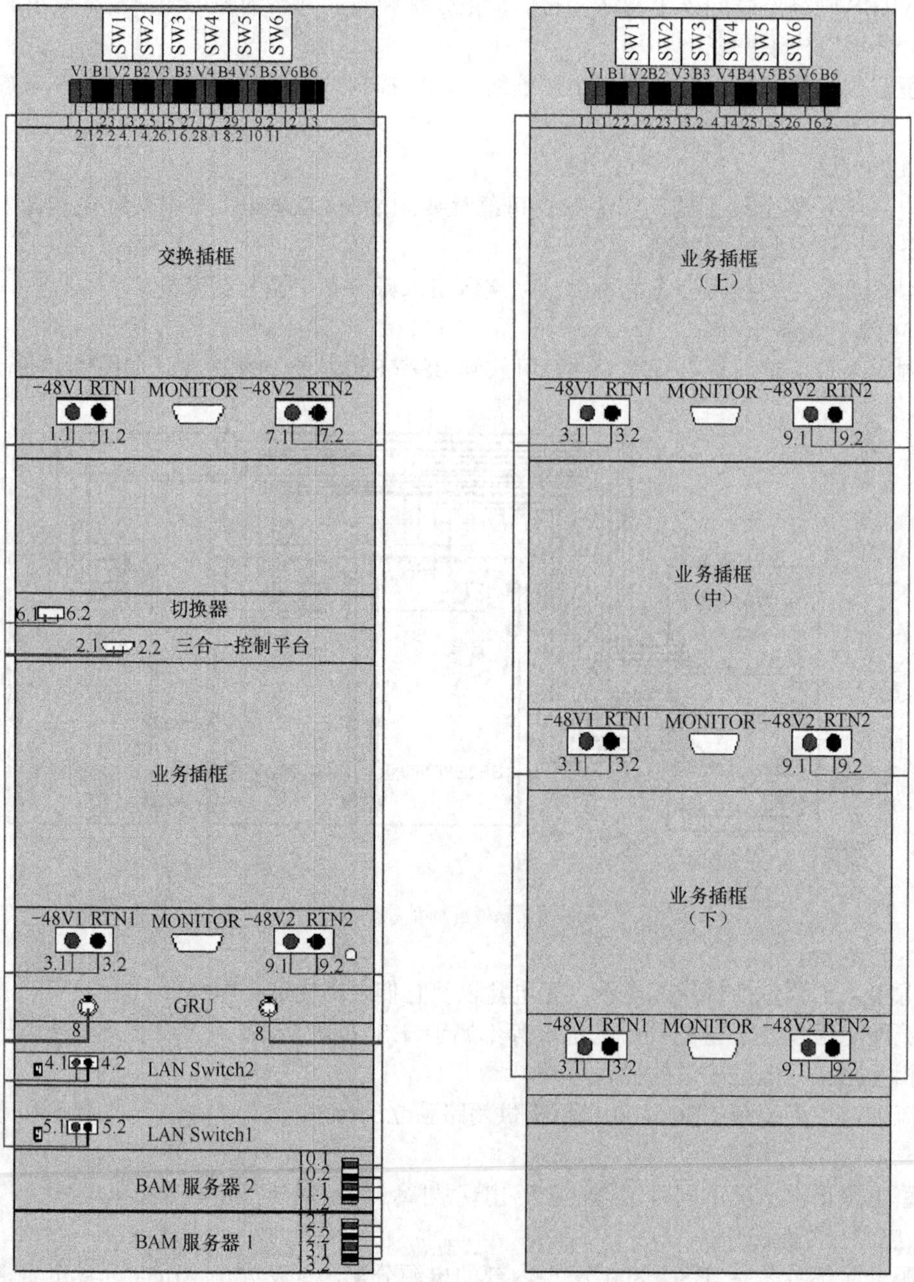

图 4-14　电源分配部分结构

BSC6800 电源监控原理如图 4-15 所示，监控过程描述如下。

a．在每个机柜的顶部都有一个配电盒，配电盒内的配电监控板监测该配电盒的运行状态，并将监测结果通过串口发送给信号转接板。

b．信号转接板通过配电盒和业务插框之间的 RS485 串口线，将监控信号输入到业务插框。

c．监控信号在业务插框内通过背板的串口总线输送给主控单板 WMUX。

d．WMUX 负责处理并上报监控信息。对于异常情况，产生告警并发送到后台。

③ 风扇监控

BSC6800 风扇监控功能用于实现对供风扇进行实时监控，并根据机框的温度对风扇转速进行调整。

BSC6800 的风扇和插框采用一体化设计，每一个插框都内置有风扇盒。风扇监控原理如图 4-16 所示，监控过程描述如下。

a．风扇盒内的风扇监控板监测该风扇的运行状态，并将监测结果通过串口发送给风扇接口板。

b．风扇接口板通过机框内部的一个 RS485 串口电缆，将监控信号发送到机框的背板。

c．监控信号经过机框背板的串口总线发送给该框的主控板，对于交换插框主控板为 WMPU，对于业务插框主控板为 WMUX。

d．主控板负责处理并上报监控信息。对于异常情况，产生告警发送到告警台、告警箱。

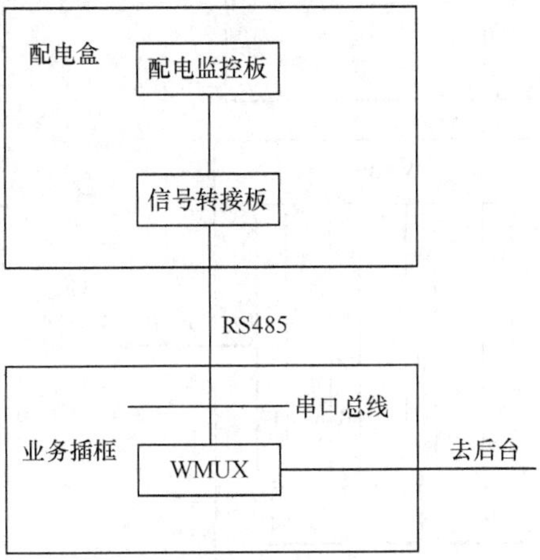

图 4-15　电源监控

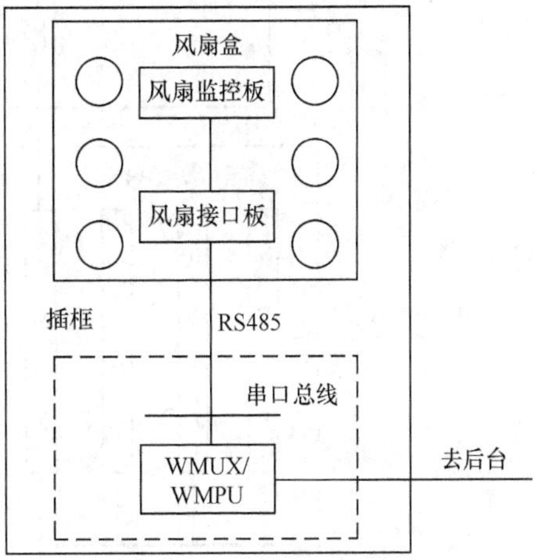

图 4-16　风扇监控

（5）时钟同步子系统

时钟同步子系统由交换插框的 WNET 板各个插框的时钟处理单元组成，主要负责提供 BSC6800 工作所需的时钟、产生 RFN 和为 NodeB 提供参考时钟。

① 时钟系统结构

BSC6800 系统的时钟源可以是：BITS 时钟、从 Iu 接口提取的时钟、卫星同步时钟、本地自由振荡时钟。

系统时钟结构如图 4-17 所示，系统的时钟模块处于 WNET 板上（实际是 WNET 的时钟扣板）。时钟模块可以接收以下时钟：来自 BITS 的时钟、GPS 卫星同步时钟、从 Iu 接口提取的时钟（WLPU 板提供）或者本地振荡时钟。

这些时钟在时钟模块上锁相后得到 8kHz 系统时钟。该时钟通过 WRSS 背板送到本框其他单板，另外 WLPU 各个光口线路时钟也同步该时钟。

各个 WRBS 框的 WMUX 板从光口提取时钟作为参考源，锁相后得到本框时钟（8kHz、32MHz）。

WBIE 板（或者 WOSE）通过提取背板时钟产生 8kHz 时钟供下级设备 NodeB 使用。

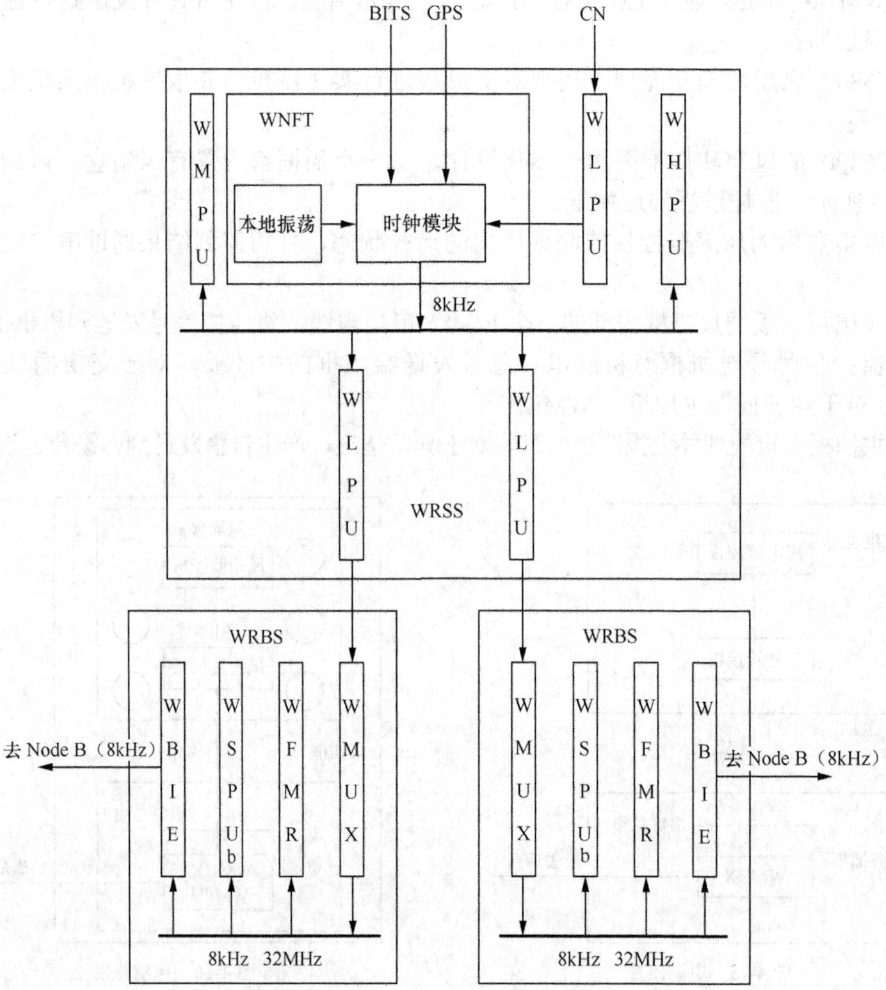

图 4-17 系统时钟结构

② 卫星信号接收和处理

在 WCDMA 系统中，各个 NodeB 之间可以异步工作，因此 RNC 中卫星信号接收机不是必配部件。

BSC6800 中可以根据时钟源或者 A-GPS 定位业务的要求，选择配置卫星接收机。卫星信号可以为系统提供准确的时钟信息，也可以为 A-GPS 定位业务提供准确的定位辅助信息。

卫星信号接收和处理过程如图 4-18 所示，从 GPS 天线接收的卫星信号通过卫星接收装置 GRU 处理后分成时钟同步信号、定位信息和 PPS 信号。

时钟同步信号通过外部线缆发送给时钟处理模块，作为卫星同步时钟参考源。

定位信息和 PPS 信号通过外部线缆发送给 WRBS 框的 WMUX 板，用于 A-GPS 定位功能。BSC6800 可以配置 1 套或者 2 套 GRU。

③ 时钟系统控制

操作维护终端通过前后台操作维护通道与 WMPU 板通信，WMPU 板通过操作维护通道实现对 2 块 WNET 板的操作维护，并且通过 WNET 板完成对时钟模块的操作维护。

操作维护终端通过前后台通道实现对 WMUX 板维护管理及配置，WMUX 通过操作维护通道完成 GRU 的配置维护。通过这种方式，操作维护终端可以完成对 GRU 的维护管理。

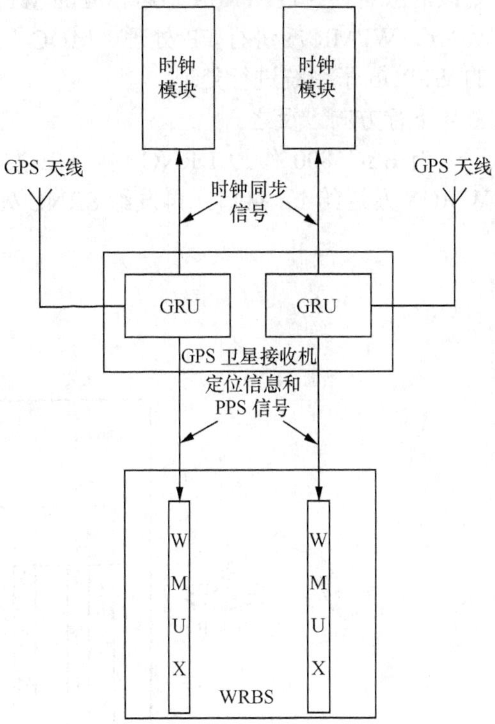

图 4-18 卫星信号接收和处理

4．系统信号流

（1）控制平面信号流

控制平面完成 Iub/Iur/Iu/Uu 接口控制面处理，进行 NBAP、RNSAP、RANAP、ALCAP 和 RRC 协议处理和控制功能。

在 BSC6800 内部，所有控制面都终结于 WSPUb 单板。

控制平面的消息可以分为 Uu 接口的控制消息（RRC 消息）和地面接口（Iub/Iur/Iu）的控制消息（NBAP、RNSAP、RANAP 和 ALCAP 消息）。

① Uu 接口控制消息

Uu 接口控制消息就是 RRC 消息流。RRC 消息流一般是指在 UE 需要接入网络时或通信过程中，和 RNC 交互的信令信息。如 UE 位置更新过程、UE 呼叫过程等都会产生 RRC 消息流。

当 BSC6800 为 SRNC 时，Uu 接口消息流如图 4-19 所示（图中信号流 1 和信号流 2）。

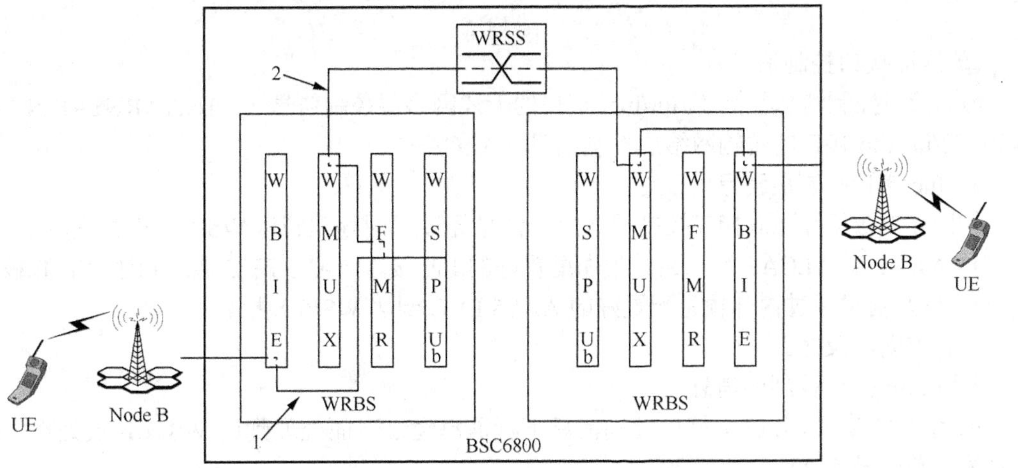

图 4-19 Uu 接口控制消息流（BSC6800 为 SRNC）

在上行方向，从 UE 发来的消息，经 NodeB 物理层处理后，经过以下处理到达 WSPUb 板。

a．RRC 消息通过预先配置好的 Iub 接口 AAL2 PVC 通路到达 WBIE 板。

b．这些消息由 WSPUb 控制在 WBIE 板进行 AAL2 交换，然后送到 WFMR 板。如果 WBIE（如 UE 软切换到此接口板）和处理该 RRC 消息流的 WSPUb 不在一个 WRBS 框内，则该消息需要经过 WRSS 到达相应的 WFMR 板，如图中信号流 2。

c．WFMR 板进行 FP 处理、MDC、MAC、RLC 等处理后，通过 AAL5 PVC 送至相应的 WSPUb 子系统进行处理。

下行方向，反之。

当 BSC6800 作为 DRNC 时，UE 发来的 RRC 消息经过 WBIE、WFMR 处理后，经过 WMUX 发送给 Iur 接口，再发给 SRNC 处理，如图 4-20 所示。下行反之。

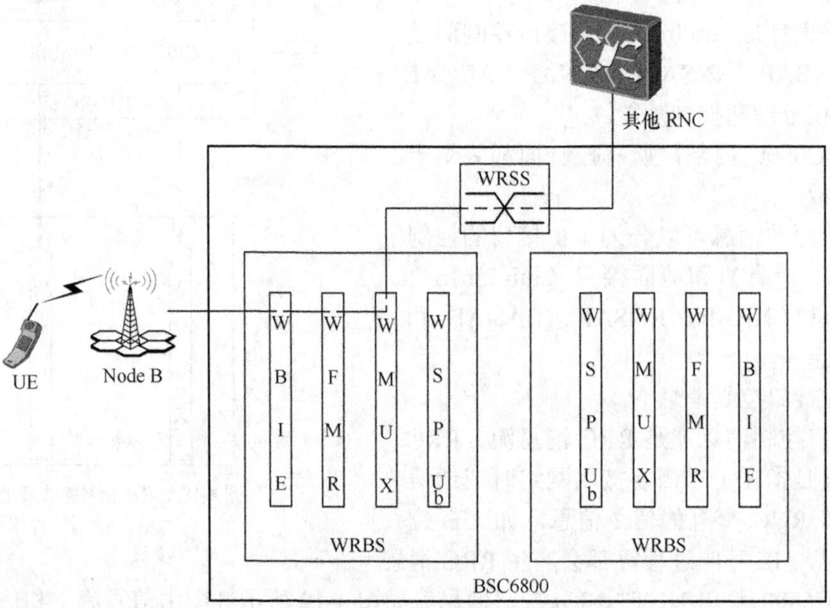

图 4-20　Uu 接口消息流（BSC6800 为 DRNC）

② 地面接口控制消息

地面接口控制消息包括 Iu/Iur/Iub 接口的无线网络层控制信息（RANAP/RNSAP/NBAP）和 Iu-CS/Iur/Iub 接口的传输网络层控制信息（ALCAP）。

a．Iub 接口控制面消息

如图 4-21 所示，Iub 接口控制消息上行消息经过下面处理到达 WSPUb 板处理。

- NBAP 或 ALCAP 消息通过预先配置好的 Iub 接口 AAL5 PVC 通路到达 WBIE 板。
- 这些消息通过内部预先配置好的 AAL5 PVC 到达 WSPUb 板。

下行方向，反之。

b．Iu/Iur 接口控制面消息

如图 4-22 所示，Iu/Iur 接口控制消息下行消息经过下面处理到达 WSPUb 板处理（图中信号流 1 和信号流 2）。

- RNSAP/RANAP 或 Iur/Iu-CS ALCAP 消息到达 WRSS 框的 WLPU 板。
- 这些消息通过内部预先配置好的 AAL5 PVC 到达 WSPUb 板（如果处理控制面消息的 WSPUb 没有配置到达 MSC/SGSN/其他 RNC 的 PVC，则这些先到达配置了 Iu/Iur

控制面 PVC 的 WSPUb 板处理，然后经过 WRSS 交换到最终的 WSPUb 板处理，图中信号流 2）。

上行方向，反之。

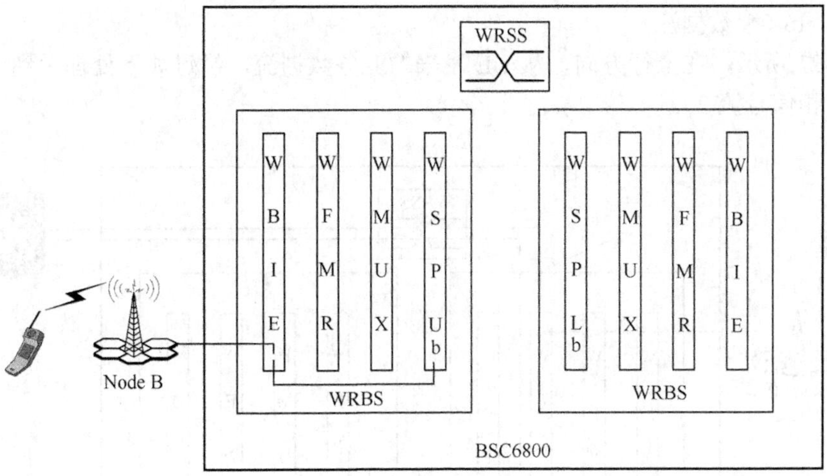

图 4-21　Iub 接口控制消息

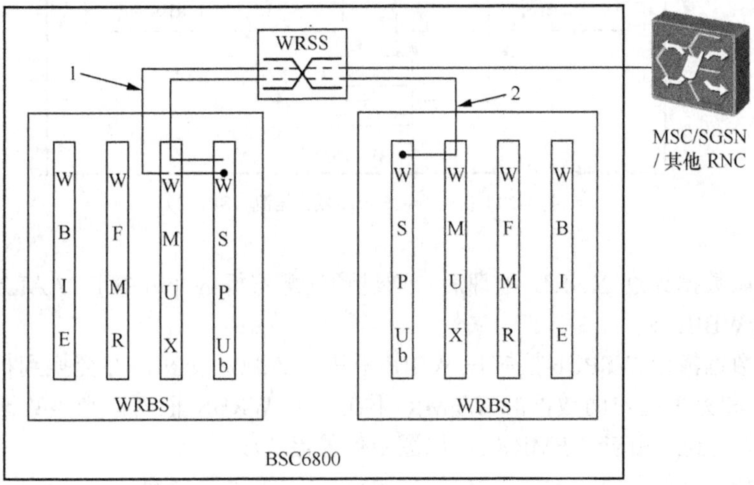

图 4-22　Iu/Iur 接口控制面消息

（2）用户平面信号流

用户平面完成 Iub/Iur/Iu/Uu 接口用户面处理，包括 Iub FP、Iur FP、MDC、MAC、RLC、PDCP、BMC、Iu UP 和 GTP-U 等。

Iub 用户面 PVC 在 BSC6800 内终结于 WBIE 接口板。需要说明的是即使 Iub 接口使用 WLPU 接口板，Iub 用户面 PVC 也终结于 WBIE 板。Iur/Iu-CS 用户面 PVC 在 BSC6800 内终结于 WMUX 板。需要说明的是，即使 Iur/Iu-CS 使用 WBIE 接口板，Iur/Iu-CS 用户面 PVC 也终结于 WMUX 板。Iu-PS 用户面 PVC 都终结在 WHPU 板。Iu-BC PVC 终结在 WSPUb 板。

用户平面信号流分为电路域、分组域和广播域数据流。

① 电路域数据流

电路域数据流根据接口情况可以分为 Iub->Iu-CS 数据流、Iur->Iu-CS 数据流、Iub->Iur 数据流。

a．Iub->Iu-CS 数据流

如图 4-23 所示，在上行方向，从 UE 发来的业务数据流，经过如下处理后到达 MSC（图中信号流 1 和信号流 2）。

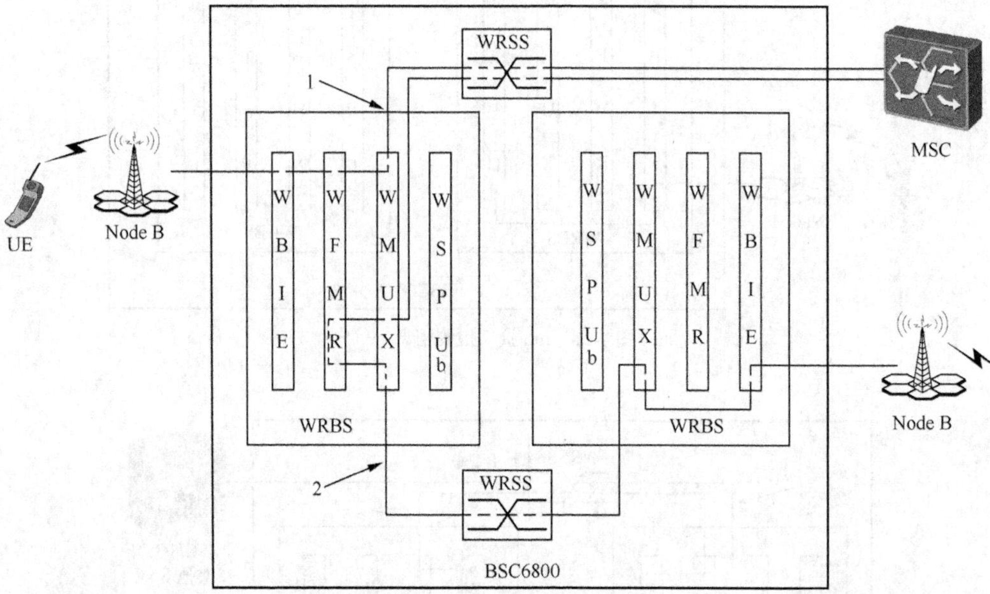

图 4-23　Iub->Iu-CS 电路域数据流（SRNC）

- 电路域数据经过 NodeB 处理后，通过预先配置好的 Iub 接口 AAL2 PVC 通路到达 Iub 接口单元 WBIE 板。
- 这些数据流由 WSPUb 控制在 WBIE 板进行 AAL2 交换，并交换到相应的 WFMR 板（如果 WBIE 和处理用户面数据的 WFMR 不在一个 WRBS 框内，则该数据此框的 WMUX 通过 WRSS 交换到达相应 WFMR 板，如图中信号流 2）。
- WFMR 板进行 FP、MDC、MAC、RLC、Iu UP 等处理后，分离出电路域用户面数据流，通过 WMUX 送入到 WRSS 的 WLPU 接口板。
- 从 WLPU 板通过预先配置好的 Iu-CS 接口 AAL2 PVC 到达 MSC。

下行方向，反之。

b．Iur->Iu-CS 数据流

如图 4-24 所示，Iur 和 Iu-CS 之间的数据流，除了 Iur 接口板使用 WLPU 板，其他和 Iub 和 Iu-CS 之间的数据流相同。

c．Iub-Iur 数据流

如图 4-25 所示，Iub->Iur 之间的数据流，和 Iub->Iu-CS 之间的数据流类似。不同之处是 WFMR 板只进行 FP、MDC 处理。

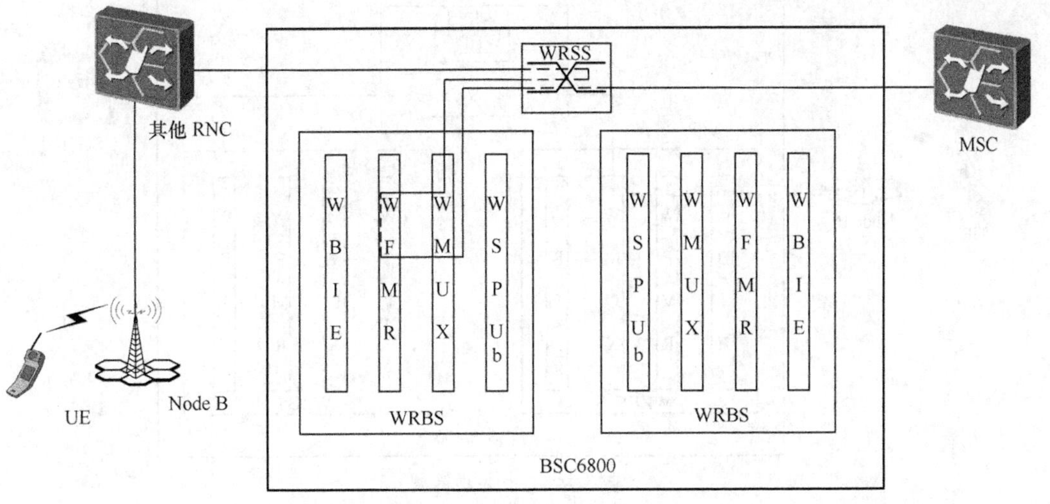

图 4-24　Iur->Iu-CS 电路域数据流（SRNC）

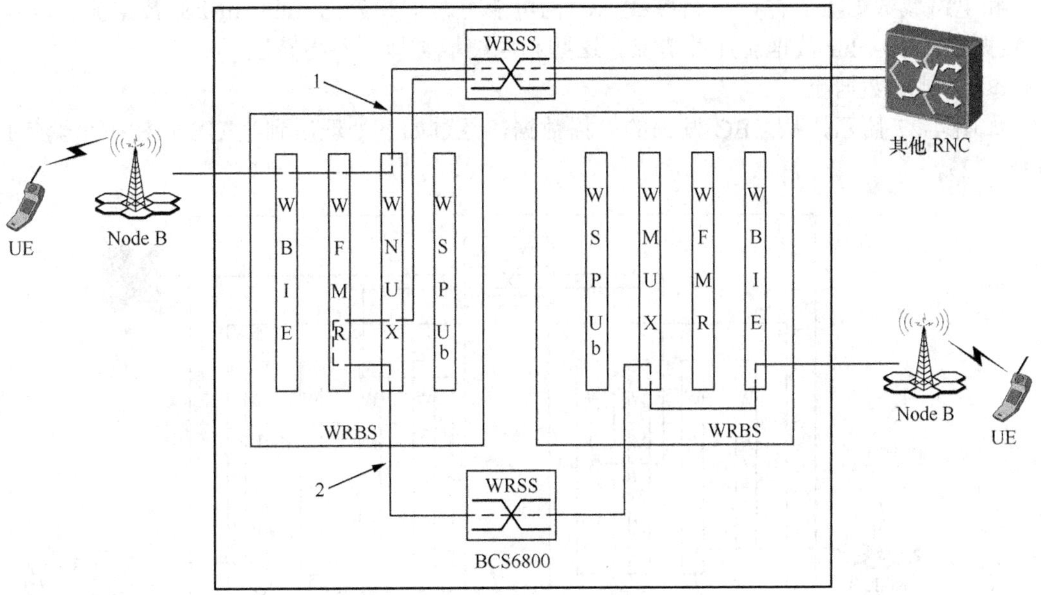

图 4-25　Iub->Iur 电路域数据流（DRNC）

② 分组域业务流

如图 4-26 所示，在上行方向，从 UE 发来的业务数据流，经过如下处理后到达 SGSN。

a．分组域数据经过 NodeB 处理后，通过预先配置好的 Iub 接口 AAL2 PVC 通路到达 Iub 接口单元 WBIE 板，

b．这些数据流由 WSPUb 控制在 WBIE 板进行 AAL2 交换，并交换到相应的 WFMR 板。

c．WFMR 板进行 FP、MDC、MAC、RLC、PDCP 等处理后，分离出分组域用户面数据流，通过 WFMR 和 WHPU 之间预先配置好的 PVC 到达 WHPU 处理。

d．在 WHPU 经过 GTP-U 等处理后，经过 WRSS 交换到 WLPU 接口板，然后通过预先配置好的 Iu-PS 接口 AAL5 PVC 到达 SGSN。

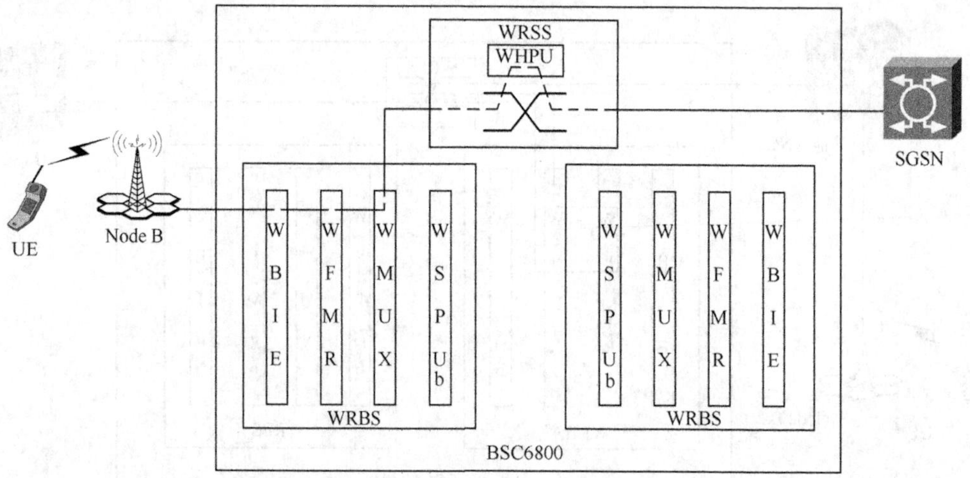

图 4-26 分组域业务流

下行方向，反之。

和电路域数据流一样，分组域数据流也可能有跨框和分为 Iub->Iu-PS 数据流、Iur->Iu-PS 数据流、Iub->Iur 数据流几种情况。这些和电路域类似，不再赘述。

③ 广播域数据流

如图 4-27 所示，从 CBC 发来的广播数据，经过如下处理后到达 UE（图中信号流 1 和信号流 2）。

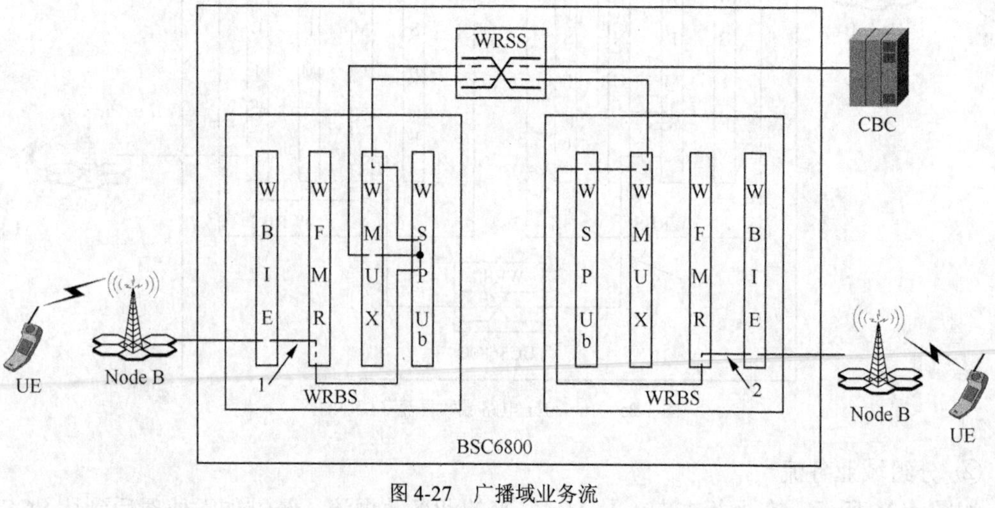

图 4-27 广播域业务流

a．广播数据通过预先配置好的 Iu-BC 接口 AAL5 PVC 通路到 WLPU 接口板。

b．然后经过 WRSS 交换到处理 SABP 协议的某一个特定的 WSPUb 单板。

c．WSPUb 单板将广播数据发送给相应的 WFMR 板（如果消息广播的小区和该 WSPUb 不在一个 WRBS 框内，则该数据通过 WSPUb 发送给次小区所在的 WSPUb，再发送到相应 WFMR 板，如图中信号流 2）。

d．WFMR 进行 BMC、RLC、MAC 等处理后，发送给 Iub 接口板 WBIE。

e．WBIE 通过 Iub 接口通路发给 NodeB，从而到达 UE。

任务 2 无线网络控制器日常操作与维护

【问题引入】通过前面的学习，我们认识了 RNC 的硬件结构和功能，在 RNC 运行过程中，我们还须对 RNC 进行一些日常操作和相关维护。那么 RNC 日常操作、例行维护如何进行，包括哪些内容？本任务通过详细的日常操作和例行维护，培养学习者的实际动手操作能力。

【本任务要求】

1. 识记：RNC 维护系统及相关 MML 命令。
2. 领会：RNC 日常操作。
3. 应用：RNC 例行维护。

1. 维护系统及相关 MML 命令

（1）BSC6800 本地维护终端系统

BSC6800 的操作维护系统采用客户端/服务器模式。BAM（Back Administration Module）作为服务器端，本地维护终端，即 LMT（Local Maintenance Terminal）作为客户端。

LMT 与 BAM 通过局域网（或者广域网）进行通信，维护人员可以在 LMT 上对设备进行操作和维护。

BSC6800 的本地维护终端软件由 3 个子系统和 3 个工具组成，3 个子系统分别是 BSC6800 操作维护系统、BSC6800 测试管理系统、BSC6800 告警管理系统；3 个工具分别是 BSC6800 跟踪回顾工具、BSC6800 性能浏览工具、BSC6800 FTP 客户端。

① BSC6800 操作维护系统

“BSC6800 操作维护系统”采用图形终端，完成权限管理、设备维护、消息跟踪、实时状态监控等功能。

此外，“BSC6800 操作维护系统”还提供了丰富的 MML（Man Machine Language）命令，使用这些命令可以对系统进行全面的维护。

“BSC6800 操作维护系统”界面由系统菜单、工具栏、导航树窗口、输出窗口、状态栏、MML 命令行客户端组成，如图 4-28 所示。

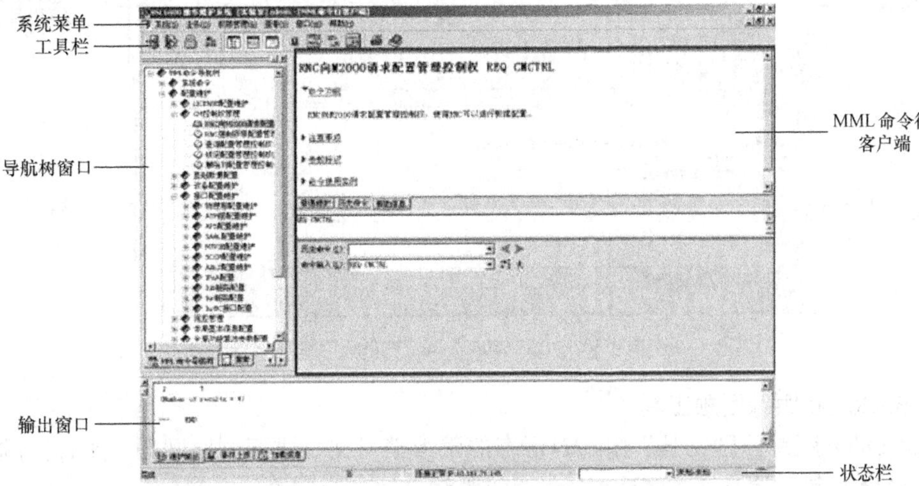

图 4-28 “BSC6800 操作维护系统”界面

② BSC6800 告警管理系统

"BSC6800 告警管理系统"用于完成系统告警信息的查看和处理。

"BSC6800 告警管理系统"界面由系统菜单、工具栏、[故障告警浏览]窗口、[事件告警浏览]窗口和状态栏组成，如图 4-29 所示。

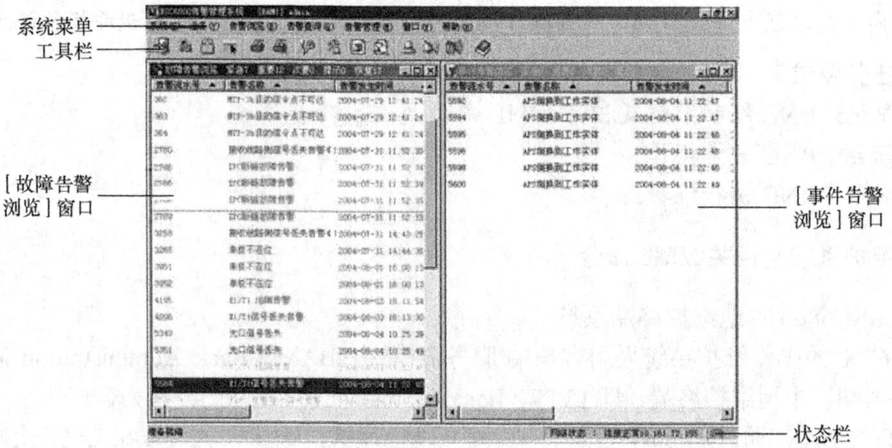

图 4-29"BSC6800 告警管理系统"界面

③ BSC6800 测试管理系统

"BSC6800 测试管理系统"用于完成系统的各项功能特性测试操作。

"BSC6800 测试管理系统"界面由系统菜单、工具栏、导航树窗口、输出窗口、[整机装备测试列表]窗口和状态栏组成，如图 4-30 所示。

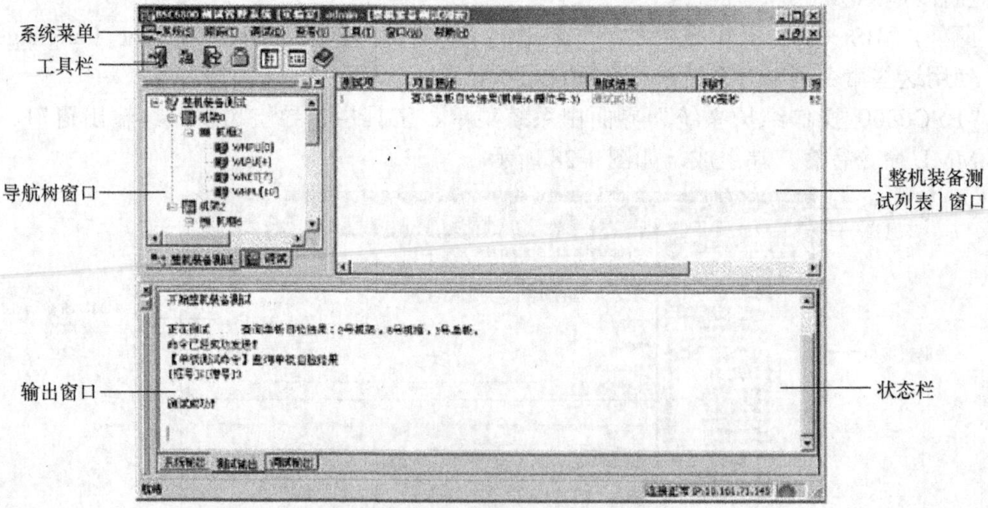

图 4-30 "BSC6800 测试管理系统"界面

④ BSC6800 跟踪回顾工具

"BSC6800 跟踪回顾工具"用于对保存的跟踪消息文件进行浏览回顾。跟踪回顾工具可以不与 BAM 连接，直接在 LMT 上对保存的跟踪文件进行浏览。

“BSC6800 跟踪回顾工具”的界面如图 4-31 所示。

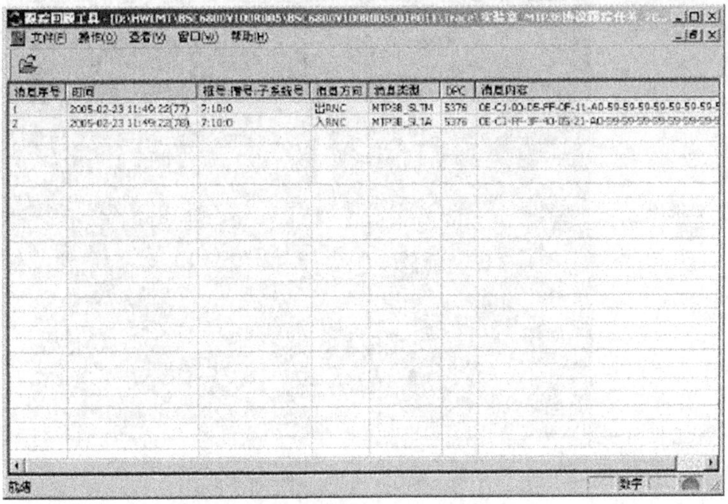

图 4-31　“BSC6800 跟踪回顾工具”界面

⑤ BSC6800 FTP 客户端

“BSC6800 FTP 客户端”主要用于与 FTP（File Transfer Protocol）服务器通信，交换数据。“BSC6800 FTP 客户端”界面如图 4-32 所示。

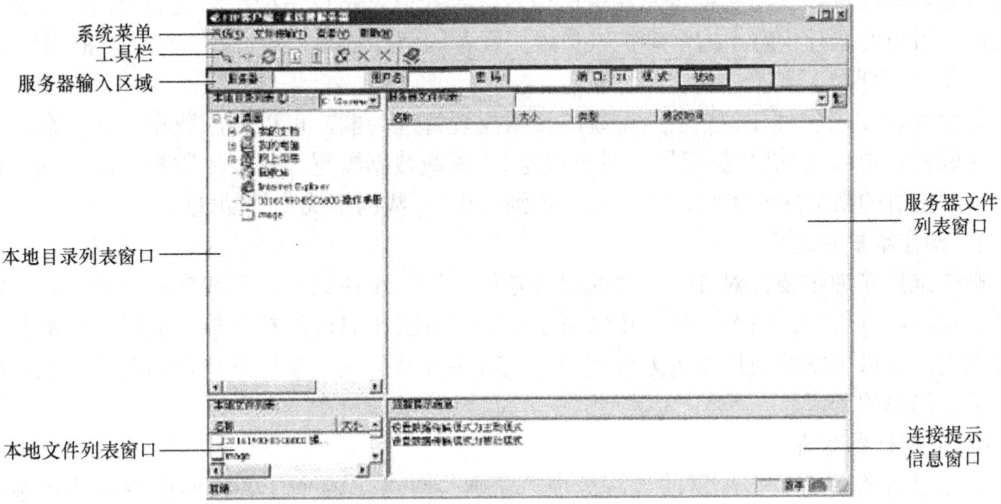

图 4-32　“BSC6800 FTP 客户端”界面

⑥ BSC6800 性能浏览工具

“BSC6800 性能浏览工具”用于对性能测量结果进行查看和整理。

“BSC6800 性能浏览工具”界面如图 4-33 所示。

（2）MML 命令

① MML 命令的功能

MML（Man Machine Language）命令即人机语言命令，用于实现整个无线网设备的操作维护功能，主要包括以下几种。

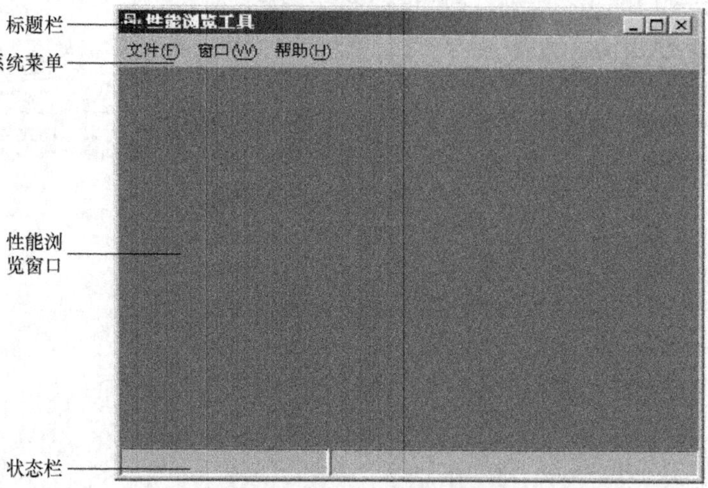

图 4-33 "BSC6800 性能浏览工具"界面

a．系统管理

系统管理主要提供与系统的运行密切相关的命令，这些命令都是系统正常运行的基础，对于系统的正常运行与安全管理至关重要。

b．告警管理

告警管理注意提供与告警信息相关的命令，告警信息是设备维护的主要依据，它表明设备当前与历史的运行状态，指示维护人员根据设备的运行状态，对设备进行日常的维护。

c．配置管理

配置管理实现了对 BSC 主机系统的数据配置管理功能，可以完成数据查询、在线数据配置（联机设定）、脱机数据配置（脱机设定）、离线数据配置（修改的数据只影响到后台数据库，对主机的数据库不影响，不需要设定到主机）、数据格式化等功能。

d．操作维护管理

操作维护管理主要针对 BSC 端的问题定位，提供设备维护、无线资源管理、语音业务维护、接口电路维护、信令维护、IMA 维护以及 AAL2 PATH 维护功能，通过实时的前后台信息查询，提供丰富的数据报告方便用户定位各种异常问题，使用户能对当前系统状态既有整体又有局部的了解。

e．典型任务管理

典型任务管理把数据配置的过程分成若干典型任务，每个任务按照命令的执行顺序组织，帮助用户用最短的时间找到为完成该任务所需要的命令。

② MML 命令格式

MML 命令的格式为：

命令字：参数名称=参数值;

其中，命令字 = 动作 + 对象，命令字是必须有的，但参数名称和参数值不是必须的，若参数值有多个时，需要用","分开。例如：

仅包含命令字的 MML 命令示例：LST BSCVER:;（查询 BSC 版本信息。）

包含命令字和参数的 MML 命令示例：RMV CDMACH: CN=1, SCTID=1, CRRIDLST="0,1";

（删除小区标识为 1，扇区标识为 1，载频标识为 0 和 1 的载频。）

③ MML 命令操作类型

“动作”的类型相对比较少，而且尽量使用缩写，方便用户记忆和使用。表 4-2 对一些主要的动作类型进行了说明。而“对象”包括的类型相对较丰富，这里不一一列举。

表 4-2 命令字动作含义说明表

动　作	含　义
ACT	激活
ADD	增加
BKP	备份
DSP	查询动态信息
LST	查询静态数据
SET	设置
MOD	修改
RMV	删除
RST	复位
STR	启动（打开）
STP	停止（关闭）
BLK	闭塞
UBL	解闭塞
ULD	上载
DLD	下载
SCN	扫描
CLB	校准

2. RNC 日常操作

（1）BAM 软件管理

为保证各业务进程的正常运行，BAM 实行两级监控：第一级是系统级监控，即 BAMService 对安全监控管理器进行监控；第二级是应用级监控，即安全监控管理器对各业务进程进行监控。

当业务进程、安全监控管理器发生异常时，两级监控机制能够保证它们重新启动。BAMService 的启动方式有“自动”、“手动”、“禁用”三种。

在 BAM 上单击窗口状态区域的安全监控管理器图标，将显示安全监控管理器界面，如图 4-34 所示。

（2）权限管理

BSC6800 本地维护终端支持多客户操作，为保证系统安全，系统对不同操作员的操作权限和操作时限进行管理。

操作权限指操作员拥有的执行界面操作和 MML 命令操作的权限。系统通过为不同操作员分配不同的命令组控制操作权限。操作时限指系统允许操作员进行操作的时间段。

① 增加操作员账号

admin、管理级操作员、分配相应权限的自定义级操作员有权增加外部操作员账号。增加账号时，要指定密码、操作员级别、可以执行的命令组、操作时限等信息。

图 4-34　安全监控管理器界面

增加操作员帐号有菜单和 MML 命令两种操作方式。

增加操作员帐号的菜单操作步骤如下。

a．在“BSC6800 操作维护系统”中，选择菜单项[权限管理/操作员/增加]。

b．弹出[操作员管理]对话框。

c．在对话框中输入操作员账号、密码，并设置操作员级别，如果选择“自定义级”，还需要指定命令组。

d．根据需要设置操作时限。

e．单击<确定>。弹出是否还要继续增加操作员账号的提示。

f．单击<是>继续增加操作员账号，或单击<否>退出。

在 MML 命令行客户端执行命令 ADD OP，增加外部操作员账号。

② 查询操作员信息

所有操作员都有权查询操作员信息。

不指定操作员帐号，系统返回所有操作员的账号名称、状态信息，对于在线操作员，还返回正在使用的 IP（Internet Protocol）地址、服务和登录时间信息。

指定一个具体的操作员账号，系统返回操作员的账号名称、描述、操作时限、状态、命令组信息。

在 MML 命令行客户端可以进行如下操作。

所有操作员都可执行命令 LST OP，查询所有操作员信息。

所有操作员都可执行命令 LST CMDS，查询自己有权执行的命令。

admin、管理级操作员、分配相应权限的自定义级操作员可以执行命令 LST EMS，查询 M2000 操作员信息。

③ 修改操作员属性

admin、管理级操作员、分配相应权限的自定义级操作员有权修改外部操作员属性，包括操作员密码、操作员级别、命令组、操作时限信息。除密码在下次登录时生效外，其他信息修改后立即生效。

查询操作员信息有菜单和 MML 命令两种操作方式。

在 MML 命令行客户端执行命令 MOD OP，修改操作员属性。

④ 操作员修改密码

所有操作员都可以修改自己的密码。同时，admin、管理级操作员、分配相应权限的自定义级操作员有权修改外部操作员密码。

⑤ 删除操作员账号

admin、管理级操作员、分配相应权限的自定义级操作员有权删除外部操作员账号。admin 账号无法删除。

在 MML 命令行客户端执行命令 RMV OP，删除指定的外部操作员账号。

（3）操作日志管理

所有操作员的操作信息都以数据的形式实时记录在 BAM 数据库中，这些信息称为操作日志。admin、管理级操作员、具有相应权限的自定义级操作员可以获得操作日志信息。可做的操作有：查询操作日志、导出操作日志、设置操作日志的存储限制和查询操作日志的存储限制。

通过 LMT 获取操作日志的途径有两种：直接查询日志信息；导出日志信息为文件（文本格式）然后进行浏览或处理

导出操作日志时，导出文件名可由操作员指定，也可采用系统默认的文件名。默认文件名格式为“RNC-年月时分-LOG.txt”。例如，在 2004 年 7 月 31 日 9 时 14 分执行导出操作，则默认文件名为“RNC-200407310914-LOG.txt”。导出文件默认保存路径为 BAM 服务器上的“BAM 安装目录/FTP”。

① 查询操作日志

查询操作日志的操作步骤如下。

a．以 admin、管理级操作员、具有相应权限的自定义操作员的身份登录系统。

b．在 MML 命令行客户端的命令输入框输入命令 LST LOG。

c．根据需要设置查询条件。可以设定的查询条件包括：操作员、操作员使用的 LMT、操作员执行的命令或命令功能类型、命令执行结果、操作时间段、最大返回记录数等。

d．按<F9>执行命令，查询符合以上条件的操作日志信息。

② 导出操作日志

导出操作日志的操作步骤如下。

a．以 admin、管理级操作员、具有相应权限的自定义操作员的身份登录系统。

b．在 MML 命令行客户端的命令输入框输入命令 EXP LOG。

c．根据需要设定过滤日志信息的导出条件。可以设定的条件包括：操作员、IP 地址、操作时间段。

d．根据需要设置导出文件名。

e．按<F9>执行命令，把符合条件的操作日志信息导出为文件。

③ 设置操作日志的存储限制

设置操作日志存储限制的操作步骤如下：

a．以 admin、管理级操作员、具有相应权限的自定义操作员的身份登录系统。

b．在 MML 命令行客户端的命令输入框输入 SET LOGLIMIT。

c．根据需要设置[时间上限]和[记录数上限]。

d．按<F9>执行命令，设置操作日志存储限制。

④ 查询操作日志的存储限制

查询操作日志存储限制的操作步骤如下：

a．以 admin、管理级操作员、具有相应权限的自定义操作员的身份登录系统。

b．在 MML 命令行客户端的命令行输入框输入命令 LST LOGLIMIT。

c．按<F9>执行命令，查询操作日志的存储限制。

（4）数据备份和恢复

数据备份的目的是为了保留系统的运行数据，以便在系统运行异常时，用正常运行时备份的数据恢复系统，避免造成重大损失。

日常备份的数据可以暂时存放在 BAM 的本地硬盘上，但是，应该定期将其转移到其他介质上，如光盘、磁带等，以保证服务器硬盘空间不少于 15GB，同时，也可以增加备份数据的安全性。扩容、升级、加载前备份的数据应该拷贝到单独的备份介质上。存有备份数据的介质应该贴好标签，写好详细说明，妥善保管。

如果发生系统数据毁坏或者认为有必要恢复旧的系统数据，可以利用预先备份的数据进行数据恢复。

数据备份和恢复的操作包括：手工备份数据、自动备份数据、恢复数据。

① 手工备份数据

手工备份有使用 MML 命令和使用备份还原工具两种操作方式。

手工备份数据的 MML 命令操作步骤如下。

a．在 MML 命令行客户端的命令输入框中，输入命令 BKP DB。

b．设置命令参数：[备份方式]和[备份文件保存路径及文件名]。

c．执行命令 BKP DB，将数据备份到指定的目录下。

d．到 BAM 服务器的相应的备份路径下获取备份数据文件。

使用备份还原工具进行手工数据备份的操作步骤如下。

a．在主用 BAM 服务器上，选择[开始/程序/BSC6800 WCDMA RNC BAM/BSC6800 BAM 数据备份和还原工具]，启动备份还原工具。

b．在[请输入 BAM 服务器的数据库 sa 密码]中输入用户“sa”的密码。

c．选择“备份”标签页。

d．指定备份内容。

e．在[指定备份文件]栏中，单击...选择备份文件保存的路径和文件名称。

f．单击<备份>，系统开始备份数据，并弹出备份进度窗口，备份成功或失败会有相应的消息提示。

② 自动备份数据

为确保系统中总存在较新的备份数据，操作员在 BAM 服务器软件安装完成后可以创建定时备份 BAM 数据库的子任务。

系统将按照任务的设定定时自动备份 BAM 数据库。备份的数据按照设定的路径和文件名进行保存。每次备份时，系统自动覆盖前面的备份文件，只保留最新的备份数据。

自动备份数据的操作步骤如下。

a．在 MML 命令行客户端执行命令 ADD SCHTSK 命令，增加一个自动备份任务（例如：ADD SCHTSK: ID=1, TSKN="自动备份";）

b．执行命令 ADD SUBTSK 命令，[命令串]设置内容为 BKP DB 命令串（例如：ADD

SUBTSK: ID=1, SUBID=1, ENF=USED, SCMD="BKP DB: MODE=FULL, BACKUPPATH=\"D:\\BACKUP\\20041001.dat\"", FREQ=DAILY_T, SD=2004&10&01, RFT=1, TM1=10&52;)。

c．执行命令 LST SUBTSK 查看创建结果。如果需要修改备份时间和周期，执行命令 MOD SUBTSK。

d．定时任务执行后，到 BAM 服务器上[备份文件保存路径及文件名]指定的备份路径下获取最新的备份文件。

③ 恢复数据

必要时可以利用预先备份的数据进行数据恢复。

在 BAM 服务器上按照如下步骤恢复数据：

a．终止 BAMService

b．终止 BAM 服务器对 SQL Server 的访问

c．使用备份还原工具还原数据

d．启动 BAMService

e．解除对配置管理控制权的锁定

f．校验主机和 BAM 数据的一致性

（5）设备管理

BSC6800 提供了多种设备维护手段。除 MML 命令外，“BSC6800 操作维护系统”提供了图形化的设备面板，使设备维护更简单直观。

启动设备面板的步骤如下：

① 在“BSC6800 操作维护系统”中，选择[维护导航树]窗口。

② 单击<机架节点>折叠按钮，选择某个机架。

③ 双击机架图标，“BSC6800 操作维护系统”右侧窗口将显示该机架的设备面板。

设备面板界面如图 4-35 所示。设备面板自动刷新，实时反映单板状态。

在设备面板上，选择某个在位的单板对象，单击鼠标右键，通过选择不同的快捷菜单项，可以完成如下操作：刷新设备面板、查询单板状态、强制倒换单板、复位单板。

（6）跟踪管理

跟踪管理用于设备的日常维护，通过对接口和信令链路的跟踪，可以进行数据验证、故障定位。例如，设备数据配置完成后，可先通过建立跟踪任务来验证信令链路是否正常，如果信令链路不正常，可以初步定位故障。操作员可以跟踪 Iu 接口、Iur 接口、Iub 接口、Uu 接口的标准消息。

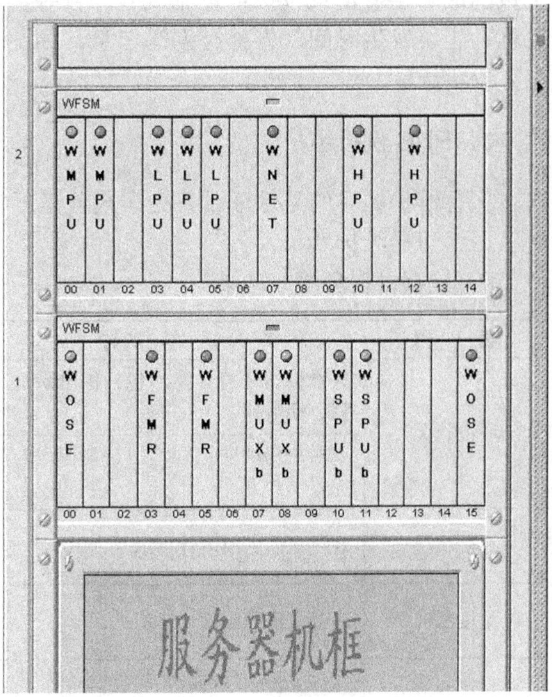

图 4-35　设备面板界面

（7）实时状态监控

监控实时状态功能提供图形和数值方式对 CPU 的占用率、连接性能、小区性能、链路性能等进行监测，从而实现对当前系统设备和业务运行状态的监控。

在监测过程中，对于发现的异常情况进行分析，便于设备维护和故障解决。

（8）测试管理

测试管理功能的实现主要依赖于产品的自测试功能，即通过产品内部包含的测试模块（包括测试软件模块和测试硬件）完成产品的功能测试和指标测试。测试管理功能的特点是不需要额外的测试仪器，便可以判断测量对象是否发生故障。

测试管理可以完成测试单板、DSP、链路、AAL2 通道环回、IPC 通道环回等功能。

（9）告警管理

告警管理功能用于检测设备运行过程中产生的各种软、硬件故障，并在“BSC6800 告警管理系统”中输出告警信息，也可通过告警箱发出声光信号，或以电话或短消息的方式通知维护人员，进行故障定位和解决。BSC6800 的告警管理系统针对系统中可能发生的告警提供了告警解释、定位分析和处理建议等信息。

告警级别用于标识一条告警的严重程度，按严重程度递减的顺序可以将告警（故障告警和事件告警）分为以下四种：紧急告警、重要告警、次要告警、提示告警。

“BSC6800 告警管理系统”的[故障告警浏览]窗口实时显示系统上报的故障告警。上报的故障告警记录包括告警流水号、告警名称、告警发生时间、告警级别等信息，如图 4-36 所示。

图 4-36 [故障告警浏览]窗口

3. RNC 例行维护

例行维护的目的是保证设备处于最佳运行状态，满足业务运行的需求。

（1）每日维护

① 检查机房环境

项　目	操 作 指 导	参 考 标 准
环境状况	查看机房环境告警，包括供电系统、火警、烟尘等	无外部告警产生
	查看机房的防盗网、门、窗等设施是否完好	防盗网、门、窗等设施应该完好无损坏
温度状况	观测机房内温度计指示	机房环境温度在 15℃～30℃之间为正常，否则为不正常
湿度状况	观测机房内湿度计指示	机房湿度在 40%～65%之间为正常，否则为不正常
防尘状况	观察机房内设备外壳、设备内部、地板、桌面	所有项目都应干净整洁无明显尘土附着，此时防尘状况好，其中一项不合格时为防尘状况差

② 查看告警

项　目		操 作 指 导	参 考 标 准	备　注
检查告警箱	紧急告警项	查看告警箱上告警级别指示灯；检查串口通信指示灯	告警级别指示灯的状态与实际情况一致；告警状态指示正常	无
	重要告警项	如要准确定位告警部位，再进入后台的告警台进行查询		
查询故障告警和事件告警		在 M2000 客户端故障管理工具中查看故障告警和事件告警。对未能恢复的告警进行进一步分析处理，重点关注对系统有影响的告警。 一些告警需要手工确认	查询正常，故障告警都已恢复	该项检查也可以在 BSC6800 告警管理系统上进行
查询是否出现单板倒换告警		在 M2000 客户端故障管理工具中查看是否出现单板倒换告警	没有出现单板倒换告警	该项检查也可以在 BSC6800 告警管理系统上进行
检查 BAM 告警		在 M2000 客户端故障管理工具中查看是否出现 BAM 硬件故障告警和前后台断链告警	没有相关告警出现	该项检查也可以在 BSC6800 告警管理系统上进行

③ 查询设备运行状况

项　目	操 作 指 导	参 考 标 准	备　注
查询设备单板运行状态	（1）在 BSC6800 操作维护系统的维护导航树上，选择节点［BSC6800 维护工具导航/机架节点］，将显示系统中已配置的机架列表 （2）在机架列表中，选择目标机架并双击，系统弹出该机架的设备面板	应显示各单板的实际定义名称，单板运行正常时单板上面的圆形指示灯为绿色（正常）、淡蓝色（处于备用且正常）。故障时为红色。闭塞时为蓝色	无
查询指定单板的 CPU 占用状态	在 M2000 客户端配置管理工具中输入命令 DSP CPUUSAGE 命令，选择相应的参数值后运行	CPU 的占用百分比应低于 85%	该项检查也可以在 BSC6800 操作维护系统上进行
查询 AAL5 和 AAL VCC 性能	在 M2000 客户端配置管理工具中输入命令 DSP AALPFM，选择相应的参数值后运行；输入命令 DSP AALVCCPFM，选择相应的参数值后运行	查询结果正常	该项检查也可以在 BSC6800 操作维护系统上进行
查询 AAL2 PATH 和 AAL2 CHANNEL 状态	在 M2000 客户端配置管理工具中输入命令 DSP AAL2PATH，选择相应的参数值后运行；输入命令 DSP AAL2CHN，选择相应的参数值后运行	状态和带宽正常	该项检查也可以在 BSC6800 操作维护系统上进行
检查小区工作状态	在 M2000 客户端配置管理工具中输入命令 DSP CELL，选择相应的参数值后运行	激活和未闭塞情况下，小区正常时其状态为“可用”，状态解释为“小区已建立且可用”	该项检查也可以在 BSC6800 操作维护系统上进行

④ 查询各接口状态

项　目	操 作 指 导	参 考 标 准	备　注
物理层	在 M2000 客户端配置管理工具中输入命令 DSP SDHPFM，选择相应的参数值后运行，查询 SDH 性能统计结果 在 M2000 客户端配置管理工具中输入命令 DSP E1T1，选择相应的参数值后运行，查询 E1/T1 链路状态 在 M2000 客户端配置管理工具中输入命令 DSP IMAGRP，选择相应的参数值后运行，查询 IMA 组状态 在 M2000 客户端配置管理工具中输入命令 DSP IMALNK，选择相应的参数值后运行，查询 IMA 链路状态 在 M2000 客户端配置管理工具中输入命令 DSP UNILNK，选择相应的参数值后运行，查询 UNI 链路状态 在 M2000 客户端配置管理工具中输入命令 DSP FRALNK，选择相应的参数值后运行，查询 Fractional IMA/ATM 链路状态 在 M2000 客户端配置管理工具中输入命令 DSP TSCROSS，选择相应的参数值后运行，查询时隙交换状态	查询结果正常	各项检查也可以在 BSC6800 操作维护系统上进行
APS 实体	在 M2000 客户端配置管理工具中输入命令 DSP APS，选择相应的参数值后运行，查询 APS 实体状态	状态正常	
SAAL 链路	在 M2000 客户端配置管理工具中输入命令 DSP SAALLNK，选择相应的参数值后运行，查询 SAAL 链路状态	状态可用	
MTP3B	在 M2000 客户端配置管理工具中输入命令 DSP OPC，查询源信令点状态	SCCP 源信令点状态=允许 SCCP 状态=可用；MTP3B 源信令点状态=可用；SCCP 源信令点拥塞状态=不拥塞；MTP3B 源信令点拥塞状态=不拥塞	
	在 M2000 客户端配置管理工具中输入命令 DSP N7DPC，查询目的信令点状态	SCCP 目的信令点状态=可达；对端 SCCP 状态=可用；MTP3B 目的信令点状态=可用；SCCP 目的信令点拥塞状态=不拥塞；MTP3B 目的信令点拥塞状态=不拥塞	
	在 M2000 客户端配置管理工具中输入命令 DSP MTP3BLKS，选择相应的参数值后运行，查询 MTP3B 信令链路集状态	状态为可用和激活	

续表

项 目	操作指导	参考标准	备 注
MTP3B	在M2000客户端配置管理工具中输入命令DSP MTP3BLNK，选择相应的参数值后运行，查询MTP3B信令链路状态	状态为“不拥塞”	各项检查也可以在BSC6800操作维护系统上进行
	在M2000客户端配置管理工具中输入命令DSP MTP3BRT，输入“信令链路集索引”、“目的信令点索引”，查询MTP3B信令路由状态	状态为“可用”和“不拥塞”	
SCCP	在M2000客户端配置管理工具中输入命令DSP SSN，选择相应的参数值后运行，查询SCCP SSN状态	状态为“允许”	
AAL2	在M2000客户端配置管理工具中输入命令DSP AAL2LOCNODE，查询AAL2本节点状态	状态为“可用”	
	在M2000客户端配置管理工具中输入命令DSP AAL2ADJNODE，选择相应的参数值后运行，查询AAL2邻节点状态	状态可用	
	在M2000客户端配置管理工具中输入命令DSP AAL2PATH，查询AAL2状态	状态正常	
NCP和CCP	在M2000客户端配置管理工具中输入命令DSP IUBP，选择相应的参数值后运行，查询Iub端口NCP和CCP端口状态	状态为“可用”	

⑤ 查询功能子系统运行状况

项 目		操作指导	参考标准
数据管理系统	查询数据配置情况	在操作维护系统中，执行命令名称中含有LST的查询命令	查询结果能够正常上报，查询内容正确
查询日志情况		在操作维护系统中输入LST LOG在输出窗口浏览日志信息 在操作维护系统中输入EXP LOG把查询结果保存为“BAM安装目录/FTP”下的一个TXT文件	日志查询结果显示、输出正常

⑥ 其他任务维护

项 目	操作指导
空调情况	检查空调制冷/制热度、开关情况等
电源情况	检查电源是否有断路现象等
传输情况	检查传输系统是否有中断、误码现象
工具仪表及资料	清点工具仪表和维护用的资料不应有短缺和损坏，否则应作出说明
值班内容	本班的工作总结。描述本班发现的故障和上一班遗留故障的处理方法
遗留问题	对本班未能解决的故障的详细描述和解决的程度，故障的严重性描述
班长核查	班长对本班交接工作的再核查，使工作正常进行和故障顺利解决，保证机房正常运行

（2）每周维护

① 查询设备运行状况

项　目	操作指导	参考标准	备　注
检查机柜风扇	检查机柜风扇	风扇运转良好，无异常声音，如叶片接触到箱体的声音	无
检查BAM服务器运行状态	在M2000客户端配置管理工具中，输入命令DSP BAMSRV查询BAM服务器状态；输入命令DSP BAM查询BAM子系统状态	CPU占用率、内存占用率、硬盘空间均正常	该项检查也可以在BSC6800操作维护系统上进行
检查BAM公共模块运行状态	在M2000客户端配置管理工具中输入命令DSP BAMMODULE查询BAM模块状态	各模块状态为"已启动"，启动类型为"自动"	该项检查也可以在BSC6800操作维护系统上进行
检查时钟状态	在M2000客户端配置管理工具中输入命令DSP CLK，选择相应的参数值后运行	时钟应工作在"正常"状态，工作方式为"跟踪"	该项检查也可以在BSC6800操作维护系统上进行
检查设备单板运行状态	在BSC6800操作维护系统的维护导航树上，选择节点［维护导航树/机架节点］，将显示系统中已配置的机架列表 在机架列表中，选择目标机架并双击，系统弹出该机架的设备面板	应显示各单板的实际定义名称，单板运行正常时单板上面的圆形指示灯为绿色（正常）、淡蓝色（处于备用且正常）。故障时为红色。闭塞时为蓝色	无
计算机杀毒	使用正版有效杀毒软件，确保计算机（包括BAM、LMT）无病毒感染	计算机杀毒软件定期升级	无

② 备份系统数据

项　目		操作指导	参考标准	备　注
输出系统配置数据脚本		在M2000客户端配置管理工具中输入命令EXP CFGMML，以输出系统配置数据脚本做为备份	至少备份一周内的配置数据	该项操作也可以在BSC6800操作维护系统上进行
BAM部分	系统数据的磁/光盘备份	对BAM服务器上的重要系统数据人工备份到磁/光盘中。具体操作请参见《HUAWEI BSC6800 WCDMA无线网络控制器操作手册日常操作分册》第5章	在磁/光盘上至少要保存一套本周内的系统数据	无

③ 查询功能子系统运行状况

项　目	操作指导	参考标准	备　注
对性能测量结果进行分析，优化系统配置	在性能测量系统中根据本周内记录的性能测量统计结果和报表数据进行分析，找出异常原因	性能测量数据平稳，无异常现象	无
告警的分析与处理	在M2000客户端告警管理工具中查询故障告警和事件告警，对于频繁出现的告警应找出原因并加以解决	告警的内容应与设备运行情况相符，告警数量不宜过多	该操作也可以在BSC6800告警管理系统上进行

④ 检查性能统计输出数据

项　目	操作指导	参考标准
统计报表输出及统计的准确性	对性能统计报表的输出情况进行检查	可以采用比较法来判断统计系统的准确性

（3）月（季）度维护

① 检查终端系统

项　目		操 作 指 导	参 考 标 准
终端系统	检查磁盘空间大小	查看 LMT 中硬盘的磁盘空间大小，清除没必要的备份文件或将其转至其他磁介质上，删除临时文件；检查有无游戏文件，若有，则删除	应保持硬盘容量一半的空闲空间
	检查远程维护系统	检查 LMT 上的远程拨号系统，确保正常使用	正常
BAM	检查 BAM 与 BAM 间连接，BAM 与 LAN Switch 间连接	检查是否存在 25004 号告警“串口心跳连接失败”和 25005 号告警“网口心跳连接失败”	没有告警
	检查 BAM 与 M2000 Server 间连接	在 M2000 客户端界面上查看与本系统对应的图标	图标显示连接正常
	检查 BAM 与 LMT 间连接	从 LMT 登录 BAM 服务器	如果能够登录，则连接正常
	检查 BAM 路由设置	执行命令 LST BAMIPRT 或者在 BAM 服务器上的命令行方式下输入 route print 命令，检查 BAM 的路由配置	BAM 服务器上存在缺省路由和必须的路由（BAM 到 WRBS 子网的路由，BAM 到 WRSS-WRBS 子网的路由，BAM 服务器到 NodeB 的路由），除此没有多余的路由
	BAM 磁盘空间整理	检查磁盘空间，删除没有必要的一些备份文件或将备份文件转至其他磁介质上，删除临时文件	空闲空间应保持不小于 15GB
	系统数据的磁/光盘备份	对 BAM 服务器上的重要系统数据人工备份到磁/光盘中。具体操作请参见《HUAWEI BSC6800 WCDMA 无线网络控制器操作手册日常操作分册》第 5 章	备份全系统数据

② 检查系统

项　目	操 作 指 导	参 考 标 准
设备表面清洁	包括机架、计算机、维护桌面等	设备表面没有明显的灰尘
计算机病毒检查	使用正版有效杀毒软件，确保计算机无病毒感染	计算机杀毒软件定期升级
操作系统补丁	在 BAM 服务器上打开［开始/设置/控制面板/系统］，查看“常规”标签页中的补丁信息	安装了《HUAWEI BSC6800 WCDMA 无线网络控制器安装手册软件安装分册》中要求的补丁且没有安装其他手册中未要求的补丁
软件版本记录	定期记录设备软件版本	升级后应该及时记录
呼叫测试	执行移动主叫和移动被叫测试	通话正常

③ 核对数据

项　目	操 作 指 导	参考标准	备注
数据核对检查	在 M2000 客户端配置管理工具中通过 ACT CRC 来对前后台数据表的数据进行一致性校验；通过 CMP TBLDATA 获得前后台数据表数据的具体差异；通过 DSP FAMDATA 查询前台主机表数据；通过 CMP BRDVER 进行前后台版本一致性校验	前后台数据、版本一致，无数据配置错误	各项检查也可以在 BSC6800 操作维护系统上进行

④ 检查机柜风扇和清洁状况

任　务	操作指导	参考标准
机柜风扇	仔细检查各机柜的风扇	风扇运转良好，无异常声音如页片接触到箱体
机柜防尘网	仔细检查各机柜的防尘网	防尘网上应无明显灰尘，否则按照“3.3 清洗防尘网”进行清洁
机柜清洁	仔细检查各机柜是否清洁	机柜表面清洁、机框内部灰尘不得过多、机柜的防鼠网完好无损等

⑤ 检查电源

项　目	操作指导	参考标准
电源线连接	仔细检查各电源线连接	• 连接安全、可靠 • 电源线无老化，连接点无腐蚀
电压测量	用万用表测量电源电压	在标准电压允许范围内

⑥ 检查地线

任　务	操作指导	参考标准
地线连接	检查各地线（PGND、GND）、局方地线排连接是否安全、可靠	• 各连接处安全、可靠，连接处无腐蚀 • 地线无老化 • 地线排无腐蚀，防腐蚀处理得当
地阻测试记录	用地阻仪测量地阻并记录	联合接地≤1 欧姆

⑦ 检查备品备件

项　目	操作指导	参考标准
检查备品备件	清查备品备件库	备品备件无短缺、无损坏。损坏的应返修，短缺的应申请购买

（4）年度维护

① 检查性能统计输出数据

项　目	操作指导	参考标准
统计报表输出及统计的准确性	对性能统计报表的输出情况进行检查	可以采用比较法来判断统计系统的准确性

② 核对数据

项　目	操作指导	参考标准	备　注
数据核对检查	在 M2000 客户端配置管理工具中通过 ACT CRC 来对前后台数据表的数据进行一致性校验；通过 CMP TBLDATA 获得前后台数据表数据的具体差异；通过 DSP FAMDATA 查询前台主机表数据；通过 CMP BRDVER 进行前后台版本一致性校验	前后台数据、版本一致，无数据配置错误	各项检查也可以在 BSC6800 操作维护系统上进行

③ 检查线缆连接

项　目	操作指导	参考标准
中继电缆连接	仔细检查中继电缆的连接情况	中继线连接可靠；中继线完整无损坏、标签清晰

续表

项　目	操作指导	参考标准
网线连接	仔细检查网线的连接情况	网线连接可靠；网线无损坏；集线器完好；标签依然清晰
光纤连接	仔细检查光纤的连接情况	架间光纤连接可靠；光纤完好无损；标签依然清晰
机柜间连接线	仔细检查机柜间线连接情况	机柜间连接线如时钟线、告警箱串口线连接牢固、可靠；各种线缆完好无损坏；标签依然清晰

④ 检查电源

项　目	操作指导	参考标准
蓄电池与整流器检查	对各机房供电系统的蓄电池和整流器进行年度巡检	蓄电池容量合格、连接正确；整流器的性能参数合格

任务 3　无线网络控制器故障分析处理

【问题引入】通过前面的学习，我们熟悉了 RNC 的硬件结构及功能，在 RNC 运行过程中，对 RNC 进行了一些日常操作和相关维护，现在我们需要对 RNC 典型的故障进行分析和处理。那么 RNC 故障处理的一般流程和常用方法如何？小区类故障现象和处理方法有哪些？本任务通过典型故障案例的原因分析和处理，培养学习者的分析能力和解决问题的能力。

【本任务要求】

1. 识记：小区相关背景知识。
2. 领会：故障处理的一般流程、故障定位的常用手段。
3. 应用：小区类故障分析和处理。

1．故障处理的一般流程和常用方法

（1）故障处理的一般流程

一般情况下，故障处理需经历“信息收集→故障判断→故障定位→故障排除”四个阶段。

① 信息收集

a．需要收集的故障信息

在处理故障前，一般需要收集的信息见表 4-3。

表 4-3　需要收集的故障信息

项　目	信　息
故障现象	
故障发生的时间	
故障发生的地点	
故障发生的频率	
故障的范围	
故障发生时设备是否有告警	

续表

项　目	信　息
故障发生时是否有单板指示灯异常	
故障发生前设备运行状况	
设备版本信息和补丁信息	
故障发生前的操作日志	
故障发生后采取的措施以及结果	

b．故障信息收集途径

一般可以通过以下途径收集需要的故障信息。

- 询问申告故障的用户/客户中心工作人员，了解具体的故障现象、故障发生时间、地点、频率。
- 询问设备操作维护人员了解设备日常运行状况、故障现象、故障发生前的操作、故障发生后采取的措施及效果。
- 观察单板指示灯，观察操作维护系统以及告警管理系统以了解设备软、硬件运行状况。
- 通过业务演示、性能测量、接口/信令跟踪等方式了解故障发生的范围和影响。

c．故障信息收集技巧

在信息收集时应注意以下几点。

- 应具有收集相关信息的强烈意识，在遇有故障特别是重大故障时，一定要先清楚相关情况后再决定下一步的工作，切忌盲目处理。
- 应加强横向、纵向的业务联系，建立与其他局所或相关业务部门维护人员的良好业务关系，这对于信息交流、技术求助等都很有帮助。

② 故障判断

在获取故障信息后，需要对故障现象有一个大致的定义—确定故障的范围与种类，即需要判断故障发生在哪个范围，属于哪一类的问题。

BSC6800的故障分为加载类、接口链路类、业务类和操作维护类，如图4-37所示。

a．加载类故障指系统在主机系统加载时出现的故障。

b．接口链路类故障指主机系统与其他设备（如NodeB，CN设备）的连接通路出现的故障。

c．业务类故障指与系统不能执行UMTS业务的相关故障。根据故障产生的现象，业务类故障又将其分成小区类、接入类、电路域业务类、分组域业务类故障；

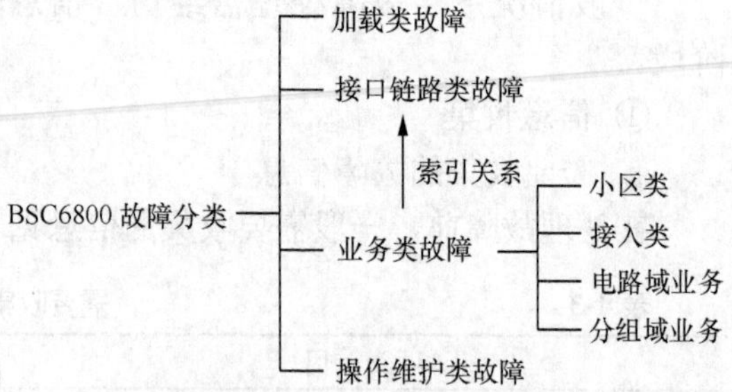

图4-37　BSC6800故障分类示意图

d．操作维护类故障指BAM、LMT等操作维护设备出现的故障。

根据图4-61，用户能够根据现象很方便对故障属性作出判断，确定故障的类别。当然，各故障类别之间并不是完全地割裂，如业务类故障的原因很可能是接口链路的问题。

③ 故障定位

故障定位是“从众多可能原因中找出故障原因”的过程，它通过一定的方法或手段，分析、比较各种可能的故障成因，不断排除干扰，最终确定故障发生的具体原因。

a．加载、操作维护以及接口链路类故障定位

加载类、操作维护类和接口链路类的故障种类虽多，但是故障范围较窄。此类故障的原因相对简单，同时系统会有单板指示灯异常、告警和错误提示等信息。用户根据指示灯信息、告警处理建议或者错误提示，往往就能排除故障。

b．业务类故障定位

在定位业务类故障时，可以按照系统内部工作正常—>接口链路工作正常——>小区工作正常的顺序处理。

- 确定系统内部工作正常

BSC6800 系统提供了多种故障诊断方式：告警上报，单板指示灯，系统自诊断，BSC6800 提供了自诊断命令（TST SYS），该命令可以诊断传输网络层各种实体是否故障。

- 确定接口链路工作正常

可以使用 TST SYS 自诊断命令检查控制面通路状态。

- 确定小区工作正常

使用 DSP CELL 命令确定小区工作是否正常。

在确定系统内部正常，链路正常以及小区正常后，如果故障仍无法排除，可进行如下深入定位：首先判断是否为 RNC 故障，如果是，再定位 RNC 内部问题。

深入定位的步骤可分成两种。

- 对于单通、语音时断时续、数据速率降低等故障，一般可以通过依次检查 Iu、Iub、Uu 接口，逐段定位，根据接口现象判断是否为 RNC 故障，如果是 RNC 内部问题，再继续定位；
- 对于小区、接入、掉话、PDP 激活失败等故障，则启动信令跟踪、对照协议流程，判断故障点。

④ 故障排除

故障排除是指采取适当的措施或步骤清除故障、恢复系统的过程。如检修线路、更换单板、修改配置数据、倒换系统、复位单板等。故障排除后应回顾故障处理全过程，记录故障处理要点，给出针对此类故障的防范和改进措施，避免同类故障再次发生。

（2）故障定位的常用手段

① 告警和告警箱

告警上报是故障或者事件发生的重要提示信息。如果系统出现故障，在告警管理系统上面能够看到相关的告警。BSC6800 为每一条告警提供了丰富的告警处理的操作步骤，按照告警处理的详细操作步骤可以排除大部分故障。因此查看告警是故障定位和故障排除的重要手段。

每一条告警处理的详细操作信息请参见告警管理系统的相关联机帮助。

操作维护人员可以设置有关参数，通过短信、电话等手段，可以及时获得告警上报信息。还可以通过设置告警箱，将特定的告警通过告警箱的声、光信息通知维护人员。

② 接口和协议跟踪

接口和协议跟踪指利用操作维护系统的跟踪功能分析链路故障、业务故障。接口和协议跟踪在故障定位时经常使用，尤其在业务故障定位时几乎不可缺少。

③ 业务演示辅助分析

业务演示辅助分析指通过进行业务演示（如 UE 进行通话、数据业务、发短消息、FTP）

判断故障的范围和种类，故障是否恢复等。

设备故障往往会影响业务的顺利进行，根据业务演示的效果能大致判断故障的范围和种类。此外，在故障排除后，往往也是通过业务演示来判断故障是否真的彻底恢复。

④ 仪器、仪表辅助分析

应用仪器、仪表进行故障分析与定位，是故障处理常用的技术手段。它以直观、量化的数据直接反映故障的本质，在电源测试、信令分析、误码检测等方面有着广泛的应用。

⑤ 性能测量辅助分析

性能测量辅助分析指利用 BSC6800 的性能管理系统，创建性能测量任务，通过性能测量结果分析故障可能的原因和范围，性能测量结果往往也是故障处理时重要的原始信息来源之一。

⑥ 测试辅助分析

测试辅助分析指通过测试管理系统，测试与业务相关的整个通路上的各个单板连接的好坏，一般不需要额外的测试仪器，对于故障可以定位到单板级。测试管理系统的测试范围包括测试单板、DSP、时钟、链路、AAL2 通道环回、IPC 通道环回等。

⑦ 对比/互换

对比指将故障的部件或现象与正常的部件或现象进行比较分析，查出不同点，从而找出问题的所在，一般适用于故障范围单一的场合。

互换指用备件进行更换操作后，仍然不能确定故障的范围或部位，此时将处于正常状态的部件（如单板、光纤等）与可能故障的部件互换，比较互换前后二者运行状况的变化，以此判断故障的范围或部位，一般适用于故障范围复杂的场合。

⑧ 主备倒换/复位

主备倒换指将处于主备用工作方式下的设备进行人工切换的操作，也就是说将业务从主用设备上全部转移到备用设备上，对比倒换后系统的运行状况，以确定主用设备是否异常或主备用关系是否协调。

复位指对设备的部分或全部进行人工重启的操作，请谨慎使用！

2．小区类故障排除

（1）小区建立相关背景知识

① 小区建立基本流程

小区建立基本流程包括以下四个步骤。

a．NodeB 资源审计

b．小区建立

c．公共信道建立

d．系统消息更新

Iub 接口小区建立基本流程如图 4-38 所示。流程中假设小区配置 PRACH、SCCPCH 各一条，因此有两组公共信道建立过程。

② NodeB 资源审计

a．资源审计触发条件

NodeB 资源审计是 NodeB 应 RNC 的请求上报 NodeB 的资源状况的过程。

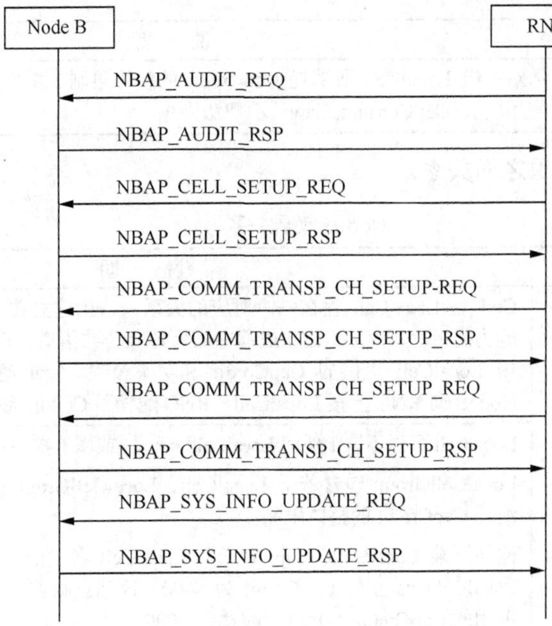

图 4-38　Iub 接口小区建立消息

NodeB 和 RNC 都可能触发审计过程。

当 NodeB 或 RNC 满足以下条件的其中一条，RNC 将向 NodeB 发送 NBAP_AUDIT_REQ（审计请求）消息。

- 当 NodeB 启动或者资源状况发生改变时，将向 RNC 上报 NBAP_RSRC_STATUS_IND（资源状态指示）消息。RNC 记录新的 NodeB 资源状况之后会发起审计过程（资源状态指示消息不会直接触发小区建立过程）。
- NodeB 由于其他原因认为需要审计时，将向 RNC 发送 NBAP_AUDIT_REQ_IND（审计请求指示）消息，RNC 将发起审计过程。
- 当 RNC 启动、倒换或者周期性审计时，RNC 将发起审计过程。
- 当用户在 BSC6800 的操作维护台上，使用 MML 命令 ADT RES 要求 RNC 对特定 NodeB 发起审计时，RNC 将发起审计过程。

b．审计结果说明

NodeB 审计上报的资源包括 Cell（小区）、LocalCell（本地小区）、LocalCellGroup（本地小区组）、CCP（通讯控制端口）四类，和小区建立相关的是前三类资源，表 4-4 介绍了这三类资源。

表 4-4　NodeB 审计资源说明

资 源 名 称	说　明
Cell（小区）	表示 NodeB 上已经建立的逻辑小区。审计响应消息中的小区信息包括：小区的 RsrcOperState（操作状态）、AvailStatus（可用状态）、对应的 LocalCellId（本地小区标识），以及该小区所有公共信道的 CommTranspChId、RsrcOperState、AvailStatus
LocalCell（本地小区）	表示 NodeB 支持一个小区建立的综合物理能力。主要的指标是 CapCredit（能力信用度）、CapConsumpLaw（消费法则）、MaxDlPwrCap（最大下行功率能力）、LocalCellGroupId（本地小区组标识，可选）

续表

资源名称	说　明
LocalCellGroup（本地小区组）	表示对一组 LocalCell 所消耗 CapCredit 的整体限制，主要的指标是 CapCredit（能力信用度）、CapConsumpLaw（消费法则）

表 4-5 介绍了各个资源之间关系。

表 4-5　　NodeB 资源关系

资源关系	说　明
Cell 与 LocalCell	Cell 与 LocalCell 存在一一对应的关系，Cell 建立在 LocalCell 所代表的物理能力之上，即 Cell 建立过程中需要建立公共信道，而公共信道的建立需要使用 LocalCell 提供的 CapCredit 和功率参数。Cell 建立的两个基本条件是：NodeB 向 RNC 上报 LocalCell，RNC 配置了 Cell 的完整数据
LocalCell 与 LocalCellGroup	LocalCell 可以不属于任何 LocalCellGroup，或属于唯一一个 LocalCellGroup。 LocalCellGroup 包含若干 LocalCell，LocalCellGroup 表示对一组 LocalCell 所消耗 CapCredit 的整体限制。 例如，某 LocalCellGroup 中三个 LocalCell 各自的 CapCredit 均为 4000，而 LocalCellGroup 的 CapCredit 为 8000，这就意味着各个 LocalCell 对应的 Cell 占用的 CapCredit 不允许同时达到 4000
CapCredit 与 CapConsumpLaw	CapCredit 是对 NodeB 物理能力的数值抽象（由 NodeB 决定是否区分上下行）。 CapConsumpLaw 是对公共或专用信道对 NodeB 物理能力占用情况的数值抽象。 CapCredit 和 CapConsumpLaw 两者结合起来保证了对 LocalCell 或 LocalCellGroup 中公共和专用信道建立要求不超过 NodeB 能力。 例如，某 LocalCell 的 CapCredit 是 4000（不区分上下行），根据 CapConsumpLaw 确定对应 Cell 的 PRACH、AICH、SCCPCH、PICH 所消耗的 CapCredit 分别为 400、100、400、100，则该 Cell 建立后，供专用信道消费的 CapCredit 还剩余 3000，如果 LocalCell 属于 LocalCellGroup，同样也要根据 LocalCellGroup 的 CapConsumpLaw 减少 LocalCellGroup 的 CapCredit

③ 小区建立

小区建立的两个基本条件是：NodeB 向 RNC 上报 LocalCell，NC 配置了 Cell 的完整数据。

在满足上述条件的基础上，如果 NodeB 和 RNC 均尚未建立该小区，则 RNC 应当发起该小区建立过程。如果均已建立小区，则审计结果一致，不会触发对该 Cell 的操作。如果任何一侧已经建立小区而另一侧尚未建立小区，审计结果将会不一致，系统将删除已建立的小区，并由下次审计触发小区建立。

RNC 与 NodeB 之间小区建立请求和响应消息的交互，只是整个小区建立过程中的一步。这一步完成之后，所建立的小区已经具有 PCPICH、SCH、PCCPCH，但尚未具有 PRACH、AICH、SCCPCH、PICH。

④ 公共信道建立

建立的公共物理信道，包括 1～2 条 PRACH 和 1～2 条 SCCPCH。

- 每条 PRACH 承载 1 条 RACH，在建立过程中同时建立 1 条 AICH。
- 每条 SCCPCH 承载 1～2 条 FACH 和/或 1 条 PCH，如果 SCCPCH 承载 PCH，则在建立过程中同时建立 1 条 PICH。

为了简单起见，在本部分描述的公共信道建立过程中，以小区只建立 1 条 PRACH 和一条 SCCPCH 为例，如图 5-1 所示，其中 SCCPCH 承载 2 条 FACH 和 1 条 PCH，在实际过程中，请根据具体情况灵活处理。

在 BSC6800，建立一条物理信道过程包括：

a．小区无线资源申请，在 BSC6800 内部获取公共信道的扩频因子、信道码，消耗 LocalCell 和 LocalCellGroup 中的 CapCredit；

b．L2 链路层资源申请，在 BSC6800 内部申请 FP、MAC-c、RLC 实例，用于后面的 L2 配置；

c．NodeB 公共信道建立，BSC6800 与 NodeB 之间公共信道建立请求和响应消息的交互；

d．AAL2 链路建立，为公共信道建立传输层链路，其过程涉及 BSC6800 和 NodeB 的传输层；

e．L2 配置，包括 FP 配置、FP 同步、节点同步、MAC-c 配置、RLC 配置。

⑤ 系统消息更新

公共信道建立完成后，RNC 将发起系统消息更新，下发所有的系统消息，此后 UE 才能够从广播信道上接收系统消息，小区也才真正可用。系统消息更新成功是小区建立成功的标志。

对小区建立失败的故障处理可以采用回退的方式，即建立过程中任何一步失败都将导致小区建立失败。如果小区建立失败，系统将对已建立的公共信道进行删除、对占用的资源进行释放，并最终删除小区。

（2）小区建立故障处理一般方法

① 故障处理流程

本部分讨论的小区故障现象，在 UE 侧表现为无法搜索到小区、在 RNC 侧表现为在 LMT 的操作维护系统中通过标准接口跟踪无法跟踪观察到 Iub 接口完整的小区建立流程。

本节故障定位策略是：首先对照正常情况下小区建立过程中的 Iub 标准接口消息流程，通过对接口消息跟踪结果的观察，确定是 NodeB 还是 RNC 出现异常，然后再通过其他定位手段进一步深入定位。

小区建立故障定位流程如图 4-39、图 4-40 所示。

② 检查审计响应消息

正确的审计响应消息必须满足如下条件。

a．Cell 项都有对应的 LocalCell 项。

b．若 LocalCell 项配置为属于 LocalCellGroup，则都有对应的 LocalCellGroup 项。

③ 解闭塞小区

解闭塞小区方法如下。

- 如果是 RNC 发起的闭塞，使用命令 UBL CELL 解闭塞小区。
- 如果是 NodeB 发起的闭塞，联系 NodeB 维护人员定位解决。

④ 匹配配置的最大下行发射功率和 NodeB 上报能力

使用命令 LST CELL 查询数据库中配置的小区最大下行发射功率（MaxDlPwrCap），该值应该不大于审计响应消息中的 MaxDlPwrCap。

如果不符合以上要求，应该使用命令 MOD CELL 修改配置的小区最大发射功率，或要求 NodeB 调整上报的最大下行发射功率能力。

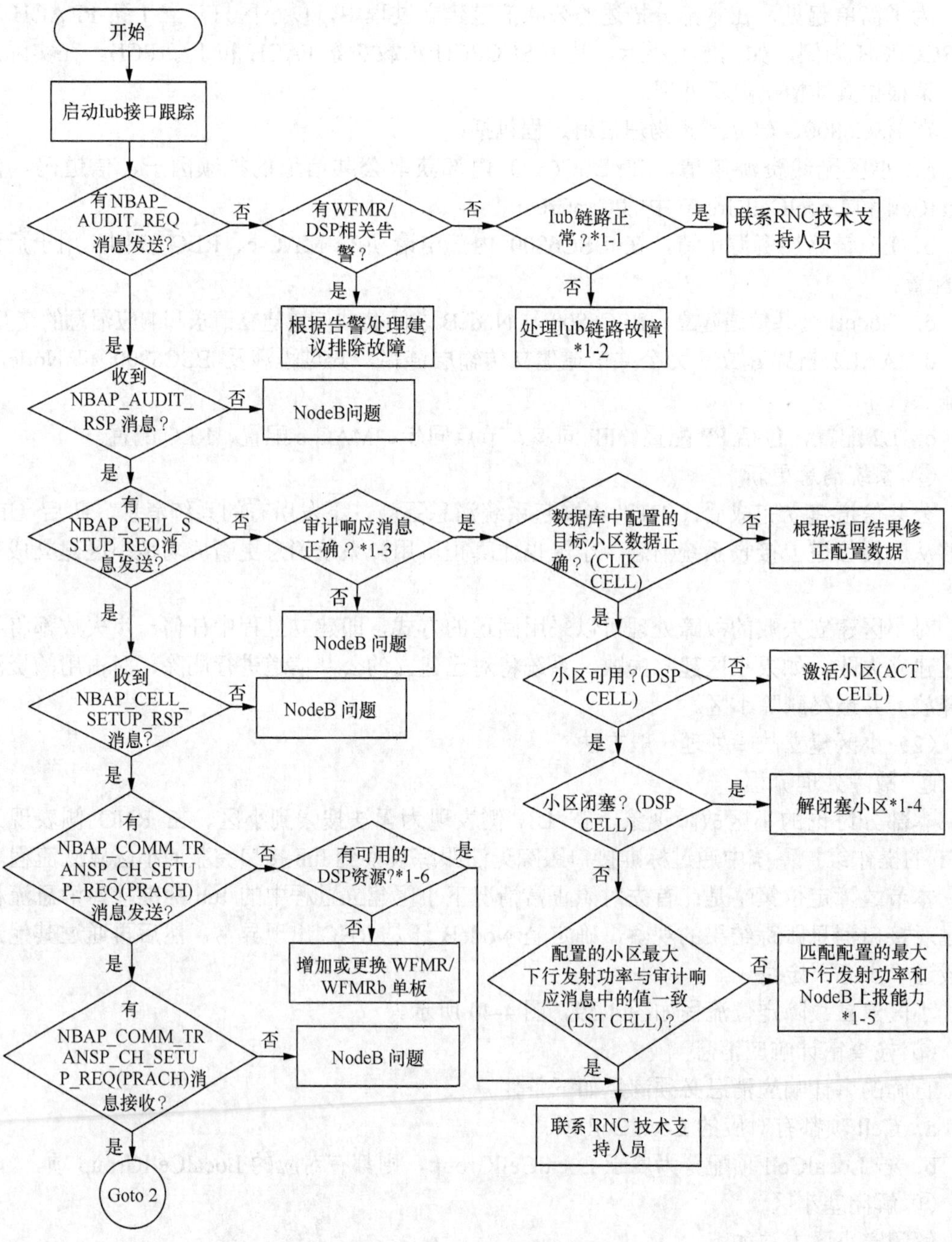

图 4-39　小区建立故障定位分析图（1）

⑤ 检查 DSP 资源

检查 DSP 资源方法如下。

a．使用命令 LST CELL 查询控制该小区的 WSPUb 板所在的框号、槽号、子系统号。

若 WSPUb 子系统号为 0，表示 WSPUb 板控制本框奇数槽位的 WFMR/WFMRb 板，若为 1，表示 WSPUb 板控制本框偶数槽位的 WFMR/WFMRb 板。

b．使用命令 DSP BRD 查询相应奇数/偶数槽位的 WFMR/WFMRb 板信息。

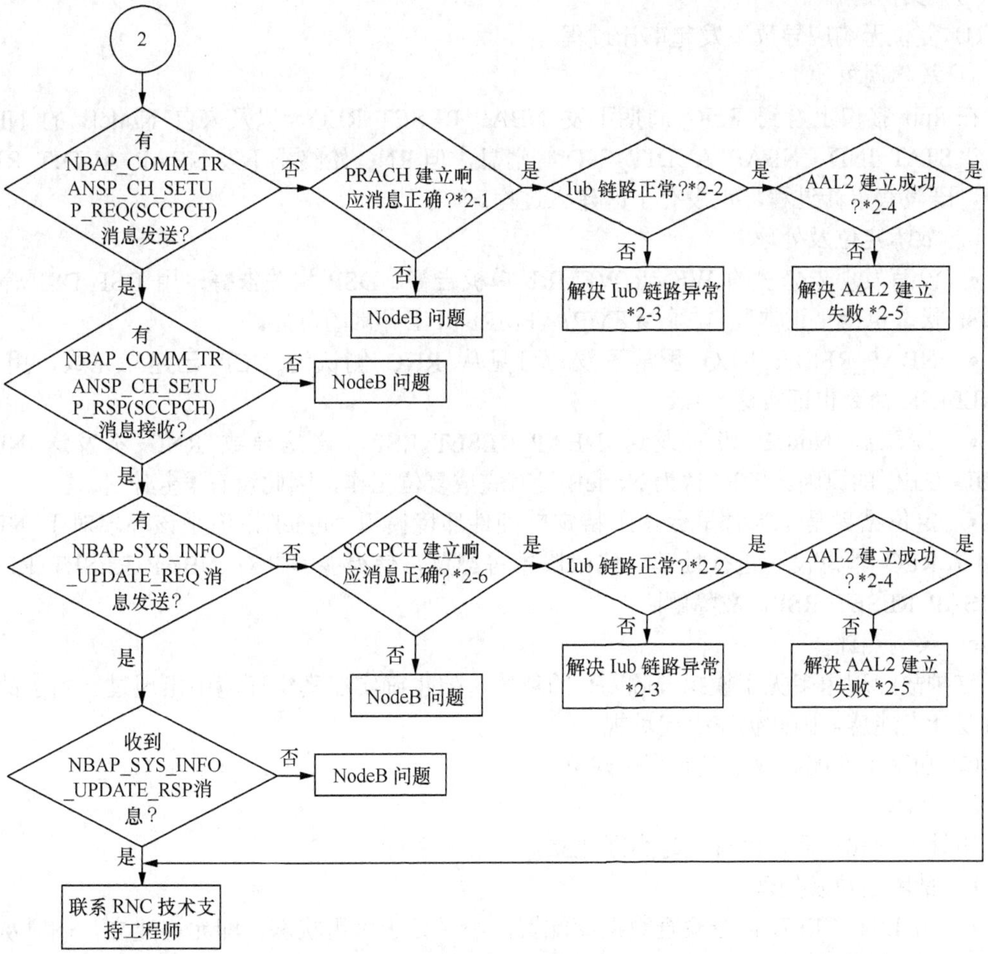

图 4-40　小区建立故障定位分析图（2）

c．使用命令 DSP DSP 查询每个奇数/偶数槽位的 WFMR/WFMRb 板上可用的 DSP 数。

d．查询该 WSPUb 子系统号上配置的 HSDPA 流量，则其控制的每个 WFMR/WFMRb 上 HSDPA 占用的 DSP 数目为流量/2。

e．将每个 WFMR/WFMRb 上查询得到的可用 DSP 数目减去 HSDPA 占用的 DSP 数目后相加，再乘以 3。

如果该结果小于建立的小区总数，则说明没有足够的 DSP 资源。

⑥ 检查 PRACH 建立响应消息

正确的 PRACH 建立响应消息必须满足如下条件。

a．RachInfo、BindingId、TranspLayerAddr 等信息均存在。

b．消息中 RACH 的传输信道 ID 和数据库中的配置相同。

⑦ 检查 SCCPCH 建立响应消息

正确的 SCCPCH 建立响应消息必须满足如下条件。

a．PchInfo、BindingId、TranspLayerAddr 等信息均存在。

b．消息中 FACH 的传输信道 ID 和 DB 中的配置相同。

（3）案例解析

① 复位无响应导致不发起审计过程

a．故障现象

在 Iub 接口上看到 RNC 周期下发 NBAP_RESET_REQ，以及来自 NodeB 的 NBAP_RSRC_STAT_IND、NBAP_AUDIT_IND 等消息，但 RNC 始终不下发 NBAP_AUDIT_REQ。因此，既没有审计过程，也没有小区建立过程。

b．故障定位及处理

• 没有发现未恢复的 WFMR/WFMRb 单板告警、DSP 相关告警，用 DSP DSP 命令查询 DSP 状态也为“正常”。排除 WFMR/WFMRb 开工异常的可能。

• NBAP_RESET_REQ 正常下发，可见从 RNC 侧认为 NCP 已建立完成，用 DSP SAALLINK 命令也证实这一点。

• 注意到 NodeB 没有发送 NBAP_RESET_RSP，这是导致 RNC 不发送 NBAP_AUDIT_REQ 的原因。RNC 认为 NodeB 没有完成复位工作，因此没有发起审计。

• 定位结果是：当时平台使用特定软硬件环境模拟 NodeB，但是该环境对于 NBAP_RESET_REQ 消息没有进行处理。修改脚本等配置，使得能够针对 NBAP_RESET_REQ 发送 NBAP_RESET_RSP，故障解除。

c．案例点评

这种故障现象多见于模拟 NodeB 的环境，但也确实在真实环境中出现过。由于故障现象容易让人迷惑，因此仍需引起重视。

② 功率不匹配导致不发起小区建立

a．故障现象

审计过程完成后，没有发起小区建立。

b．故障定位及处理

• 用 LST CELL 命令检查数据库配置，小区处于可用状态，即允许建立。同时从查询结果中获取小区对应的 LocalCell ID。

• 检查小区所在 NodeB 的审计响应消息，发现其中包含了该小区对应的 Local Cell 信息，LocalCell 支持的小区最大功率为 370（37dBm）。

• 检查此前 LST CELL 的结果，配置的小区最大发射功率为 430（43dBm），大于 NodeB 中 LocalCell 所能支持的最大功率，即功率不匹配。

• 经过和 NodeB 维护人员交流得知，由于相应小区的特殊情况，NodeB 上报最大功率 370 是正确的。因此，使用 MOD CELL 命令修改 RNC 中配置的小区最大发射功率。实际操作中，由于数据约束关系，同时还需要使用 MOD CELL 命令下调 PCPICH 功率、使用 MML 命令 MOD PCPICHPWR 修改 PCPICH 功率门限。

c．案例点评

审计响应消息中，需要检查的参数很多，其中最常见的还是功率不匹配问题。发现功率不匹配，要首先确认是 NodeB 问题还是 RNC 配置问题，不要盲目修改 RNC 配置。

③ WFMR 单板插槽错误导致 PRACH 建立失败

a．故障现象

原来正常工作的环境，在插拔 WFMR 单板，并去激活、激活小区后，小区建立失败。具体的，在 Iub 接口上观察到：小区建立过程完成后，没有进行公共信道建立过程，而是直接发起了小区删除过程。

3．故障定位及处理

- 加载文件没有变化，数据配置没有修改，应当不是软件问题。
- WFMR 状态正常，使用命令 DSP DSP 检查，获知所有 DSP 状态均正常；使用命令 DSP IUBP 检查，获知 Iub 端口状态正常。
- 因为插拔过 WFMR，想到 WSPUb 子系统与 WFMR/WFMRb 槽位对应约束关系，即：WSPUb 0 号子系统上的小区，只能使用奇数槽位 WFMR/WFMRb 的 DSP；WSPUb 1 号子系统上的小区，只能使用偶数槽位 WFMR/WFMRb 的 DSP。刚才插拔 WFMR 时，正是从 3 号槽位拔出 WFMR 后，错误的插入 4 号槽位，导致小区建立过程中的公共信道建立过程中，由于没有可用的 DSP 导致公共信道无法建立，继而按照删除小区。

① 数据配合问题导致 SCCPCH 建立失败

a．故障现象

小区建立过程中 PRACH 建立成功，SCCPCH 建立失败。在 Iub 接口观察到 SCCPCH 建立后立即发起删除。

b．故障定位及处理

- 观察 Iub 接口上的传输层信令，确认 QAAL2 链路建立过程成功，且 RNC 侧 L2 资源状态正常，可以推断出 FP 同步失败。
- 检查 RNC、NodeB 两端 AAL2 Path 配置，及 PVC 配置，发现存在错位现象，即 Path1 对应对端 Path2 诸如此类。
- 修改传输层配置，故障消除。

② 修改小区频点失败

a．故障现象

在 BSC6800 操作维护系统中用命令 MOD CELLSETUP 修改小区的频点，上行频点由 1937.4 改为 1922.8，上行频点由 2127.4 改为 2112.8。但是 UE 在修改后的频点上不可用。

b．故障定位及处理

- 可以判断是小区频点的修改没有生效，也就是说小区还是在原来的频点上工作。
- 修改小区的频点时，正确的流程是：首先用命令 DEA CELL 去激活小区，然后用 MOD CELLSETUP 修改小区频点，再用命令 ACT CELL 激活小区。这样新的频点设置才能生效，UE 也才能在新的频点上接入。

c．案例点评

在 MOD CELLSETUP 命令中的参数都不支持动态配置，相关配置需要在小区重建后才能生效。

过关训练

一、填空题

1．BSC6800 整机由________、________、________和________等组成。

2．BSC6800 机柜分为________和________两种。

3．________是安装 BSC6800 操作维护终端软件的计算机。

4．操作维护子系统功能由________、________和前台各个单板上的操作维护实体组成。

5．环境监控子系统主要负责________和________的监控和调整。

6．BSC6800 供电系统在设计上采用了________的方案。

7．直流配电柜为每个 BSC6800 机柜提供两路________、________和一路________。

8．时钟同步子系统由交换插框的________和________组成。

9．在 BSC6800 内部，所有控制面都终结于单板________。

10．BSC6800 的软件采用分布式结构设计，包括________和________。

11．后台软件包括________和________。

12．MML 命令的格式为：________。

13．告警级别按告警的严重程度分为________、________、________和________。

14．故障处理需要经历________、________、________和________四个阶段。

15．BSC6800 的故障分为________、________、________和________。

二、名词解释

1．GRU——

2．WRSS——

3．WMPU——

4．WLPU——

5．WNET——

6．WHPU——

7．WRBS——

8．WINT——

9．WFMR——

10．WMUX——

11．WSPU——

三、简答题

1．BSC6800 的交换机柜部件主要包括哪些类型部件？

2．BSC6800 系统主要由哪些逻辑功能子系统组成？

3．试画出操作维护子系统的逻辑结构，该结构由哪几个网络组成？

4．BSC6800 系统的时钟源有哪几类？

5．加载主要分为哪两种方式？

6．BSC6800 由哪 3 个子系统和哪 3 个工具组成？

7．小区建立的基本流程包括哪几个阶段？

模块 5
WCDMA 基站操作与维护

【本模块问题引入】基站 NodeB 是 WCDMA 网络的重要组成部分，它和 RNC 一起构成移动接入网络 UTRAN。那么，NodeB 硬件结构如何？NodeB 逻辑结构及单板特性如何？NodeB 日常操作、例行维护如何进行？NodeB 故障处理的一般流程和常用方法是什么？典型故障分析处理如何进行？这都是我们必须知道的内容。

【本模块内容简介】本模块共分 3 个任务，包括 WCDMA 无线网络控制器开通与维护、无线网络控制器日常操作与维护、无线网络控制器故障分析处理。

【本模块重点难点】重点掌握 NodeB 硬件结构和逻辑组成、NodeB 日常操作和例行维护、NodeB 应急维护与故障处理。

任务 1 认识 WCDMA 基站硬件

【问题引入】基站 NodeB 是 WCDMA 网络的重要组成部分，其 NodeB 整机结构是怎样的？机柜包括哪些组成部分？逻辑结构及单板原理和特性如何？BBU 和 RRU 典型组网是怎样的？本任务通过认识硬件、熟悉逻辑功能、思考分析 BBU 和 RRU 组网，培养学习者的动手技能和分析能力。

【本任务要求】

1. 识记：NodeB 整机结构、机柜硬件结构。
2. 领会：NodeB 逻辑组成、各功能单板的面板结构和功能原理及特性。
3. 应用：BBU 和 RRU 组网方式、基站信号处理的原理。

1. DBS3900 整体认知

DBS3900 是华为公司 WCDMA 第四代分布式基站，定位于充分解决运营商获取站址的困难，方便网络规划和优化，加快网络建设速度，降低对人力、电力、空间等资源的占用，降低 TCO，从而快速经济地建设一个高质量的 3G 网络。分布式基站有多种灵活的应用方式，适应各种场景的快速建网的需求。

DBS3900 由 BBU3900、RRU3804 或 RRU3801E、天馈系统组成，如图 5-1 所示。基带处理模块 BBU3900 占地面积小、易于安装、功耗低，便于与现有站点共存；而 RRU 体积小、重量轻，可以靠近天线安装，减少馈线损耗，提高系统覆盖能力。

（1）应用场景

① 嵌入式应用，利用现有站址设备

对于和 2G 共站址的站点，BBU3900 可以内置安装在任何具有 19 英寸宽，2U 单元高空间的标准机柜中，RRU 安装在金属桅杆上靠近天线安装，如图 5-2 所示。同时 BBU3900 和 RRU 可以共享 2G 基站的备电和传输系统，可以实现与 2G 设备共天馈，可以以很小的代价在原有的 2G 网络上开通 3G 服务。

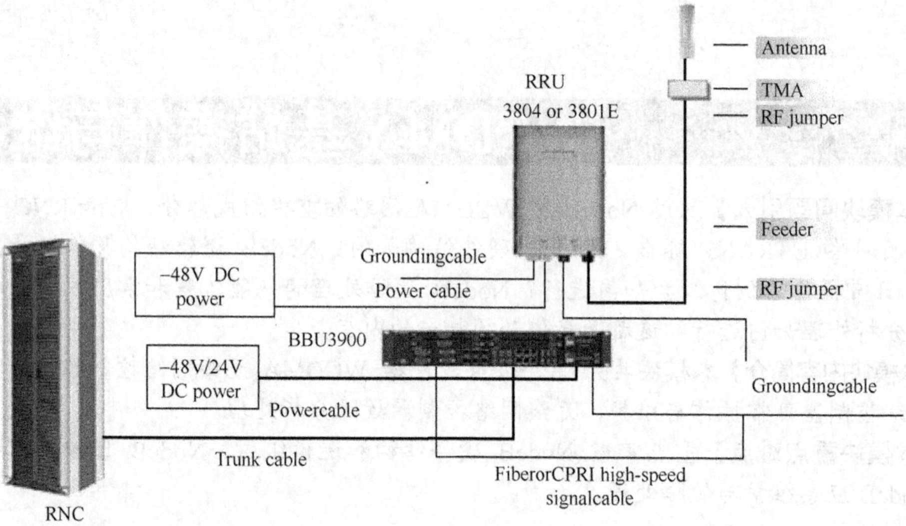

图 5-1 DBS3900 系统结构

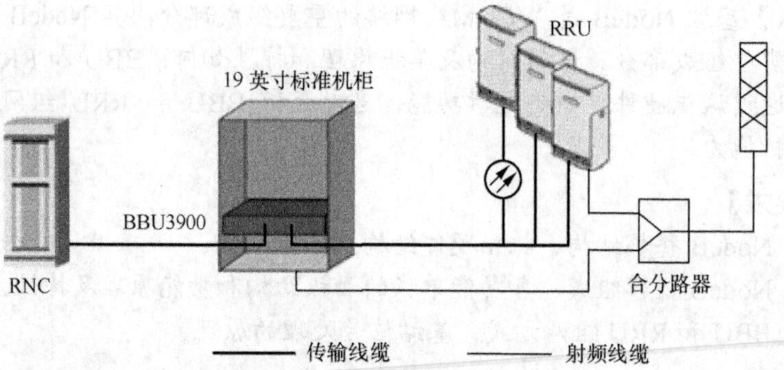

图 5-2 嵌入式应用，利用现有站址设备

② 一体化应用，BBU3900+RRU+APM

对于新建 3G 室外站点，当站址只提供交流电源，并需要新增备电设备时，可以采用 BBU3900+RRU+APM 配置替代室外型宏基站的应用。BBU3900+RRU+APM 典型配置示意图如图 5-3 所示，其配置特点如下：BBU3900 和传输设备安装到 APM 内，RRU 可安装在金属桅杆上靠近天线安装；APM 为 BBU3900 提供安装空间和室外防护，为 BBU3900 和 RRU 提供-48V DC 电源，同时提供蓄电池管理、监控、防雷等功能。

③ 室外 BBU 应用，利用现有站址电源

对于和 2G 共站址的站点，可以利用 2G 的电源，当 BBU3900 在室内没有可放置空间时，可以将 BBU3900 内置在室外型小机柜中，形成室外型 BBU，安装在室外，RRU 可以

安装在金属桅杆上靠近天线安装，方便快速部署，如图 5-4 所示。

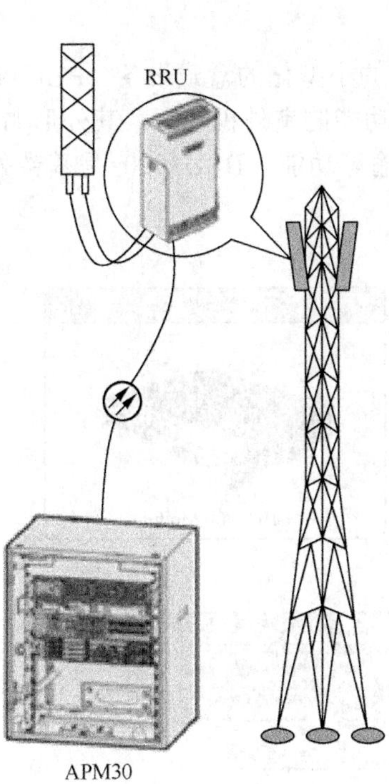

图 5-3　一体化应用：BBU3900+RRU+APM

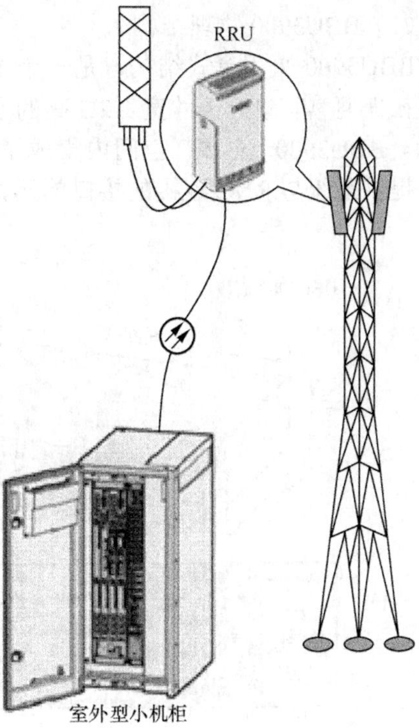

图 5-4　室外 BBU 应用，利用现有站址电源

（2）DBS3900 系列基站主要功能和特点

① 先进的平台化架构

采用统一无线产品基础开发，全 IP 架构，支持 GSM 和 WCDMA 双模共机柜应用，支持 HSPA+，支持向 LTE 平滑演进。

② 高集成度，大容量

单个 BBU3900 支持 24 小区，支持上行 1536CE，下行 1536CE，支持 HSDPA 和 HSUPA 业务；单个 RRU/WRFU 支持 4 载波配置，当系统从 1×1 扩容到 1×4，或从 3×1 扩容到 3×4 时，无需额外增加 RRU/WRFU。

③ 高性能

高接收灵敏度，双天线接收灵敏度优于-129.3dBm；WRFU 支持 80W 功率输出，RRU3804 支持 60W 功率输出，功放效率达到 40%。

④ 多种时钟与同步方式

支持 Iub/GPS/BITS 等时钟；支持 IP 时钟；内部时钟失去时钟源后正常运行至少 90 天。

⑤ 支持 HSDPA 业务（单小区下行峰值速率最大 14.4Mbit/s）

⑥ 支持 HSUPA 业务（单用户峰值上行最大速率 5.76Mbit/s）

⑦ 支持商用级 MBMS（Multimedia Broadcast and Multimedia Service）

⑧ 高速 UE 接入（支持 UE 移动速度最高为 400km/h）

⑨ 同频段共天馈（支持 2G 与 3G 系统共天馈）

2．BBU 硬件结构

（1）BBU3900 物理结构

BBU3900 采用盒式结构，是一个 19 英寸宽、2U 高的小型化的盒式设备。BBU3900 可安装在任何具有 19 英寸宽、2U 高的室内环境或有防护功能的室外机柜中，其外形如图 5-5 所示。BBU3900 在 2U 空间内集成了主控、基带、传输等功能。BBU3900 是基带处理模块，提供系统与 RNC 连接的接口单元。

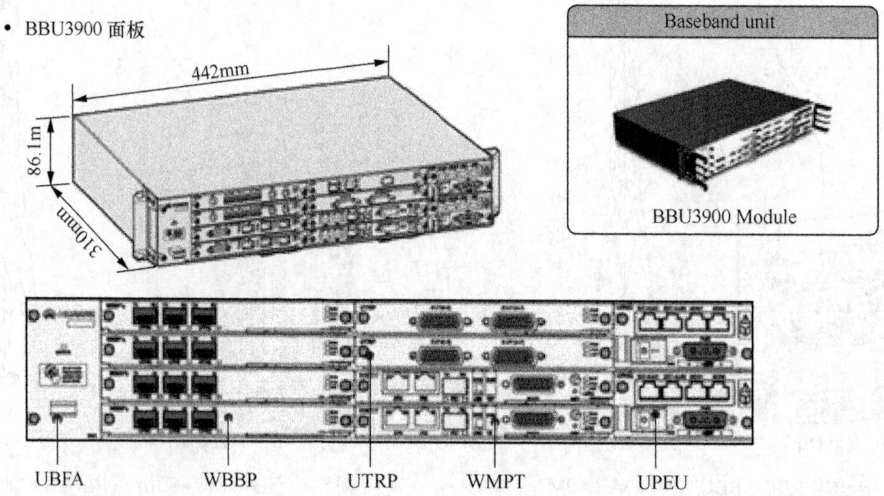

必配单板及模块：WMPT，WBBP，UBFA，UPEU。

选配单板：UELP，UFLP，UTRP，UEIU。

图 5-5　BBU3900 物理结构

（2）BBU3900 单板

① WMPT 主控传输板

WMPT（WCDMA Main Processing&Transmission unit）是 BBU3900 的主控传输板，为其他单板提供信令处理和资源管理功能。WMPT 为 BBU3900 必配单板，最多可安装 2 块 WMPT 板，实现备份功能。WMPT 单板的主要功能包括：完成配置管理、设备管理、性能监视、信令处理、主备切换等 OM 功能，并提供与 OMC（LMT 或 M2000）连接的维护通道；为整个系统提供所需要的基准时钟；为 BBU3900 内其他单板提供信令处理和资源管理功能；提供 USB 接口。安装软件和配置数据时，插入 USB 存储盘，自动为软件升级；提供 1 个 4 路 E1 接口，支持 ATM、IP 协议；提供 1 路 FE　电接口、1 路 FE 光接口，支持 IP 协议。支持冷备份功能。

WMPT 面板结构和指示灯如图 5-6 所示。

WMPT 接口结构和指示灯如图 5-7 所示。

面板标识	颜色	状态	含义
RUN	绿色	常亮	有电源输入，单板存在问题
		常灭	无电源输入
		1s 亮，1s 灭	单板已按配置正常运行
		0.125s 亮，0.125s 灭	单板正在加载或者单板未开始工作
ALM	红色	常灭	无故障
		常亮	单板有硬件告警
ACT	绿色	常亮	主用状态
		常灭	备用状态

图 5-6　WMPT 面板结构和指示灯

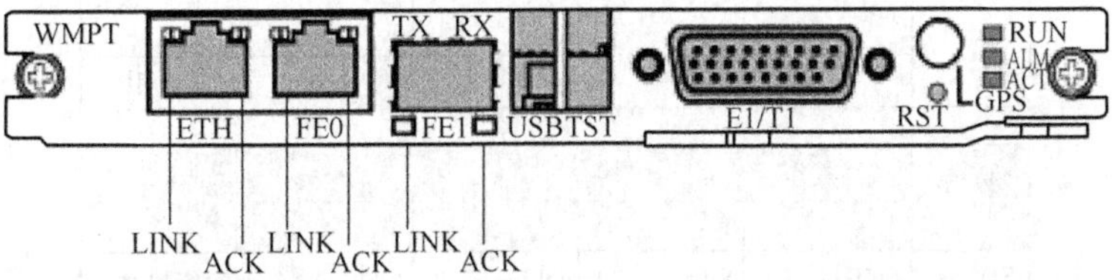

指示灯	颜色	状态	含义
FEI 光口	绿色（LINK）	常亮	连接成功
		常灭	没有连接
	绿色（ACK）	闪烁	有数据收发
		常灭	没有数据收发
FE0 电口	绿色（LINK）	常亮	连接成功
		常灭	没有连接
	黄色（ACK）	闪烁 常灭	有数据收发 没有数据收发
ETH	绿色（LINK）	常亮	连接成功
		常灭	没有连接
	黄色（ACK）	闪烁	有数据收发
		常灭	没有数据收发

图 5-7　WMPT 接口结构和指示灯

WMPT 拨码开关如图 5-8 所示。

② WBBP 基带处理板

WBBP（WCDMA BaseBand Process Unit）单板是 BBU3900 的基带处理板，主要实现基带信号处理功能。WBBP 为 BBU3900 必配单板，硬件最大可支持 6 块 WBBP 板，RAN12 前软件支持 4 块 WBBP 板配置（左侧 4 个槽位）。按照处理能力的不同，WBBP 有 5 种规格。

WBBP 单板的主要功能包括：提供与 RRU/WRFU/MRFU 通信的 CPRI 接口，支持 CPRI 接口的 1+1 备份；处理上/下行基带信号。WBBP 面板结构如图 5-9 所示。

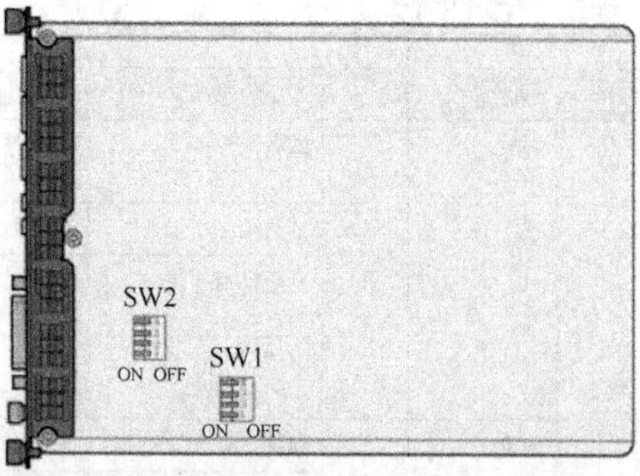

拨码开关	拨码状态				说明
	1	2	3	4	
SW1	ON	ON	OFF	OFF	T1 模式
	OFF	OFF	ON	ON	E1 阻抗选择 120Ω
	ON	ON	ON	ON	E1 阻抗选择 75Ω
	其他				不可用

拨码开关	拨码状态				说明
	1	2	3	4	
SW2	OFF	OFF	OFF	OFF	平衡模式
	ON	ON	ON	ON	非平衡模式
	其他				不可用

图 5-8　WMPT 拨码开关

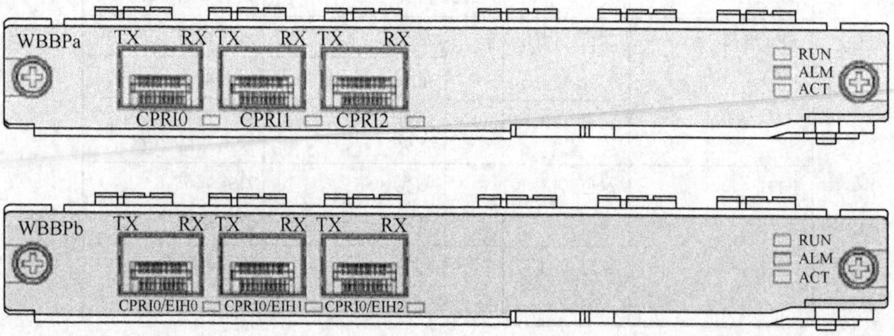

图 5-9　WBBP 面板结构

WBBP 单板指示灯如图 5-10 所示。

有两种 WBBP 单板，分别是 WBBPa 板和 WBBPb 板。

WBBPa：支持 HSDPA（2 ms TTI），HSUPA phase I（10 ms TTI）。

WBBPb：支持 HSDPA（2 ms TTI），HSUPA phase II（2 ms TTI）。

标识	颜色	状态	含义
RUN	绿色	常亮	有电源输入，单板存在故障
		常灭	无电源输入，或单板处于故障状态
		1s 亮，1s 灭	单板正常运行
		0.125s 亮，0.125s 灭	单板处于加载状态
ACT	绿色	常亮	单板工作
		常灭	未使用
ALM	红色	常灭	无故障
		常亮	单板有硬件告警
CPRI0/CPRI1/CPRI	红色	常灭	CPRI 光模块（或电接口）不在位
		常亮	CPRI 光模块（或电接口）在位，但接收信号丢失
		闪烁	CPRI 对应高速接口锁环失锁
	绿色	常亮	CPRI 通道工作正常

图 5-10　WBBP 单板指示灯

③ UBFA 基带风扇板

UBFA 是 BBU3900 的风扇模块，主要用于风扇的转速控制及风扇板的温度检测，并为 BBU 提供散热功能。UBFA 面板及指示灯如图 5-11 所示。

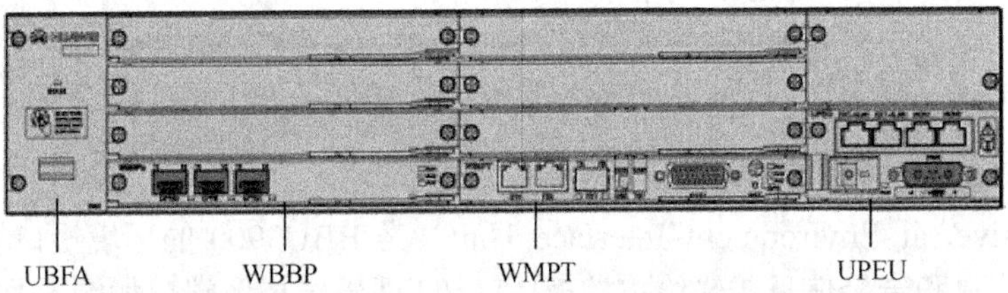

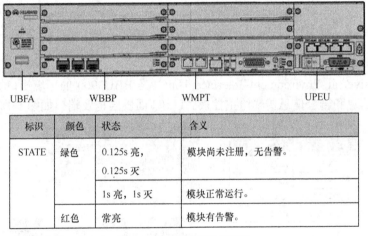

标识	颜色	状态	含义
STATE	绿色	0.125s 亮，0.125s 灭	模块尚未注册，无告警。
		1s 亮，1s 灭	模块正常运行。
	红色	常亮	模块有告警。

图 5-11　UBFA 面板及指示灯

④ UPEU 电源板

UPEU（Universal Power and Environment Interface Unit）是 BBU3900 的电源模块，用于将 -48V DC 或+24V DC 输入电源转换为+12V DC。UPEU 有两种类型，分别为 UPEUA（Universal Power and Environment Interface Unit Type A）和 UPEUB（Universal Power and Environment Interface Unit Type B），UPEUA 是将−48V DC 输入电源转换为+12V 直流电源；UPEUB 是将+24V DC 输入电源转换为+12V 直流电源，面板外观如图 5-12 所示。

⑤ UTRP 传输扩展板

UTRP（Universal Transmission Processing unit）单板是 BBU3900 的传输扩展板，可提供

8路E1/T1接口、1路非通道化STM-1/OC-3接口。UTRP面板结构如图5-13所示。

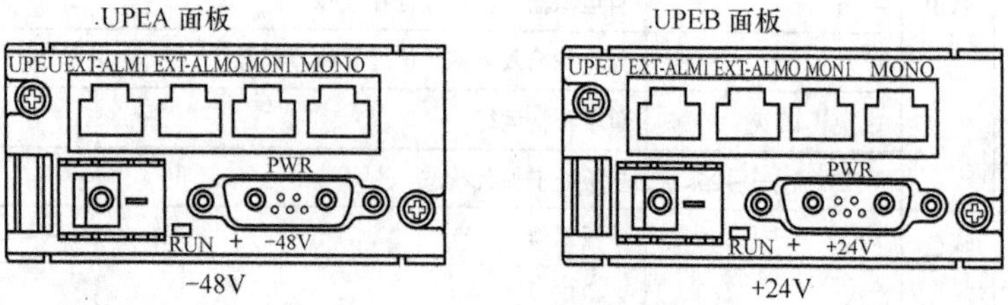

图5-12　UPEU面板外观

扣板名称	接口
UAEU（Universal ATM over E1/T1 Interface and Processing Unit）	8路ATM over E1/T1接口
UIEU（Universal IP Packet over E1/T1 Interface and Processing Unit）	8路IP over E1/T1接口
UUAS（Universal UnchannelizedATM over SDH/SONET Card）	1路非通道化STM-1/OC-3接口

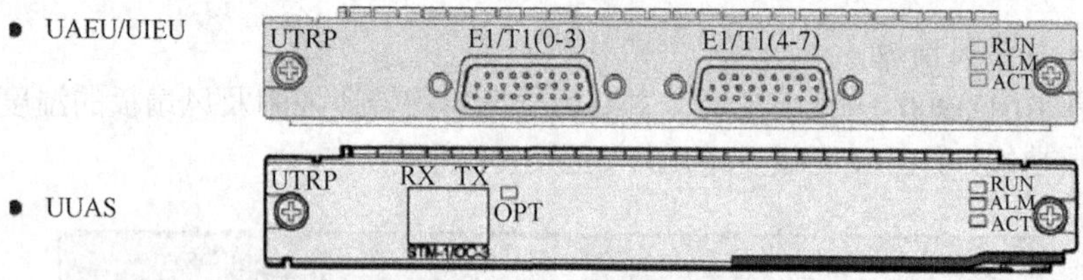

图5-13　UTRP面板结构

⑥ UEIU环境接口板

UEIU（Universal Environment Interface Unit）是BBU3900的环境接口板，主要用于将环境监控设备信息和告警信息传输给主控板。UEIU面板结构及端口如图5-14所示。

端口名称	连接器类型
MON0	RJ45
MON1	RJ45
EXT-ALM0	RJ45
EXT-ALM1	RJ45

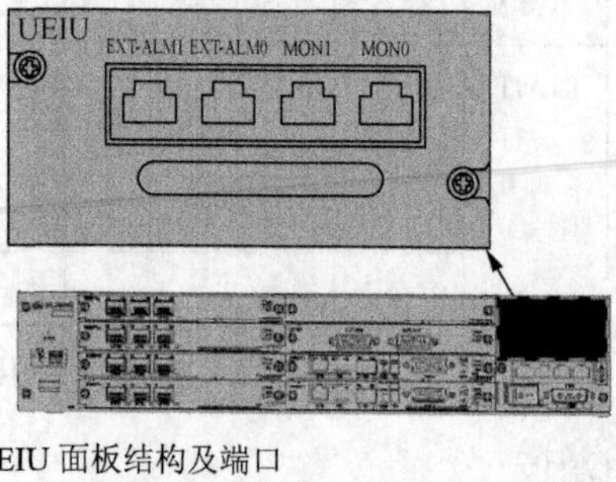

图5-14　UEIU面板结构及端口

⑦ UELP板

通用E1/T1防雷单元（UELP），可提供4路E1/T1信号的防雷。UELP面板结构如图5-15所示。

⑧ UFLP板

通用FE防雷（UFLP）模块支持2路FE防雷。UFLP面板结构如图5-16所示。

（3）BBU3900逻辑结构

BBU3900采用模块化设计，根据各模块实现的功能不同划分为：控制子系统、基带子系统、传输子系统、电源模块。BBU3900 逻辑结构如图 5-17 所示。

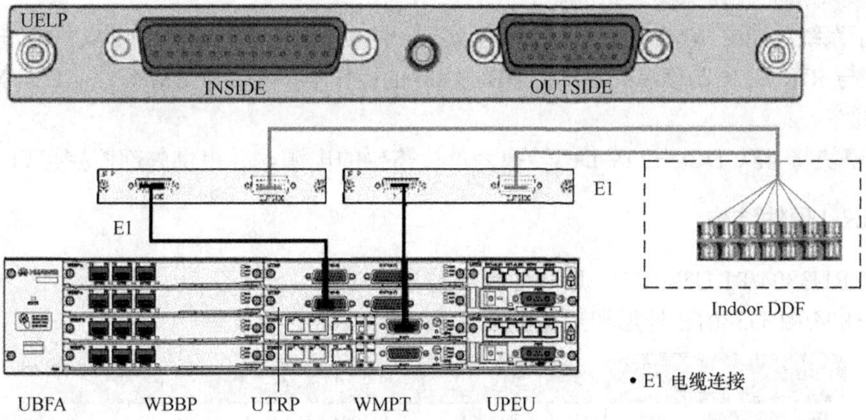

图 5-15　UELP 面板结构

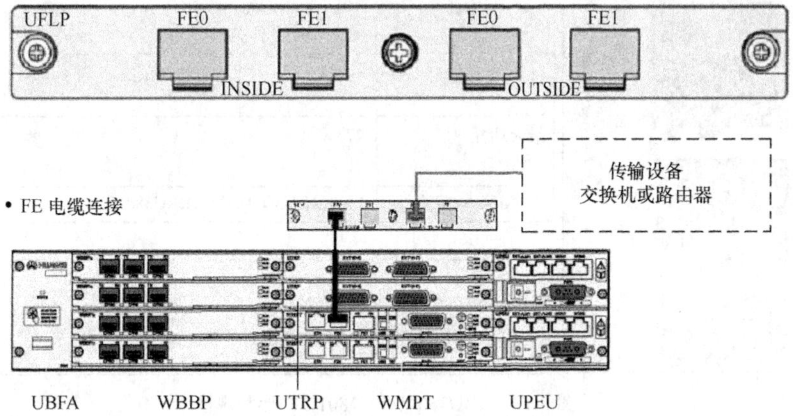

图 5-16　UFLP 面板结构

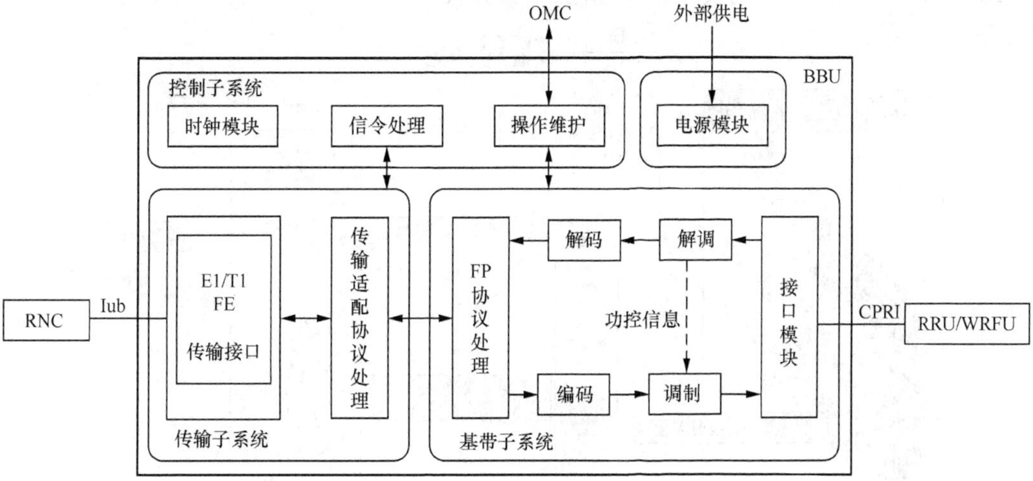

图 5-17　BBU3900 逻辑结构

控制子系统功能由 WMPT 板实现，控制子系统集中管理整个基站系统，包括操作维护和信令处理，并提供系统时钟。

基带子系统功能由 WBBP 板实现，基带子系统完成上下行数据基带处理功能，主要由上行处理模块和下行处理模块组成。

传输子系统功能由 WMPT 板和 UTRP 板实现。主要功能如下：提供与 RNC 的物理接口，完成 NodeB 与 RNC 之间的信息交互；为 BBU3900 的操作维护提供与 OMC（LMT 或 M2000）连接的维护通道。

电源模块将-48V DC/＋24V DC 转换为单板需要的电源，并提供外部监控接口。

3．RRU 硬件结构

（1）RRU3804/RRU3801E 外形和面板结构

RRU3804/RRU3801E 外形和规格如图 5-18 所示。

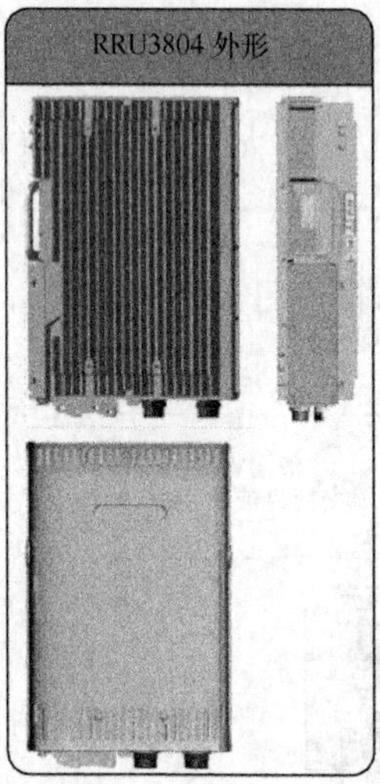

类型	RRU3804/3801E	
尺寸（带外壳）	RRU3804：520mm(H)×280mm(W)×155mm(D)	
重量	RRU3804 模块：≤15KG RRU3804 及外壳：≤16KG	
电源输入	-480V DC	允许电压范围：-36V DC ～ -57V DC
最大功耗	275W	
扇区 × 载波	1×4(RRU3804)/1×2(RRU3801E)	

说明

RRU3801E 的外形（面板和接口）与 RRU3804 一样

图 5-18　RRU3804/RRU3801E 外形和规格

RRU3804/RRU3801E 面板及接口如图 5-19 所示。

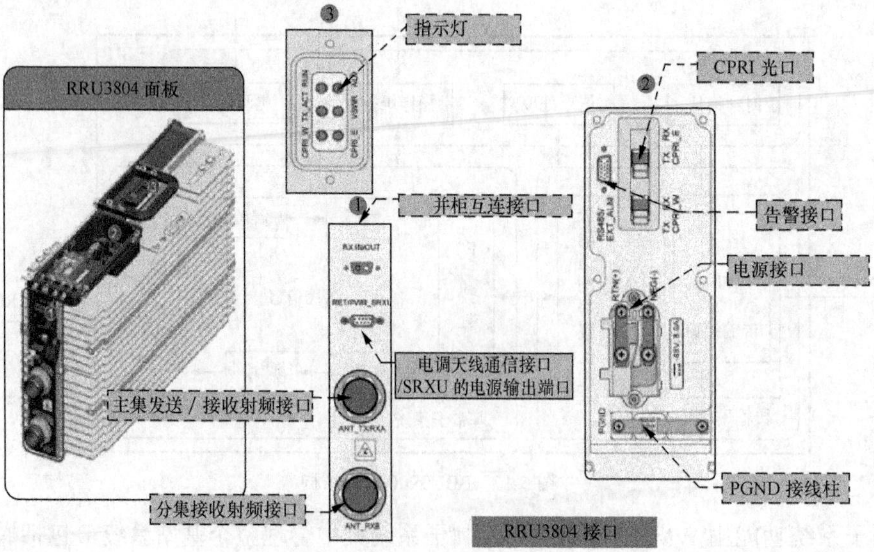

图 5-19　RRU3804/RRU3801E 面板及接口

RRU 指示灯如图 5-20 所示。

标识	颜色	状态	含义
RUN	绿色	常亮	有电源输入，单板故障
		常灭	无电源输入，或者单板工作故障状态
		慢闪(1s 亮，1s 灭)	单板运行正常
		快闪(0.125s 亮，0.125s 灭)	单板正在加载或者单板未运行
ALM	红色	常亮	有告警，需要更换模块
		慢闪(1s 亮，1s 灭)	有告警，不能确定是否需要更换模块，可能是相关单板或接口等故障引起的告警
		常灭	无告警
TX_ACT	绿色	常亮	工作正常（发射通道打开）
		慢闪(1s 亮，1s 灭)	单板运行（发射通道关闭）
VSWR	红色	常灭	无 VSWR 告警
		常亮	无 VSWR 告警
CPRI_W	红绿双色	绿色常亮	CPRI 链路正常
		红色常亮	光模块接收异常告警
		红色慢闪(1s 亮，1s 灭)	CPRI 链路失锁
		常灭	SFP 模块不在位或光模块下电
CPRI_E	红绿双色	绿色常亮	CPRI 链路正常
		红色常亮	光模块接收异常告警
		红色慢闪(1s 亮，1s 灭)	CPRI 链路失锁
		常灭	SFP 模块不在位或光模块下电

图 5-20　RRU 指示灯

（2）RRU3804/RRU3801E 逻辑结构

RRU 各模块根据实现的功能不同划分为：接口模块、TRX、PA（Power Amplifier）、LNA（Low Noise Amplifier）、滤波器、电源模块。RRU3804/RRU3801E 的逻辑结构如图 5-21 所示。

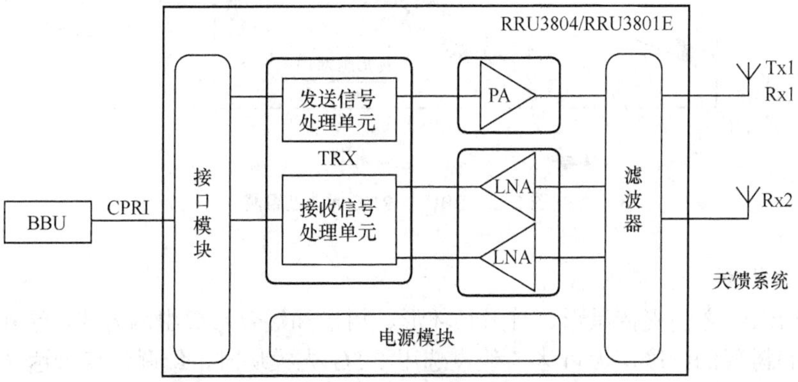

图 5-21　RRU3804/RRU3801E 逻辑结构

接口模块的主要功能如下：接收 BBU 送来的下行基带数据；向 BBU 发送上行基带数据；转发级联 RRU 的数据。

RRU3804/RRU3801E 中的 TRX 包括两路射频接收通道和一路射频发射通道。接收通道完成的功能：将接收信号下变频至中频信号；将中频信号进行放大处理；模数转换；数字下变频；匹配滤波；数字自动增益控制 DAGC。发射通道完成的功能：下行扩频信号的成形滤波；数模转换；将中频信号上变频至发射频段。

PA 采用 DPD 和 A-Doherty 技术，对来自 TRX 的小功率射频信号进行放大。

RRU3804/RRU3801E 中的滤波器由一个双工收发滤波器和一个接收滤波器组成。滤波器的主要功能如下：双工收发滤波器提供一路射频通道接收信号和一路发射信号复用功能，使接收信号与发射信号共用一个天线通道，并对接收信号和发射信号提供滤波功能；接收滤波器对一路接收信号提供滤波功能。

低噪声放大器 LNA 将来自天线的接收信号进行放大。

电源模块为 RRU 各组成模块提供电源输入。

4. DBS3900 典型组网

（1）BBU 组网

BBU 与 RNC（Radio Network Controller）之间支持星形、链形、树形、环形和混合形等组网方式，选用 1.25G 光模块时，链形和树形的级联深度可达 5 级；选用 2.5G 光模块时，级联深度可达 8 级。图 5-22 为 BBU 与 RNC 及 BBU 间几种典型组网的示意图。

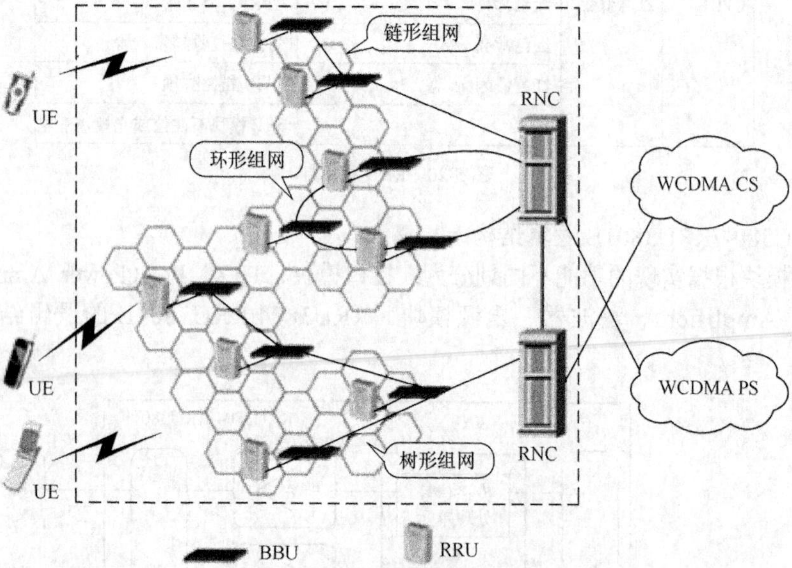

图 5-22　BBU 与 RNC 间典型组网

（2）RRU 组网

BBU 与 RRU 之间支持星形、链形、环形、树形和混合形等组网方式，选用 1.25G 光模块时，链形和树形的级联深度可达 5 级；选用 2.5G 光模块时，级联深度可达 8 级。图 5-23 为 BBU 与 RRU 间几种典型组网的示意图。

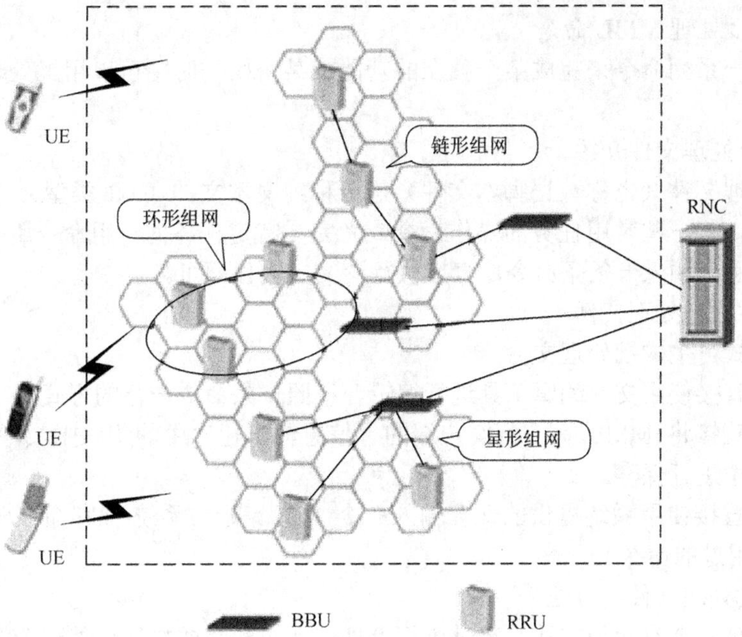

图 5-23　BBU 与 RRU 间典型组网

任务 2　WCDMA 基站日常操作与例行维护

【问题引入】通过前面的学习，我们认识了 NodeB 的硬件结构和功能，在 NodeB 运行过程中，我们还须对 RNC 进行一些日常操作和相关维护。那么 RNC 日常操作、例行维护如何进行，包括哪些内容？本任务通过详细的日常操作和例行维护，培养学习者的实际动手操作能力。

【本任务要求】

1. 识记：基站日常操作与维护的方法和注意事项。
2. 领会：RNC 日常操作。
3. 应用：RNC 例行维护。

1. WCDMA 基站日常操作

（1）执行单条 MML 命令

当基站出现故障时，一般使用执行单条 MML 命令的方法来排除和定位故障。执行单条 MML 命令的操作步骤如下：

① 选择导航树窗口的[MML 命令导航树]页面。

在选定的 MML 命令上双击，打开 MML 命令行客户端。此时，相应的命令会显示在命令输入框内，相应的参数输入区也同时打开。

如果直接选择操作维护系统的菜单[查看/命令行窗口]来打开窗口，则此时不会有 MML 命令显示在命令输入框内，要求用户自己输入。用户输入 MML 命令字后，单击右边的按钮，即可打开参数输入区。

② 输入命令参数值。

③ 单击按钮，执行该命令，执行结果会显示在“信息输出栏”的[普通维护]页面。

（2）执行批处理 MML 命令

当编排好一系列命令来完成某个独立的功能或某个操作时，可以用批处理的方式一次执行多条命令。

① 批命令处理文件介绍

批命令处理文件（也称数据脚本文件）是一种纯文本文件（.txt 类型），类似于 DOS 下的批处理文件，将一些常用任务的操作命令或者完成特定任务的一组命令用文本形式保存，运行时无须再手工输入一条条命令，直接执行该文本文件即可。

② 如何生成批处理文件

有三种方式可生成批处理文件：

方式一：直接使用文本编辑工具进行编辑，按照一条命令一行的方式书写保存。

方式二：直接将 MML 命令行客户端的“信息输出栏”中的[历史命令]页面中的信息拷贝至文本文件中进行保存。

方式三：直接使用系统提供的保存输入命令（选择菜单[系统/保存命令/开始保存输入命令]），保存使用过的命令。

③ 执行批处理文件的方法

执行批处理命令有两种方法：定时执行批处理命令和立即执行批处理命令。

定时执行批处理命令：当预先设置的命令执行时间到达后，LMT 将自动下发命令（每隔 100ms 下发一条）并执行，即使某条 MML 命令执行失败，后面的 MML 命令仍将继续被执行。

立即执行批处理命令，立即执行批处理命令又分为两种。

有用户干预：完成设置后，批处理立即执行。在命令执行过程中，LMT 会弹出交互的界面供用户进行操作。

无用户干预：完成设置后，批处理立即执行。即使某条 MML 命令执行失败，后面的 MML 命令仍将继续被执行。

④ 定时执行批处理命令

定时执行批处理操作步骤如下：

a．在操作维护系统的界面上，选择菜单[系统/执行批处理命令]或使用快捷键<Ctrl+R>，弹出[执行批处理文件]对话框，如图 5-24 所示。

b．在[设定执行方式]选区选择[定时执行]。

c．在[指定日期]和[指定时间]选区指定时间。

d．在对话框中单击<浏览>，选择指定的批命令文件。

e．在对话框中单击<添加>，将指定的批处理文件添加至[定时执行的文件]栏。

f．重复 c～e，直至所有需要定时执行的批处理命令都被添加至[定时执行的文件]栏。

g．设置完成后，单击<确定>按钮，执行结果将直接上报，显示在“信息输出栏”的[维护输出]页面。

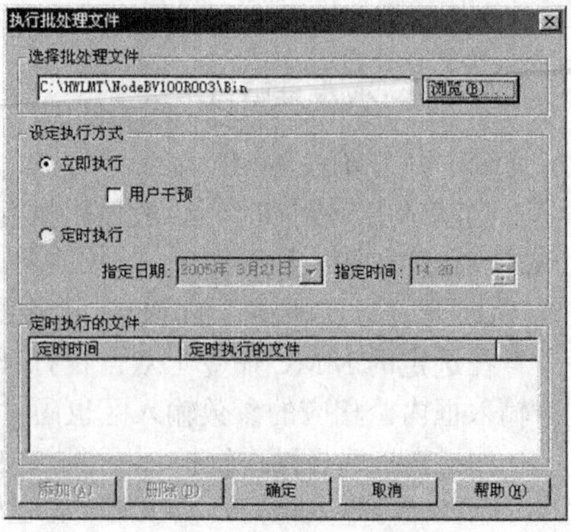

图 5-24 [执行批处理文件]对话框

⑤ 立即执行批处理命令

立即执行批处理命令的步骤如下：

a．在操作维护系统中选择菜单[系统/执行批处理命令]或使用快捷键<Ctrl+R>，弹出[执行批处理文件]对话框，如图 5-25 所示。

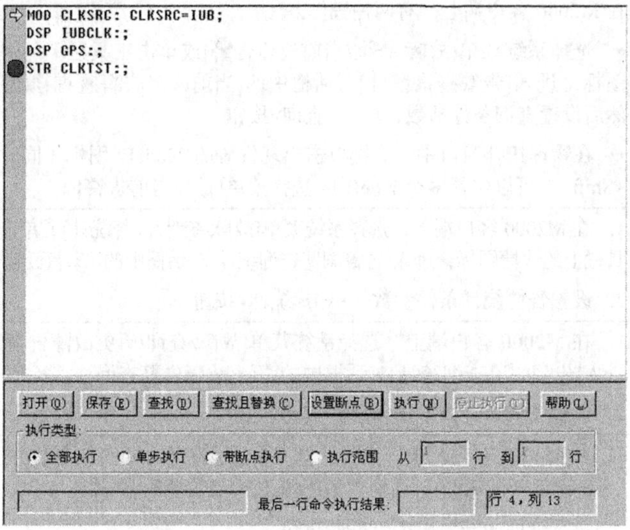

图 5-25　"立即执行批处理命令"界面

b．在对话框中单击<浏览>按钮，选择指定的批命令文件。

c．在[设定执行方式]选区选择[立即执行]，并选中[用户干预]。

d．单击<确定>按钮，弹出"立即执行批处理命令"界面，如图 5-25 所示。

"立即执行批处理命令"界面的字段说明见表 5-1。

表 5-1　　　　　　　　　　　"立即执行批处理命令"界面字段说明表

字　段　名	说　　明
全部执行	系统会按批处理文件中的命令依次执行；选择[全部执行]后，再单击<执行>按钮即可；⇨ 表示当前要执行的命令
单步执行	系统每次只执行批处理文件中的一条命令，⇨ 表示当前要执行的命令。 选择[单步执行]后，单击<执行>开始执行，单击<停止执行>按钮则系统停止往下执行命令
带断点执行	系统顺序执行批处理文件列表中命令到断点处停下，⇨ 表示当前执行的命令，● 表示断点；选择[带断点执行]后，选择需要设置断点的命令行，单击[设置断点]设置断点，然后单击<执行>开始从头执行，单击<停止执行>按钮则系统停止往下执行命令
执行范围	指定执行批处理文件的执行范围；选择[执行范围]后，在后面的执行范围里填写起始行和终止行，单击<执行>按钮

e．在界面中，根据需要进行选择，并执行命令，执行结果将直接上报，显示在"信息输出栏"的[维护输出]页面。

2．WCDMA 基站例行维护

例行维护的目的是保证设备处于最佳运行状态，满足业务运行的需求。

（1）每日维护

每日例行维护的项目见表 5-2。

表5-2　日例行维护项目

系统维护项目	操作指导	参考标准
查询和处理 NodeB 当前告警	在 M2000 客户端上，有两种操作方法： • 选择系统菜单[故障/查询/当前故障告警]或单击工具栏上的快捷图标，进入[告警查询统计]对话框中的[当前故障告警查询]页签，然后设置查询条件参数，单击<查询>按钮 • 在物理拓扑窗口中，右键单击出现告警的 NodeB 图标（同时按<Shift>，可以选择多个 NdeB），选择菜单[查询当前告警]	查看是否存在硬件、环境、中继、电源等告警，查询结果正常，无异常告警
查询 NodeB 告警统计	1. 在 M2000 客户端上，选择系统菜单[故障/统计/告警统计]或单击工具栏上的快捷图标，进入[告警浏览查询统计]对话框中的[统计]页签； 2. 设置告警统计条件参数，单击<统计>按钮	查询结果正常
查询和处理 NodeB 历史告警	1. 在 M2000 客户端上，选择系统菜单[故障/查询/历史故障告警]，进入[告警浏览查询统计]对话框中的[历史故障告警查询]页签 2. 设置查询条件，单击<查询>按钮	查询结果正常，无异常告警
查询和处理 NodeB 事件告警	1. 在 M2000 客户端上，选择系统菜单[故障/查询/事件告警]，进入[告警浏览查询统计]对话框中的[历史故障告警查询]页签 2. 设置查询条件，单击<查询>按钮	查询结果正常，无异常告警
性能测量指标分析	根据性能测量手册进行	指标分析结果正常，无异常数据

日例行维护完毕后，需要填写日例行维护记录表。

（2）每月维护

每月例行维护的项目见表5-3。

表5-3　月例行维护项目

系统维护项目	操作指导	参考标准
检查备品备件	清查备品备件库，查看备板备件的设备版本，以及存放环境	1. 必须的备品和备件应无短缺和损坏，否则应该申请购买或维修 2. 存放环境符合 ESD 要求

月例行维护完毕后，需要填写月例行维护记录表。

（3）季度维护

每季度例行维护的项目见表5-4。

表5-4　季度例行维护项目

系统维护项目		操作指导	参考标准
通话、覆盖和切换的路测		用测试手机对所有小区进行切换和覆盖范围进行测试	切换过程中无掉话现象；话音质量良好；覆盖范围符合设计要求
机房维护	机房设施	查看机房的防盗网、门、窗等设施是否完好	应该一切正常，防盗网、门、窗等设施应该完好无损。机房无杂物
	机房清洁	查看机房的地面、机柜、门窗、设备外壳、设备内部、地板、桌面等是否清洁	所有项目应干净整洁，无明显尘土附着，此时机房防尘状况好，其中一项不合格时为机房防尘状况差
	机房照明	查看日常照明、应急照明是否正常	照明正常

续表

系统维护项目		操作指导	参考标准
机房维护	插座	查看插座是否正常	插座正常
	机房安全	查看机房的灾害隐患防护设施、设备防护、消防设施等是否正常	基站机房配备手提灭火器，巡检时检查灭火器压力、有效期；机房内应无老鼠、蚂蚁、飞虫、无隐患
	机房温度	记录机房内温度计指示	温度、湿度正常
	机房湿度	记录机房内湿度计指示	
	室内空调	空调是否正常运行，能否制冷	确定所设温度与温度计实际指示一致
检查告警采集设备（可选）		检查湿度、温度、火警、防盗等告警信息是否采集正常	各环境告警信息采集正常。 室外型基站的加热、制冷等功能启动正常
检查铁塔情况（可选）		查看塔灯情况、结构变形和基础沉陷情况，检查测量铁塔垂直度、高度，检查结构螺栓连接的松紧程度，检查防腐防锈情况	每遇八级以上大风、地震或其他特殊情况后应作全面检查
检查抱杆情况（可选）		检测抱杆紧固件检安装情况，检查抱杆、拉线塔拉线、地锚的受力情况，检查防腐防锈情况，抱杆的垂直度检查	每遇八级以上大风、地震或其他特殊情况后应作全面检查
检查天馈情况（可选）		检查天线避雷情况，检查馈线避雷接地、馈线室内避雷器安装情况，查看是否有相关天馈的告警	每遇八级以上大风、地震或其他特殊情况后应作全面检查。注意告警

季度例行维护完毕后，需要填写季度例行维护记录表。

3. 年度维护

每年例行维护的项目见表 5-5。

表 5-5 年度例行维护项目

系统维护项目	操作指导	参考标准
检查接地、防雷	观察接地系统、防雷系统工作情况，连接是否可靠，避雷器有无烧焦现象	注意确保 E1 避雷器、电源避雷器和天馈避雷器处于良好状态
检查地线、测量接地电阻阻值	用地阻仪测量接地电阻；检查每个接地线接头老化程度及是否松动	应在每年的雨季来临前测试，接地电阻应小于 10Ω
检查天馈线接头、避雷接地卡防水	检查外部或打开绝缘胶带检查	注意用相同材料重新封好
基站数据备份	在基站安装和升级后进行完全备份，在以后的例行维护中只备份数据文件	远端维护，应对备份文件作好标注，注明日期和版本

年度例行维护完毕后，需要填写年度例行维护记录表。

任务 3 WCDMA 基站应急维护与故障处理

【问题引入】通过前面的学习，我们熟悉了 NodeB 的硬件结构及功能，在 NodeB 运行过程中，对RNC进行了一些日常操作和相关维护，现在我们需要对NodeB典型的故障进行分析和处理。那么NodeB故障处理的一般流程和常用方法如何？本任务通过典型故障案例的原因分析和处理，培养学习者的分析能力和解决问题的能力。

【本任务要求】

1. 识记：故障处理的一般流程、NodeB业务中断相关背景知识。
2. 领会：故障定位的常用手。
3. 应用：典型故障案例的原因分析和处理。

1. 应急维护流程

应急维护流程如图5-26所示。

应急维护包含以下步骤。

（1）检查网络业务

按照紧急故障的现象，通过M2000客户端的拓扑图和上报的告警等信息，判断故障是否属于NodeB，同时初步判断是个别NodeB故障还是大量NodeB故障。

（2）初步确定问题原因

根据现场有关情况，按照图5-33所示的应急维护处理思路，初步定位原因。

（3）紧急求助

向厂家热线紧急求助。

（4）恢复业务

通过远程支持电话指导或现场支持，定位事故原因并迅速恢复业务。若不能迅速定位事故原因，为尽快恢复系统业务，必要时尝试进行倒换、复位和更换单板来解决问题。

（5）观测恢复业务

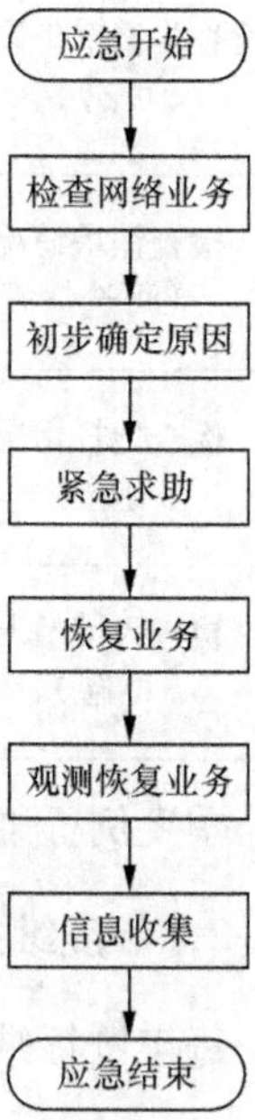

图5-26 应急维护流程

紧急情况业务恢复后，请注意确认系统是否已正常运行。进行观测，确保业务正常运行。同时应该安排人员值守到业务高峰时段，确保如再有问题可以在第一时间处理解决。

（6）信息收集

业务恢复以后，需要收集基站运行信息，环境信息，工程信息等。

（7）处理结束

紧急情况处理结束后，向厂家热线反馈恢复结果。

2. 个别NodeB业务中断的应急处理

（1）处理流程

图5-27给出一个排除个别NodeB业务中断的分析过程和处理思路，便于快速定位故障。首先通过M2000客户端的网络拓扑图和告警信息，判断个别NodeB故障还是大量NodeB故障；

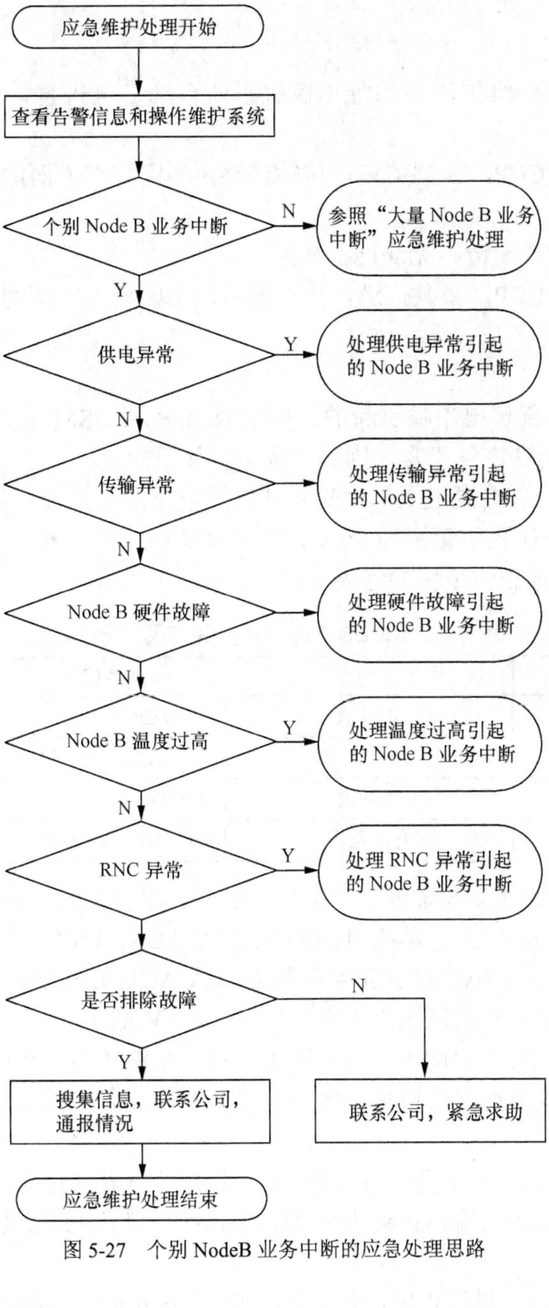

图 5-27　个别 NodeB 业务中断的应急处理思路

正常运行的 NodeB 突然出现整个 NodeB 业务中断的可能因素有：

- 供电异常
- 传输异常
- NodeB 部分硬件单板故障
- NodeB 温度过高
- RNC 异常，可能是 RNC 数据修改错误或接口板故障

（2）处理供电异常引起的 NodeB 业务中断

① 故障现象

现象 1：

- 可以通过 M2000 维护，但部分单板有不断自动复位告警，同时 NodeB 有电压异常告警。
- RNC 有 NCP，CCP，公共信道，传输链路，小区状态方面的告警。

现象 2：

- NodeB 和 M2000 断链，无法远程维护。
- RNC 有 NCP，CCP，公共信道，传输链路，小区状态方面的告警。

②处理建议

针对现象 1：

这种情况一般是外部供电不稳引起的，如果 NodeB 和 GSM 不共电源，可以先观察一段时间，如果 NodeB 仍无法恢复正常，则到现场进行如下检查：

a．用万用表测试外部电源进入机柜输入端口的电压范围是否正常。

- BTS3812E 的电压正常范围为-40 V DC～−60V DC。
- BBU3806 的电压正常范围参考表 5-6。

表 5-6　　BBU3806 的电压正常范围

电源	电源值	
−48V DC 直流电源	正常值	−48V DC
	允许范围	−37V DC ~ −60V DC
+24V DC	正常值	24V DC;
	允许范围	19 V DC ~ 29V DC

- BTS3812A 基站输入电源支持三相交流电源、单相交流电源。其中三相电源分为两种规格：380V AC 和 190V AC；单相电源分为 220V AC 和 110V AC，220V AC 的正常范围为 176 V AC～264V AC，110V AC 的正常范围为 90 V AC～135V AC。
- RRU3801C 的电压正常范围为 150 V AC～ 300 V AC。

b．如果外部供电正常，关闭外部供电开关，检查电源线与机柜的连接是否有松动。

c．如果外部电源供电稳定，更换不断自动复位的单板，然后观察故障是否恢复。

针对现象 2：

如果 NodeB 和 GSM 基站是共机房的，GSM 基站一般有完善的外部告警检测机制。因此，出现上述现象后可以先了解 GSM 基站的告警情况，确认 GSM 基站是否也上报了供电异常的告警。

如果 GSM 基站有电压异常告警，那么 NodeB 业务中断也是供电异常引起的，需要尽快恢复外部供电正常。

如果 GSM 基站无供电异常告警，则可能 NodeB 和 GSM 基站不是共电源的。因此，维护人员需要尽快到现场检查 NodeB 设备状态，操作步骤如下。

a．检查 NodeB 各单板电源指示灯是否熄灭，如果单板电源指示灯全熄灭，则基站没有输入电源。

b．检查 NodeB 是否和 GSM 基站共用电源柜，如果共用电源柜，可以通过 GSM 基站的供电情况判断外部供电是否正常。

c．通过测量外部供电电压，能够确定是否为供电问题还是 NodeB 设备问题。

d．如果是供电异常，则联系相关人员解决供电问题。

e．如果是 NodeB 设备问题，先关闭外部供电开关，检查电源线与 NodeB 机柜的连接是否有松动、检查机柜供电通路是否有烧坏痕迹、电源配线是否正确。

（3）处理传输异常引起的 NodeB 业务中断

① 故障现象

- NodeB 和 M2000 断链，或者时断时续。
- RNC 有 NCP，CCP，公共信道，传输链路，小区状态方面的告警。这些告警频繁产生恢复，或者无法恢复。

② 处理建议

a．确认 NodeB 和 RNC 是否在告警发生前修改过传输方面的配置数据，可能由于修改数据错误导致基站业务中断。在远端或近端检查 NodeB 的 E1/T1、IMALINK、NCP、CCP、ALCAP、AAL2PATH、IPOA 等数据是否与 RNC 相应的数据一致，如果不一致，则修改相关数据。

b．与相关传输维护人员确认是否调整过传输网络。

c．如果 E1/T1 链路状态异常，可采用如下两种方法确认是否源于传输网络问题：

- 在 NodeB 侧进行 E1/T1 物理自环；
- 在 RNC 侧设置本地环回和远端环回，然后在 NodeB 侧设置本地环回和远端环回；

d．如果是 NodeB 侧 E1/T1 故障，检查 E1/T1 线是否有破损、断裂等，检查关于 E1/T1 的跳线是否正常。更换 E1/T1 接头再重新检查 E1/T1 链路状态。

e．如果上述方法仍不能排除故障，则复位 Iub 接口板。如仍不能排除故障，则更换 Iub 接口板。

（4）处理硬件故障引起的 NodeB 业务中断

① 故障现象

- NodeB 出现影响整个基站业务的单板异常告警，或者 NodeB 与 M2000 断链。
- RNC 出现小区建立失败告警。

② 处理建议

根据告警上报的故障单板类型，去现场更换故障单板。

（5）处理温度过高引起的 NodeB 业务中断

① 故障现象

对于宏基站（BTS3812E/BTS3812A）会上报如下告警：

- ALM-1105 MTRU 过温告警，并且告警级别为次要。此时功放降额工作。
- ALM-1105 MTRU 过温告警，并且告警级别为重要。此时功放关闭。
- ALM-1107 MTRU 发射通道关闭告警
- 环境温度异常

对于 RRU3801C，会上报如下告警：

- ALM-1105 MTRU 过温告警，并且告警级别为次要。此时功放降额工作。
- ALM-1105 MTRU 过温告警，并且告警级别为重要。此时功放关闭。
- ALM-1107 MTRU 发射通道关闭告警

② 处理建议

根据告警帮助信息排除故障即可。

（6）处理RNC异常引起的NodeB业务中断

① 处理RNC数据修改错误引起的NodeB业务中断

a．故障现象

- 可以远端维护NodeB，或者远端无法维护NodeB（IPOA异常）。
- 小区无法建立或者传输链路无法建立。
- 小区建立正常，但频点配置不是预期的频点，也会造成用户无法接入UMTS。

b．处理建议

- 查询NodeB和RNC需要协商的数据是否一致（如NCP、CCP、E1/T1属性、ALL2链路、ATM地址等）。
- 观察Iub接口信令，分析信令建立失败的原因值。
- 通过查看RNC操作日志可以判断是否有数据改动操作，此时应该根据具体的操作进行相应的恢复手段。
- 先备份当前的RNC系统数据。
- 按照RNC操作日志中的操作记录，逐一检查数据，找出导致NodeB业务异常的错误数据。
- 修改错误数据。
- 等系统恢复后，观察NodeB业务是否恢复正常。

② 处理RNC接口板板故障引起的NodeB业务中断

a．故障现象

- RNC有接口板故障的告警；
- 连接同一RNC接口板的NodeB都出现业务中断现象。这些NodeB和M2000断链。

b．处理建议

- RNC的接口板故障时，一般会有告警上报，可以通过告警帮助信息排除故障。
- 等RNC的接口板恢复正常后，观察和拨测故障NodeB的业务是否恢复正常。

3．大量NodeB业务中断的应急处理

（1）处理流程

图5-28给出一个排除大量NodeB业务中断的分析过程和处理思路，便于快速定位故障。

首先通过M2000客户端的拓扑图、告警信息及数据配置，判断业务中断的大量NodeB之间是否存在如下情况之一的关联性：

- 位于同一地区；
- 位于级联组网的网络中；
- 连接于同一RNC，甚至可能连接于RNC的同一个接口板上。

存在关联性的大量NodeB同时业务中断的可能因素有：

- 电力系统供电异常。
- 传输网络异常。
- 级联组网中某个NodeB故障导致其级联的所有NodeB业务中断。
- RNC数据修改错误。

● RNC 接口板故障。

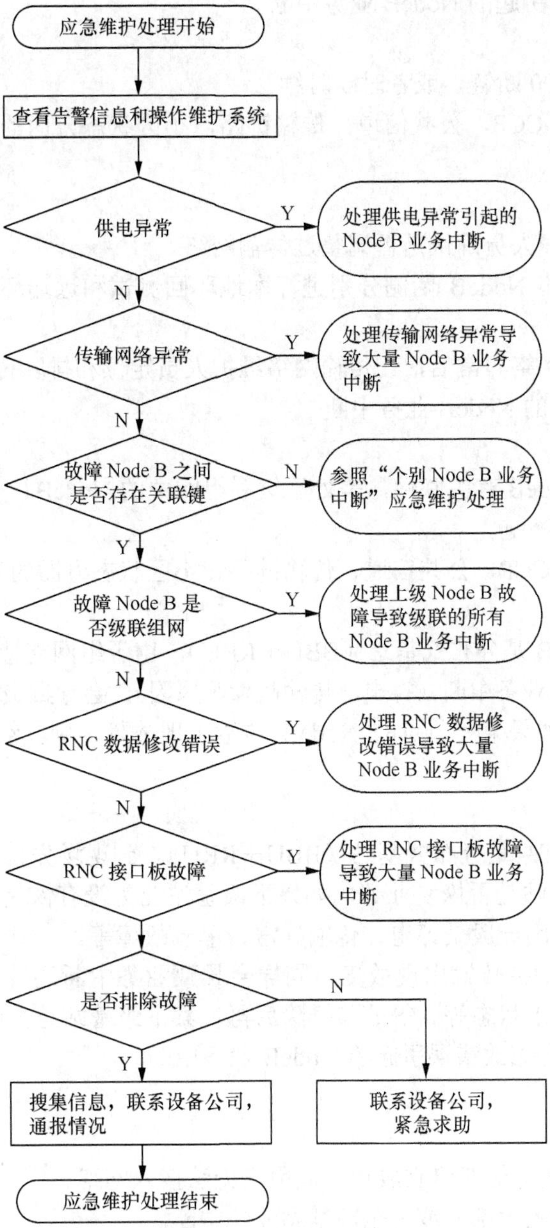

图 5-28　大量 NodeB 业务中断的应急处理思路

（2）处理供电异常引起的 NodeB 业务中断

① 故障现象

● 一个地区所有 NodeB 和 M2000 断链。

● 在 RNC 有与这些 NodeB 相关的 NCP、CCP、公共信道、传输链路、小区状态方面的告警。并且这些告警无法恢复。

② 处理建议

a．查询这个地区的电力供电是否有异常，如可能由于自然灾害导致电力供电中断。

b．去现场检查NodeB供电情况，如确认基站已经掉电，想办法恢复基站的供电。

（3）处理传输异常引起的NodeB业务中断

① 故障现象

- NodeB和M2000断链，或者时断时续。
- RNC有NCP，CCP，公共信道，传输链路，小区状态方面的告警。这些告警频繁产生恢复，或者无法恢复。

② 处理建议

a．与相关传输维护人员确认是否调整过传输网络。

b．可以在RNC和NodeB两侧分别进行本地环回测试和远端环回测试，以此判断传输网络是否正常。

c．如果确认传输网络异常后，让传输网络维护人员定位和排除传输网络故障。

（4）处理级联组网的NodeB业务中断

① 故障现象

- 业务中断的NodeB有关联性，是处于级联组网中的NodeB。
- 基站和M2000断链。
- RNC有NCP、CCP、公共信道、传输链路、小区状态方面的告警。

② 相关知识

a．如果故障NodeB是分布式基站（BBU＋RRU），由于组网支持星形、链形、树形，因此，某一节点的NodeB业务中断（掉电、传输故障等原因），会导致级联NodeB业务中断。

b．对于宏基站，如果某一节点的NodeB传输出现故障，则其级联的所有NodeB的业务均中断。

③ 处理建议

a．如果故障NodeB是分布式基站（BBU＋RRU）。到现场先排除第一个上级节点基站的故障，再观察下级基站是否恢复业务，如果下级基站业务没有恢复，在从上级到下级逐级排除基站故障。故障原因一般是掉电、传输异常、单板故障等。

b．对于宏基站，如果传输出现故障，同样会导致业务中断。首先检查第一个上游故障基站的E1配置参数，E1状态等。等故障排除后再观察下级基站是否恢复业务。

（5）处理RNC数据修改错误引起的NodeB业务中断

① 故障现象

现象1：

- 小区、公共信道等能够建立成功，但用户无法接入网络。
- 连接同一RNC的大部分或者全部基站业务中断。

现象2：

- 小区、公共信道等无法建立成功。
- RNC有相关告警。

② 处理建议

确认RNC数据是否被修改过。

a．咨询用户在故障发生前是否做过数据修改等操作。可以通过查看RNC操作日志是否有数据改动等操作。

b．**对于现象1**，重点检查RNC全局参数是否有变化，包括（接入类参数，功控类参数，算法类参数等）。

c．**对于现象 2**，重点检查 NodeB 和 RNC 的协商数据是否被修改。

如果确认由于 RNC 数据被修改导致 NodeB 业务中断，可以按照以下步骤处理。

a．先备份当前的 RNC 系统数据。

b．按照 RNC 操作日志中的操作记录，逐一检查数据，找出导致大量 NodeB 业务的错误数据。

c．修改错误数据。

d．等系统恢复后，观察 NodeB 业务是否恢复正常。

（6）处理 RNC 接口板故障引起的 NodeB 业务中断

① 故障现象

- RNC 有接口板故障的告警；
- 连接同一 RNC 接口板的 NodeB 都出现业务中断现象。这些 NodeB 和 M2000 断链。

② 处理建议

a．RNC 的接口板故障时，一般会有告警上报，可以通过告警帮助信息排除故障。

b．等 RNC 接口板恢复正常后，观察和拨测故障 NodeB 的业务是否恢复正常。

过关训练

一、填空题

1．DBS3900 由________、________或________、________等组成。

2．BBU3900 在 2U 空间内集成了________、________、________等功能。

3．UPEU 电源板的功能主要用于将 48V DC 或________输入电源转换为+12V DC。

4．UEIU 主要用于将________和________传输给主控板。

5．BBU 组网中，选用 1.25G 光模块时，级联深度可以达到________；选用 2.5G 光模块时，级联深度可以达到________。

6．RRU 组网中，选用 1.25G 光模块时，级联深度可以达到________；选用 2.5G 光模块时，级联深度可以达到________。

7．对于一个新站点，现场需要安装的软件只包括________和________。

8．LMT 维护基站有两种方式，即________和________。

9．基站调试通过的准则为________。

10．基站应急维护过程中，若不能迅速定位事故原因，为尽快恢复系统业务，必要时尝试进行________、________和________来解决问题。

二、名词解释

1．WMPT

2．WBBP

3．UBFA

4．UPEU

5．UTRP

6．UEIU

7．UELP

8．UFLP

三、简答题

1．DBS3900 主要应用于哪些场景？

2．BBU3900 根据实现的功能不同可以划分为哪几部分？

3．RRU3804 根据实现的功能不同可以划分哪几个部分？

4．基站软件安装的方式有哪两种？

5．基站调试输出文档包括哪些内容？

模块 6 TD-SCDMA 移动通信技术

【本模块问题引入】作为我国具有自主知识产权的 3G 技术标准，TD-SCDMA 因其特色得到很大的支持与发展。那么 TD-SCDMA 技术具有怎样的技术指标？其物理层有什么特色？物理层关键过程是怎样的？其特色技术有哪些？如何实现的？这都是我们必须知道的基础内容。

【本模块内容简介】本模块共分 6 个任务，包括 TD-SCDMA 概述、TD-SCDMA 物理层、TD-SCDMA 物理层的关键过程、时分双工与上行同步技术、联合检测与智能天线技术、动态信道分配与接力切换技术。

【本模块重点难点】重点掌握 TD-SCDMA 基本参数、TD-SCDMA 物理层帧结构以及 TD-SCDMA 关键技术，难点是 TD-SCDMA 物理层信道结构。

任务 1 TD-SCDMA 概述

【问题引入】TD-SCDMA 能够成为 3 大主流 3G 技术标准之一，其发展历程是怎样的？基本参数有哪些？主要技术特点有哪些？这是我们首先要掌握的内容。

【本任务要求】

1. 识记：TD-SCDMA 基本参数和主要技术特点。
2. 领会：TD-SCDMA 发展历程。
3. 应用：我国 TD-SCDMA 产业化情况。

TD-SCDMA 是世界上第一个采用时分双工（TDD）方式和智能天线技术的公众陆地移动通信系统，也是唯一采用同步 CDMA（SCDMA）技术和低码片速率（LCR）的第三代移动通信系统，同时采用了多用户检测、软件无线电、接力切换等一系列高新技术。TD-SCDMA 标准被 3GPP 接纳，包含在 R4 版本中。

1. TD-SCDMA 发展历程

到目前为止，TD-SCDMA 的发展历程大致可以分为如下 5 个阶段。

① 准备阶段：从 1995 年到 1998 年 6 月。该阶段开始于 1995 年以电信科学技术研究院李世鹤博士等为首的一批科研人员承担了国家九五重大科技攻关项目——基于 SCDMA 的无线本地环路（WLL）系统研制，项目于 1997 年底通过国家验收，后获国家科技进步一等奖。原邮电部批准在此基础上按照 ITU 对第三代移动通信系统的要求形成我国 TD-SCDMA 第三代移动通信系统 RTT 标准的初稿，1998 年 6 月底由电信科学技术研究院（CATT）代表我国向 ITU 正式提交了 TD-SCDMA 标准草案。

② 标准确立阶段：1998 年 6 月到 2006 年 1 月。该阶段从 TD-SCDMA 第三代移动通信系统 RTT 标准的初稿提交开始，ITU 于 1998 年 11 月通过 TD-SCDMA 成为 ITU 的 10 个公众陆地第三代移动通信系统候选标准之一；1999 年 11 月，在芬兰赫尔辛基的国际电信联盟会议上，写入 ITU 建议 ITU-R M.1457 中；2000 年 5 月伊斯坦布尔 WARC 会议上 TD-SCDMA 正式成为国际第三代移动通信系统；2001 年 3 月写入 3GPP R4 中；由于 TD-SCDMA 的独特技术特点和优势，与欧洲、日本提出的 WCDMA，美国提出的 CDMA2000 并列为国际公认的第三代移动通信系统 3 大主流标准之一；2006 年 1 月，MII 颁布 TD-SCDMA 为我国通信行业标准。

③ 技术验证与测试阶段：2002 年 5 月到 2005 年 6 月。2002 年 5 月，TD-SCDMA 通过 Mnet 第 1 阶段测试；2003 年 7 月，世界首次 TD-SCDMA 手持电话演示；2004 年 5 月，TD-SCDMA Mnet 外场测试进入第 2 阶段，11 月顺利通过试验；2005 年 6 月，TD-SCDMA 产业化专项测试结束。

④ 产业化阶段：2000 年 12 月至 2005 年 4 月。2000 年 12 月 TD-SCDMA 技术论坛成立；2002 年 10 月，国家公布 3G 频谱方案，TD-SCDMA 获强力支持，获得 155MHz 频谱；2002 年 10 月，TD-SCDMA 产业联盟成立；2003 年 6 月，TD-SCDMA 论坛加入 3GPP，TD-SCDMA 国际论坛在北京成立；2003 年 9 月，国家启动了共 7 亿人民币的 TD-SCDMA 研发经费，这是仅次于航天工程的专项科研经费，再一次体现了国家对 TD-SCDMA 的坚定支持；2005 年 4 月，TD-SCDMA 国际峰会成功举行。

⑤ 试验网与商用进程阶段：2004 年 3 月至今。2004 年 3 月，大唐移动推出全球第一款 TD-SCDMA LCR 手机，长期制约 TD-SCDMA 商用进程的终端瓶颈被打破；2004 年 8 月，天碁科技、展迅通讯、凯明、重邮等相继推出 TD-SCDMA 终端芯片，TD-SCDMA 商用终端开发获得历史性进展；2004 年 11 月，成功打通全网络电话；2005 年 1 月，大唐移动 TD-SCDMA 数据卡率先实现 384kbit/s 数据业务演示；2005 年 4 月，天碁科技率先发布了支持 384kbit/s 数据传输的 TD-SCDMA 和 GSM 双模终端的商用芯片组；2006 年 3 月至 12 月，北京、上海、青岛、保定、厦门建设 TD-SCDMA 规模试验网；2007 年，TD-SCDMA 重点打造商业上的成功以及进一步提高技术成熟度，同时业务的差异化、终端的多样化、HSDPA 的产业化和长期演进技术的标准化等核心内容成为关注焦点；2008 年，中国 TD-SCDMA 产业化进程明显加快。截至 2008 年 12 月 3 日，中国移动累计开通 TD 基站 1.77 万个，容量扩大到 950 万户，同时还开展了小型化、一体化的智能天线、TD-SCDMAGPS 同步方案。截至到 2008 年 12 月 5 日，累计发展的 TD 用户数达到 33.7 万，其中社会化业务测试招募用户是 15.4 万户，服务于奥运专用的用户 10.5 万户，试商用的用户 7.8 万户；2009 年 1 月，中国移动获得 TD-SCDMA 牌；2010 年，TD-SCDMA 的客户数已突破 500 万；2011 年，根据中国移动公司的规划，TD-SCDMA 网络覆盖全国 100%的地市；2012 年 1 月，在世界无线电通信全会全体会议上，我国政府提交的拥有自主核心基础专利的 TD-LTE-Advanced 技术被 ITU 接纳为 4G 国际标准。

【相关知识】 CWTS（china wireless telecommunication standard group）为中国无线通信标准研究组，在我国无线通信标准研究制定中扮演着关键角色。

另外，TD-SCDMA 又可以分为两个发展阶段：TSM（TD-SCDMA Over GSM）阶段，TD-SCDMA 基于 GSM 核心网；LCR（Low Chip Rate）阶段，TD-SCDMA 基于 WCDMA 核心网。

2．TD-SCDMA 基本参数

TD-SCDMA 基本参数如表 6-1 所示。

表 6-1　　TD-SCDMA 基本参数

技术特征	TD-SCDMA 基本参数
信道间隔	1.6MHz
码片速率	1.28Mchip/s
多址方式	FDMA+TDMA+CDMA+SDMA
双工方式	TDD
帧长	短帧长 10ms（子帧 5ms）
信道/载波	48（对称业务）
DS 与 MC 方式	单载波窄带 DS
数据调制	QPSK/8PSK（2Mbit/s 业务）
扩频调制	QPSK
语音编码	8kbit/s/AMR
信道编码	卷积编码+Turbo 码
基站发射功率	最大 43dBm
移动台发射功率	33dBm
小区覆盖半径	0.1～12km
切换方式	硬切换/软切换/接力切换
上行同步	1/8chip/s
相干检测	上行、下行：连续的公共导频
功率控制	开环加闭环功率控制，200 次/秒
多速率方案	多时隙、可变扩频和多码扩频
基站间定时	同步（GPS 或其他方式）

3．TD-SCDMA 主要特点

由于 TD-SCDMA 的独特技术特点和优势，才使得它成为第三代移动通信系统的主流标准。下面分析这些特点和优势。

（1）TDD 模式

上下行无需成对的频段，可用于不成对的零碎频段；可变切换点技术提供业务和无线资源的最佳适配，频谱效率得到了提高；上下行使用相同的载频，无线传播是对称的，最适合于智能天线技术的实现。

（2）低码片速率

TD-SCDMA 系统的码片速率为 1.28Mchip/s，仅为高码片速率 3.84Mchip/s 的 1/3，接收机接收信号采样后的数字信号处理量大大降低，从而降低系统设备成本，适合采用软件无线电技术，还可以在目前 DSP 的处理能力允许和成本可接受的条件下使用智能天线、多用户检测、MIMO 等新技术来降低干扰、提高容量。另外，低码片速率也提高了频谱利用率、使频率使用灵活。

（3）采用了智能天线、上行同步、联合检测等新技术

因为TD-SCDMA系统的TDD模式可以利用上下行信道的互易（或互惠）性，即基站对上行信道估计的信道参数可以用于智能天线的下行波束成型，这样相对于FDD模式的系统，智能天线技术比较容易实现。

TD-SCDMA系统的低码片速率使得基带信号处理量比WCDMA系统大大降低，这样目前的DSP技术可以较好地支持在TD-SCDMA系统中采用智能天线技术。

由于TD-SCDMA系统中采用智能天线技术，可以克服TDD模式的缺点（比如接收灵敏度低、主要适合于低速移动环境、仅支持半径较小的小区等）。

采用智能天线后可以同时利用TD-SCDMA系统的所有码道，克服了低码片速率系统的信息传输速率较低的问题。采用智能天线后可以实现单基站对移动台的准确定位，从而可以实现接力切换。

TD-SCDMA系统的帧结构中专门设置了一个特殊时隙UpPTS，保证了上行同步的实现，由于系统上行同步，大大降低了系统的干扰，解决了CDMA系统上行容量受限的难题。

在多径高速移动环境下采用智能天线技术后系统性能仍不太理想，结合联合检测技术的智能天线使TD-SCDMA系统在快衰落情况下的性能进一步得到改善，从而使TD-SCDMA系统成为目前频谱效率最高的公众陆地移动通信系统。可以说TD-SCDMA系统是一个以智能天线为核心的第三代移动通信系统。

（4）适合软件无线电的应用

由于TD-SCDMA系统的TDD模式和低码片速率的特点，使得数字信号处理量大大降低，适合采用软件无线电技术。所谓软件无线电技术就是在通用芯片上用软件实现专用芯片的功能。软件无线电的优势主要有：可克服微电子技术的不足，通过软件方式灵活完成硬件/专用ASIC的功能，在同一硬件平台上利用软件处理基带信号，通过加载不同的软件，可实现不同的业务性能；系统增加功能可通过软件升级来实现，具有良好的灵活性及可编程性，对环境的适应性好，不会老化；可代替昂贵的硬件电路，实现复杂的功能，减少用户设备费用支出。

正是因为软件无线电的优势，使得TD-SCDMA系统在相对WCDMA和CDMA2000发展滞后的情况下，采用软件无线电技术，成功完成了试验样机和初步商用产品的开发，给TD-SCDMA的发展赢得了时间和空间。

4．实践活动：调研我国TD-SCDMA技术的产业化情况

（1）实践目的

熟悉我国TD-SCDMA技术的产业化情况。

（2）实践要求

各学员通过调研、搜集网络数据等方式独立完成。

（3）实践内容

① 调研我国TD-SCDMA技术产业联盟情况。

② 调研中国移动的TD-SCDMA发展情况。

任务2 TD-SCDMA物理层

【问题引入】与WCDMA、CDMA2000相比，TD-SCDMA最大的不同在于其物理层。那

么其物理层帧结构是怎样的？其物理信道是如何安排的？这是我们要掌握的重点内容。

【本任务要求】

1. 识记：TD-SCDMA 物理层帧结构。
2. 领会：TD-SCDMA 物理信道。

TD-SCDMA 系统作为 ITU 第三代移动通信标准之一，其网络结构遵循 ITU 统一要求，通过 3GPP 组织内融合后，TD-SCDMA 与 WCDMA 的网络结构基本相同，相应接口定义也基本一致，但接口的部分功能和信令有一些差异，特别是空中接口的物理层，每个标准各有特色，本任务介绍 TD-SCDMA 物理层。

1．TD-SCDMA 空中接口

在 TD-SCDMA 系统中，Uu 接口的第 2 和第 3 层是 3GPP 和 CWTS 融合后的标准，它既支持 3GPP 的 FDD 和 TDD 系统，也能支持 TD-SCDMA 系统。

（1）空中接口协议结构

Uu 空中接口包括：L1（物理层）、L2（链路层）和 L3（网络层），如图 6-1 所示。

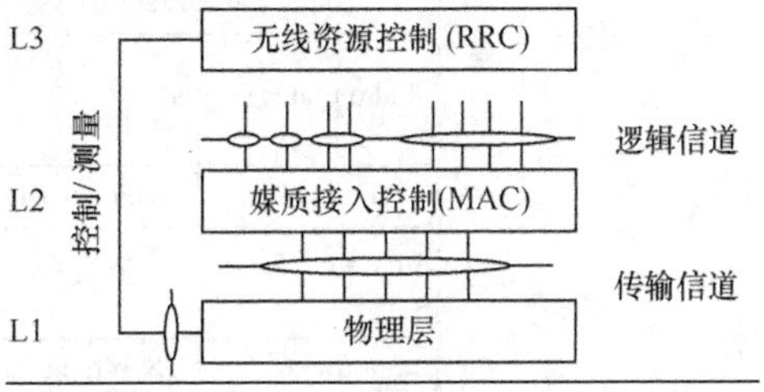

图 6-1　空中接口协议结构

（2）传输信道

传输信道是由 L1 提供给高层的服务，它是根据在空中接口上如何传输及传输数据的特性来定义的。传输信道一般可分为两组。

① 专用信道（在这类信道中，UE 是通过物理信道来识别）。专用信道（DCH）是一个用于上/下行链路，承载网络和 UE 之间的用户或控制信息的上/下行传输信道。有两种类型的专用传输信道：专用信道和用于 ODMA（Opportunity Driven Multiple Access，机会驱动的多址接入）网络的专用传输信道（ODCH）。DCH 在整个小区或小区内的某一部分使用波束赋形的天线进行发射。

② 公共信道（在这类信道中，当消息是发给某一特定的 UE 时，需要有识别信息）。公共传输信道有以下几种。

- 广播信道（BCH）：广播信道是一个下行传输信道，用于广播系统和小区的特有信息。
- 寻呼信道（PCH）：寻呼信道是一个下行传输信道，用于当系统不知道移动台所在的小区位置时，承载发向移动台的控制信息。寻呼信道与 PI 的发射相随，支持睡眠模式。
- 前向接入信道（FACH）：前向接入信道（FACH）是一个下行传输信道，用于当系统知道移动台所在的小区位置时，承载发向移动台的控制信息。FACH 也可以承载一些短的用户信息数据包。FACH 使用慢速功率控制。
- 随机接入信道（RACH）：随机接入信道是一个上行传输信道，用于承载来自移动台的控制信息。RACH 也可以承载一些短的用户信息数据包。
- 上行共享信道（USCH）：上行共享信道（USCH）是一种被几个 UE 共享的上行传输信道，用于承载专用控制数据或业务数据。
- 下行共享信道（DSCH）：下行共享信道（DSCH）是一种被几个 UE 共享的下行传输信道，用于承载专用控制数据或业务数据。
- 指示符：是一种快速的低层信令实体，它在传输信道上发射，却没有使用任何信息块。如寻呼指示符 PI。

2. TD-SCDMA 物理信道

（1）TD-SCDMA 物理信道帧结构

TD-SCDMA 物理信道都采用 4 层结构：系统帧号（超帧）、无线帧、子帧和时隙/码，依据不同的资源分配方案，子帧或时隙/码的配置结构可能有所不同。前面已经介绍了 TD-SCDMA 系统是一个以智能天线为核心的第三代移动通信系统，之所以在 TD-SCDMA 系统中 TDD 的间隔（子帧）定为 5ms，是在综合考虑时隙个数和 RF 器件的切换速度两方面因素而折衷确定的值。所有物理信道的每个时隙间都需要有保护间隔。在 TD-SCDMA 系统中时隙用于在时间域上区分不同用户信号，这在某种意义上有些 TDMA 的成分。图 6-2 所示为物理信道的信号帧格式。

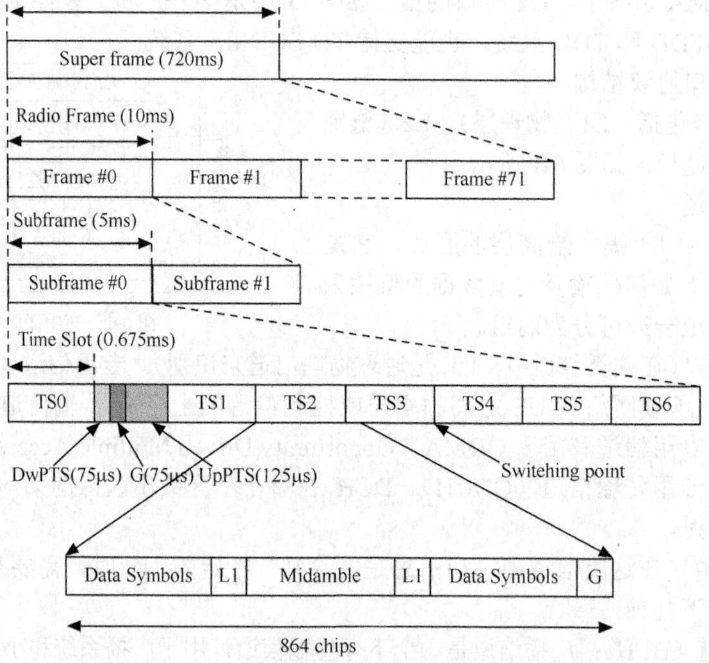

图 6-2 TD-SCDMA 帧结构

TDD 模式下的物理信道是一个突发信道，在无线帧中的特定时隙发射。无线帧的分配可以是连续的，即每一帧的相应时隙都可以分配给某物理信道，也可以是不连续的分配，即仅有部分无线帧中的相应时隙分配给该物理信道。一个突发由数据部分、midamble 部分和一个保护时隙组成。一个突发的持续时间就是一个时隙。一个发射机可以同时发射几个突发，在这种情况下，几个突发的数据部分必须使用不同的 OVSF 信道码，但应使用相同的扰码。一个突发包括两个长度为 352chips 的数据块、一个长为 144chips 的 midamble 码块和一个长为 16chips 的保护码块间隔，数据块的总长度为 704chips。

midamble 码部分必须使用同一组基本 midamble 码，但可使用不同的 midamble 码。整个系统有 128 个长度为 128chips 的基本 midamble 码，分成 32 个码组，每组 4 个。一个小区采用哪组基本 midamble 码由基站决定，因此 4 个基本 midamble 码基站是知道的，并且当建立起下行同步之后，移动台也是知道所使用的基本 midamble 码组。Node B 决定本小区将采用这

4 个基本 midamble 中的哪一个。一个载波上的所有业务时隙必须采用相同的基本 midamble 码。在同一小区同一时隙上的不同用户所采用的 midamble 码由同一个基本的 midamble 码经循环移位后而产生。原则上，midamble 的发射功率与同一个突发中的数据符号的发射功率相同。

突发的数据部分由信道码和扰码共同扩频。信道码是一个 OVSF 码，扩频因子可以取 1，2，4，8 或 16，物理信道的数据速率取决于所使用 OVSF 码的扩频因子。

突发的 midamble 部分是一个长为 144chips 的 midamble 码。

（2）TD-SCDMA 系统中的码序列

除了 OVSF 扩频码外，TD-SCDMA 系统需要用到的码序列还有 SYNC-DL、SYNC-UL、基本 Midamble 码和扰码等。SYNC-DL、SYNC-UL 和 Midamble 码都是直接以码片速率的形式给出的，不需要进行扩频。此外，这几种码在不同的小区有不同的配置，因此也不需要进行加扰处理。

① 下行同步码（SYNC-DL）：在下行导频时隙（DwPTS）发送出去，长度为 64chips，在整个系统中一共有 32 个。

② 上行同步码（SYNC-UL）：在上行导频时隙（UpPTS）中发送，长度为 128chips，在整个系统中一共有 256 个。

③ 基本 midamble 码：用于信道估计、功率控制测量、上行同步维持、波束赋形和频率校正。系统共有 128 个长度为 144chips 的基本训练序列。

④ 扰码：扰码和基本 midamble 码一一对应。

TD-SCDMA 的码序列及对应关系如表 6-2 所示。

表 6-2　TD-SCDMA 的码序列及对应关系

码　组	关 联 码			
	下行导频码 ID	**上行导频码 ID**	**扰码 ID**	**基本 Midamble 码 ID**
码组 1	0	0～7	0	0
			1	1
			2	2
			3	3
码组 2	1	8～15	4	4
			5	5
			6	6
			7	7
⋮	⋮	⋮	⋮	⋮
码组 32	31	248～255	124	124
			125	125
			126	126
			127	127

在 TD-SCDMA 系统中，一共定义了 32 个下行同步码（或称下行导频码）、256 个上行同步码（或称上行导频码）、128 个基本 midamble 码和 128 个扰码。所有这些码被分成 32 个码组，每个码组由 1 个下行同步码、8 个上行同步码、4 个基本 midamble 码和 4 个扰码组成。不同的邻近小区将使用不同的码组。对 UE 来说，只要确定了小区使用的下行同步码，就能找到训练序列和扰码；而上行同步码是在该小区所用的 8 个上行同步码中随机选择一个

来发送。

（3）TD-SCDMA 物理信道

一个物理信道是由频率、时隙、信道码和无线帧来定义的。建立一个物理信道的同时，也就给出了它的初始结构。物理信道的持续时间可以无限长，也可以是分配所定义的持续时间。

物理信道包括：下行导频时隙（DwPTS）、上行导频时隙（UpPTS）、专用物理信道（DPCH）、公共物理信道。

① 下行导频时隙（DwPTS）。每个子帧中的 DwPTS（SYNC-DL）是为下行导频和同步而设计的，由 Node B 以最大功率在全方向或在某一扇区上发射。这个时隙通常是由长为 64chips 的 SYNC-DL 和 32chips 的保护码间隔组成，其结构如图 6-3 所示。

SYNC-DL 是一组 PN 码，为了方便小区的测量，设计的 PN 码集用于区分相邻小区，该 PN 码集在蜂窝网络中可以重复使用。

在 TD-SCDMA 系统中使用独立 DwPTS 的原因是在蜂窝和移动通信环境中解决 TD-SCDMA 系统的小区搜索问题。当邻近小区使用相同载频，用户终端在小区交汇区域内开机时，DwPTS 的特殊设计，使其存在于一个没有干扰的单独时隙，因而能够保证用户终端快速捕获下行导频信号，完成小区搜索过程。

② 上行导频时隙（UpPTS）。每个子帧中的 UpPTS（SYNC-UL）是为上行导频和同步而设计的。当 UE 处于空中登记和随机接入状态时，它将首先发射 UpPTS，当得到网络的应答后，发射 RACH。这个时隙通常由长为 128chips 的 SYNC-UL 和 32chips 的保护周期间隔组成，其结构如图 6-4 所示。

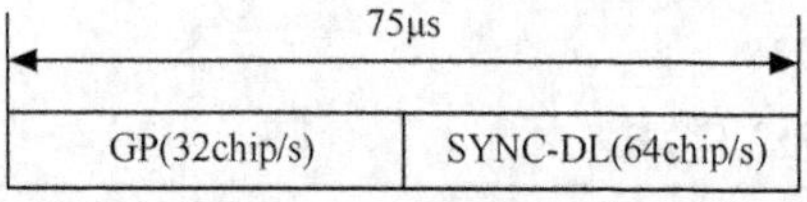

图 6-3　DwPTS 的突发结构

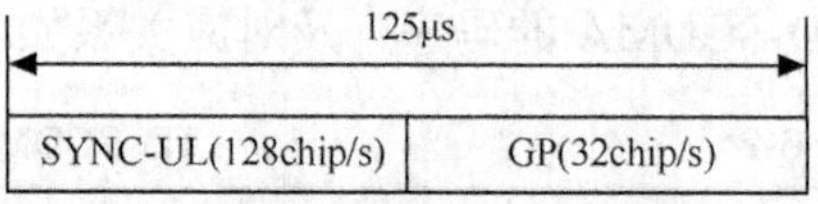

图 6-4　UpPTS 的突发结构

SYNC-UL 是一组 PN 码集，设计该 PN 码是用于在接入过程中区分不同的 UE。

在 TD-SCDMA 系统中，UpPTS 处于单独时隙的原因是当用户终端在初始发射信号时，其初始发射功率是由开环功控确定的，而且初始发射时间是估算的，因而同步和功控都比较粗略。如果此接入信号和其他业务码道混在一起，会对工作中的业务码道带来较大干扰。同时由于 UpPTS 的使用，基站通过检测 UpPTS，可以给出定时提前和功率调整的反馈信息。

③ 专用物理信道（DPCH）。DCH 或在 ODMA 网络中的 ODCH 映射到专用物理信道（DPCH）。对物理信道数据部分的扩频包括两步操作，第 1 步是信道码扩频，即将每一个数据符号转换成一些码片，因而增加了信号的带宽，一个符号包含的码片数称之为扩频因子（SF）。第 2 步是加扰处理，即将扰码加到已被扩频的信号中。DCH 下行通常采用智能天线进行波束赋形。

下行物理信道采用的扩频因子为 16，多个并行的物理信道可用于支持更高的数据速率，这些并行的物理信道可以采用不同的信道码同时发射。下行物理信道在提供 2Mbit/s 的高速业务时也可以采用 SF=1 的单码道传输。

上行物理信道的扩频因子可以从 1～16 之间选择。对于多码传输，UE 在每个时隙最多可以同时使用两个物理信道（信道码），这两个物理信道采用不同的信道码发射。

④ 公共物理信道。

- 主公共控制物理信道（P-CCPCH）。公共传输信道中的 BCH 在物理层映射到主公共控制物理信道（P-CCPCH1 和 P-CCPCH2）。TD-SCDMA 中的，P-CCPCHs 的位置（时隙/码）是固定的 TS0，并映射到 TS0 的最初两个码道。

P-CCPCH 采用 SF = 16 的固定扩频方式，P-CCPCH1 和 P-CCPCH2 总是各自采用 $C_{Q=16}^{(k=1)}$和 $C_{Q=16}^{(k=2)}$的信道码。

P-CCPCH 也采用正规突发类型，P-CCPCH 中没有 TFCI。

P-CCPCHs 采用基本 midamble 码 m（1）。

- 辅助公共控制物理信道（S-CCPCH）。PCH 和 FACH 可以映射到一个或多个辅助公共控制物理信道（S-CCPCH），这种方法可使 PCH 和 FACH 的数量满足不同的需要。在 TS0 中，S-CCPCH 可以与 P-CCPCH 进行时间复用，也可以将它分配到其他任一下行时隙上。S-CCPCH 所使用的码和时隙在小区中广播。

S-CCPCH 采用 SF=16 的固定扩频方式，S-CCPCHs（S-CCPCH1 和 S-CCPCH2）总是成对使用，并以 16 为扩频因子映射到两个码道。在一个小区可以使用一对以上的 S-CCPCHs。

- 物理随机接入信道（PRACH）。RACH 或 ORACH（ODMA 网络采用）映射到一个或多个上行物理随机接入信道，这种情况下，可以根据运营者的需要，灵活确定 RACH 或 ORACH 的容量。不需要 TFCI、TPC 和 SS。

上行 PRACH 的扩频因子为 4、8 或 16，其配置（时隙数和分配到的扩频码）通过 BCH 在小区中广播。

PRACH 使用正规突发类型。在同一时隙中激活的不同用户的训练序列（即 midamble 码），是由同一个单周期基本码经过不同时间偏移后产生的。

- 物理同步信道（PSCH）。TD-SCDMA 系统中有两个专用物理同步信道，即 TD-SCDMA 系统中每个子帧中的 DwPCH 和 UpPCH。
- 快速物理接入信道（FPACH）。快速物理接入信道（FPACH）不承载传输信道信息，因而与传输信道不存在映射关系。Node B 使用 FPACH 来响应在 UpPTS 时隙收到的 UE 接入请求，调整 UE 的发送功率和同步偏移。FPACH 的扩频因子 SF 固定为 16，单子帧交织，信道的持续时间为 5 ms，数据域内不包含 SS 和 TPC 控制符号。因为 FPACH 不承载来自传输信道的数据，也就不需要使用 TFCI。小区中配置的 FPRACH 数目及其他信道参数，如时隙、信道化码、Midamble 码位移等信息由系统信息广播。
- 物理上行共享信道（PUSCH）。物理上行共享信道（PUSCH）用来承载来自 USCH 的数据。物理上行共享信道（PUSCH）将使用正规的 DPCH 突发结构。用户物理层的特有参数，如功率控制、定时提前、方向性天线设置等，都可以从相关信道（FACH 或 DCH）中得到。由于可能一个 UE 存在多个 PUSCH，这些 PUSCH 可以进行编码组合，这样，PUSCH 为在上行链路中传送 TFCI 信息提供了可能，但不需要 TPC 和 SS。
- 物理下行共享信道（PDSCH）。物理下行共享信道（PDSCH）用来承载来自 DSCH 的数据。物理下行共享信道（PDSCH）将采用正规的 DPCH 突发结构。用户物理层的特有参数，如功率控制、定时提前及方向性天线设置等，都可以从相关信道（FACH 或 DCH）中得到。

有 3 种通知方法可用来指示用户在 DSCH 上有要解码的数据：使用相关信道或 PDSCH 上的 TFCI 信息；使用在 DSCH 上的用户特有的 midamble 码，它可从该小区所用的 midamble 码集中推导出来；使用高层信令。

当使用 midamble 码这一基本方法时，如果 UTRAN 分配给用户的 midamble 码是在 PDSCH

中发送的，则用户将对 PDSCH 进行解码。对于这种方法，不能再有其他的物理信道使用与该 PDSCH 相同的时隙，且只能有一个 UE 可以与 PDSCH 同时共享一个时隙。

由于下行方向传输信道 DSCH 不能独立存在，只能与 FACH 或 DCH 相伴而存在，因此作为传输信道载体的 PDSCH 也不能独立存在。DSCH 数据可以在物理层进行编码组合，因而 PDSCH 上可以存在 TFCI，但不使用 TPC 和 SS。

- 寻呼指示信道（PICH）。寻呼指示信道（PICH）是一个用来承载寻呼指示的物理信道。PICH 总是以与 P-CCPCH 相同的参考功率和相同的天线方向图配置来发送。每个小区的 PICH 使用正规的 DPCH 突发结构，SF = 16 的固定扩频方式。使用两个码可容易实现与 P/S-CCPCH 的时间复用。

在每个 PICH 突发中，寻呼指示 N_{PI} 使用 L_{PI} = 2、4、8 个符号来发送，L_{PI} 称为寻呼指示长度。每个 PICH 突发中的寻呼指示数 N_{PI} 由寻呼指示长度给出，而它们二者对高层信令来说都是已知的。N_{PICH} 个连续子帧的寻呼指示组成了一个 PICH 块，N_{PICH} 由高层设置，因此，在每个 PICH 块中，将有 $N_P=N_{PICH}\times N_{PI}$ 个寻呼指示被发送。

（4）TD-SCDMA 下行链路的扩频、加扰和调制过程

TD-SCDMA 下行链路的扩频、加扰和调制过程如图 6-5 所示。

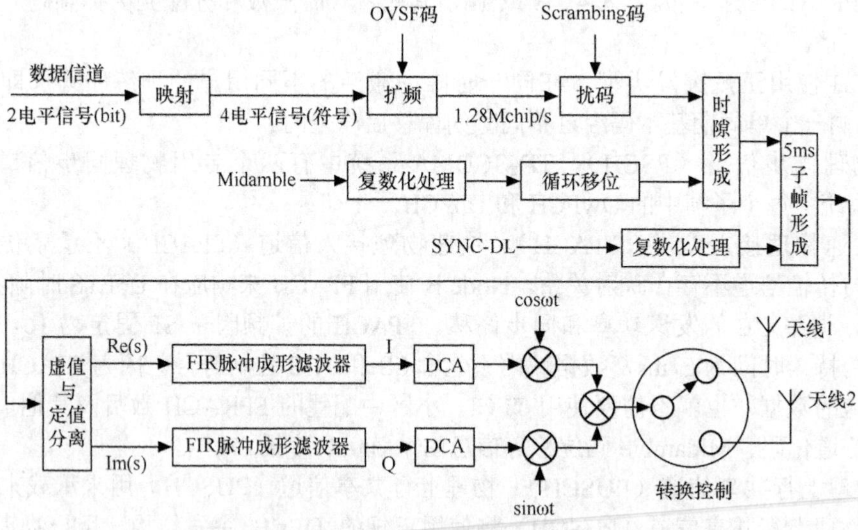

图 6-5　TD-SCDMA 下行链路的扩频、加扰和调制过程

3．L1 控制信号发送

在 TD-SCDMA 系统中，有 3 种类型的 L1 控制信号：TFCI（传输格式组合指示）、TPC（传输功率控制）和 SS（同步偏移）。

（1）TFCI 传输

TD-SCDMA 的常规时隙只有一种突发类型，它提供了在上下行传送 TFCI 的可能。对每一个用户，TFCI 信息将在每 10ms 无线帧里发送一次。TFCI 的发送可以在已建立起的呼叫过程中进行商议确定，也可以在呼叫过程中重新进行确定。对每一个 CCTrCH，高层信令将指示所使用的 TFCI 格式。除此之外，对每一个所分配的时隙是否承载 TFCI 信息也由高层分别告知。如果一个时隙包含 TFCI 信息，它总是按高层分配信息的顺序采用该时隙的第一

个（编号最低）信道码进行扩频。

TFCI 是在各自相应物理信道的数据部分发送，这就是说 TFCI 和数据比特具有相同的扩频过程。编码后的 TFCI 符号在子帧内和数据块内都是均匀分布的，因此 midamble 码部分的结构和长度不变。如果没有 TPC（传输功率控制）和 SS（同步偏移）信息传送，TFCI 就直接与所分配帧中的 5ms 子帧内的 midamble 码域相邻。而存在 TPC 和 SS 时，TFCI 的位置如图 4-6 所示，图中表明了如果发射 L1 控制信号 SS 和 TPC 时的 TFCI 的位置。

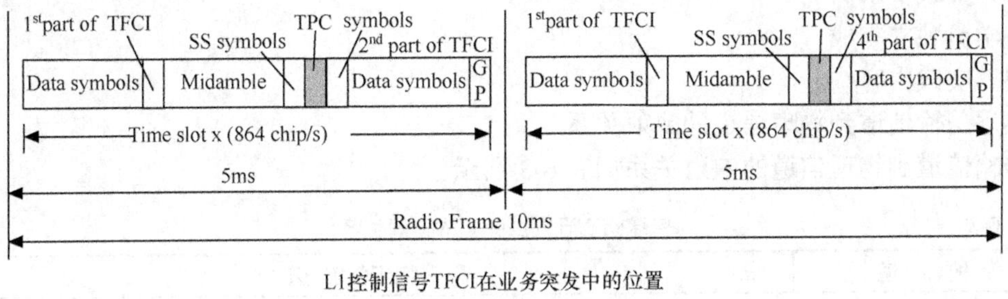

图 6-6　L1 控制信号发射位置

（2）TPC 的发送

TPC 可以在呼叫建立过程中商议确定，也可以在呼叫过程中重新确定。对每一个用户，TPC 信息在每一个 5ms 子帧里发送一次，这使得 TD-SCDMA 系统可以进行快速功率控制。

如果用到 TPC，它将根据高层分配信息的顺序，使用分配到的第 1 个信道码并在分配到的第 1 个时隙的业务突发的数据部分发送，其扩频因子和扩频码与各自的物理信道的数据部分相同。在多资源配置的情况下，TPC 总是按高层分配信息的顺序采用该时隙的第 1 个（编号最低）信道码进行扩频。

（3）SS 的发送

SS（同步偏移）用于命令每 M 帧进行一次时序调整，调整步长为（$k/8$）Tc，其中 Tc 为码片周期，缺省时的 M 值和 k 值由网络设置，并在小区中进行广播。下行中的 SS 信息直接跟在 midamble 之后进行发送，作为 L1 的一个信号，SS 在每一个 5ms 子帧里发送一次。M（取值范围为 1～8）和 k（取值范围为 1～8）可以在呼叫建立过程中商议确定，也可以在呼叫过程中重新确定。SS 总是按高层分配信息的顺序采用该时隙的第 1 个（编号最低）信道码进行扩频。

上行链路中，突发的 SS 符号位置保留，以备将来使用。

在呼叫建立过程中，对每一个信道码，L1 的符号有 3 种可能情况：

① 一个 SS 和 TPC 符号。

② 没有 SS 和 TPC 符号。

③ 16/SF 个 SS 符号和 16/SF 个 TPC 符号。

TPC 和 SS 在业务突发中的位置如图 6-7 所示。

4．实践活动：传输信道到物理信道的映射关系

（1）实践目的

熟悉传输信道到物理信道的映射关系。

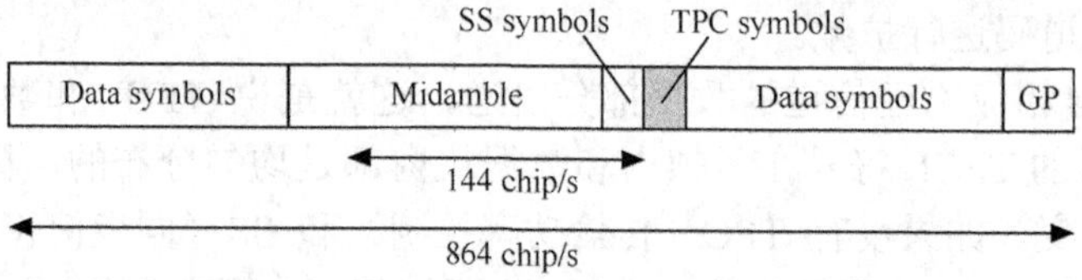

图 6-7　TPC 和 SS 在业务突发中的位置

（2）实践要求

各学员独立完成。

（3）实践内容

熟悉传输信道到物理信道的映射关系。

传输信道到物理信道的映射关系如表 6-3 所示。

表 6-3　传输信道到物理信道的映射关系

传 输 信 道	物 理 信 道
DCH	专用物理信道（DPCH）
BCH	主公共控制物理信道（P-CCPCH）
PCH	主公共控制物理信道（P-CCPCH） 辅公共控制物理信道（S-CCPCH）
FACH	主公共控制物理信道（P-CCPCH） 辅公共控制物理信道（S-CCPCH）
RACH	物理随机接入信道（PRACH）
USCH	物理上行共享信道（PUSCH）
DSCH	物理下行共享信道（PDSCH）
	下行导频信道（DwPCH）
	上行导频信道（UpPCH）
	寻呼指示信道（PICH）
	快速物理接入信道 F-PACH

任务 3　TD-SCDMA 物理层的关键过程

【问题引入】TD-SCDMA 物理层信道结构与其他系统不同，那么其物理层的关键过程也不同，那么小区搜索过程是怎样的？随机接入过程是怎样的？功率控制如何实现的？这是我们要掌握的内容。

【本任务要求】

1. 识记：TD-SCDMA 随机接入过程。
2. 领会：TD-SCDMA 小区搜索过程。
3. 应用：TD-SCDMA 功率控制的具体实现。

1．小区搜索过程

小区搜索利用 DwPTS 和 BCH 进行。在初始小区搜索中，UE 搜索到一个小区，建立

DwPTS 同步，获得扰码和基本 midamble 码，控制复帧同步，然后读取 BCH 信息。小区搜索过程如图 6-8 所示。

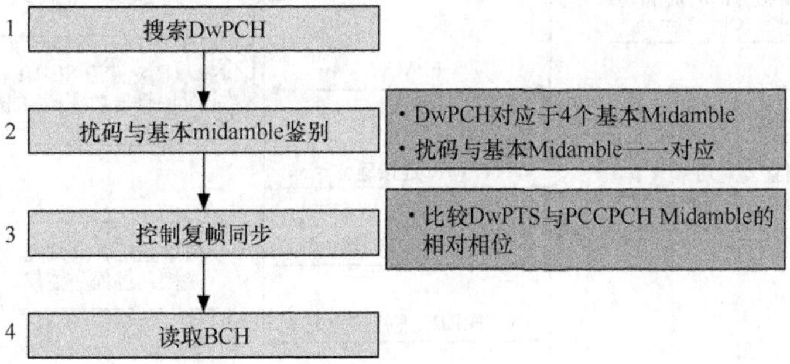

图 6-8　小区搜索过程

小区搜索按以下步骤进行。

① 搜索 DwPTS。在第 1 步中，UE 利用 DwPTS 中 SYNC-DL 得到与某一小区的 DwPTS 同步，这一步通常是通过一个或多个匹配滤波器（或类似的装置）与接收到的从 PN 序列中选出来的 SYNC-DL 进行匹配实现。为实现这一步，可使用一个或多个匹配滤波器（或类似装置）。在这一步中，UE 必须要识别出在该小区可能要使用 32 个 SYNC-DL 中的哪一个 SYNC-DL。

② 识别扰码和基本 midamble 码。在初始小区搜索的第 2 步，UE 接收到 P-CCPCH 上的 midamble 码，DwPTS 紧随在 P-CCPCH 之后。在 TD-SCDMA 系统中，每个 DwPTS 对应一组 4 个不同的基本 midamble 码，因此共有 128 个基本 midamble 码且互不重叠。基本 midamble 码的序号除以 4 就是 SYNC-DL 码的序号。因此说 32 个 SYNC-DL 和 P-CCPCH 32 个基本 midamble 码组一一对应（也就是说，一旦 SYNC-DL 确定之后，UE 也就知道了该小区采用了哪 4 个基本 midamble 码），这时 UE 可以采用试探法和错误排除法确定 P-CCPCH 到底采用了哪个基本 midamble 码。在一帧中使用相同的基本 midamble 码。由于每个基本 midamble 码与扰码是相对应的，知道了基本 midamble 码也就知道了扰码。根据确认的结果，UE 可以进行下一步或返回到第 1 步。

③ 控制复帧同步。在第 3 步中，UE 搜索 P-CCPCH 中的 BCH 复帧 MIB（Master Indication Block），它由经过 QPSK 调制的 DwPTS 的相位序列（相对于在 P-CCPCH 上的 midamble 码）来标识。控制复帧由调制在 DwPTS 上的 QPSK 符号序列来定位。n 个连续的 DwPTS 足以可以检测出目前 MIB 在控制复帧中的位置。根据为了确定正确的 midamble 码所进行的控制复帧同步的结果，UE 可决定是否执行下一步或回到第 2 步。

④ 读 BCH 信息。在第 4 步，UE 读取被搜索到小区的一个或多个 BCH 上的（全）广播信息，根据读取的结果，UE 可决定是回到以上几步还是完成初始小区搜索。

确定了 P-CCPCH 信道后，UE 将按高层的规划信息在 P-CCPCH 上读取完整的系统信息广播，根据系统消息中给出的接入层和非接入层信息，来确定是否最终选择当前小区作为服务小区。至此，小区搜索过程结束。UE 读取被搜索到小区的一个或多个 BCH 上的（全）广播信息，如果出现不能完全解码 BCCH 的情况，意味着此步失败，小区搜索过程将根据情况回到前几步。

2．随机接入过程

随机接入过程如图 6-9 所示。

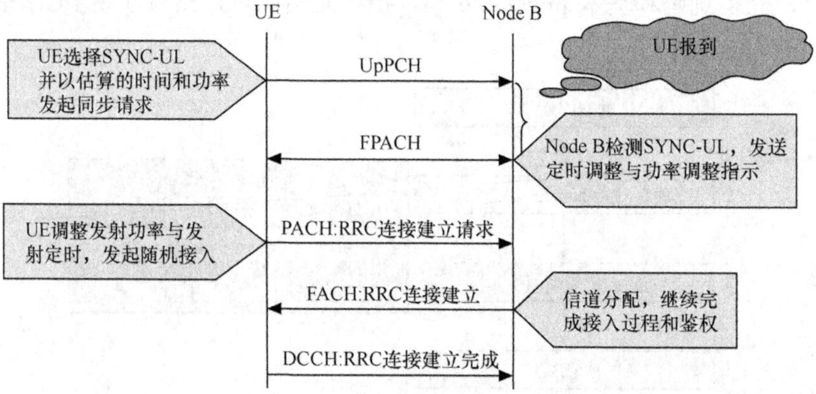

图 6-9　随机接入过程

（1）随机接入准备

当 UE 处于空闲模式下，它将维持下行同步并读取小区广播信息。从该小区所用到的 DwPTS，UE 可以得到为随机接入而分配给 UpPTS 物理信道的 8 个 SYNC-UL 码（特征信号）的码集，一共有 256 个不同的 SYNC-UL 码序列，其序号除以 8 就是 DwPTS 中的 SYNC-DL 的序号。从小区广播信息中 UE 可以知道码集中的哪个 SYNC-UL 将被使用，并且还可以知道 P-RACH 信道的详细情况（采用的码、扩频因子、midamble 码和时隙）、F-PACH 信道的详细信息（采用的码、扩频因子、midamble 码和时隙）和其他与随机接入有关的信息。

在 BCH 所发送的信息中，还包括了 SYNC-UL 与 F-PACH 资源、F-PACH 与 P-RACH 资源、P-RACH 资源与（P/S）-CCPCH（承载 FACH 逻辑信道）资源的相互关系。因此，当 UE 发送 SYNC-UL 序列时，它就知道了接入时所使用的 F-PACH 资源，P-RACH 资源和 CCPCH 资源。

（2）随机接入过程

在 UpPTS 中紧随保护时隙之后的 SYNC-UL 序列仅用于上行同步，UE 从它要接入的小区所采用的 8 个可能的 SYNC-UL 码中随机选择一个，并在 UpPTS 物理信道上将它发送到基站。然后 UE 确定 UpPTS 的发射时间和功率（开环过程），以便在 UpPTS 物理信道上发射选定的特征码。

一旦 Node B 检测到来自 UE 的 UpPTS 信息，那么它到达的时间和接收功率也就知道了。Node B 确定发射功率更新和定时调整指令，并在以后的 4 个子帧内通过 F-PACH（在一个突发/子帧消息）将它发送给 UE。注意，F-PACH 中也包含用于 UE 进行交叉检测的特征码信息和相对帧号（接收到被确认的特征码之后的帧号）。

一旦当 UE 从选定的 F-PACH（与所选特征码对应的 F-PACH）中收到上述控制信息时，表明 Node B 已经收到了 UpPTS 序列。然后，UE 将调整发射时间和功率，并确保在接下来的两帧后，在对应于 F-PACH 的 P-RACH 信道上发送 RACH。这一步，UE 发送到 Node B 的 RACH 将具有较高的同步精度。

之后，UE 将会在对应于 P-RACH 的 CCPCH 的信道上接收到来自网络的响应，指示 UE 发出的随机接入是否被接受，如果被接受，将在网络分配的 UL 及 DL 专用信道上通过 FACH 建立起上下行链路。

在利用分配的资源发送信息之前，UE 可以发送第 2 个 UpPTS 并等待来自 F-PACH 的响应，从而可得到下一步的发射功率和 SS 更新指令。

（3）随机接入（冲突）处理

在有可能发生碰撞的情况下，或在较差的传播环境中，Node B 不发射 F-PACH，也不能接收 SYNC-UL，也就是说，在这种情况下，UE 就得不到 Node B 的任何响应。因此，UE 必须通过新的测量，来调整发射时间和发射功率，并在经过一个随机延时后重新发射 SYNC-UL。

注意，每次（重）发射，UE 都将重新随机地选择 SYNC-UL 突发，这种两步方案使得碰撞最可能在 UpPTS 上发生，即 RACH 资源单元几乎不会发生碰撞，这也保证了在同一个 UL 时隙中可同时对 RACH 和常规业务进行处理。

3．实践活动：熟悉 TD-SCDMA 的功率控制过程

（1）实践目的

掌握 TD-SCDMA 的功率控制实现过程。

（2）实践要求

各学员分别独立完成。

（3）实践内容

功率控制的作用：对抗衰落对信号的影响；降低发射机的功率消耗（主要有益于 UE）；降低网络中小区间的干扰；减少同一小区内其他用户的干扰。

TD-SCDMA 的功率控制分为开环功控和闭环功控，闭环功控又分为内环功控和外环功控，如图 6-10 所示。TD-SCDMA 的功率控制特性如表 6-4 所示。

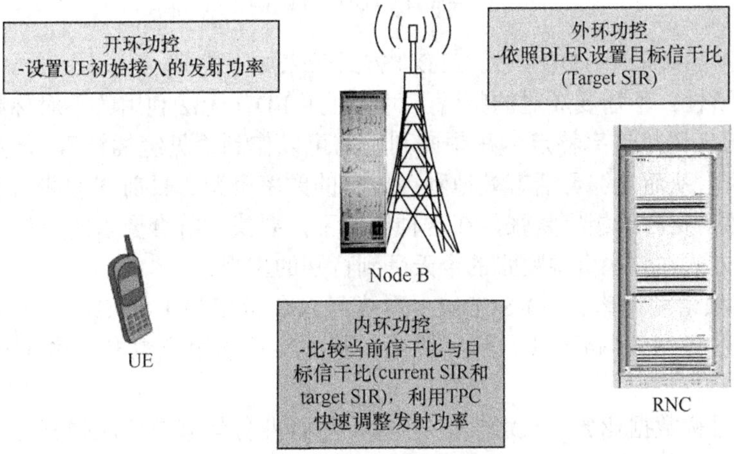

图 6-10　TD-SCDMA 功率控制

表 6-4　TD-SCDMA 的功率控制特性

	上　行	下　行
功控速率	可变闭环：0～200Hz 开环：延时大约 200～3 575μs	可变闭环：0～200Hz
步长	1、2、3dB（闭环）	1、2、3dB（闭环）

任务 4　时分双工与上行同步技术

【问题引入】TD-SCDMA 有很多关键的技术，其中最关键的是时分双工和上行同步技术，那么这些技术是如何实现的？有怎样的技术优势？这是我们要掌握的内容。

【本任务要求】

1. 识记：时分双工的技术优势。
2. 领会：上行同步的实现。

1. 时分双工

公众陆地移动通信系统空中接口的工作方式有时分双工（TDD）和频分双工（FDD）两种。TDD 是指上行和下行的传输使用同一频带的双工方式，上下行在时间域进行转换，物理层的时隙分为发送和接收两部分。FDD 是指上行和下行传输使用两个分离、对称的频带的双工方式，系统需根据对称性进行频带划分，TDD 和 FDD 如图 6-11 所示。

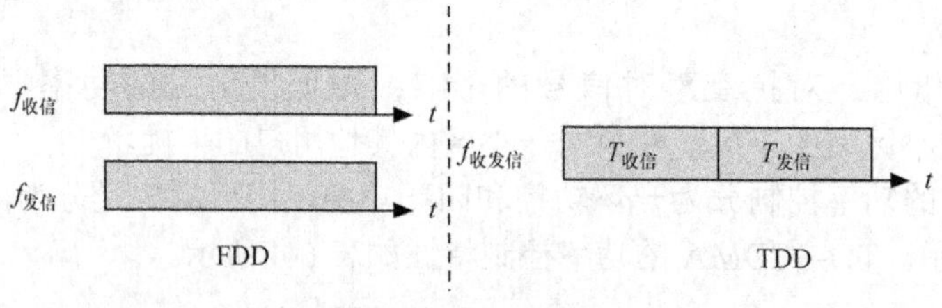

图 6-11　TDD 和 FDD

TD-SCDMA 系统采用 TDD 方式，TDD 方式带来如下优势。

① 频谱灵活性：不需要成对的频谱，可以利用 FDD 无法利用的不对称频谱，结合 TD-SCDMA 系统的低码片速率特点，在频谱利用上可以作到“见缝插针”，只要有一个载波的频段就可以使用，从而能够灵活有效地利用现有的频率资源。目前移动通信系统面临的一个重大问题就是频谱资源的极度紧张，在这种情况下，要找到符合要求的对称频段是非常困难的，因此 TDD 方式在频率资源紧张的今天受到特别的重视。

② 更高的频谱利用率：TD-SCDMA 系统可以在带宽为 1.6MHz 的单载波上提供高达 2Mbit/s 的数据业务和 48 路语音通信，使单一基站支持的用户数多，系统建网及服务费用降低。

③ 支持不对称数据业务：TDD 可以根据上下行业务量来自适应调整上下行时隙个数，对于 IP 型的数据业务比例越来越大特别重要。而 FDD 系统一建立通信就将分配到一对频率以分别支持上下行业务，在不对称业务中，当上下业务不对称时存在浪费，使得 FDD 频率利用率显著降低。尽管 FDD 系统也可以用不同宽度的频段来支持不对称业务，但一般组网分配时频段相对固定，不可能灵活使用（如下行频段比上行频段宽一倍）。

④ 有利于采用新技术：上下行链路用相同的频率，其传播特性相同，功率控制要求降低，利于采用智能天线、预 RAKE 等新技术。

⑤ 成本低：无收发隔离的要求，可以使用单片 IC 来实现 RF 收发信机。

当然，TDD 方式也有一些缺点。一方面，TDD 方式对定时和同步要求很严格，上下行之间需要保护时隙，同时对高速移动环境的支持也不如 FDD 方式；另一方面，TDD 信号为脉冲突发形式，采用不连续发射（DTX），因此发射信号的峰-均功率比值较大，导致带外辐射较大，对 RF 实现提出了较高要求。TD-SCDMA 系统中采用智能天线技术的解决方案，这些问题基本可以得到克服。可以说，TDD 方式适合使用智能天线技术，智能天线技术又克服了 TDD 方式的缺点，两者是珠联璧合、相得益彰。

2. 上行同步

在 TD-SCDMA 系统中，下行链路总是同步的。所以一般所说同步 CDMA 都是指上行同步，即要求来自不同距离的不同用户终端的上行信号能够同步到达基站。

所谓上行同步就是上行链路各终端的信号在基站解调器完全同步，即同一时隙不同用户的信号同步到达基站接收机。在 TD-SCDMA 中用软件和帧结构设计来实现严格的上行同步，是一个同步的 CDMA 系统。通过上行同步，可以让使用正交扩频码的各个码道在解扩时完全正交，相互间不会产生多址干扰，克服了异步 CDMA 多址技术由于每个移动终端发射的码道信号到达基站的时间不同，造成码道非正交所带来的干扰，大大提高了 CDMA 系统容量，提高了频谱利用率，还可以简化硬件，降低成本。

上行同步过程如图 6-12 所示。

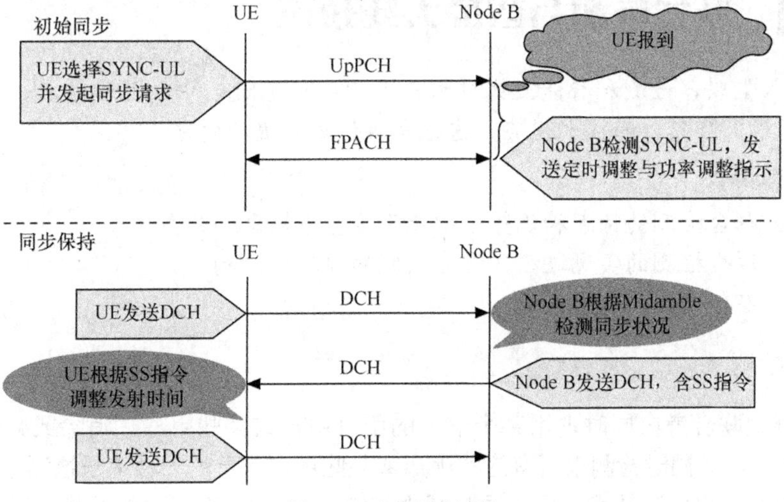

图 6-12　上行同步过程

（1）上行同步的建立（初始同步）

第 1 步：上行同步的准备（下行同步）。正如有关小区搜索过程的文献所描述的那样，UE 开机之后，它必须首先与小区建立下行同步。只有建立了下行同步，UE 才能开始建立上行同步。

第 2 步：开、闭环上行同步。尽管 UE 可以从 Node B 接收到下行同步信号，但到 Node B 的距离还是一个未知数，导致 UE 的上行发射不能同步到达 Node B。为了减小对常规时隙的干扰，上行信道的首次发送在 UpPTS 这个特殊时隙进行，SYNC-UL 突发的发射时刻可通过对接收到的 DwPTS 和/或 P-CCPCH 的功率估计来确定。在搜索窗内通过对 SYNC-UL 序列的检测，Node B 可估计出接收功率和时间，然后向 UE 发送反馈信息，调整下次发送的发射功率和发射时间，以便建立上行同步。在以后的 4 个子帧内，Node B 将向 UE 发送调整信息

（用 F-PACH 中的一个单一子帧消息）。

上行同步过程，通常用于系统的随机接入和切换过程中，用于建立 UE 和基站之间的初始同步，也可以用于当系统失去上行同步时的再同步。

（2）上行同步的保持

可以利用每一个上行突发中的 midamble 码来保持上行同步。

在每一个上行时隙中，各个 UE 的 midamble 码是不相同的。Node B 可以在同一个时隙通过测量每个 UE 的 midamble 码来估计 UE 的发射功率和发射时间偏移，然后在下一个可用的下行时隙中发射同步偏移（SS）命令和功率控制（PC）命令，以使 UE 可以根据这些命令分别适当调整它的 Tx 时间和功率。这些过程保证了上行同步的稳定性，可以在一个 TDD 子帧检查一次上行同步。上行同步的调整步长是可配置和再设置的，取值范围为 1/8～1chip 持续时间。上行同步的更新有 3 种可能情况：增加一个步长，减少一个步长，不变。

（3）Node B 和 UE 之间距离的估算

上行同步要求 UE 超前一个时间（$2*\Delta T$）发射信号，这个时间与 UE 到 Node B 之间的距离有关。显然，UE 到 Node B 之间的距离可以通过已知的时间偏移用下式估计出来：

$$d = C*\Delta T \quad (C\text{ 为光速})$$

任务 5　联合检测与智能天线技术

【问题引入】联合检测和智能天线技术也是 TD-SCDMA 中的关键技术，那么这两种技术是如何实现的？有怎样的技术优势？这也是我们要掌握的内容。

【本任务要求】

1. 识记：联合检测的特点和优势、智能天线基本概念和分类。
2. 领会：联合检测的实现过程、智能天线的原理和结构。
3. 应用：智能天线产品的认识。

1．联合检测

联合检测是联合考虑同时占用某个信道的所有用户或某些用户，消除或减弱其他用户对任一用户的影响，并同时检测出所有这些用户或某些用户信息的一种信号检测方法。联合检测是一种有效的多用户检测技术，用于同时减少和消除 CDMA 系统内的符号间干扰（ISI）和多用户干扰（MAI）。TD-SCDMA 系统使用低码片速率短码扩频的特点使得接收数据流可以较为容易地被一次检出，从而同时消除符号间干扰和多址干扰。联合检测示意图如图 6-13 所示。

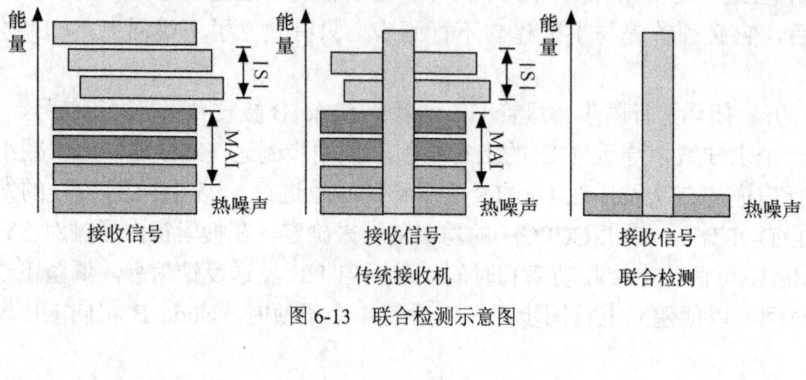

图 6-13　联合检测示意图

（1）联合检测的特点和优势

联合检测的特点：

① 不同的用户数据可以一次性检测出来；

② 通过基本的中间码序列进行信道冲击响应估计，从而得知发射信号的信息；

③ 将多址干扰和符号间干扰进行同样的处理，基本可以消除这两种干扰。

联合检测的优势：

① 基本消除多址接入干扰和符号间干扰；

② 增加信号动态检测范围；

③ 增加小区容量；

④ 消除远近效应，无需快速功控。

（2）联合检测实现过程

联合检测实现过程如图 6-14 所示。

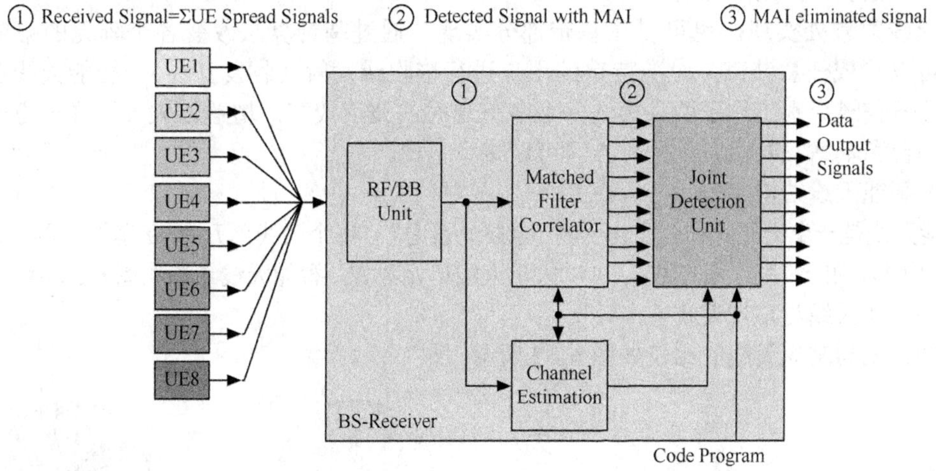

图 6-14　联合检测实现过程

2. 智能天线

对于 CDMA 系统，为了使一个扇区中能够容纳更多的用户就必须降低系统的总噪声水平。CDMA 系统容量直接取决于总噪声水平。对于一个用户来说，其他用户的信号都是干扰信号。只有降低每一个用户的信号或降低此用户对其他用户的干扰信号，才能大大提高系统容量，智能天线系统就是为此目的应运而生的。智能天线系统主要包括天线设备和计算机系统。通过计算机系统的复杂运算，使天线形成非常窄的特定波束，这个特定波束直接到达特定的用户，这样就可以使这个用户对其他用户的干扰降低到最低。因为系统中同时会有多个用户同时通信，所以智能天线系统要形成多个非常窄的特定波束，并且这些特定波束要随着用户的增减而实时变化。因此，智能天线系统非常复杂。

（1）智能天线基本概念和分类

智能天线技术定义为：具有波束成形能力的天线阵列，可以形成特定的天线波束，实现定向发送和接收。智能天线可以利用信号的空间特征分开用户信号、多径干扰信号。智能天线示意图如图 6-15 所示。

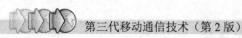

智能天线包括自适应天线和切换波束天线：自适应天线阵自适应地识别用户信号的到达方向，通过反馈控制方式连续调整自身的方向图；切换波束天线则是预先确定多个固定波束，随着用户在小区中的移动，基站选择相应的使接收信号最强的波束。

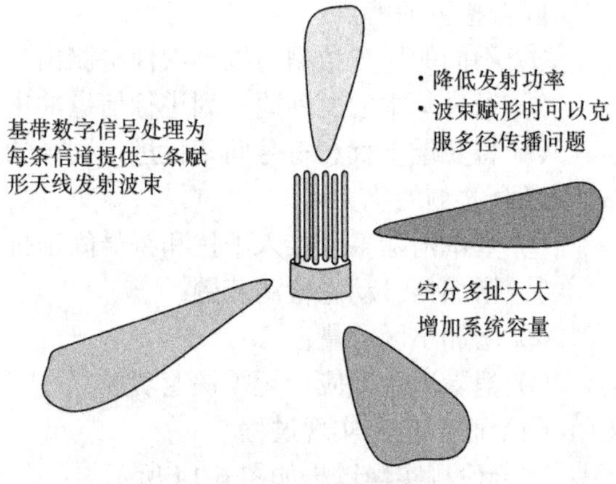

图 6-15　智能天线示意图

（2）智能天线的实现原理

智能天线阵列由多个阵元组成，每个阵元都是全向辐射元，通过一系列的算法控制各个阵元的幅度、相位，使它们在某个方向某点进行空中叠加，以同相增强，反相抵消的干涉原理叠加，空中每一点的叠加结果都不一样，形成在某个方向的信号很强，某个方向的信号很弱。控制阵元的幅度、相位，可以在天线射频处实现，也可以在基带部分实现。通过基带算法改变各个阵元的幅度、相位，就可以形成任意波束，对准特定的用户进行接收或发射（收发互易）。智能天线在广播信道和业务信道分别工作于两种模式，业务信道时的波束较窄，增益较大，这样一方面可以节省移动台和基站发射功率，另一方面可以减小干扰。

（3）智能天线结构

智能天线是一个天线阵列，它由 N 个天线单元组成，每个天线单元有 M 套加权器，可以形成 M 个不同方向的波束，用户数 M 可以大于天线单元数 N。智能天线结构如图 6-16 所示。

（4）智能天线与常规天线

智能天线与常规天线的比较如图 6-17 所示。

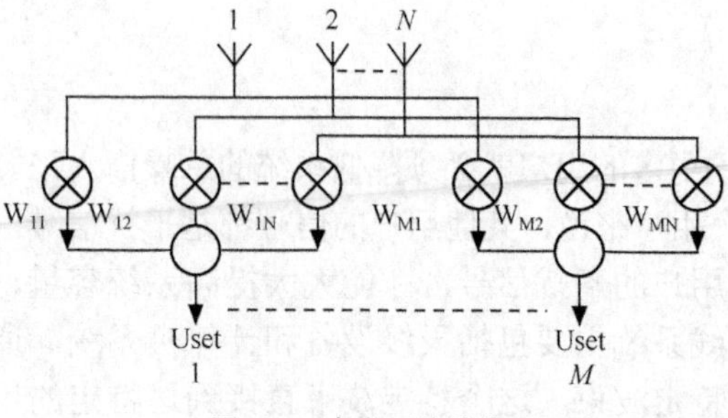

图 6-16　智能天线结构

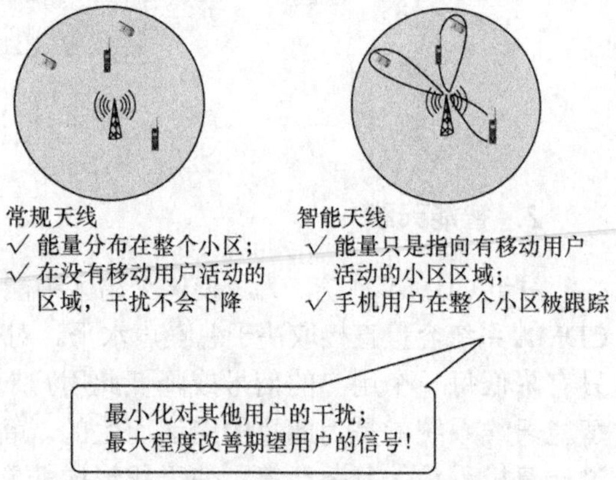

图 6-17　智能天线与常规天线的比较

（5）智能天线的优势

采用智能天线可以带来如下优势。

① 智能天线波束赋形的结果等效于增大天线的增益，提高接收灵敏度。

② 智能天线的天线波束赋形算法可以将多径传播综合考虑，克服了多径传播引起数字无线通信系统性能的恶化，还可利用多径的能量来改善性能。

③ 智能天线波束赋形后，只有来自主瓣和较大旁瓣方向的干扰才会对有用信号形成干

扰，大大降低了多用户干扰问题，同时波束赋形后也大大减少了小区间干扰。

④ 智能天线获取的 DOA 提供了用户终端的方位信息，以用来实现用户定位。

⑤ 智能天线系统虽使用了多部发射机，但可以用多个小功率放大器来代替大功率放大器，这样可降低基站的成本，同时，多部发射机增加了设备的冗余，提高了设备的可靠性。

⑥ 采用智能天线可以使发射需要的输入端信号功率降低，同时也意味着能承受更大的功率衰减量，使得覆盖距离和范围增加。

⑦ 智能天线具备定位和跟踪用户终端能力，从而可以自适应地调整系统参数以满足业务要求，这表明使用智能天线可以改变小区边界，能随着业务需求的变化为每个小区分配一定数量的信道，即实现信道的动态分配。

⑧ 智能天线获得的移动用户的位置信息，可以实现接力切换，避免了软切换中宏分集所占用的大量无线资源及频繁的切换，提高了系统容量和效率。

另外，在 TD-SCDMA 系统中，智能天线结合联合检测和上行同步，理论上系统能工作在满码道情况。

当然，智能天线在公众陆地移动通信系统中应用也有一些缺点，如智能天线只能克服一个码片间隔内的多径干扰、在高速移动环境下的性能不太理想，TD-SCDMA 系统中采用结合联合检测技术的解决方案，仿真和外场测试中性能有很大改善，满足 ITU 的商用要求。另外，智能天线对无线资源管理也产生一定的影响。

3．实践活动：熟悉常见智能天线产品

（1）实践目的

熟悉常见智能天线产品。

（2）实践要求

各学员可通过各种渠道搜集资料分别完成。

（3）实践内容

① 熟悉常见智能天线产品。

② 搜集智能天线与普通天线的指标差异。

任务 6　动态信道分配与接力切换技术

【问题引入】动态信道分配与接力切换技术也是 TD-SCDMA 的关键技术，那么这两种技术是如何实现的？有怎样的技术优势？这也是我们要熟悉的内容。

【本任务要求】

1．识记：TD-SCDMA 的多址技术。

2．领会：TD-SCDMA 的动态信道分配、接力切换的实现过程。

1．动态信道分配

动态信道分配（DCA）是指在终端接入和链路持续期间，根据多小区之间的干扰情况和本小区内的干扰情况，进行信道的分配和调整。动态信道分配的目的是增加系统容量、降低干扰和提高信道利用率。

DCA 的作用是通过信道质量准则和业务量参数对信道资源进行优化配置。

（1）TD-SCDMA 的多址技术

在 TDD 模式的 CDMA 系统中，信道的定义包括 4 种通信资源，即频域的载频、码域的扩频码、时域的时隙和空域的波束。

因此，TD-SCDMA 采用了 FDMA、TDMA、CDMA 和 SDMA4 种多址技术。

TD-SCDMA 的多址技术如图 6-18 所示。TD-SCDMA 系统用户资源分配如图 6-19 所示。

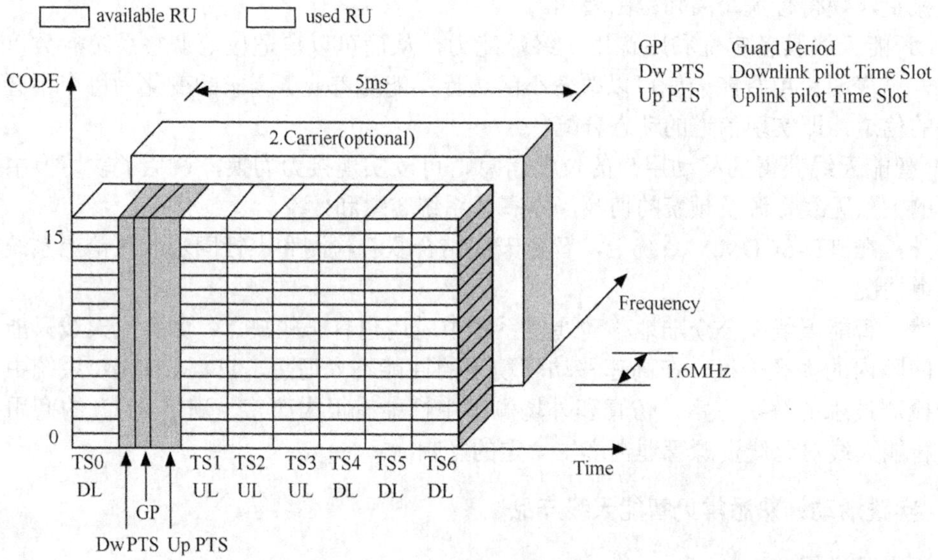

图 6-18 TD-SCDMA 的多址技术

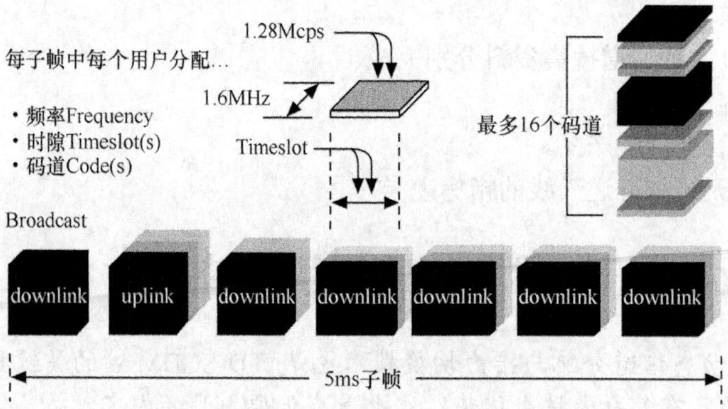

图 6-19 TD-SCDMA 系统用户资源分配

（2）DCA 的分类

按照通信资源可以将 DCA 分为时域 DCA、频域 DCA 和空域 DCA。时域 DCA 可以有效减少在一个载频的每个时隙中同时激活的用户数量，系统将把干扰最小的时隙分配给用户。频域 DCA 通过改变载波进行频域的动态信道分配。在给定的 5MHz 频带内可以提供 3 个载波。通过使用自适应的智能天线，可以基于每一个用户进行动态信道分配。

按照信道分配的速率可以将 DCA 分为慢速 DCA 和快速 DCA。在小区资源分配或信道指派时采用慢速 DCA，具体过程是 RNC 根据干扰小区测量值计算各小区的信道优先级别指示值，为业务资源分配（快速 DCA 提供参考），同时提高资源分配的执行速度和质量。在通信过程中信道选择或调整时采用快速 DCA，具体过程是 RNC 根据承载业务的要求和业务信道的质量检测结果，在通话和切换过程中，由 RNC 进行信道选择，以保证业务的质量。

（3）DCA 技术

为了使空闲模式下的 DCA 测量最小化，应区分两种情况：与 TD-SCDMA 系统建立连接时的初始 DCA 测量和连接模式下的 DCA 测量。

TD-SCDMA 系统采用 RNC 集中控制的 DCA 技术，在一定区域内，将几个小区的可用信道资源集中起来，由 RNC 统一管理，按小区呼叫阻塞率、候选信道使用频率、信道再用距离等诸多因素，将信道动态分配给呼叫用户。

2. 接力切换

接力切换的前提是：网络知道 UE 的准确位置信息。由于 TD-SCDMA 系统采用智能天线，可以定位用户的方位和距离，所以系统可采用接力切换方式。

接力切换是 TD-SCDMA 移动通信系统的核心技术之一。其设计思想是利用智能天线和上行同步等技术，在对 UE 的距离和方位进行定位的基础上，根据 UE 方位和距离信息作为辅助信息来判断目前 UE 是否移动到了可进行切换的相邻基站的临近区域。如果 UE 进入切换区，则 RNC 通知该基站做好切换的准备，从而达到快速、可靠和高效切换的目的。这个过程就像是田径比赛中的接力赛一样，因而形象地称为“接力切换”。接力切换通过与智能天线和上行同步等技术有机结合，巧妙地将软切换的高成功率和硬切换的高信道利用率综合起来，是一种具有较好系统性能的切换方法。

接力切换过程如图 6-20 所示。

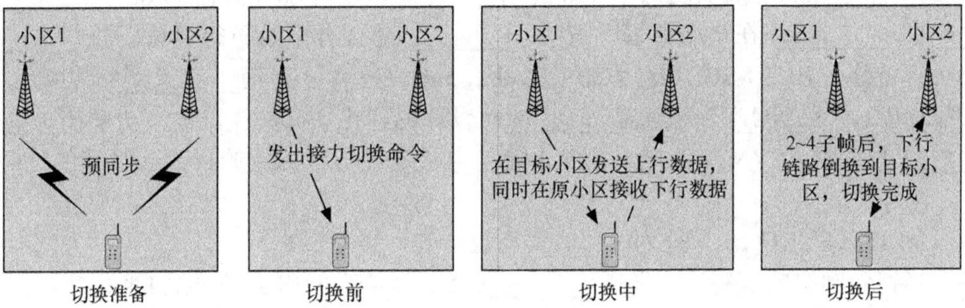

图 6-20 接力切换过程

两个小区的基站将接收来自同一手机的信号，两个小区都将对此手机定位，并在可能切换区域时，将此定位结果向基站控制器报告，基站控制器根据用户的方位和距离信息，判断手机用户现在是否移动到应该切换到另一基站的临近区域，并告知手机其周围同频基站信息，如果进入切换区，便由基站控制器通知另一基站做好切换准备，通过一个信令交换过程，手机就由一个小区像交接力棒一样切换到另一个小区。这个切换过程具有软切换不丢失信息的优点，又克服了软切换对临近基站信道资源和服务基站下行信道资源浪费的缺点，简化了用户终端的设计。接力切换还具有较高的准确度和较短的切换时间，提高了切换成功率。

过关训练

一、填空题

1．我国为TD-SCDMA划分了________MHz非对称频段，具体为________MHz和2 300～2 400MHz。

2．TD-SCDMA是世界上第1个采用________和智能天线技术的公众陆地移动通信系统，也是唯一采用同步________和低码片速率（LCR）的第三代移动通信系统，同时采用了________等一系列高新技术。

3．1998年6月底由________代表我国向ITU正式提交了TD-SCDMA标准草案。TD-SCDMA于1999年12月开始与UTRA TDD在3GPP融合，最终在2000年5月伊斯坦布尔WARC会议上________正式成为国际第三代移动通信系统。

4．________年________月________日起TD-SCDMA面向北京、上海、天津、沈阳、广州、深圳、厦门和秦皇岛8个城市放号。经过8年努力，TD-SCDMA这一国际3G标准终于迎来________和________。

5．L3也分为控制平面（C-平面）和用户平面（U-平面），在C-平面上，L3的最低层为________，它属于________，终止于RAN，移动性管理（MM）和连接管理（CM）等属于________，接入层通过业务接入点（SAP）承载上层的业务，非接入层信令属于________功能。

6．TD-SCDMA系统的组成及接入网结构、接口和协议与WCDMA基本相同，主要的差别体现在________上，尤其是________不同，第2层和第3层功能基本相同。

7．每一个子帧又分成长度为675μs的________个常规时隙和3个特殊时隙：________、________和________。在7个常规时隙中，________总是分配给下行链路，而________总是分配给上行链路。在TD-SCDMA系统中的每个5ms的子帧中，有________个转换点。

8．DwPTS（SYNC_DL）是为________而设计的，由Node B以最大功率在________或在________上发射。SYNC-DL是一组PN码，为了方便小区测量的目的，设计的PN码集用于________。

9．UpPTS（SYNC-UL）是为________而设计的，当UE处于________时，它将首先发射UpPTS，当得到网络的应答后，发射________。SYNC-UL的内容是一组PN码集，用于在接入过程中区分________。

10．SS________用于命令每 M 帧进行一次________，调整步长为________，下行中的SS信息直接跟在________之后进行发送，作为L1的一个信号，SS在每一个5ms子帧里发送________次。

11．训练序列midamble码用于进行________、上行同步的保持以及功率测量等。在同一小区同一时隙上的不同用户所采用的midamble码由________经循环移位后而产生。

12．整个系统有________个长度为128chips的基本midamble码，分成________个码组，每组________个。一个小区采用哪组基本midamble码由________决定。

13．智能天线分为两大类：________和自适应天线。

14．多用户检测（MUD）包括________和________两种类型。联合检测性能________于扰抵消，但复杂度也________干扰抵消。一般在基站侧采用________，在终端侧采用________。

15．由于 TD-SCDMA 系统采用智能天线，可以定位用户的方位和距离，所以系统可采用________切换方式。

16．TD-SCDMA________组网或者与 WCDMA 混合组网是完全________的。

二、名词解释

1．TD-SCDMA

2．软件无线电

3．智能天线

4．SS

5．TSM

6．LCR

7．DCA

8．接力切换

三、简答题

1．简述 TD-SCDMA 的发展历程。

2．简述 TD-SCDMA 的特点。

3．简述 TD-SCDMA 空中接口物理层帧结构。

4．简述 TD-SCDMA 系统中的码序列的使用。

5．简述 TD-SCDMA 随机接入过程。

6．简述 TD-SCDMA 小区搜索过程。

7．简述 TD-SCDMA 中使用时分双工的技术优势。

8．简述智能天线技术的优缺点。

9．简述 TD-SCDMA 的上行同步过程。

10．简述智能天线的实现原理。

模块 7 TD-SCDMA 基站操作与维护

【本模块问题引入】在 TD-SCDMA 基站开通时，我们必须对基站的硬件结构进行详细的了解，特别是熟悉各功能单板的面板结构和功能，针对 TD-SCDMA 基站的应急处理与日常维护中的问题能灵活运用各功能组成部分进行系统信号流的分析。那么 TD-SCDMA 的基站包括哪些部分，这些部分又包括哪些单板？典型的 TD-SCMA 基站故障应如何处理？这都是我们必须知道的基础内容。

【本模块内容简介】本模块共分 3 个任务，包括 TD-SCDMA 基站硬件的认识，TD-SCDMA 基站软件安装与开通调试，TD-SCDMA 基站的应急处理与故障处理。TD-SCDMA 基站的日常维护可参考"WCDMA 基站开通与维护"模块，本模块不予以重复介绍。

【本模块重点难点】重点掌握 TD-SCDMA 基站的硬件、应急处理与故障处理，难点是 TD-SCDMA 基站的故障处理。

任务 1 认识 TD-SCDMA 基站硬件

【问题引入】TD-SCDMAJI 基站由哪些部分构成？这些部分又包括哪些单板？这些单板有什么作用？这是我们首先要掌握的内容。

【本任务要求】

1. 识记：BBU、RRU 各硬件单板功能。
2. 领会：各单板处理信号的原理。
3. 应用：会根据实际需要，进行 NodeB 的组网及配置。

1. ZXTR NodeB 整体认知

中兴通讯推出系列化分布式基站，将 Node B 分为基带池 BBU（Base Band Unit）和远端射频单元 RRU（Remote Radio Unit），分别实现 Node B 系统中的基带处理和射频处理功能。BBU 和 RRU 以及天馈系统组成分布式的基站系统。BBU 放在室内，通过光纤连接到 RRU（一般在室外）。

BBU 和 RRU 划分方式如图 7-1 所示。基带、传输和控制部分在 BBU 中，射频部分在 RRU 中。

采用 BBU+RRU 分布式基站的主要优势有以下几方面。

① 降低工程施工难度：分布式基站体积小，重量轻，易于运输和工程安装。

② 提高建设网络速度，节约机房支出费用：适合各种场景安装，站点选择灵活，可帮助运营商快速部署网络，节约机房各项支出费用，节约运营成本。BBU+RRU 的典型运用示

意图如图 7-2 所示。可以安装在室内无机房环境，如大楼的走廊、过道、仓库等位置；也可以安装在楼顶等位置。

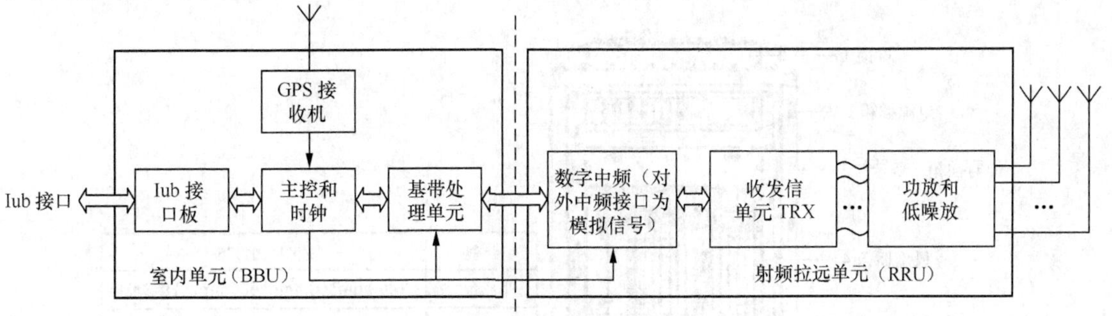

图 7-1　BBU 和 RRU 功能框图

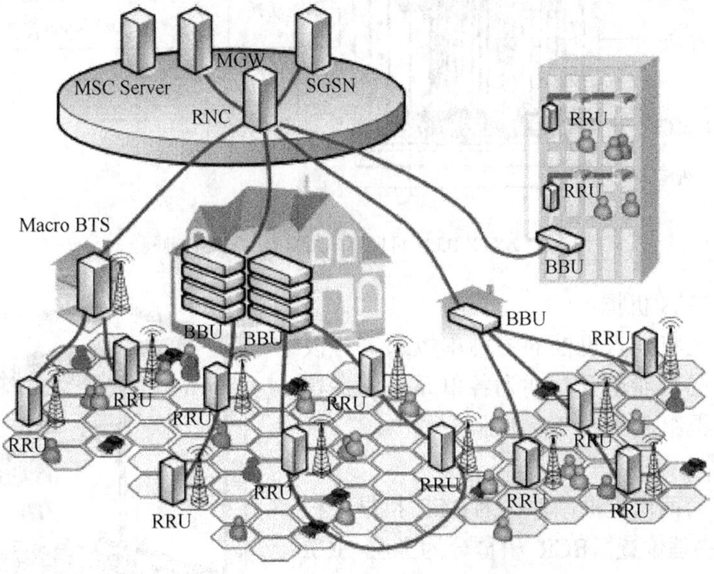

图 7-2　BBU+RRU 的典型应用

③ 射频拉远距离增大，降低建网的成本：BBU 与 RRU 之间通过光纤传输信号，RRU 可尽可能地靠近天线安装，节约馈线成本，减少馈线损耗，提高输出功率，增加覆盖面积。

④ 低功耗：相对于传统基站，分布式基站系统功耗更小，可降低在电源上的投资及用电费用，节约网络运营成本。

⑤ 基带资源与射频单元之间可以动态的配置，适合不同网络需求。

⑥ 容易维护和管理，提高了系统的稳定性。

⑦ BBU 与 RRU 之间组网形式多样化，用户可根据自己的需求灵活地组织网络结构。

2．BBU 硬件结构

（1）ZXTR B328 机柜

ZXTR B328 主要完成 NodeB 的 Iub 接口功能，系统的信令处理，基带处理部分功能，远程和本地的操作维护功能，以及与射频远端的基带射频接口功能。ZXTR B328 机柜如图 7-3 所示。

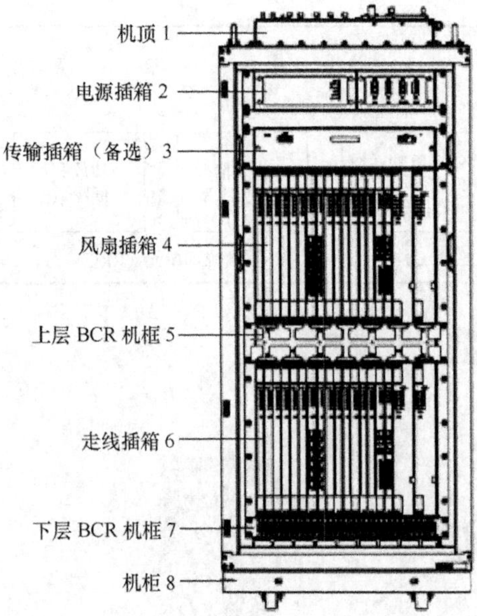

类型	ZXTR B328
外形尺寸	1400mm*600mm*600mm（H*B*D）
电源要求	–48VDC （变化范围：–57VDC～–40VDC）
满配功耗	256W（S333 配置） 310W（S666 配置）

图 7-3　ZXTR B328 机柜整体结构图（满配，前视）

（2）ZXTR B328 机框

机框的作用是将插入机框的各种单板通过背板组合成一个独立的功能单元，并为各单元提供良好的运行环境。机框组成如图 7-4 所示。

① 机框配置

ZXTR B328 有两层机框，都称为 BCR 机框。根据 BCR 机框的物理位置，BCR 机框分为上层 BCR 机框和下层 BCR 机框。在实际使用中先配置上层 BCR 框，然后根据需要配置下层 BCR 框。BCR 机框可装配的单板如图 7-5 所示。

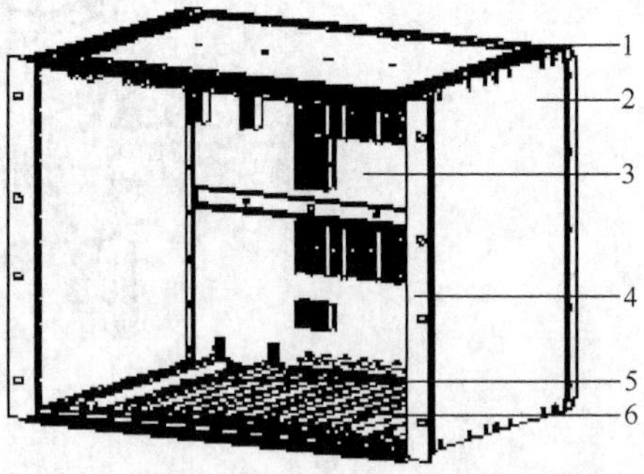

图 7-4　ZXTR B328 插箱结构

1、屏蔽盖　2、插箱侧板　3、背板

4、侧耳　5、导轨组件　6、导轨

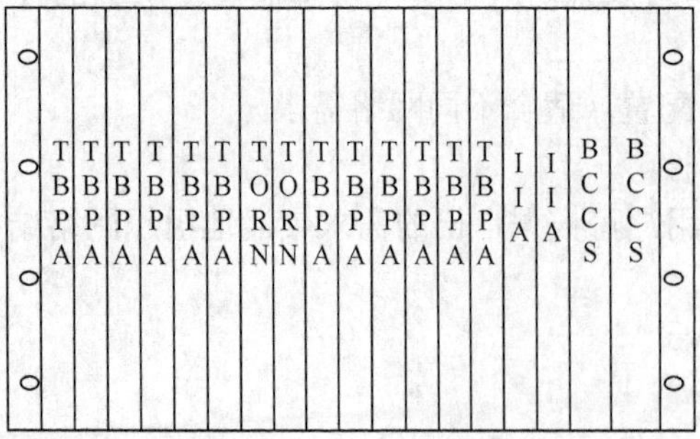

名称	单板代号	满配置数量
控制时钟交换板	BCCS	2
基带处理板	TBPA	12
Iub 接口板	IIA	2
光接口板	TORN	2

图 7-5　BCR 机框可装配的单板示意图

② 功能原理

上层 BCR 机框和下层 BCR 机框功能原理基本相同，不同的是上层机框需和机顶相连。此处以上层 BCR 机框为例说明。上层 BCR 机框原理如图 7-6 所示。

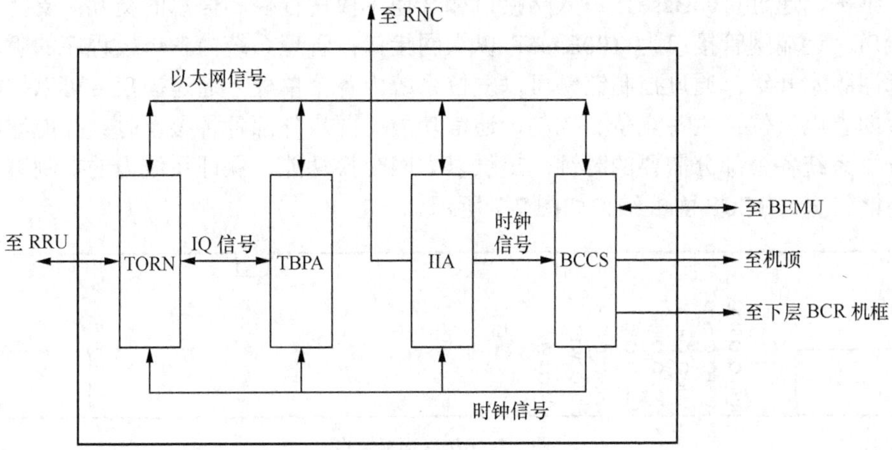

图 7-6　上层 BCR 机框原理

BCCS 是 ZXTR B328 系统的控制板，它完成整个系统的控制、以太网交换和时钟产生。BCR 框的其他单板 TBPA、IIA 以及 TORN 的以太网端口都接在 BCCS 上，实现对单板的监控、维护，及单板间数据的交互。BCCS 板产生系统的主时钟，分发到本层机框的 TBPA、IIA 和 TORN 上。

BCR 机框通过 IIA 与 RNC 连接，通过 TORN 与 RRU 连接。上层 BCR 机框通过 BCCS 与机顶、下层 BCR 机框连接。下层 BCR 无需和机顶连接。

从 RNC 来的业务流和控制流数据，经过 Iub 接口板 IIA 的处理后，封装为 MAC 包。其中业务数据经过 BCCS 的以太网交换到基带处理板 TBPA，由 TBPA 进行基带处理，然后将处理好的 IQ 数据经过背板的 IQ 链路传输到 TORN，经过 TORN 处理后通过光纤传输给 RRU。反之亦然。而控制信息则由 BCCS 通过以太网交换，直接送到各个单板。同理各个单板的操作维护信息也通过以太网直接交换到 BCCS 上，然后由 BCCS 通过 IIA 传到后台。

（3）ZXTR B328 单板

单板是指能够完成某种特定功能的集成电路板，可插在机顶、插箱和机框槽位中。ZXTR B328 包括以下单板，如表 7-1 所示。

表 7-1　　ZXTR B328 单板

英文简称	单板名称	物理位置
BCCS	控制时钟交换板	BCR 机框
IIA	Iub 接口板	BCR 机框
TBPA	基带处理板	BCR 机框
TORN	光接口板	BCR 机框
BEMU	环境监控板	机顶
ET	E1 转接板	机顶

① BCCS 单板

BCCS（NodeB Control&Clock&Switch Board）是基站的系统控制板，主要完成的功能有：Iub 接口协议处理，执行基站系统中的小区资源管理、参数配置、测量上报；对基站进行监测、维护，通过 100BaseT 以太网接口和其他单板进行控制信息的交互；支持近端和远端网管接口，近端网管接口为 100BaseT 以太网接口；管理系统内各单板程序的版本，支持近端和远端版本升级；通过控制链路可以复位系统内各个单板；通过硬信号可以控制系统内主要单板的上电复位；主备竞争、控制、通信功能；同步外部各种参考时钟并能滤除抖动；产生并分发系统各个部分需要的时钟；提供以太网交换功能，保证系统内的控制链路和业务链路有足够带宽。BCCS 面板结构如图 7-7 所示。

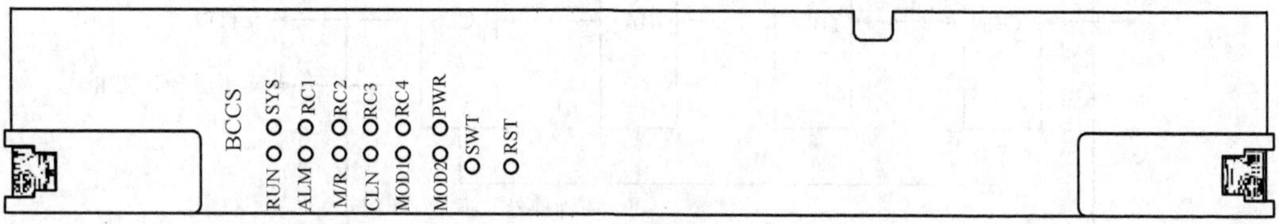

图 7-7 BCCS 面板结构

BCCS 面板上有两排指示灯、一个主备切换按钮（SWT）和一个复位开关（RST）。各指示灯含义如表 7-2 所示。其中 RUN 和 ALM 指示灯状态组合如表 7-3 所示。

表 7-2 BCCS 面板指示灯

名称	信号描述	指示灯颜色	状态名称	表示含义
RUN	运行指示灯	绿色	参见表 7-4	
ALM	告警指示灯	红色		
M/R	主备指示灯	绿色	常亮	本板主用
			常灭	本板备用
OMI	网口指示灯	绿色	常亮	本设备与 LMT 或 OMCB 通信正常
			常灭	本设备与 LMT 或 OMCB 通信不正常
MOD1	10 MHz 的锁相环	绿色	常亮	10MHz 的锁相环处于保持状态
			5Hz 周期性闪烁	10MHz 的锁相环处于快捕状态
			1Hz 周期性闪烁	10MHz 的锁相环处于跟踪状态
			常灭	10MHz 的锁相环处于自由振荡状态
MOD2	19.44 MHz 的锁相环	绿色	常亮	19.44MHz 的锁相环处于保持状态
			5Hz 周期性闪烁	19.44MHz 的锁相环处于快捕状态
			1Hz 周期性闪烁	19.44MHz 的锁相环处于跟踪状态
			常灭	19.44MHz 的锁相环处于自由振荡状态
SYS	系统配置完成指示	红色	常亮	系统处于初始化或配置失败状态
			1Hz 周期性闪烁	系统处于初始化或配置状态
			常灭	系统处于正常状态
RC1	参考时钟 1（自 BITS 的 8K 参考时钟）	绿色	常亮	参考时钟 1（自 BITS 的 8K 时钟）正常提供
			常灭	参考时钟 1（自 BITS 的 8K 时钟）未正常提供

续表

名称	信号描述	指示灯颜色	状态名称	表示含义
RC2	参考时钟 2（自 IIA 的 8K 参考时钟）	绿色	常亮	两块 IIA 的 8K 参考时钟均正常提供
			1Hz 周期性闪烁	第一块 IIA（机架正面，从左向右数）的 8K 参考时钟正常提供，而其余的没有
			0.5Hz 周期性闪烁	第二块 IIA（机架正面，从左向右数）的 8K 参考时钟正常提供，而其余的没有
			常灭	两块 IIA 的 8K 参考时钟均未正常提供
RC3	参考时钟 3（GPS1 的时钟）	绿色	5Hz 周期性闪烁	GPS1 时钟处于快捕状态
			1Hz 周期性闪烁	GPS1 时钟处于跟踪状态
			常灭	GPS1 未提供参考时钟
RC4	参考时钟 4（GPS2 的时钟）	绿色	5Hz 周期性闪烁	GPS2 时钟处于快捕状态
			1Hz 周期性闪烁	GPS2 时钟处于跟踪状态
			常灭	GPS2 未提供参考时钟
PWR	电源指示灯	绿色	常亮	单板电源工作正常
			常灭	单板电源工作异常或电源关闭

表 7-3　　RUN 与 ALM 指示灯状态组合

状态名称	RUN 状态	ALM 状态	表示含义
正常运行	1Hz 周期性闪烁	常灭	单板软件正在运行
Boot 指示	常亮	常亮	复位按钮按下（灯全亮）
	常灭	常灭	处于 boot 过程中
版本下载	5Hz 周期性闪烁	常灭	版本下载中
	1Hz 周期性闪烁	5Hz 周期性闪烁	版本下载丢失
故障告警	1Hz 周期性闪烁	常亮	GPS 同步时钟丢失
	1Hz 周期性闪烁	1Hz 周期性闪烁	—
	常亮	5Hz 周期性闪烁	—
	常亮	1Hz 周期性闪烁	—
	5Hz 周期性闪烁	5Hz 周期性闪烁	业务通道全部不可用（通讯正常）
	5Hz 周期性闪烁	1Hz 周期性闪烁	—
	5Hz 周期性闪烁	常亮	FPGA 下载失败
自检失败	常灭	5Hz 周期性闪烁	自检失败，严重错误
	常灭	2Hz 周期性闪烁	—
	常灭	0.5Hz 周期性闪烁	—

② TPBA 板

TPBA（TD-SCDMA NodeB Baseband Processing Board TypeA）即基带处理板，每块 TBPA 单板可提供最大 8 天线、3 个载波的基带处理能力。TPBA 板的面板结构如图 7-8 所示。

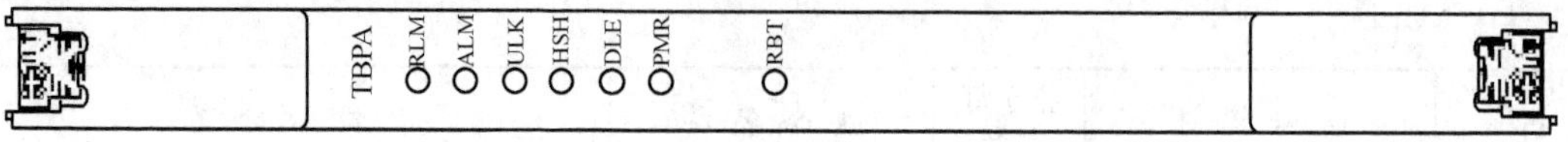

图 7-8　TPBA 面板结构

TPBA 板有 6 个指示灯和 1 个复位开关（RST），如表 7-4 所示。

表 7-4　TPBA 面板指示灯

名　称	信 号 描 述	指示灯颜色	状态名称	表 示 含 义
RUN	运行指示灯	绿色	参见表 7-6	
ALM	告警指示灯	红色		
LNK	网口指示灯	绿色	常亮	以太网链路激活
			常灭	以太网链路断
HSI	高速信号指示灯	红色	常亮	其中一条工作用高速信号链路出现严重误码，误码率超过 IQ_ERR1（该值可由 OMC 配）
			1Hz 周期性闪烁	其中一条工作用高速信号链路出现轻微误码，误码率超过 IQ_ERR1（该值可由 OMC 配）
			常灭	所有高速信号链路没有出现误码
IDLE	DSP 状态指示灯	绿色	常亮	DSP 空闲
			常灭	DSP 忙
PWR	电源指示灯	绿色	常亮	单板电源工作正常
			常灭	单板电源工作异常或电源关闭

表 7-5　RUN 与 ALM 指示灯状态组合

状 态 名 称	RUN 状态	ALM 状态	表 示 含 义
正常运行	1Hz 周期性闪烁	常灭	单板软件正在运行
Boot 指示	常亮	常亮	复位按钮按下（灯全亮）
	常灭	常灭	处于 boot 过程中
版本下载	5Hz 周期性闪烁	常灭	版本下载中
	1Hz 周期性闪烁	5Hz 周期性闪烁	版本下载丢失
故障告警	1Hz 周期性闪烁	常亮	时钟丢失
	1Hz 周期性闪烁	1Hz 周期性闪烁	—
	常亮	5Hz 周期性闪烁	—
	常亮	1Hz 周期性闪烁	—
	5Hz 周期性闪烁	5Hz 周期性闪烁	自发现本板不能提供基带处理业务
	5Hz 周期性闪烁	1Hz 周期性闪烁	—
	5Hz 周期性闪烁	常亮	FPGA 下载失败
自检失败	常灭	5Hz 周期性闪烁	—

③ IIA 板

IIA（Iub Interface over ATM）板是 B328 设备与 RNC 连接的数字接口板，实现与 RNC

的物理连接。每个 IIA 支持 8 个 E1、2 个 STM-1 光接口。IIA 板的面板结构如图 7-9 所示。

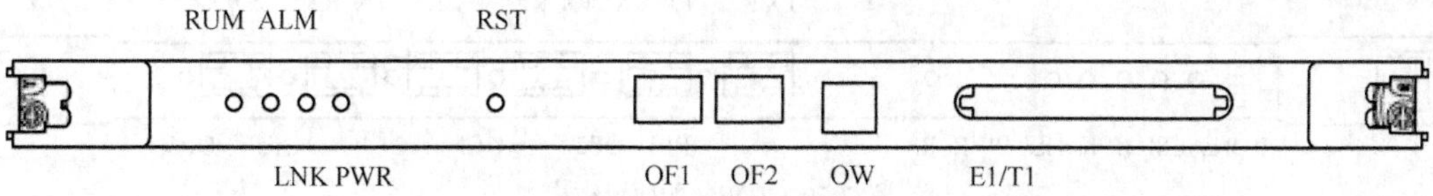

图 7-9　IIA 面板结构

IIA 板有 4 个指示灯、1 个复位按钮（RST）和 6 个接口，如表 7-6 和表 7-7 所示。

表 7-6　IIA 板指示灯

名　称	信号描述	指示灯颜色	状态名称	表示含义
RUM	运行指示灯	绿色	常亮	单板处于复位状态
			1Hz 周期性闪烁	单板状态正常
			5Hz 周期性闪烁	单板处于 BOOT 启动过程
			常灭	单板自检失败
ALM	告警指示灯	红色	常亮	单板逻辑下载失败或者其他严重告警
			5Hz 周期性闪烁	输入时钟信号告警
			1Hz 周期性闪烁	Iub 接口或者以太链路告警
			常灭	单板运行无故障或正在复位、启动或下载版本
LNK	链路指示灯	绿色	常亮	系统已经配置的所有 Iub 链路正常
			5Hz 周期性闪烁	系统配置的单板的 Iub 端口 STM-1 链路故障
			1Hz 周期性闪烁	系统配置的单板的 Iub 端口 E1 链路故障
			0.5Hz 周期性闪烁	以太网链路故障
			常灭	所有配置的 Iub 链路全部故障
PWR	电源指示灯	绿色	常亮	电源正常
			常灭	电源故障

表 7-7　IIA 板接口说明

接口分类	接口标识	接口用途	连接关系
面板接口	OF1	LC 光接口，可接单模光纤，用于和 RNC 连接	和 RNC 相连
	OF2	LC 光接口，可接单模光纤，用于和 RNC 连接	和 RNC 相连
	OW	网口，用于调试	和调试机相连
	E1/T1	E1/T1 接口，可接 8 路 E1/T1，用于和 RNC 连接	和 ET 板相连
单板接口	X1	电源接口	和背板相连
	X2	信号接口	和背板相连

④ TORN 板

TORN（TD-SCDMA NodeB Optical Remote Network）板是 BBU 和 RRU 间的接口板，每个 TORN 有 6 个 1.25G 光接口，每个光接口的容量为 24A × C（载波天线）；通过单模光纤传

输距离可达 10km；支持 RRU 的星型、环型、链型组网。TORN 的面板结构如图 7-10 所示。

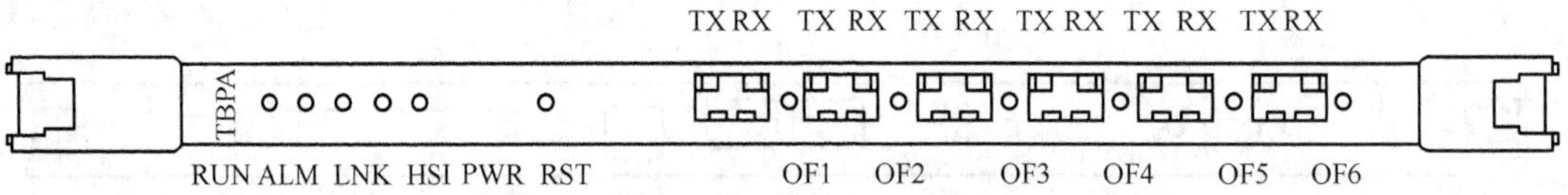

图 7-10　TORN 的面板结构

TORN 板有 11 个指示灯、1 个复位按钮（RST）和 6 个接口，如表 7-8、7-9 和 7-10 所示。

表 7-8　　TORN 板指示灯

名　称	信号描述	指示灯颜色	状态名称	表示含义
RUN	运行指示灯	绿色	参见表 7-10	
ALM	告警指示灯	红色		
LNK	以太网链路指示灯	绿色	常亮	以太网链路激活
			常灭	以太网链路断
HSI	基带侧链路错误指示灯	红色	常亮	其中一条工作用高速信号链路出现严重误码，误码率超过 IQ_ERR1（该值可由 OMC 配）
			1Hz 周期性闪烁	其中一条工作用高速信号链路出现轻微误码，误码率超过 IQ_ERR1（该值可由 OMC 配）
			常灭	所有高速信号链路没有出现误码
OF1～OF6	光接口指示灯	绿色	常亮	光接口和 RRU 的物理连接正常
			常灭	光接口和 RRU 的物理连接不正常或未连接
PWR	电源指示灯	绿色	常亮	单板电源工作正常
			常灭	单板电源工作异常或电源关闭

表 7-9　　RUN 与 ALM 指示灯状态组合

状态名称	RUN 状态	ALM 状态	表示含义
正常运行	1Hz 周期性闪烁	常灭	单板软件正在运行
Boot 指示	常亮	常亮	复位按钮按下（灯全亮）
	常灭	常灭	处于 boot 过程中
版本下载	5Hz 周期性闪烁	常灭	版本下载中
	1Hz 周期性闪烁	5Hz 周期性闪烁	版本下载丢失
故障告警	1Hz 周期性闪烁	常亮	时钟丢失
	1Hz 周期性闪烁	1Hz 周期性闪烁	—
	常亮	5Hz 周期性闪烁	—
	常亮	1Hz 周期性闪烁	—
	5Hz 周期性闪烁	5Hz 周期性闪烁	—
	5Hz 周期性闪烁	1Hz 周期性闪烁	—
	5Hz 周期性闪烁	常亮	FPGA 下载失败
自检失败	常灭	5Hz 周期性闪烁	—

表 7-10 TORN 板接口说明

接口分类	接口标识	接口用途	连接关系
面板接口	TX/RX	光接口，用于和 RRU 连接	连接到 RRU
单板接口	X1	−48V 电源插座	和背板相连
	X2～X6	后背板信号插座	和背板相连

⑤ BEMU 板

BEMU（NodeB Environmnet Monitor Unit）板位于机顶，用于接入系统内部和外部的告警信息（包括环境监控、传输、电源、风扇等的告警信息），为 BCCS 板提供管理通道，并为 BCCS 提供 GPS、BITS 基准时钟，对外提供测试时钟接口等功能。

BEMU 的面板结构如图 7-11 所示。BEMU 竖插在机顶，朝上的面板叫做前面板，面向机柜内部的面板叫后面板。

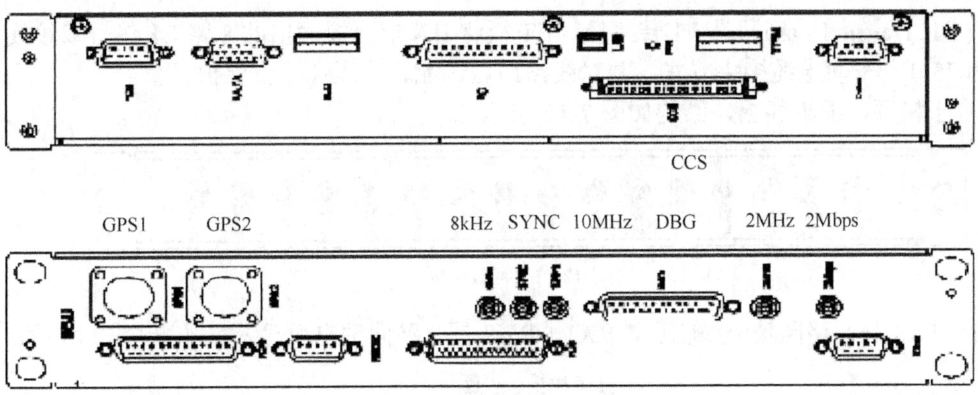

图 7-11 BEMU 面板结构

BEMU 板有 20 个接口，一个复位按钮（RST），如表 7-11 所示。

表 7-11 BEMU 板接口说明

接口位置	接口标识	接口类型	连接关系
前面板	NDI	DB44，信号接口	连接到外部设备环境监控单元的干接点告警（输入）
	ND0	DB25，信号接口	连接到外部设备环境监控单元的干接点告警（输出）和其他串口
	RS232	DB9，信号接口	连接到外部电源监控设备
	Etner	DB9，信号接口	连接到 SDH 系统（外置）
	GPS1	N 插头，信号接口	连接到天线
	GPS2	N 插头，信号接口	连接到天线
	8kHz	CC4 插头，信号接口	测试时钟输出，连接到仪表
	SYNC	CC4 插头，信号接口	测试时钟输出，连接到仪表
	10MHz	CC4 插头，信号接口	测试时钟输出，连接到仪表

续表

接口位置	接口标识	接口类型	连接关系
前面板	DBG	DB25，信号接口	未用
	2MHz	CC4 插头，信号接口	外部输入时钟
	2Mbps	CC4 插头，信号接口	外部输入时钟
后面板	PDU	DB9，电源接口	连接到电源
	PA_TA	DB15，信号接口	未用
	ELD	8 芯插座，信号接口	连接到 BELD 板
	FC	DB25，信号接口	连接到 FCC 单板的 X2
	CCS	DB68，信号接口	连接到 BCR 背板 X3、X4
	LPB	3 芯插座，信号接口	连接到防雷模块
	TTPM	8 芯插座，信号接口	未用
	Ether	DB9，信号接口	连接到 SDH 系统（内置）

⑥ ET 板

ET（E1 Transit Board）是 E1 转接板。ET 板将 IIA 前面板输出的 8 路 E1 信号双绞线方式转换为 75 Ω 非平衡电缆接头方式，并对线路口做过流、过压和箝位保护。

ET 位于机顶，面板朝上，结构如图 7-12 所示。

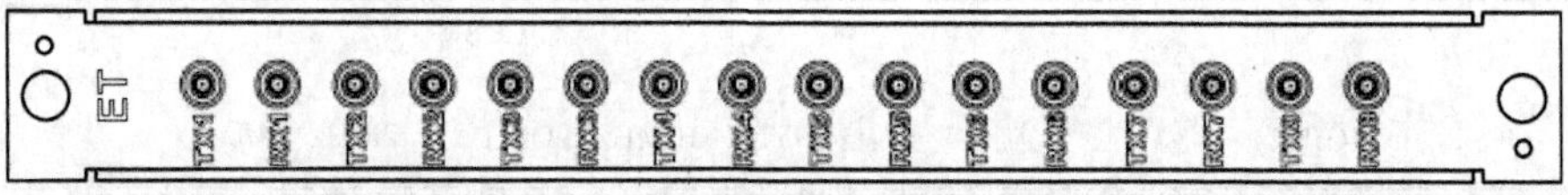

图 7-12　ET 面板结构

TX1～TX8 是 8 路同轴电缆输出，RX1～RX8 是 8 路同轴电缆输入，如表 7-12 所示。

表 7-12　ET 板接口说明

接口分类	接口标识	接口用途	连接关系
面板接口	TX1～TX8	CC4 插座	连接到外部 RNC
	RX1～RX8	CC4 插座	连接到外部 RNC
单板接口	E1（1～8）	DB68	连接到 IIA 板

3．RRU 硬件结构

（1）R04 外形和面板结构

ZXTR R04 的外形和规格如图 7-13 所示。

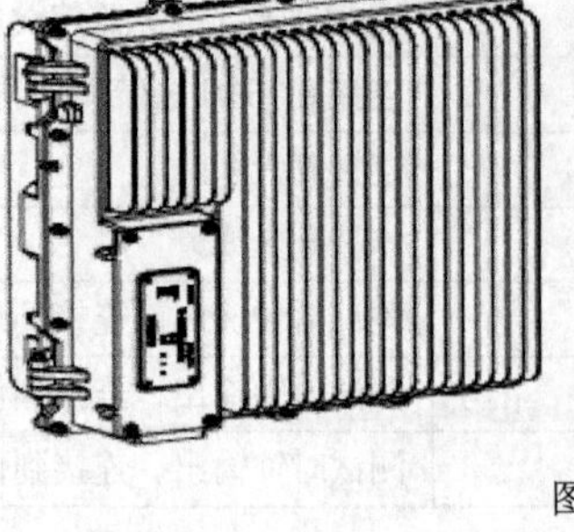

类型	ZXTR R04
外形尺寸	480mm×440mm×200mm（长×宽×厚）
重量	28kg
供电	148VDC（变化范围：-57VDC～-35VDC） 220VAC（130V～300V，45Hz～65Hz）
单机最大功耗	130W
最大支持载频数量	6

图 7-13　ZXTR R04 外形和规格

ZXTR R04 面板如图 7-14 所示。

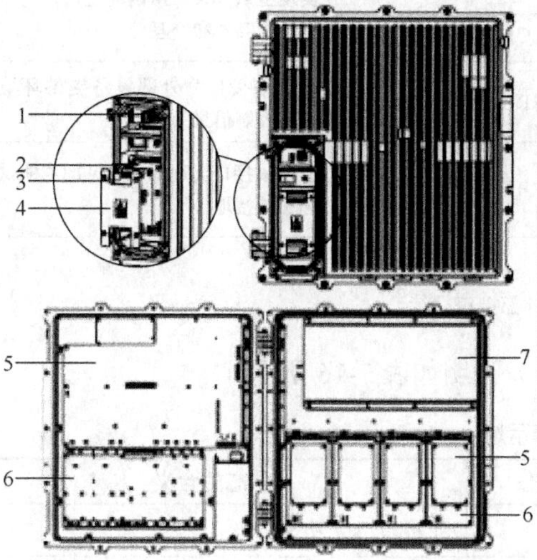

序号	说明
1	指示灯
2	RSP 单板（RRU 信号防护板）
3	RPP 单板（RRU 电源防护板）
4	绝缘盖板
5	RIIC 单板（RRU 接口中频控制板）
6	RTRB 单板（RRU 收发信板）
7	RPWM 单板（RRU 电源子系统板）
8	RFIL 单板（RRU 腔体滤波器子系统）
9	RLPB 单板（RRU 低噪声功放子系统）

图 7-14　ZXTR R04 面板

ZXTR R04 的外部接口如图 7-15 所示。

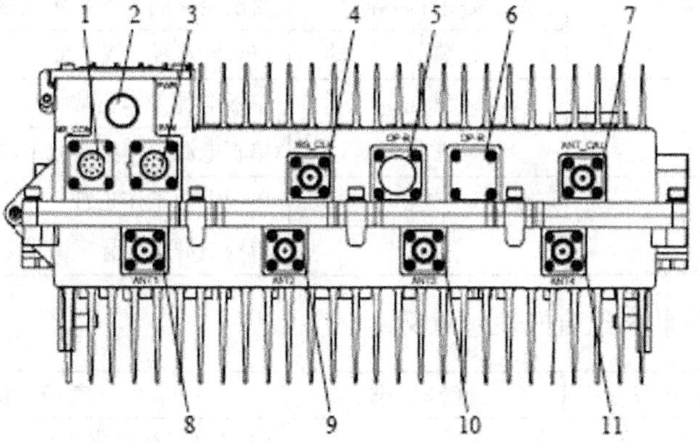

1.MS_COM　2.PWR　3.EAM　4.MS_CLK　5.OP-B　6.OP-R　7.ANT_CAL　8.ANT1　9.ANT2　10.ANT3　11.ANT4

（a）

接口标识	接口名称/型号	连接外部系统	接口功能概述
ANT1	天线端口/N 型 FEMALE 密封插座	RRU→天馈系统	天馈连接接口，用于与天馈连接实现与 UE 的空中接口的传输，以及天线校正
ANT2			
ANT3			
ANT4			
ANT_CAL			
OP_B	上联光纤端口/对纤密封光纤插座	RRU→BBU 或 RRU	实现与 BBU 或者级联 RRU 之间的 IQ 数据和通信信令的交互
OP_R	下联光纤端口/对纤密封光纤插座		

图 7-15　ZXTR R04 外部接口

接口标识	接口名称/型号	连接外部系统	接口功能概述
MS_COM	主从通信互联端口/10 芯航空插座	M_RRU→S_RRU	实现主从 RRU 组网的通信，同步等信息的互连和交互
MS_CLK	主从时钟互联端口/N 型 FEMALE 密封插座	M_RRU→S_RRU	
EAM	外部设备环境监控端口/8 芯航空插座	RRU→外部设备	通过该接口为外部设备提供环境告警和控制信息的交互
PWR	电源端口/防水	RRU→电源设备	通过该接口实现对 RRU 的电能供应和保护接地
	密封堵头（自带尾线）		

（b）

图 7-15　ZXTR R04 外部接口（续）

ZXTR R04 的指示灯（仅 RIIC 单板有指示灯）说明如表 7-16 所示。

表 7-16　RIIC 单板指示灯

指示灯名称	指示灯颜色	指示灯可能状态	状态的含义
OP1	红色	常亮	光接口 1 无功率告警
		常灭	光接口 1 工作正常（需要 FPGA 有版本）
OP2	红色	常亮	光接口 1 无功率告警
		常灭	光接口 1 工作正常（需要 FPGA 有版本）
FPGA	绿色	周期性闪烁	目前定义的为 FPGA 正常运行
		常灭	FPGA 无版本或 FPGA 运行异常
3V3	绿色	常亮	单板电源工作正常
		常灭	单板电源工作异常或电源关闭
4V3	绿色	常亮	单板电源工作正常
		常灭	单板电源工作异常或电源关闭

PUN 与 ALM 指示灯状态组合及表示意义：

状 态 名 称	RUN 状态	ALM 状态	表 示 含 义
初始化	5Hz 周期性闪烁	常灭	RRU 处于初始化状态
正常运行	1Hz 周期性闪烁	常灭	RRU 结束初始化状态
Boot 指示	常亮	常亮	复位按钮按下（灯全亮）硬件
	常灭	常灭	处于 boot 过程中 BSP 以及 vxworks 初始化
	2Hz 周期性闪烁	常灭	处于人工模式
版本下载	5Hz 周期性闪烁	常灭	版本下载中
故障告警	1Hz 周期性闪烁	常亮	时钟告警
	1Hz 周期性闪烁	1Hz 周期性闪烁	BBU 通信断
	5Hz 周期性闪烁	常亮	FPGA 下载失败
自检失败	常灭	5Hz 周期性闪烁	—
	常灭	2Hz 周期性闪烁	—
	常灭	0.5Hz 周期性闪烁	自检失败，中频芯片发现错误

（2）ZXTR R04 功能模块

ZXTR R04 的功能模块主要有接口中频控制子系统（RIIC）、收发信机系统（RTRB）、低噪功放子系统（RLPB）和通道腔体滤波器（RFIL），如图 7-16 所示。

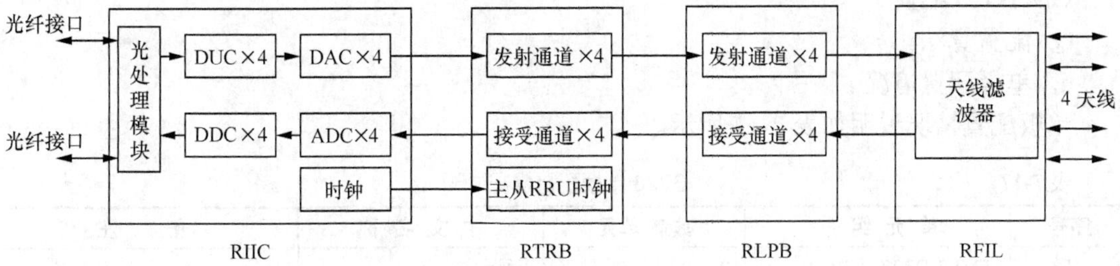

图 7-16　ZXTR R04 主要功能模块

在下行方向，数据信号从光纤接口到达 RIIC 子系统经过处理后，发送到 RTRB 子系统，在 RTRB 子系统经过信号处理、滤波厚发送到 RLPB 子系统，然后到达 RFIL 子系统后传送到天馈系统；上行方向按反方向处理后数据信息经光纤接口发送给 BBU。

ZXTR R04 的功能模块还包括电源子系统、电源防雷子系统和信号防雷保护子系统。

4．ZXTR NodeB 组网及配置

（1）BBU+RRU 的组网方式

BBU 和 RRU 之间支持星形组网方式、链形组网方式以及混合组网方式，分别如图 7-17、7-18 和 7-19 所示。

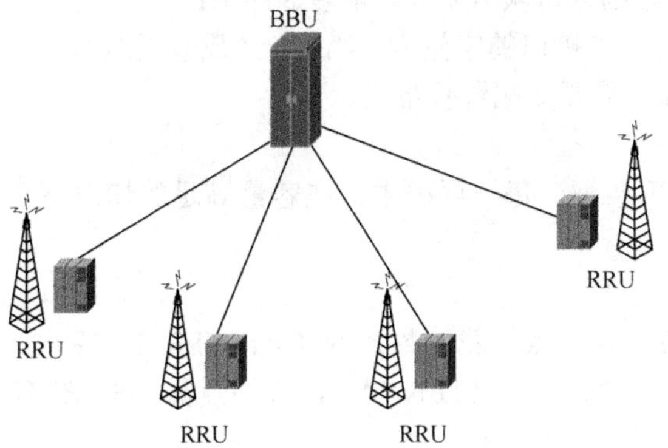

图 7-17　B328 和 RRU 的星形组合

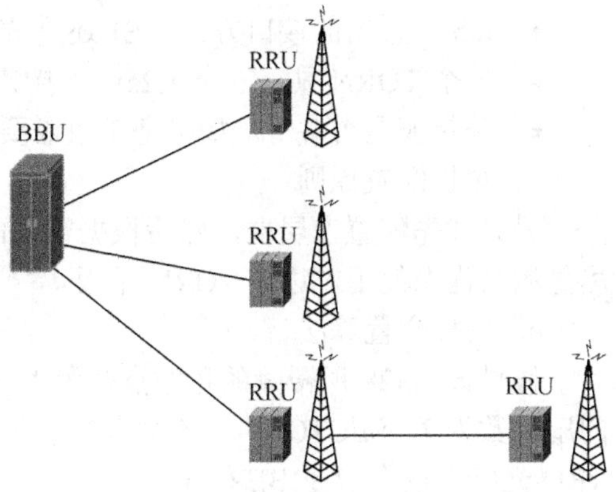

图 7-18　B328 和 RRU 的混合组合

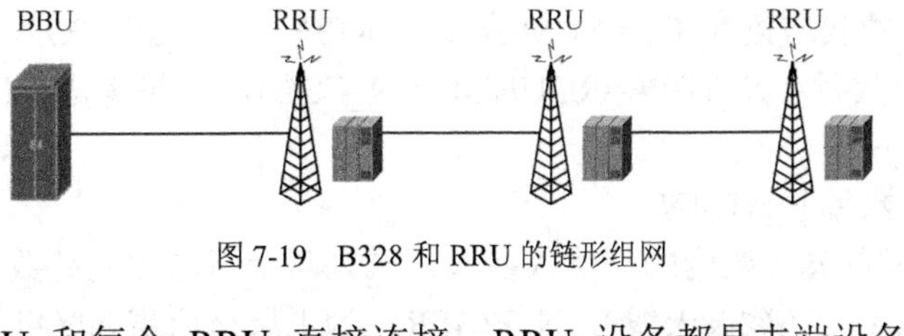

图 7-19　B328 和 RRU 的链形组网

星形组网时 BBU 和每个 RRU 直接连接，RRU 设备都是末端设备。这种组网方式简单，维护和工程都很方便。信号经过的环节较少，线路可靠性较高。

链形组网方式最后一个 RRU 信号进过的环节较多，线路可靠性较差。适用于呈带状分布的，用户密度较小的地区，可节省传输设备。缺点是可靠性差，一旦某个 RRU 和 BBU 出现断链，该 RRU 后面的 RRU 都会和 BBU 断链。

（2）B328 配置

① 配置算法

a．单板配置情况

单板配置情况说明如表 7-17 所示。

表 7-17　B328 单板配置情况说明

序号	单 元 组 成	数量/单元	中 文 名 称	备　注
1	ZXTR B328 BCR	2	背板	—
2	ZXTR B328 FANS	1	风扇	—
3	ZXTR B328 BEMU	1	环境监控板	—
4	ZXTR B328 BCCS	可变	系统控制板	—
5	ZXTR B328 ET	可变	E1 转接板	只在 Iub 口采用 E1 传输时才需要该单板
6	ZXTR B328 ILA	可变	基站 Iub 接口板	根据配置计算单板数量
7	ZXTR B328 TBPA	可变	基带处理板	根据配置计算单板数量
8	ZXTR B328 TORN	可变	光接口板	根据配置计算单板数量

影响 ZXTR B328 设备配置的因素主要有：

- ZXTR B328 所处理的载扇数目。载扇数目是 BBU 所处理容量的最主要指标。
- Iub 口采用的接口方式：E1 还是 STM1。因为每块 IIA 只有最多 8 路 E1。
- 一个 TORN 只有 6 个 1.25G 光接口，每个光接口的容量为 24A × C（载波天线）。
- 基带板是否备份。如果基带板需要备份，需要多配置基带板。

b．单板配置原则

只允许先配置上层框，然后根据需要配置下层框。每一层框中，在容量满足的情况下，尽量满足优先使用左边的 TORN 单板。

c．硬件配置算法

假设该 B328 所覆盖的各站点数为 N_SITE，各站点的载波数为 N_CARRIER_i，各站点的扇区数为 N_SECTOR_i，各站点各扇区的天线数为 N_ATTENNA_i，各站点需要的 BBU-RRU 光纤数量为 N_FIBER__i。

ROUNDUP（x）表示向上取整。IF（条件，值 1，值 2）表示如果“条件”为真，取“值 1”，否则取“值 2”。

- 各站点的总的载扇数 N_CS= SUM(N_CARRIER_i * N_SECTOR_i)，i =1…N_SITE；
- TBPA 单板数目：N_TBPA=ROUNDUP(N_CS/3)，如果考虑 N+1 备份，N_TBPA= ROUNDUP(N_CS/3)+1；
- TORN 单板数目 N_TORN：

BBU-RRU 之间的光纤数为网规输入参数，规划时上下层的光纤数分别计算，一根光纤的容量不能超过 24A×C（载波天线）。N_FIBER1 为上层框所需的光纤数，N_FIBER2 为下层框所需的光纤数。

N_TORN= ROUNDUP(N_FIBER1/6)+ ROUNDUP(N_FIBER2/6)。

- BCCS 单板数目 N_BCCS=IF(N_CS <=36,1,2)，如果要备份 N_BCCS=IF(N_CS <= 36,1,2)*2。
- Iub 口光口数、E1 数量为网规输入参数，光口和 E1 一般只会用一种。无网规时按如下公式估算，Iub 口所需带宽（Mbps）=N_Carrier*N_Sector +级联 NODE B 所需的带宽。

E1 数量：N_E1=ROUNDUP(Iub 口所需带宽(Mbps)/(2*0.8))

Iub 口光口数：N_STM1=Iub 口所需带宽(Mbps)/100。

IIA 总数：N_IIA=IF(OR(N_E1>8,N_STM1>2),2,1) + IF(N_BCR =1,0,1)。

- BCR 数量：N_BCR=IF(N_CS <=36,1,2)。
- ET 单板数量：当 Iub 口采用 STM-1 传输时不需要 ET 板，当 Iub 口采用 E1 传输时，ET 单板数量= IIA 单板数量

② 典型配置

ZXTR B328 有许多种不同组合的配置方式。所有配置根据用户需求及网络规划确定。因此，对不同的应用站点、系统的配置形式各不相同。对于一个站点，一般典型的配置有全向站和三扇区站型。

a．配置 A

配置 A 支持 1 个站点，每个站点支持 9 载扇，每载扇支持 8 个天线，Iub 口采用 E1 传输，Node B 无级连；机架配置图如图 7-20 所示。

1	2	3	4	5	6	7	8	9	10	11	12	13	14	15	16	17	18	19	20	21
TBPA	TBPA	TBPA				TORN								IIA		BCCS			BCCS	

图 7-20 配置 A 的机架图

b．配置 B

配置 B 支持 2 个站点，每个站点支持 18 载扇，每载扇支持 8 个天线，Iub 口采用 STM-1 传输，Node B 无级连；机架配置图如图 7-21 所示。

1	2	3	4	5	6	7	8	9	10	11	12	13	14	15	16	17	18	19	20	21
TBPA	TBPA	TBPA	TBPA	TBPA	TBPA	TORN	TORN	TBPA	TBPA	TBPA	TBPA	TBPA	TBPA	IIA		BCCS			BCCS	

图 7-21 配置 B 的机架图

c．配置 C

配置 C 支持 4 个站点，每个站点支持 18 载扇，每载扇支持 8 个天线，Iub 口采用 STM-1 传输，Node B 无级连；机架配置图如图 7-22 所示。

1	2	3	4	5	6	7	8	9	10	11	12	13	14	15	16	17	18	19	20	21
TBPA	TBPA	TBPA	TBPA	TBPA	TBPA	TORN	TORN	TBPA	TBPA	TBPA	TBPA	TBPA	TBPA	IIA			BCCS		BCCS	
TBPA	TBPA	TBPA	TBPA	TBPA	TBPA	TORN	TORN	TBPA	TBPA	TBPA	TBPA	TBPA	TBPA	IIA			BCCS		BCCS	

图 7-22　配置 C 的机架图

（3）R04 配置

① 系统容量

单个 R04 支持 6 载波 4 天线。

两个 R04 互连支持 6 载波 8 天线，并需要使用 1 根主从通信互连电缆和 1 根主从本振互连电缆。

② 典型配置

下面介绍单扇区频点数大于等 3 情况下外部设备以及电缆配置。

a．标准配置（单扇区频点数大于等于 3 的情况）

两个 RRU，一个主一个从；一个室外电源防雷箱；一个 8 天线阵列；一个室外功分器；安装主件 1 套；每个扇区（单扇区 3 频点以上）外部电缆配置；RRU 馈电电缆 2 根；RRU N 型 2m 标准射频跳线 8 根；RRU N 型 1m 标准射频跳线 3 根；定长带双头室外复合光缆一根（长度根据工程勘测选择）；干节电跳线一根；时钟电缆一根。

b．级联配置

级联配置除了光缆配置存在差异外，其余的跟标准配置一样。级联情况下的单扇区光缆配置如下：

- 定长单头 2 芯铠装光缆：1 根（仅主从级联）/2 根（从 RRU 有级联）
- 标准双头 1m 光缆跳线：1 根。

任务 2　TD-SCDMA 基站软件安装与开通调测

【问题引入】TD-SCDMA 基站软件如何安装？开通调测试是如何进行的？这是我们首先要掌握的内容。

【本任务要求】

1．领会：CS 和 PS 业务流程。

2．应用：LMT 客户端安装；基站系统调工具使用；基站的工作状态进行检查；CS 和 PS 业务测试。

1．基站软件安装

随着通信技术的发展，运营商对网管系统的需求更加多样化。现场工程师在基站机房对设备进行调整的时候，经常需要及时观察基站设备的反馈，并对设备参数进行微调。通过本地维护终端 LMT，现场工程师可以直接用网线连接基站设备的控制单板，对设备进行查询，设置等操作。因此，当基站的操作系统已安装完毕并能正常运行时，接下来就该现场安装 LMT 软件了。

中兴通讯的 NodeB 本地维护终端 LMT 包括：操作维护子系统、告警管理子系统和性能管理子系统。

在 Windows 2000 操作系统下安装 LMT 客户端，分为三步：安装前的准备工作；正式安装过程；安装检查。

（1）软件安装准备

安装 LMT 客户端应用软件前，请先做好以下检查和准备工作。

① 确认基站操作系统已经正确安装并正常运行；

② 检查本机的硬件配置是否满足要求，性能良好；

③ 获取中兴通讯 LMT 网管应用软件安装包。

（2）正式安装过程

① 安装步骤

a．打开网管安装程序目录，双击执行安装程序目录下的 setup.exe 文件，进入安装界面，开始进行安装。

b．进入[许可证协议]界面，查看《许可证协议》。

c．进入[选择语言]界面，选择当前安装版本。

d．进入[客户信息]界面，填入客户信息。

e．进入[选择目的位置]，设置目标文件存放位置。

f．进入[复制文件界面]，复制文件。

g．进入[安装状态]界面。

h．安装结束

② 卸载

在 Windows 2000 操作系统下，LMT 网管系统支持图形化的卸载方式。

a．在 Windows 2000 操作系统下，选择[开始→所有程序→NodeB 应用程序→卸载]菜单，如图 7-23 所示。

图 7-23　卸载网管程序

b．进入[确认文件删除界面]，单击“确认”按钮，开始卸载 LMT 软件。

c．卸载完成。

（3）安装检查

LMT 网管客户端安装结束以后，需要进行必要的安装检查，以确保软件的正确安装。

① 检查安装文件：安装结束以后，检查以下安装目录下是否存在如下子目录：

Bin 目录：客户端应用程序。

② 启动 LMT 客户端：网管系统成功安装后，系统会自动在[开始→所有程序]菜单中自动添加系统客户端启动菜单。选择[NodeB 应用程序→NodeB 操作维护终端]菜单，即可启动网管客户端程序，如图 7-24 所示。

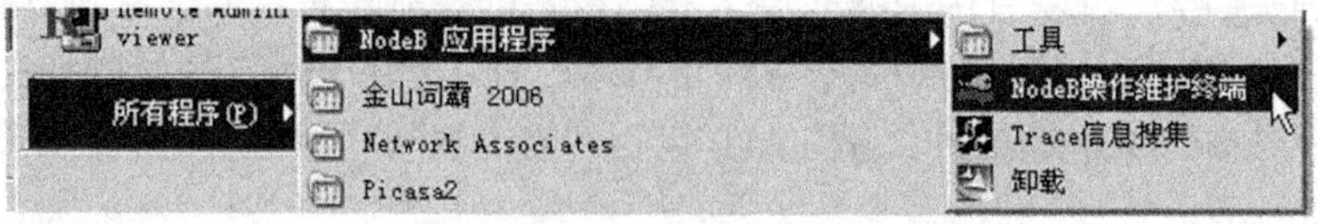

图 7-24　LMT 软件目录结构

③ 关闭 LMT 客户端：从网管启动界面中选择菜单[系统→退出]或直接单击 ×。

（4）启动 LMT 各子系统

① 启动操作维护系统

NodeB 的操作维护子系统（OMS，Operation and Maintenance Subsytem）与 NodeB 通过局域网进行通信，用户可以在 OMS 上实现对 NodeB 的全部操作维护。

启动 LMT 客户端后即可进入 OMS 界面，步骤如下。

a．启动 LMT 客户端。

b．在弹出的[登录]对话框中输入正确的用户名、口令和基站 IP，选择登录方式，单击<确定>按钮。

c．弹出[选择 OMS 版本]对话框，在下拉菜单中选择 OMS 版本，单击<确定>按钮。

d．成功登录后，系统显示主界面，如图 7-25 所示。

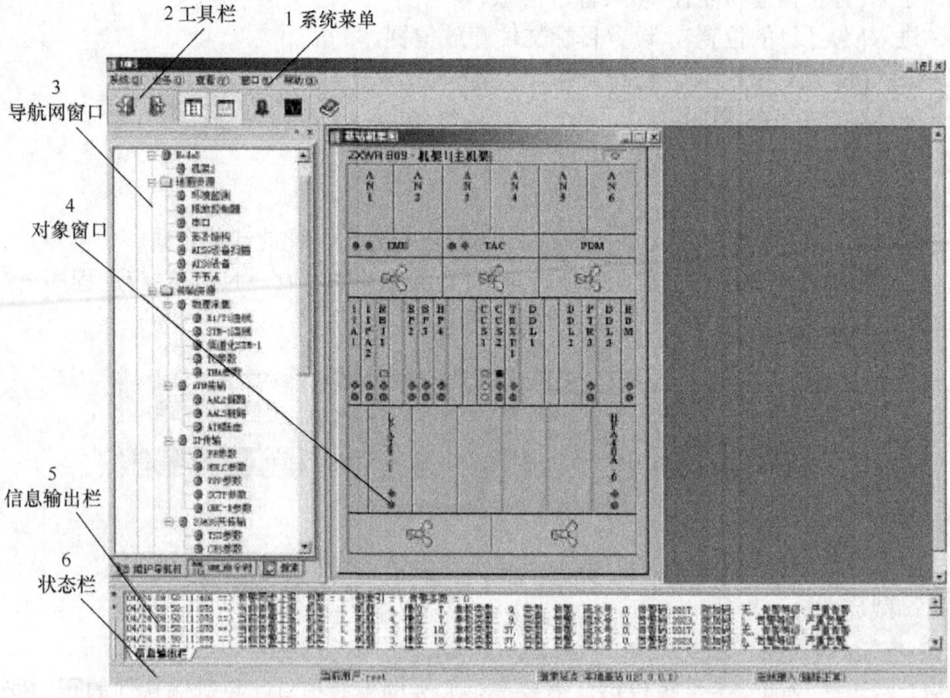

图 7-25　OMS 操作界面

序号	字段名	说明
1	系统菜单	提供部分系统功能，包含“系统”、“业务”、“查看”、“窗口”和“帮助”等内容
2	工具栏	提供了部分快捷图标，包含登录、注销、显示/隐藏导航窗口、显示/隐藏信息窗口、启动 FMS 和 PMS、帮助等
3	导航树窗口	以树形结构的方式提供了各类操作对象，包含“维护”、“MML 命令”、“搜索”
4	对象窗口	用户进行操作的窗口，提供了操作对象的详细信息
5	信息输出栏	记录了对当前的操作以及系统反馈的详细信息
6	状态栏	位于 NodeB 操作维护系统的底部，包含当前用户、登录站点、连接是否正常等

图 7-25　OMS 操作界面（续）

② 启动告警管理系统

告警管理系统（Fault Management Subsystem，FMS）的主要功能是负责监控系统各单元模块的工作情况及状态，收集个监控单元的状态消息和告警消息。告警管理将这些消息进行解析整理，最终向 OMS 发送，使得 OMS 能够对系统的运行情况进行实时监控。

一条告警消息的完备描述可以分为两部分，告警源描述和告警内容描述。告警源描述包括：告警源单板槽位信息和告警源单板类型；告警内容描述包括告警类型、告警级别、告警码、告警子码、告警参数说明和告警时间。

告警类别和告警级别分别见表 7-18 和 7-19。

表 7-18　告警类别

术　语	说　明
故障告警	由于硬件设备故障，或某些重要功能异常而产生的告警，故障告警发生后经过处理能够恢复正常，故障告警的发生与恢复是一一对应的。通常故障告警的严重性要比事件告警高
事件告警	设备运行时的偶然性事件，是设备运行时的一个瞬间状态，只表明系统在某一时刻处于告警状态，事件告警只有发生没有恢复，有一些事件告警是定时重发的

表 7-19　告警级别

术　语	说　明
严重告警	故障导致单板功能失效的告警，与单板相关的资源发生故障阻塞不能使用，正常业务受到致命影响，需要操作人员更换单板或做其他检修工作对故障进行立即修复
重要告警	出现影响正常业务的迹象，需采取紧急修复，如某种设备的服务质量严重下降
普通告警	表明存在不影响正常业务的因素，应采取纠正措施以免发生更严重的故障
轻微告警	存在潜在的或即将影响正常业务的问题，应采取措施诊断纠正这些问题，以避免其变成一个更加严重的影响正常业务的故障
告警通知	系统出现的不重复可瞬时的故障，为操作人员提供监控系统运行的诊断信息（事件告警）

启动告警管理系统的步骤如下。

单击菜单的[业务→启动 FMS]，或单击工具栏按钮，进入告警系统界面如图 7-26 所示。

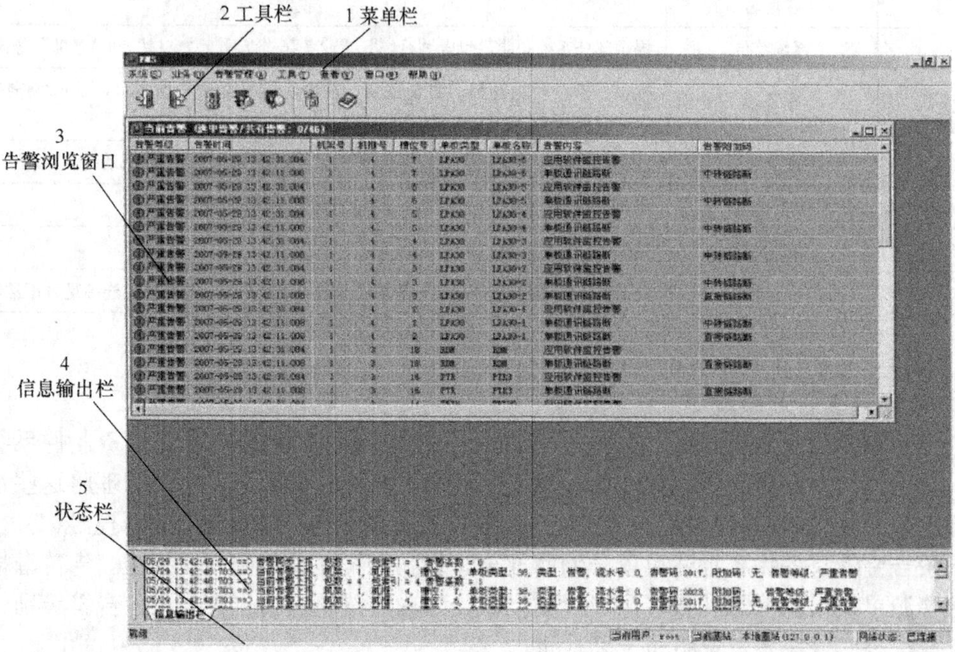

序号	术语	说明
1	菜单栏	提供部分系统功能，包含“系统”、“业务”、“告警管理”、“工具”、“查看”、“窗口”和“帮助”
2	工具栏	提供快捷图标，包含“登录”、“注销”、“查看当前告警”、“查看告警解决方案”、“自定义设置”和“帮助”
3	告警浏览窗口	显示告警信息
4	信息输出栏	显示告警的相关信息
5	状态栏	包含“当前用户”、“登录站点”、“网络状态”等信息

图 7-26　告警管理系统界面

③ 启动性能管理系统

性能管理系统（Performance Management Subsystem，PMS）可主要是收集用户的性能测量要求发送到基站，然后接收基站上报的测量数据，在界面显示数据和保存数据到文件，用户通过对性能参数的查询可以了解到基站目前的负荷工作情况，以调整和平衡系统的负载。

启动性能管理系统的步骤如下。

单击菜单的[业务→启动[PMS]，或单击工具栏■按钮，进入告警系统界面如图 7-27 所示。

2. 基站系统调试

（1）系统调试认知

系统调试是指在 NodeB 完成硬件安装、软件安装后所进行的各项基本测试，以确保系统能按照设计要求投入网络运营。系统调试包括基站的硬件检查、后台数据配置、CS 和 PS 业务测试及常见问题的处理等。

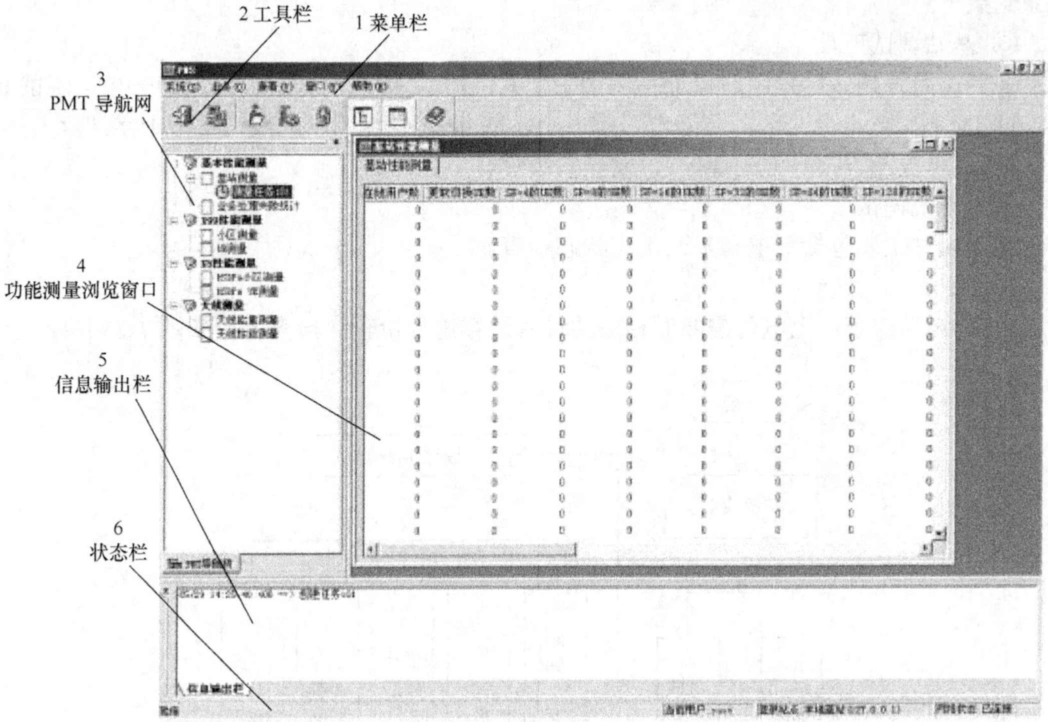

序号	术语	说明
1	菜单栏	提供部分系统功能，包含“系统”、“业务”、“查看”、“窗口”和“帮助”。
2	工具栏	提供快捷图标，包含“登录”、“站点管理”、“导入任务”、“系统配置”、“锁定”和“导航树”、“输出栏”和“帮助”
3	PMT 导航树	显示各项性能测量节点
4	性能测量浏览窗口	显示当前的性能测量信息
5	信息输出栏	显示的相关信息
6	状态栏	包含“当前用户”、“登录站点”、“网络状态”等信息

图 7-27　系能管理系统界面

① 基站调试准备

基站系统调试前提条件如下。

a．完成 OMCB 的调试。

b．完成基站硬件的安装和设置，主要包括机柜、线缆、天馈系统的安装，GPS 的安装，拨码开关和跳线的设置，并检查机架、风扇及各单板上电正常。

c．前台软件版本运行正常，基站软件版本和开局所需版本一致。

d．完成 NodeB 数据配置，准备好 NodeB 数据配置文件。

e．RNC 安装完毕，经过相应的系统调试并且能正常运行。

f．RNC 已经配置需要进行调试的 NodeB 的相关数据。

② 基站调试通过准则和输出文档

a．系统调试通过准则：基站检查无异常，各项业务拨测通过。

b．系统调试输出文档：基站硬件检查及运行状态报告，基站业务测试记录，基站调试记录结果表。

③ 基站调试工具

在基站系统调试过程中，可能使用如下工具：LMT 调试机一台，万用表一台，测试 UE（含 USIM 卡），至少两部，防静电手腕一个，NodeB 专用调试网线一根，十字螺丝刀一把（用于拆装单板上下扣手上的螺丝），发光二级管。

（2）系统调试

系统调试主要包括上电和基站工作状态检查。

① 上电

a．上电前检查：上电前需要对相关的设备进行进行检查，检查流程如图 7-28 所示。

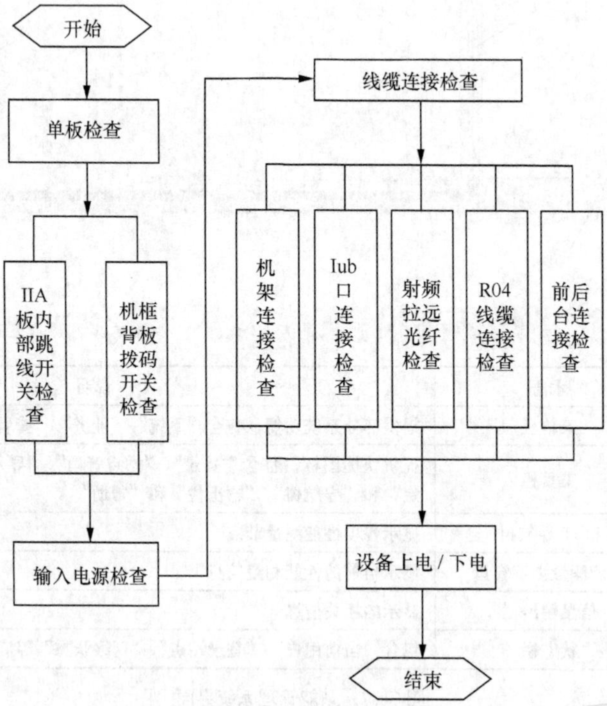

图 7-28 上电前检查流程

b．上电

- B328 上电；
- R04 上电。

② 基站工作状态检查

包括前台单板观察、后台告警观察、后台日志管理、以及动态数据管理观察。

a．前台单板观察

前台单板包括 BCCS、TPBA、IIA 和 TORN 单板。

- BCCS 单板状态检查：NodeB 上电后，如果 BCCS 单板的状态指示灯没有告警，则 BCCS 单板基本工作正常。检查 BCCS 上数据加载是否正常。
- TPBA 单板状态检查：TBPA 单板上电后，首先检查单板的指示灯，如果没有告警灯，则表示设备 TBPA 板基本正常，进行下一步检查。观察 TBPA 单板上的 DSP 和 FPGA

灯是否有规律地闪烁，如果有规律地闪烁则 TBPA 基本正常运行。TBPA 单板上小区检测。

- IIA 单板状态检查：检查 IIA 的拨码是否正确。检查 PVC 配置是否正确检查 AAL5 链路是否正常。

- TORN 单板状态检查：TORN 单板上电后，先检查单板的指示灯，如果没有告警灯，则表示设备 TORN 板基本正常。TORN 单板初始化检查。

b．后台告警观察

需要查看的告警信息一般是显示为红色的一级告警。

c．后台日志管理

目前只有超级用户 root 可以进行日志管理的相关操作，包括查询、统计、保存、删除和查看等操作。

d．动态数据管理观察

以下动态数据管理，在调试时需要使用。

NodeB 整表同步：将后台配置的参数同步到前台，保证前后台参数一致；NodeB 增量同步：将后台修改后的数据同步到前台，保证前后台数据一致；AAL2 链路状态查询：查询 AAL2 链路的状态，以保证能够进行语音业务；AAL2 链路复位：如果 AAL2 链路重新配置后，需要对 AAL2 链路进行复位；AAL2 链路复位停止：对 AAL2 链路进行复位停止；AAL5 链路状态查询：查询 NCP、CCP、IP 承载、ALCAP 链路的状态；单板复位：对各种单板复位，便于操作；单板状态查询：查询单板状态，以检查单板是否正常运行；单板硬件版本查询：确认单板硬件版本信息，以便于调试分析问题；小区闭塞：便于调试，闭塞小区操作使该小区没有信号输出；小区解闭塞：如果将小区闭塞后，又需要使用该小区，则进行解闭塞小区操作；小区状态查询：查询小区的工作状态；天线校正：手动进行天线校正，使所有的通道上下行功率尽量一致；线路时钟参考源查询：查询线路时钟参考源；版本下载：将后台的版本文件传到前台；前后台软件同步：将前台的版本文件和版本参数传到后台；版本信息查询：查询前后台硬件和软件的版本信息。

（3）业务调试

业务调试用于确认基站能够正常提供各项业务。

① CS 域业务测试

a．CS 域 AMR 语音业务拨打测试

以本地 UE 呼叫本地 UE 为例。

- 预制条件：Node B 设备正常开通；商用手机，商用 3G SIM 卡。
- 测试过程：本地 UE 呼叫本地空闲 UE，被叫应答；通话保持 5～10 分钟；主叫和被叫分别挂机，信令流程能正常释放。
- 验收标准：本地 UE 呼叫本地 UE，呼叫能够成功建立，声音清晰，释放流程能够正常释放。

b．CS 域 64K 业务测试

- 预制条件：Node B 设备正常开通；CS64K 业务的商用手机 A 和 B，商用 3G SIM 卡。
- 测试过程：本地 UE 呼叫本地空闲 UE（CS64K 呼叫）；被叫应答通话保持 5～10 分钟。

c．主叫和被叫分别挂机，信令流程能正常释放。

验收标准：本地 UE 呼叫本地 UE，呼叫能够成功建立，图像流畅，声音清晰，释放流程能够正常释放。

② PS 域业务测试

a．64K 数据业务

• 预制条件：Node B 设备正常开通；RNC 和 CN 运行正常；签约了 PS 域 UL64K/DL64K 交互类数据业务的商用手机，商用 3G SIM 卡。

• 测试过程：使用商用手机进行 PS 域附着和 PDP 激活；进行 FTP 文件传输。

• 验收标准：用 DuMeter 检测，下载和上载速率满足签约要求。

• 测试说明：DuMeter 是网络监控器的一种，通过它可看到浏览时以及上传下载时的数据传输情况，实时监测上传和下载的网速。

b．144 K 数据业务

• 预制条件：Node B 设备正常开通；RNC 和 CN 运行正常；签约了 PS 域 UL64K/DL144K 交互类数据业务的商用手机，商用 3G SIM 卡。

• 测试过程：使用商用手机进行 PS 域附着和 PDP 激活：进行 FTP 文件传输。

• 验收标准：用 DuMeter 检测，下载和上载速率满足签约要求。

c．384 K 数据业务

• 预制条件：Node B 设备正常开通：RNC 和 CN 运行正常：签约了 PS 域 UL64K/DL384K 流类数据业务的商用手机，商用 3G SIM 卡。

• 测试过程：使用商用手机进行 PS 域附着和 PDP 激活：用 RealPlay 播放一个 350 kbps 的片源。

• 验收标准：画面清晰流畅，用 DuMeter 检测到的播放速率满足签约要求。

任务 3　TD-SCDMA 基站应急维护与故障处理

【问题引入】TD-SCDMA 有很多关键的技术，其中最关键的是时分双工和上行同步技术，那么这些技术是如何实现的？有怎样的技术优势？这是我们要掌握的内容。

【本任务要求】

1. 领会：故障定位的常用手段。
2. 应用：会进行单个和多个 B328 的应急维护和故障处理。

1. 应急维护流程

应急维护包含以下步骤：检查业务；记录异常情况，并输出异常情况登记表；初步定位和分析故障；紧急求助；恢复业务；观察恢复业务；信息记录，记录故障处理过程表。

应急维护流程如图 7-29 所示。

① 检查业务：按照紧急故障的现象，通过 ZXTR 统一客户端的拓扑图和上报的告警等信息，判断故障是否属于 NodeB，同时初步判断是个别 NodeB 故障还是多个 NodeB 故障。根据故障的发生范围，在条件许可的情况下，应第一时间赶到 NodeB 的局点现场。观察机房环境（温湿度、电源）有无异常，单板告警指示是否正常。

② 记录异常情况：在启动应急恢复预案或者进行故障恢复前期，记录运行版本、异常现象等备案信息。特别是将通过上一个步骤“检查业务”所看到的各类信息尽量记录备案。另外要做好 OMCB 配置数据备份。

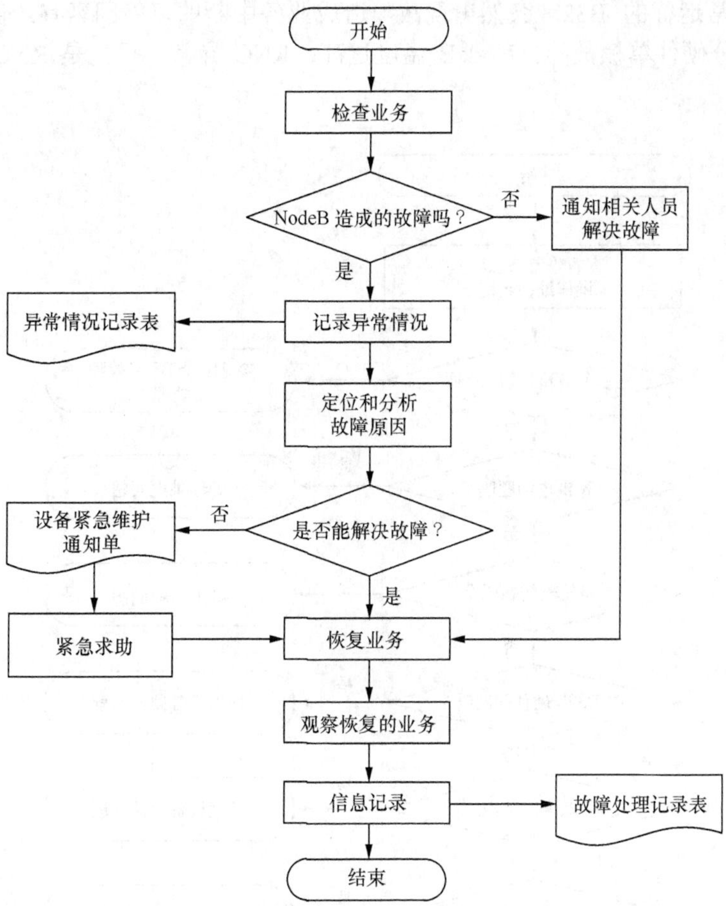

图 7-29　应急维护流程

③ 故障分析和定位：对故障进行分析，初步定位故障原因、故障点并采取对应措施。

④ 紧急求助：向厂家 24 小时服务热线应急求助，公司提供厂家服务热线、远程支持和现场技术支持紧急求助渠道。

⑤ 恢复业务：通过中兴远程支持电话指导或中兴现场支持，定位事故原因并迅速恢复业务。若不能迅速定位事故原因，为尽快恢复系统业务，必要时尝试进行倒换、复位和更换单板来解决问题。

⑥ 观测恢复业务：应急故障业务恢复后，需要进一步检查系统是否全面恢复运行。请参考 ZXTR B328 例行维护手册中日常维护的检查项目，进行检查，确保业务正常运行。同时应该安排人员值守到业务高峰时段，确保如再有问题可以在第一时间处理解决。

⑦ 信息记录：恢复业务以后，按照故障处理的相关记录表收集故障恢复步骤、分析故障发生原因。

2．单个 B328 故障的应急维护

（1）处理流程

图 7-30 给出一个排除单个 B328 业务中断的分析过程和处理思路，便于快速定位故障。首先通过 ZXTR 统一客户端的网络拓扑图和告警信息，判断单个 B328 故障还是大量

B328 故障。正常运行的 B328 突然出现故障造成业务中断的可能因素有：供电异常；传输异常；B328 部分硬件单板故障；NodeB 温度过高；RNC 异常，可能是 RNC 数据修改错误或接口板故障。

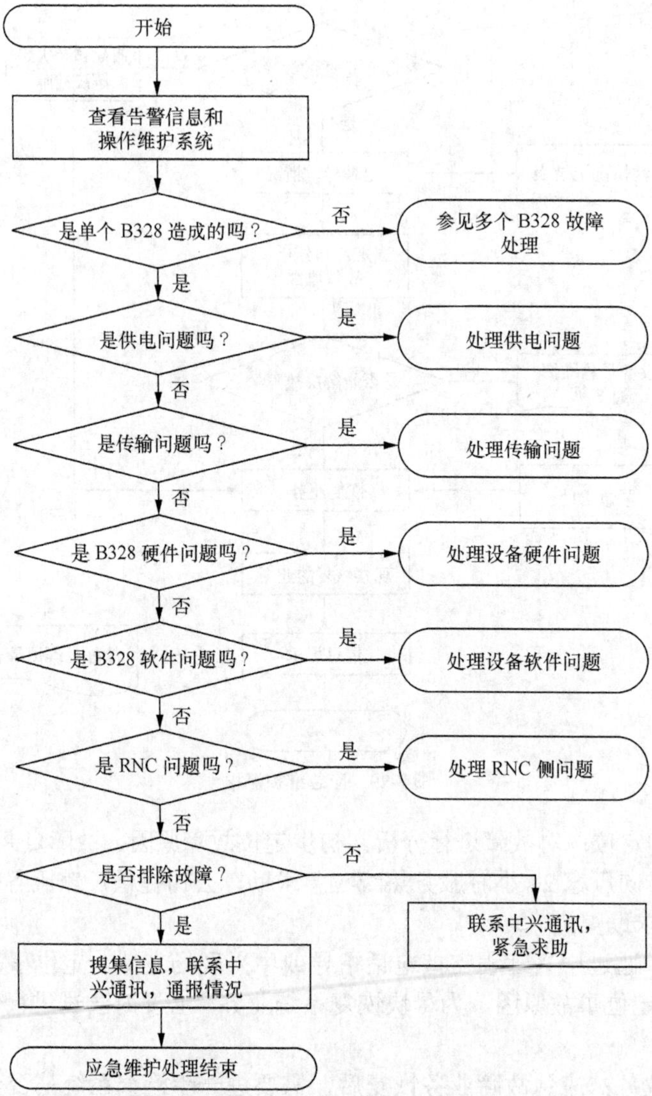

图 7-30 单个 B328 故障的应急处理流程

（2）处理供电异常引起的基站业务中断

① 故障现象

现象 1：

a．配电插箱的指示灯有电源告警；

b．RNC 有 NCP，CCP，公共信道，传输链路，小区状态方面的告警。

现象 2：

a．B328 和 ZXTR 统一客户端断链，无法远程维护。

b．RNC 有 NCP，CCP，公共信道，传输链路，小区状态方面的告警。

② 处理建议

针对故障现象 1：

这种情况一般是外部供电不稳引起的，可以先观察一段时间，如果 B328 仍无法恢复正常，则到现场进行如下检查：

a．用万用表测试外部电源进入机柜输入端口的电压范围是否正常。电压正常范围为−40VDC～−57VDC。

b．如果外部供电正常，关闭外部供电开关，检查电源线与机柜的连接是否有松动。

针对现象 2：

维护人员需要尽快到现场检查设备状态，操作步骤如下：

a．检查 B328 各单板电源指示灯是否熄灭，如果单板电源指示灯全熄灭，则基站没有输入电源。

b．检查 B328 是否和 GSM 基站共用电源柜，如果共用电源柜，可以通过 GSM 基站的供电情况判断外部供电是否正常。

c．通过测量外部供电电压，能够确定是否为供电问题还是 B328 设备问题。

d．如果是供电异常，则联系相关人员解决供电问题。

e．如果是 B328 设备问题，先关闭外部供电开关，检查电源线与 B328 机柜的连接是否有松动、检查机柜供电通路是否有烧坏痕迹、电源配线是否正确。

（3）处理传输异常引起的基站业务中断

传输异常包括传输断和传输质量差。

① 传输断

a．故障现象

- 从 RNC 侧观察到站点相关的接口板上指示灯告警。
- 从 B328 侧观察到 IIA 板的 ALM 灯红亮、红闪。

b．故障原因分析

RNC、B328 或传输设备中，任何一种设备有问题都会导致传输断。

c．处理建议

- 检查 RNC 到 B328 的线路是否正常。
- 用自环判断传输是否正常，必须双向环回。即从 RNC 侧环回，检查 B328 指示灯是否正常。
- 如果无法明显判断线路哪一段出现问题，则将 RNC 到 B328 的线路分成若干段，从 RNC 最近的一段开始进行下一段自环测试，如果又出现告警，则可以吧故障定位在这一段。

② 传输质量差

a．故障现象

后台观测到 RNC 和 B328 之间链路时断时通。

b．故障原因分析：可能存在帧失步告警、19.44M 时钟告警、同步或信元定界丢失，这些都会产生传输误码。

c．处理建议

- 检查传输布线是否符合要求。
- 检查站点、DDF 架、RNC 和传输的接地是否良好。

• 从 RNC 开始逐段对 E1 线路（或光纤）进行自环并且检测 E1 线路（或光纤）误码是否正常，如果异常，那么问题就出在该段，请对该段连接线或连接设备进行跟换。

• 使用传输测试仪器来进行传输指标测试。

（4）处理硬件故障引起的基站业务中断

① 故障现象

• B328 出现影响整个基站业务的单板异常告警，或者 B328 与 ZXTR 统一客户端断链。

• RNC 出现小区建立失败告警。

② 处理建议

根据告警上报的故障单板类型，去现场进行处理：单板重启；单板关电后再开电；插拔故障单板；更换故障单板。

（5）处理温度过高引起的基站业务中断

① 故障现象

在 ZXTR 统一客户端有 B328 温度告警上报。

② 故障分析

ZXTR B328 为室内安装设备，设备的工作环境温度：0℃～+40℃。如果设备温度太高，会影响设备的正常运行，导致业务中断。并上报到 ZXTR 统一客户端。

造成设备温度过高主要有两种情况：机房温度过高引起的告警；B328 风扇异常引起温度过高。

③ 处理建议

根据告警帮助信息排除故障。

• 如果是机房温度过高引起告警，则可能是：机房空调坏了或者没有工作；机房空调的温度设置过高。

• 如果是 B328 风扇异常引起告警，则可能是：B328 风扇开关 FAN 没有打开，合上开关即可；B328 风扇故障或者风扇控制板 FCC 故障，更换风扇或者 FCC 板。

（6）处理 RNC 异常引起的基站业务中断

① 处理 RNC 数据修改错误引起的 NodeB 业务中断

• 查询 NodeB 和 RNC 需要协商的数据是否一致（如 NCP、CCP、E1/STM1 配置、ALL2 链路、本地小区 ID 号、小区号、ATM 地址等）。

• 观察 Iub 接口信令，分析信令建立失败的原因。

• 通过查看 RNC 操作日志可以判断是否有数据改动操作，此时应该根据具体的操作进行相应的恢复手段。

• 先备份当前的 RNC 系统数据。

• 按照 RNC 操作日志中的操作记录，逐一检查数据，找出导致 NodeB 业务异常的错误数据。

• 修改错误数据。

• 等系统恢复后，观察 NodeB 业务是否恢复正常。

② 处理 RNC 接口板故障引起的 NodeB 业务中断

RNC 的接口板故障时，一般会有告警上报，可以通过告警帮助信息排除故障。等 RNC 的接口板恢复正常后，观察和拨测故障 NodeB 的业务是否恢复正常。

3. 多个 B328 业务中断的应急处理

（1）处理流程

图 7-31 给出一个排除多个 NodeB 业务中断的分析过程和处理思路，便于快速定位故障。

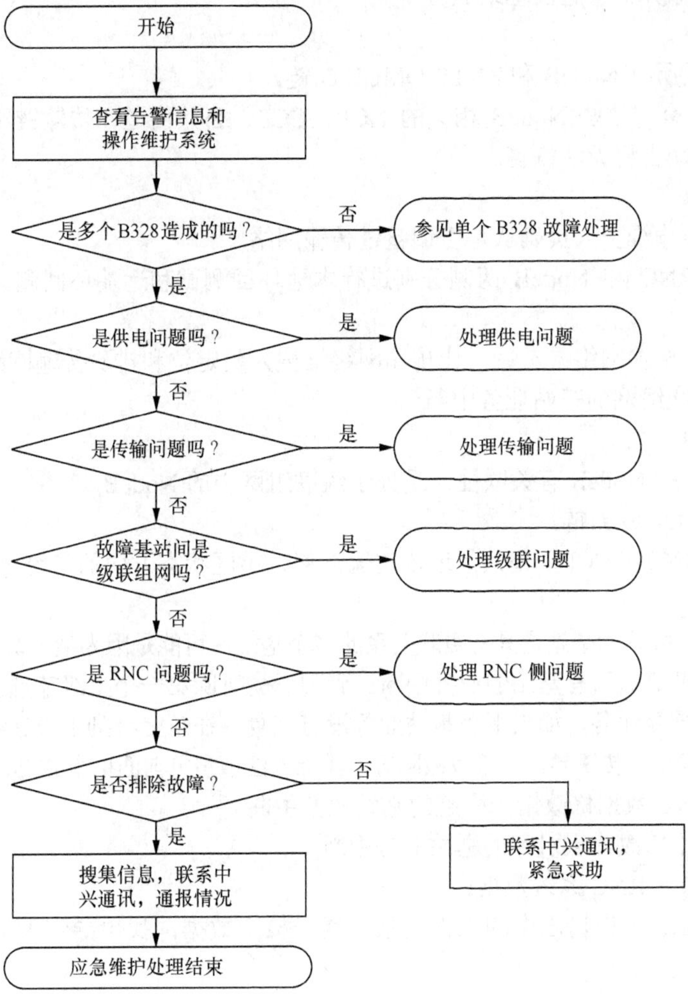

图 7-31　多个 B328 故障的应急处理流程

首先通过 OMCB 客户端的拓扑图、告警信息及数据配置，判断业务中断的大量 NodeB 之间是否存在如下情况之一的关联性：位于同一地区；位于级联组网的网络中；连接于同一 RNC，甚至可能连接于 RNC 的同一个接口板上。

存在关联性的大量 NodeB 同时业务中断的可能因素有：电力系统供电异常；传输网络异常；级联问题；RNC 接口板故障。

（2）处理供电异常引起的基站业务中断

① 故障现象

- 一个地区所有 NodeB 和 ZXTR OMCB 断链。
- 在 RNC 有与这些 NodeB 相关的 NCP、CCP、公共信道、传输链路、小区状态方面的告警。并且这些告警无法恢复。

② 处理建议

- 查询这个地区的电力供电是否有异常，如可能由于自然灾害导致电力供电中断。
- 去现场检查 NodeB 供电情况，如确认基站已经掉电，想办法恢复基站的供电。

（3）处理传输异常引起的基站业务中断

① 故障现象

- 一个地区所有 NodeB 和 ZXTR OMCB 断链。
- 在 RNC 有与这些 NodeB 相关的 NCP、CCP、公共信道、传输链路、小区状态方面的告警。并且这些告警无法恢复。

② 处理建议

- 与相关传输维护人员确认是否调整过传输网络。
- 可以在 RNC 和 NodeB 两侧分别进行本地环回测试和远端环回测试，以此判断传输网络是否正常。
- 如果确认传输网络异常后，让传输网络维护人员定位和排除传输网络故障。

（4）处理级联组网的基站业务中断

① 故障现象

- 业务中断的 NodeB 有关联性，是处于级联组网中的 NodeB。
- 基站和 M2000 断链。
- RNC 有 NCP、CCP、公共信道、传输链路、小区状态方面的告警。

② 处理建议

如果发生中断故障的基站是具有级联关系的多个基站，可能是因为某一节点出现掉电或者传输中断，导致该节点后所有基站的业务中断。到现场先排除第一个上级节点基站的故障，再观察下级基站是否恢复业务，如果下级基站业务没有恢复，在从上级到下级逐级排除基站故障。故障原因一般是掉电、传输异常、单板故障等，排除方法请参见前面单个 B328 业务中断处理。

（5）处理 RNC 数据修改错误引起的基站业务中断

① RNC 数据修改错误引起的基站业务中断

- 备份当前的 RNC 系统数据；
- 按照 RNC 操作日志中的操作记录，逐一检查数据，找出导致大量基站业务中断的错误数据；
- 修改错误数据；
- 等系统恢复后，观察基站业务是否恢复正常。

② RNC 接口板故障引起的基站业务中断

- RNC 的接口板故障时，一般会有告警上报，可以通过告警帮助信息排除故障。
- 等 RNC 接口板恢复正常后，观察和拨测故障 NodeB 的业务是否恢复正常。

过关训练

一、填空题

1．对于分布式基站，________、________和________在 BBU 中，________在 RRU 中。

2．ZXTR B328 机框主要由________和________组成。

3．每块 TBPA 板最大可以提供________、________的基带处理能力。

4．IIA 板是 B328 设备与________连接的数字接口板。

5．TORN 板是 BBU 和 RRU 间的接口板，通过单模光纤传输距离可达________。

6．BEMU 板用于接入系统内部和外部的告警信息，为________提供管理通道。

7．ET 板可以将 IIA 前面板输出的 8 路 E1 信号双绞线方式转换为________________方式。

8．单个 R04 的系统容量支持________________。

二、名词解释

1．BCCS

2．IIA

3．TBPA

4．TORN

5．BEMU

6．ET

三、简答题

1．采用 BBU+RRU 分布式基站的主要优势有哪些？

2．ZXTR B328 主要完成 Node B 的哪些功能？

3．ZXTR R04 的功能模块主要包含哪几个部分？

4．B328 的单板配置原则是什么？

5．B328 有哪几种典型配置？

模块 8

CDMA2000 移动通信技术

【本模块问题引入】 作为三大主流技术标准之一的 CDMA2000 移动通信技术，CDMA 技术是如何演进的？IS-95 系统结构、接口与信令协议有哪些？CDMA2000 有哪些技术特点？CDMA2000 物理层和 CDMA2000 网络系统结构怎样？CDMA2000 业务流程如何实现？CDMA2000 EV 技术和相关关键技术有哪些？这都是我们必须知道的内容。

【本模块内容简介】 本模块共分 10 个任务，包括 CDMA 技术演进、IS-95 系统结构、IS-95 系统接口与信令协议、CDMA2000 技术特点、CDMA2000 物理层、CDMA2000 网络系统结构、CDMA2000 的分组域网络技术、CDMA2000 业务流程、CDMA2000 EV 技术、CDMA2000 关键技术。

【本模块重点难点】 重点掌握 CDMA 技术演进、CDMA2000 技术特点、CDMA2000 物理层、CDMA2000 网络系统结构、CDMA2000 的分组域网络技术、CDMA2000 业务流程、CDMA2000 EV 技术；难点是 CDMA2000 业务流程和 CDMA2000 EV 技术。

任务 1　CDMA 技术演进

【问题引入】 CDMA 技术经历了比较长时间的发展演进，其发展情况如何？演进过程中有哪些标准？CDMA 技术在国际国内的发展概况如何？我国 CDMA 技术的发展情况怎样？这是我们首先要掌握和熟悉的内容。

【本任务要求】

1. 识记：CDMA 技术标准。
2. 领会：CDMA 空中接口的演进。
3. 应用：我国 CDMA 技术的发展情况。

移动通信在未来的通信中起到越来越重要的作用，CDMA 技术成为第三代移动通信系统的核心技术。

1. CDMA 技术简介

CDMA 技术早已在军用抗干扰通信研究中得到广泛应用，1989 年 11 月，Qualcomm 在美国的现场试验证明 CDMA 用于蜂窝移动通信的容量大，并经理论推导其为 AMPS 容量的 20 倍。这一振奋人心的结果很快使 CDMA 成为全球的热门课题。1995 年香港和美国的 CDMA 公用网开始投入商用。1996 年韩国用自己的 CDMA 系统开展大规模商用，头 12 个月发展了 150 万用户。1998 年全球 CDMA 用户已达 500 多万，CDMA 的研究和商用进入高潮，有人说 1997 年是 CDMA 年。美国已拍卖的 2958 个 PCS 经营许可证中，选择 CDMA 占 51%，D-

AMPS 占 20%，GSM 占 28%。1999 年 CDMA 在日本和美国形成增长的高峰期，全球的增长率高达 250%，用户已达 2 000 万。

中国 CDMA 的发展并不迟，也有长期军用研究的技术积累，1993 年国家 863 计划已开展 CDMA 蜂窝技术研究。1994 年 Qualcomm 首先在天津建技术试验网。1998 年具有 14 万容量的长城 CDMA 商用试验网在北京、广州、上海、西安建成，并开始小部分商用。之后中国联通接手 CDMA 网络，在全国大规模建网投入商用，目前在中国形成了 GSM 和 CDMA 两大移动通信网络。CDMA 网络也已成为世界第二大蜂窝移动通信网络系统。

2. CDMA 技术的演进和标准

CDMA 是在 20 世纪 90 年代初由 Qualcomm 公司提出的，CDMA 技术的演进可以分为窄带 CDMA 技术和宽带 CDMA 技术。CDMA 技术的发展如图 8-1 所示。

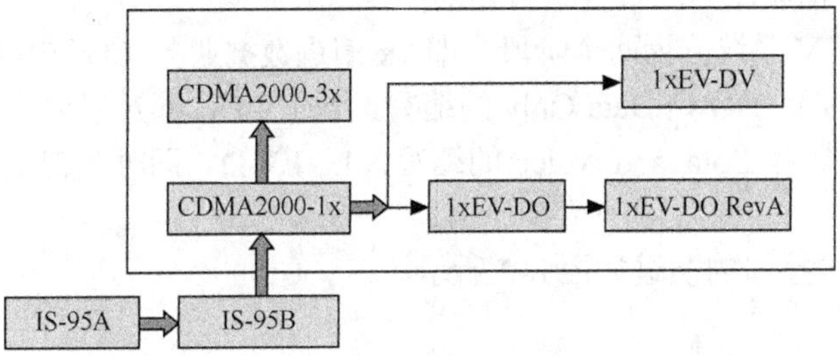

图 8-1　CDMA 技术的发展

窄带 CDMA 技术是 CDMAOne，是基于 IS-95 标准的各种 CDMA 产品的总称，而 IS-95 又分为 IS-95A 和 IS-95B。IS-95A 是 1995 年美国 TIA 正式颁布的窄带 CDMA（N-CDMA）标准。它主要支持语音业务。IS-95B 是 IS-95A 的进一步发展，于 1998 年制定的标准。IS-95B 通过将多个低速信道捆绑在一起来提供中高速的数据业务。主要目的是能满足更高的比特速率业务的需求。

宽带 CDMA 技术是 CDMA2000，是美国向 ITU 提出的第三代移动通信空中接口标准的建议，是 IS-95 标准向第三代演进的技术体制方案。CDMA2000 室内最高数据速率为 2Mbit/s 以上，步行环境时为 384kbit/s，车载环境时为 144kbit/s 以上。CDMA2000 包括 CDMA2000 1x 和三载波方式 3x。

（1）第二代技术标准

IS-95A——是 1995 年美国 TIA 正式颁布的窄带 CDMA（N-CDMA）标准。

IS-95B——是 IS-95A 的进一步发展，于 1998 年制定的标准。主要目的是能满足更高的比特速率业务的需求，IS-95B 可提供的理论最大比特速率为 115kbit/s，实际只能实现 64kbit/s。

IS-95A 和 IS-95B 均有一系列标准，其总称为 IS-95。

CDMAOne——是基于 IS-95 标准的各种 CDMA 产品的总称，即所有基于 CDMAOne 技术的产品，其核心技术均以 IS-95 作为标准。

（2）第三代技术标准

CDMA2000——是美国向 ITU 提出的第三代移动通信空中接口标准的建议，是 IS-95 标准向第三代演进的技术体制方案，这是一种宽带 CDMA 技术。

IS-2000——是采用 CDMA2000 技术的正式标准总称。IS-2000 系列标准有六部分，定义了移动台和基地台系统之间的各种接口。

CDMA2000 1x——是指 CDMA2000 的第一阶段（速率高于 IS-95，低于 2Mbit/s），可支持 308kbit/s 的数据传输、网络部分引入分组交换，可支持移动 IP 业务。

CDMA2000 3x——它与 CDMA2000 1x 的主要区别是前向 CDMA 信道采用 3 载波方式，而 CDMA2000 1x 用单载波方式。因此它的优势在于能提供更高速率的数据，但占用频谱资源也较宽，在较长时间内运营商未必会考虑 CDMA2000 3x，而会考虑 CDMA2000 1xEV。

CDMA2000 1xEV——是在 CDMA2000 1x 基础上进一步提高速率的增强体制，采用高速率数据（HDR）技术，能在 1.25MHz（同 CDMA2000 1x 带宽）内提供 2Mbit/s 以上的数据业务，是 CDMA2000 1x 的演进技术。3GPP2 已制定 CDMA2000 1xEV 的技术标准，其中使用高通公司技术的称为 HDR，使用摩托罗拉和诺基亚公司联合开发的技术称为 1XTREME，中国的 LAS-CDMA 也属此列。

CDMA2000 1xEV 系统分为两个阶段，即 1x 演进数据业务（1x EV-DO）和 1x 演进数据语音业务（1x EV-DV）。DO 是 Data Only 的缩写，1x EV-DO 通过引入一系列新技术，提高了数据业务的性能。DV 是 Data and Voice 的缩写，1x EV-DV 同时改善了数据业务和语音业务的性能。

CDMA 技术空中接口的演进如图 8-2 所示。

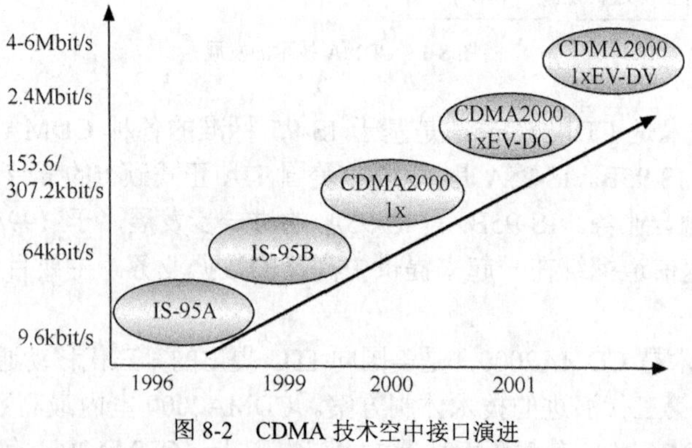

图 8-2 CDMA 技术空中接口演进

（3）CDMA 技术在国际国内的发展概况

① CDMA 技术发展概况（国际）

20 世纪 90 年代初，Qualcomm 公司首次将 CDMA 技术引入民用通信领域；1993 年，第一个 CDMA 标准 IS-95 发布；1996 年，CDMA 标准 IS-95A 发布；2000 年，CDMA2000 1x 标准 IS-2000 Release 0、Release A 出台；2000 年，1xEV-DO、1xEV-DV 等宽带 CDMA 技术纷纷出台，部分提案已经被 3GPP2 采纳。至 2007 年 3 月 22 日，全球已有 3.25 亿 CDMA2000 用户，其中 CDMA2000 EV-DO 用户 5 700 万；414 款 CDMA2000 EV-DO 终端，另有 19 款 CDMA2000 EV-DO Rev.A 终端；189 个 CDMA2000 1x 商用网，另有 39 个正在部署；57 个 CDMA2000 EV-DO 商用网，另有 57 个正在部署；5 个 CDMA2000 EV-DO Rev.A 商用网，另有 10 个正在部署。

② CDMA 发展历史和现状（国内）

1993 年国家 863 计划已开展 CDMA 蜂窝技术研究，1994 年高通首先在天津建技术试验网，1995 年，我国决定采用 800MHz 的频率，在北京、上海、西安、广州四个城市建立 CDMA 试验网络，1996 年 12 月 30 日，由朗讯承建的广州 CDMA 试验网在番禺打通第一个电话，经过一年多的测试，1998 年具有 14 万容量的长城 CDMA 商用试验网在北京、广州、上海、西安建成，并开始小部分商用。1999 年，联通在香港举行的全球 CDMA 大会上宣布其 CDMA 发展计划，但因知识产权谈判等因素，该计划没有实施。2000 年 2 月，经多方努力，联通终于和美国高通公司签署了 CDMA 知识产权框架协议，调整并确立了其 CDMA 建设发展计划；2000 年 10 月，联通宣布重新启动 CDMA 网络建设，并且于该年年底正式开始了筹备工作。2001 年 2 月，联通公司成立了全资子公司——联通新时空移动通信有限公司，负责整个联通 CDMA 网络的建设和经营，与此同时，联通 CDMA 网络建设的具体筹划工作正式展开。2001 年 3 月 28 日，联通 CDMA 建设一期工程系统设备的采购开始发标；2001 年 5 月，联通 CDMA 一期工程系统设备招标工作结束，全部中标厂商与联通新时空签订合同。2002 年 1 月 8 日，“中国联通 CDMA 网开通仪式”在北京人民大会堂举行；2002 年 6 月，联通开始在北京、上海、广州、杭州、成都、南昌、海口等 7 个城市进行 CDMA2000 1x 网络技术试验；2002 年 7 月，联通正式启动 CDMA2000 1x 网络建设。2003 年 3 月，联通 CDMA2000 1x 网络开始商用试运营，提供互动视界、彩 e、神奇宝典、掌中宽带、企业 VPN 接入等业务。2003 年 7 月～11 月，联通在 7 个城市进行了三个阶段的 CDMA2000 1xEV-DO 网络技术试验。2004 年初，联通开始启动 CDMA 精品网络建设。2004 年年底，CDMA 精品网络建成，网络容量达到 7 000 万。

国内 CDMA 网络规模如下：2001 年 5 月开始建设一期工程，网络容量约为 1 500 万；2002 年中开始建设二期工程，网络容量达到 3 500 万，部分地区提供 1x 网络覆盖；2003 年中，联通分几期实施精品网络建设，3 期结束后网络容量达到近 9 000 万，大部分地区实现了 1x 覆盖；截至 2006 年 12 月，联通 CDMA 在网用户数达到 3 700 万（其中 92%为后付费用户）。

3．实践活动：调研我国 CDMA 技术的发展情况

（1）实践目的

熟悉 CDMA 技术在我国的发展情况。

（2）实践要求

各位学员通过调研、搜集网络数据等方式独立完成。

（3）实践内容

① 调研 CDMA 技术在我国的发展历程。

② 调研我国 CDMA 技术目前的网络情况和用户数情况。

任务 2　IS-95 系统结构

【问题引入】作为 CDMAOne 的技术标准系统，IS-95 系统典型的结构如何？其移动台的功能结构怎样？其基站子系统、网络子系统和操作支持子系统结构如何？这都是我们在学习 CDMA2000 技术前要掌握的基础知识。

【本任务要求】

1. 识记：移动台的结构、基站子系统结构、网络子系统结构和操作支持子系统结构。

2. 领会：IS-95 系统典型的结构。

IS-95 系统作为一种开放式结构和面向未来设计的系统，有完善的标准和平滑演进的系统结构。

1. 系统的结构与功能

IS-95 系统的典型结构如图 8-3 所示。由图可见，CDMA 系统是由若干个子系统或功能实体组成。其中基站子系统（BSS）在移动台（MS）和网络子系统（NSS）之间提供和管理传输通路，特别是包括了 MS 与 CDMA 系统的功能实体之间的无线接口管理。NSS 必须管理通信业务，保证 MS 与相关的公用通信网或与其他 MS 之间建立通信，也就是说 NSS 不直接与 MS 互通，BSS 也不直接与公用通信网互通。MS、BSS 和 NSS 组成 CDMA 系统的实体部分。操作系统（OSS）则提供给运营部门一种手段来控制和维护这些实际运行部分。

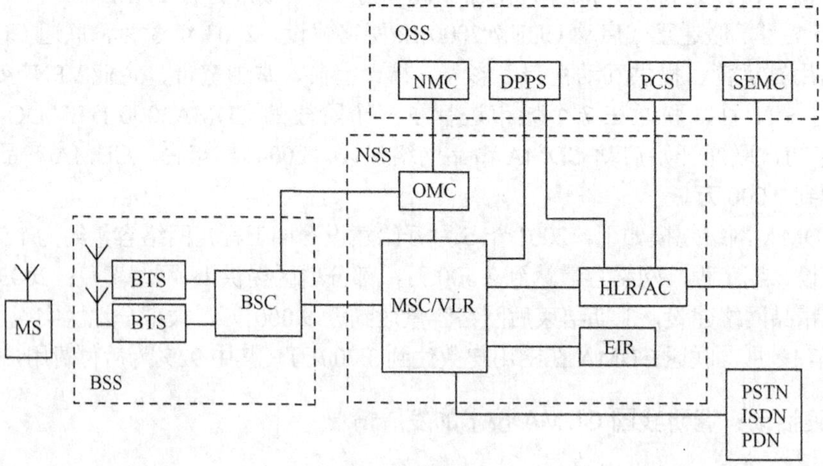

OSS：操作子系统　BSS：基站子系统　NSS：网络子系统
NMC：网络管理中心　DPPS：数据后处理系统　SEMC：安全性管理中心
PCS：用户识别卡个人化中心　OMC：操作维护中心　MSC：移动交换中心
VLR：拜访位置寄存器　HLR：归属位置寄存器　AC：鉴权中心
EIR：移动设备识别寄存器　BSC：基站控制器　BTS：基站收发信台
PDN：公用数据网　PSTN：公用电话网　ISDN：综合业务数字网
MS：移动台

图 8-3　CDMA 系统结构

2. 移动台

移动台（MS）是公用 CDMA 移动通信网中用户使用的设备，也是用户能够直接接触的整个 CDMA 系统中的唯一设备。

除了通过无线接口接入 CDMA 系统的通常无线和处理功能外，移动台必须提供与使用者之间的接口。比如完成通话呼叫所需要的话筒、扬声器、显示屏和按键。或者提供与其他一些终端设备之间的接口。比如与个人计算机或传真机之间的接口，或同时提供这两种接口。因此，根据应用与服务情况，移动台可以是单独的移动终端（MT）或者是由移动终端（MT）直接与终端设备（TE）相连接而构成，或者是由移动终端（MT）通过相关终端适配器（TA）与终端设备（TE）相连接而构成，如图 8-4 所示，这些都归类为移动台的重要组成部分之一——移动设备。

CDMA 手机以前不支持 UIM 卡，号码和手机捆绑在一起，更换号码必须更换手机，或对手机重新写码。现在机卡分离的 CDMA 早已研制成功，UIM 卡和 GSM 手机的 SIM 卡一样，包含所有与用户有关的和某些无线接口的信息，其中也包括鉴权和加密信息。CDMA 系统的机卡分离将促进 CDMA 系统的大力发展。

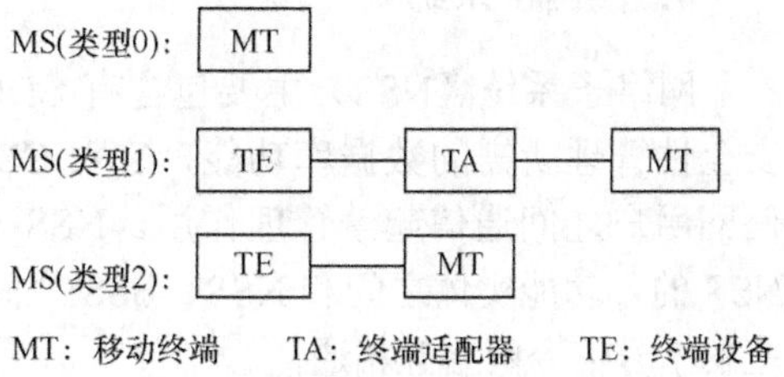

图 8-4　移动台的功能结构

3. 基站子系统

基站子系统（BSS）是 CDMA 系统中与无线蜂窝关系最直接的基本组成部分。它通过无线接口直接与移动台相接，负责无线发送接收和无线资源管理。另一方面，基站子系统与网络子系统（NSS）中的移动交换中心（MSC）相连，实现移动用户之间或移动用户与固定网络用户之间的通信连接，传送系统信号和用户信息等。当然，要对 BSS 部分进行操作维护管理，还要建立 BSS 与操作子系统（OSS）之间的通信连接。

基站子系统是由基站收发信台（BTS）和基站控制器（BSC）这两部分的功能实体构成。实际上，一个基站控制器根据话务量需要可以控制数十个 BTS。BTS 可以直接与 BSC 相连接，也可以通过基站接口设备采用远端控制的连接方式与 BSC 相连接。需要说明的是，基站子系统还应包括码变换器（TC）和相应的子复用设备（SM）。码变换器一般置于 BSC 和 MSC 之间，在组网的灵活性和减少传输设备配置数量方面具有许多优点。因此，一种具有本地和远端配置 BTS 的典型 BSS 组成如图 8-5 示。

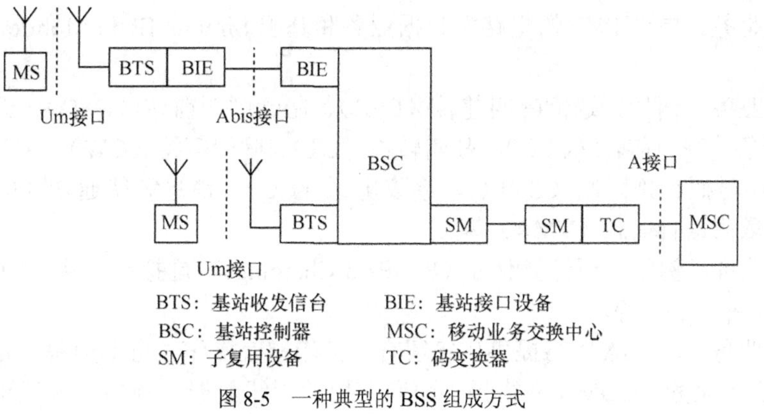

图 8-5　一种典型的 BSS 组成方式

（1）基站收发信台

基站收发信台（BTS）属于基站子系统的无线部分，由基站控制器（BSC）控制，服务于某个小区的无线收发信设备，完成 BSC 与无线信道之间的转换，实现 BTS 与移动台（MS）之间通过空中接口的无线传输及相关的控制功能。

（2）基站控制器

基站控制器（BSC）是基站子系统（BSS）的控制部分，起着 BSS 变换设备的作用，即各种接口的管理，承担无线资源和无线参数的管理。

4．网络子系统

网络子系统（NSS）主要包含有CDMA系统的交换功能和用于用户数据与移动性管理、安全性管理所需的数据库功能，它对CDMA移动用户之间通信和CDMA移动用户与其他通信网用户之间通信起着管理作用。NSS 由一系列功能实体构成，整个CDMA系统内部，即NSS的各功能实体之间和NSS、BSS之间都通过符合CCITT信令系统No.7协议和CDMA规范的7号信令网络互相通信。

（1）移动交换中心

移动交换中心（MSC）是网络的核心，它提供交换功能及面向系统其他功能实体：基站子系统（BSS）、归属位置寄存器（HLR）、鉴权中心（AC）、移动设备识别寄存器（EIR）、操作维护中心（OMC）和面向固定网（公用电话网（PSTN）、综合业务数字网（ISDN）、分组交换公用数据网（PSPDN）、电路交换公用数据网（CSPDN））的接口功能，把移动用户与移动用户、移动用户与固定网用户互相连接起来。

移动交换中心（MSC）可从三种数据库，即归属位置寄存器（HLR）、拜访位置寄存器（VLR）和鉴权中心（AC）获取处理用户位置登记和呼叫请求所需的全部数据。反之，MSC也可根据其最新获取的信息请求更新数据库的部分数据。

MSC可为移动用户提供一系列业务。

① 电信业务。

② 语音业务。语音编码器采用 EVRC。为了支持长城网的旧用户，在原来开通了长城网的地区还支持8K QCELP。

③ 短消息业务。提供移动台发送短消息业务、移动台接收短消息业务；还提供小区广播短消息业务。

④ 承载业务。提供IWF的电路型数据业务和基于Simple IP和Mobile IP的分组数据业务。

⑤ 补充业务。例如，遇忙呼叫前转（CFB）、隐含呼叫前转（CFD）、无应答呼叫前转（CFNA）、无条件呼叫前转（CFU）、呼叫转移（CT）、呼叫等待（CW）、主叫号码识别显示（CNIP）、主叫号码识别限制（CNIR）、会议电话（CC）、消息等待通知（MWN）、三方呼叫（3WC）、取回语音信息（VMR）等。

⑥ 智能业务。例如，预付费业务（Pre-Paid Charging）、虚拟专用网（VPN）、被叫集中付费电话（Freephone）等。

⑦ 增值业务。CDMA网络提供信箱留言、信箱留言操作、自动应答、定时邮送、留言通知和布告栏等业务；CDMA网络提供面向应用的无线数据，例如，天气预报、股市信息等短信息业务。

⑧ IP电话业务。CDMA网络提供IP电话业务。

当然，作为网络的核心，MSC还支持位置登记、越区切换和自动漫游等移动特征性能和其他网络功能。

对于容量比较大的移动通信网，一个网络子系统（NSS）可包括若干个MSC、VLR和HLR，为了建立固定网用户与CDMA移动用户之间的呼叫，无需知道移动用户所处的位置。此呼叫首先被接入到入口移动交换中心，称为GMSC，入口交换机负责获取位置信息，且把呼叫转接到可向该移动用户提供即时服务的 MSC，称为被访 MSC（VMSC）。因此，GMSC 具有与固定网和其他 NSS 实体互通的接口。目前，GMSC 功能就是在 MSC 中实现的。根据网络的需要，GMSC 功能也可以在固定网交换机中综合实现。

（2）拜访位置寄存器

拜访位置寄存器（VLR）是服务于其控制区域内移动用户的，存储着进入其控制区域内已登记的移动用户相关信息，为已登记的移动用户提供建立呼叫接续的必要条件。VLR 从该移动用户的归属位置寄存器（HLR）处获取并存储必要的数据。一旦移动用户离开该 VLR 的控制区域，则重新在另一个 VLR 登记，原 VLR 将取消临时记录的该移动用户数据。因此，VLR 可看作为一个动态用户数据库。

VLR 功能总是在每个 MSC 中综合实现的。

（3）归属位置寄存器

归属位置寄存器（HLR）是 CDMA 系统的中央数据库，存储着该 HLR 控制的所有存在的移动用户的相关数据。一个 HLR 能够控制若干个移动交换区域以及整个移动通信网，所有移动用户重要的静态数据都存储在 HLR 中，这包括移动用户识别号码、访问能力、用户类别和补充业务等数据。HLR 还存储且为 MSC 提供关于移动用户实际漫游所在的 MSC 区域相关的动态信息数据。这样，任何入局呼叫可以即刻按选择路径送到被叫的用户。

（4）鉴权中心

CDMA 系统采取了特别的安全措施，例如，用户鉴权、对无线接口上的语音、数据和信号信息进行保密等。因此，鉴权中心（AC）存储着鉴权信息和加密密钥，用来防止无权用户接入系统和保证通过无线接口的移动用户通信的安全。

AC 属于 HLR 的一个功能单元，专用于 CDMA 系统的安全性管理。

（5）移动设备识别寄存器

移动设备识别寄存器（EIR）存储着移动设备的电子序列号（ESN），通过检查白色清单、黑色清单或灰色清单这三种表格，在表格中分别列出了准许使用的、出现故障需监视的、失窃不准使用的移动设备的 ESN，使得运营部门对于不管是失窃还是由于技术故障或误操作而危及网络正常运行的 MS 设备，都能采取及时的防范措施，以确保网络内所使用的移动设备的唯一性和安全性。

5．操作子系统

操作子系统（OSS）需完成许多任务，包括移动用户管理、移动设备管理以及网络操作和维护。

移动用户管理包括用户数据管理和呼叫计费。用户数据管理一般由归属位置寄存器（HLR）来完成，HLR 是 NSS 功能实体之一。用户识别卡（UIM）的管理也可认为是用户数据管理的一部分，但是，作为相对独立的用户识别卡（UIM）的管理，还必须根据运营部门对 UIM 的管理要求和模式采用专门的 UIM 个人化设备来完成。呼叫计费可以由移动用户所访问的各个移动交换中心（MSC）和 GMSC 分别处理，也可以采用通过 HLR 或独立的计费设备来集中处理计费数据的方式。

移动设备管理是由移动设备识别寄存器（EIR）来完成的，EIR 与 NSS 其他功能实体之间是通过 SS7 信令网络接口互连，为此，EIR 也归入 NSS 的组成部分之一。

网络操作与维护是完成对 CDMA 系统的 BSS 和 NSS 进行操作与维护管理任务的，完成网络操作与维护管理的设施称为操作与维护中心（OMC）。从电信管理网络（TMN）的发展角度考虑，OMC 还应具备与高层次的 TMN 进行通信的接口功能，以保证 CDMA 网络能与其他电信网络一起纳入先进、统一的电信管理网络中进行集中操作与维护管理。直接面向 CDMA 系统 BSS 和 NSS 各个功能实体的操作与维护中心（OMC）归入 NSS 部分。

可以认为，操作子系统（OSS）已不包括与 CDMA 系统的 NSS 和 BSS 部分密切相关的功能实体，而成为一个相对独立的管理和服务中心。主要包括网络管理中心（NMC）、安全性管理中心（SEMC）、用于用户识别卡管理的个人化中心（PCS）、用于集中计费管理的数据后处理系统（DPPS）等功能实体。

6．实践活动：熟悉 IS-95 系统结构

（1）实践目的

熟悉 IS-95 系统结构。

（2）实践要求

各位学员独立完成。

（3）实践内容

① 结合具体情况熟悉图 8-3 所示的 IS-95 系统结构。

② 画出 CDMA 移动台结构。

③ 熟悉并画出基站子系统结构。

任务 3　IS-95 系统接口与信令协议

【问题引入】 IS-95 系统主要接口有哪些？内部接口情况如何？各接口采用的信令协议怎样？这是我们首先要掌握的内容。

【本任务要求】

1. 识记：IS-95 系统主要接口。
2. 领会：IS-95 网络子系统内部接口。
3. 应用：系统主要接口的协议分层情况。

1．系统接口

（1）主要接口

IS-95 系统的主要接口包括 A 接口、Um 接口，如图 8-6 所示。它主要定义和标准化接口，保证不同供应商生产的移动台、基站子系统和网络子系统设备能纳入同一个 CDMA 数字移动通信网中运行和使用。

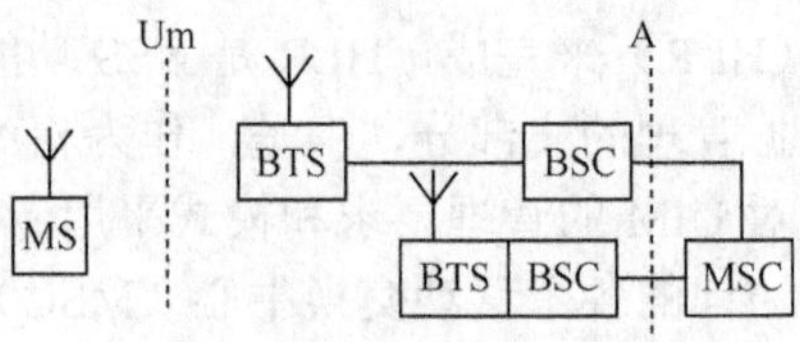

图 8-6　IS-95 系统的主要接口

① A 接口

A 接口定义为网络子系统（NSS）与基站子系统（BSS）之间的通信接口，从系统的功能实体来说，就是移动交换中心（MSC）与基站控制器（BSC）之间的互连接口，其物理链接通过采用标准的 2.048Mbit/s PCM 数字传输链路来实现。此接口传递的信息包括移动台管理、基站管理、移动性管理、接续管理等。

② Um 接口（空口接口）

Um 接口（空中接口）定义为移动台与基站收发信台（BTS）之间的通信接口，用于移动台与 CDMA 系统固定部分之间的互通，其物理链接通过无线链路实现。此接口传递的信息包括无线资源管理，移动性管理和接续管理等。

（2）网络子系统内部接口

网络子系统由移动交换中心（MSC）、拜访位置寄存器（VLR）、归属位置寄存器（HLR）等功能实体组成，因此 CDMA 技术规范定义了不同的接口以保证各功能实体之间的接口标准化，其示意图如图 8-7 所示。

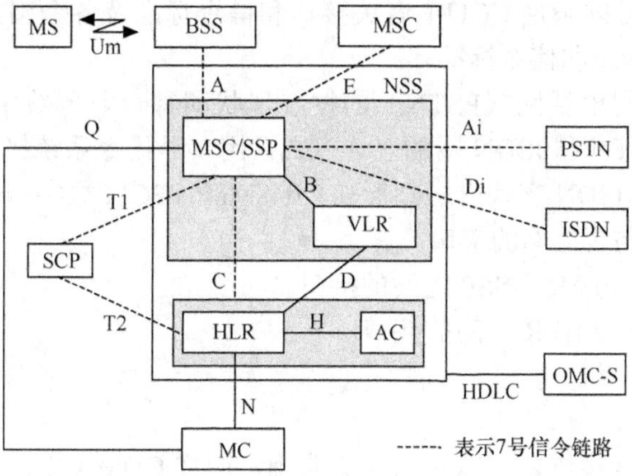

图 8-7　网络子系统内部接口示意图

① B 接口

B 接口定义为拜访位置寄存器（VLR）与移动交换中心（MSC）之间的内部接口。用于移动交换中心（MSC）向拜访位置寄存器（VLR）询问有关移动台（MS）当前位置信息或者通知拜访位置寄存器（VLR）有关移动台（MS）的位置更新信息等。

② C 接口

C 接口定义为归属位置寄存器（HLR）与移动交换中心（MSC）之间的接口。用于传递路由选择和管理信息。如果采用归属位置寄存器（HLR）作为计费中心，呼叫结束后建立或接受此呼叫的移动台（MS）所在的移动交换中心（MSC）应把计费信息传送给该移动用户当前归属的归属位置寄存器（HLR），一旦要建立一个至移动用户的呼叫时，入口移动交换中心（GMSC）应向被叫用户所属的归属位置寄存器（HLR）询问被叫移动台的漫游号码。C 接口的物理链接方式与 D 接口相同。

③ D 接口

D 接口定义为归属位置寄存器（HLR）与拜访位置寄存器（VLR）之间的接口。用于交换有关移动台位置和用户管理的信息，为移动用户提供的主要服务是保证移动台在整个服务区内能建立和接受呼叫。实用化的 CDMA 系统结构一般把 VLR 置于移动交换中心（MSC）中，而把归属位置寄存器（HLR）与鉴权中心（AC）置在同一个物理实体内。因此 D 接口的物理链接是通过移动交换中心（MSC）与归属位置寄存器（HLR）之间的标准 2.048Mbit/s PCM 数字传输链路实现。

④ E 接口

E 接口定义为控制相邻区域的不同移动交换中心（MSC）之间的接口。当移动台（MS）在一个呼叫进行过程中，从一个移动交换中心（MSC）控制的区域移动到相邻的另一个移动交换中心（MSC）控制的区域时，为不中断通信需完成越区信道切换过程，此接口用于切换过程中交换有关切换信息以启动和完成切换。E 接口的物理链接方式是通过移动交换中心（MSC）之间的标准 2.048Mbit/s PCM 数字传输链路实现的。

（3）CDMA 系统与其他公用电信网的接口

其他公用电信网主要是指公用电话网（PSTN）、综合业务数字网（ISDN）、分组交换公用数据网（PSPDN）和电路交换公用数据网（CSPDN）。CDMA 系统通过 MSC 与这些公用电信网互连，其接口必须满足 CCITT 有关接口和信令标准及各个国家邮电运营部门制定的与这些电信网有关的接口和信令标准。

根据我国现有公用电话网（PSTN）的发展现状和综合业务数字网（ISDN）的发展前景，CDMA 系统与 PSTN 和 ISDN 网的互连方式采用 7 号信令系统接口。其物理链接方式是通过 MSC 与 PSTN 或 ISDN 交换机之间标准 2.048Mbit/s PCM 数字传输实现的。

（4）CDMA 系统与智能网的接口

① T1 接口：SCP 与 MSC/SSP 之间的接口。

② T2 接口：SCP 与 HLR 之间的接口。

2. 各接口协议

CDMA 系统各功能实体之间的接口定义明确，同样 CDMA 规范对各接口所使用的分层协议也作了详细的定义。协议是各功能实体之间共同的“语言”，通过各个接口互相传递有关的消息，为完成 CDMA 系统的全部通信和管理功能建立起有效的信息传送通道。不同的接口可能采用不同形式的物理链路，完成各自特定的功能，传递各自特定的消息，这些都由相应的信令协议来实现。CDMA 系统各接口采用的分层协议结构是符合开放系统互连（OSI）参考模型的。分层的目的是允许隔离各组信令协议功能，按连续的独立层描述协议，每层协议在明确的服务接入点对上层协议提供它自己特定的通信服务。图 8-8 给出了 CDMA 系统主要接口所采用的协议分层示意图。

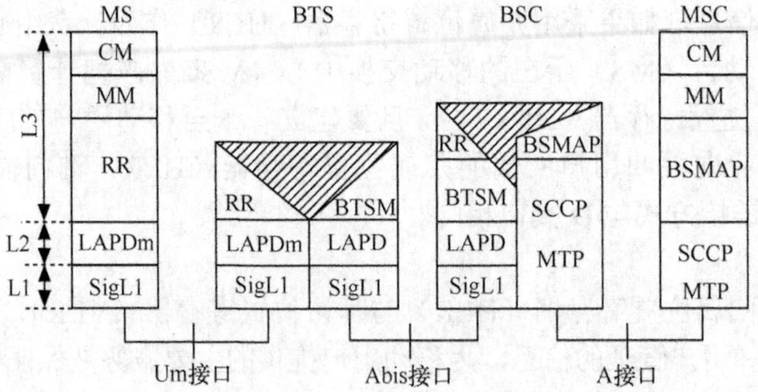

图 8-8 系统主要接口的协议分层示意图

（1）协议分层结构

信号层 1（也称物理层）：这是无线接口的最低层、提供传送比特流所需的物理链路

（如无线链路）、为高层提供各种不同功能的逻辑信道，包括业务信道和控制信道，每个逻辑信道有它自己的服务接入点。

信号层 2：主要目的是在移动台和基站之间建立可靠的专用数据链路，L2 协议基于 ISDN 的 D 信道链路接入协议（LAP-D），但作了变动，因而在 Um 接口的 L2 协议称之为 LAP-Dm。

信号层 3：这是实际负责控制和管理的协议层，把用户和系统控制过程中的特定信息按一定的协议分组安排在指定的逻辑信道上。L3 包括三个基本子层：无线资源管理（RR）、移动性管理（MM）和接续管理（CM）。其中一个接续管理子层中含有多个呼叫控制（CC）单元，提供并行呼叫处理。为支持补充业务和短消息业务，在 CM 子层中还包括补充业务管理（SS）单元和短消息业务管理（SMS）单元。

（2）信号层 3 的互通

在 A 接口，信令协议的参考模型如图 8-9 所示。由于基站需完成蜂窝控制这一无线特殊功能，这是在基站自行控制或在 MSC 的控制下完成的，所以子层 RR 在基站子系统（BSS）中终止，无线资源管理（RR）消息在 BSS 中进行处理和转译，映射成 BSS 移动应用部分（BSMAP）的消息在 A 接口中传递。

子层移动性管理（MM）和接续管理（CM）都至 MSC 终止，MM 和 CM 消息在 A 接口中是采用直接转移应用部分（DTAP）传递，基站子系统（BSS）则透明传递 MM 和 CM 消息，这样就保证 L3 子层协议在各接口之间的互通。

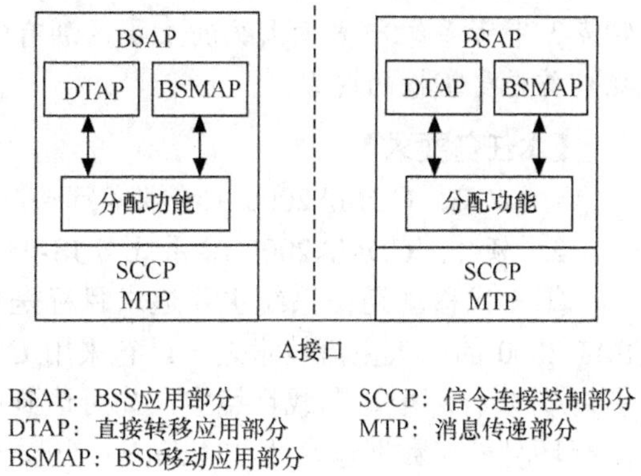

图 8-9　A 接口信令协议参考模型

3．实践活动：应用于 CDMA 系统的 7 号信令协议层

（1）实践目的

熟悉 NSS 内部及 CDMA 系统与 PSTN 之间的协议。

（2）实践要求

各位学员分别独立完成。

（3）实践内容

熟悉下列应用于 CDMA 系统的 7 号信令协议情况。

在网络子系统（NSS）内部各功能实体之间已定义了 B、C、D、E、F 和 G 接口，这些接口的通信（包括 MSC 与 BSS 之间的通信）全部由 7 号信令系统支持，CDMA 系统与 PSTN 之间的通信优先采用 7 号信令系统。支持 CDMA 系统的 7 号信令系统协议层简单地用图 8-9 表示。与非呼叫相关的信令采用移动应用部分（MAP），用于 NSS 内部接口之间的通信；与呼叫相关的信令则采用电话用户部分（TUP）和 ISDN 用户部分（ISUP），分别用于 MSC 之间和 MSC 与 PSTN、ISDN 之间的通信。应指出的是，TUP 和 ISUP 信令必须符合各国家制定的相应技术规范，MAP 信令则必须符合 CDMA 技术规范。应用于 CDMA 系统的 7 号信令协议层如图 8-10 所示。

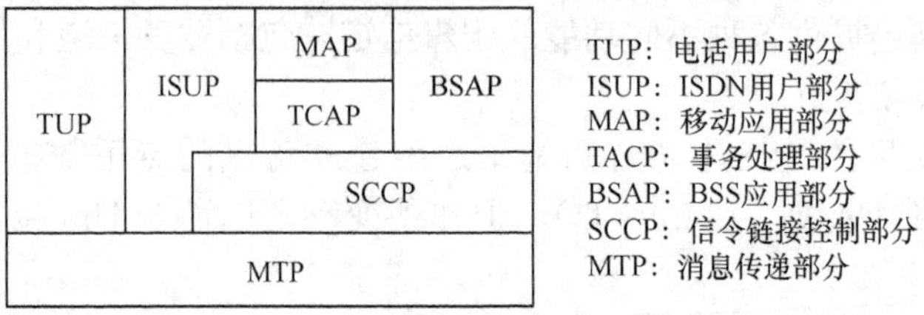

图 8-10 应用于 CDMA 系统的 7 号信令协议层

任务 4 CDMA2000 技术特点

【问题引入】在窄带 CDMA One 系统的基础上，宽带 CDMA2000 系统具有怎样的技术特点？窄带系统与宽带系统的主要区别有哪些？这都是我们要在深入学习 CDMA2000 系统之前首先要掌握的内容。

【本任务要求】

1. 识记：CDMA2000 主要技术特点。
2. 领会：CDMA2000 1x 系统与 IS-95 系统的区别。

第三代移动通信系统主要追求目标是更高的比特率和更好的频谱效率。CDMA2000 是 IMT-2000 的三大主流技术之一。它采用 CDMA 的宽带扩频接口，其网络系统在室内环境、室内/外步行环境、车载环境中，均可达到或超过相应指标，室内最高数据速率达 2Mbit/s，步行环境最高数据速率达 384kbit/s，车载环境最高速率达 144kbit/s；同时支持从 2G 网络向 3G 网络的演进。

1. CDMA2000 技术指标

CDMA2000 最终正式标准是 2000 年 3 月通过的，表 8-1 归纳了 CDMA2000 系列的主要技术特点。

表 8-1 CDMA2000 系列的主要技术特点

占用带宽（MHz）	1.25	3.75	7.5	11.5	15
无线接口来源于	IS-95				
网络结构来源于	IS-41				
业务演进来源于	IS-95				
最大用户比特率（bit/s）	307.2k	1.0368M	2.0736M	2.4576M	
码片速率（Mchip/s）	1.2288	3.6864	7.3728	11.0592	14.7456
帧的时长（ms）	典型为 20，也可选 5，用于控制				
同步方式	IS-95（使用 GPS，使基站之间严格同步）				
导频方式	IS-95（使用公共导频方式，与业务码复用）				

分析表 8-1，与 CDMAOne 相比，CDMA2000 有下列技术特点。

① 多种信道带宽。前向链路上支持多载波（MC）和直扩（DS）两种方式；反向链路仅支持直扩方式。当采用多载波方式时，能支持多种射频带宽，即射频带宽可为 $N\times1.25$MHz，其中 $N=1$、3、6、9 或 12。目前技术仅支持前两种，即 1.25MHz（CDMA2000 1x）和

3.75MHz（CDMA2000 3x）。

② 与现存的 IS-95 系统具有无缝的互操作性和切换能力，可实现 CDMAOne 向 CDMA2000 系统平滑过渡演进。

③ 在同步方式上，沿用 IS-95 方式，使用 GPS 使基站间严格同步，以取得较高的组网与频谱利用效率，可以更加有效地使用无线资源。

④ 核心网协议可使用 IS-41、GSM-MAP 以及 IP 骨干网标准。

⑤ 前向发送分集。

⑥ 快速前向功率控制。

⑦ 使用 Turbo 码。

⑧ 辅助导频信道。

⑨ 灵活帧长：5ms、10ms、20ms、40ms、80ms。

⑩ 反向链路相干解调。

⑪ 可选择较长的交织器。

⑫ 支持软切换和更软切换。

⑬ 采用短 PN 码，通过不同的相位偏置区分不同的小区，采用 Walsh 码区分不同信道，采用长 PN 码区分不同用户。

⑭ 语音用户容量是 IS-95A/B 的 1.5～2 倍，数据业务吞吐能力提高 3 倍以上。

2．CDMA2000 1x

（1）CDMA2000 1x 基本情况

CDMA2000 1x 采用扩频速率为 SR1，即指前向信道和反向信道均使用码片速率 1.228 8Mchip/s 的单载波直接序列扩频方式。因此它可以方便地与 IS-95A/B 后向兼容，实现平滑过渡。运营商可在某些需求高速数据业务而导致容量不够的蜂窝（CDMAOne）上，用相同载波部署 CDMA2000 1x 系统，从而减少了用户和运营商的投资。

由于 CDMA2000 1x 采用了反向相干解调、快速前向功控、发送分集、Turbo 编码等新技术，其容量比 IS-95 大为提高。在相同条件下，对普通语音业务而言，容量大致为 IS-95 系统的两倍。

（2）CDMA2000 针对 IS-95 的主要改进

CDMA2000 1x 在无线接口功能上比 IS-95 系统有了很大的增强，如在反向增加了导频，在前向增加了快速功率控制，改善了前反向容量，在软切换方面也将原来的固定门限变为相对门限，增加了灵活性等。

CDMA2000 1x 提供反向导频信道，从而使反向信道也可以做到相干解调，它比 IS-95 系统反向信道所采用的非相关解调技术可以提高 3dB 增益，相应地反向链路容量提高 1 倍。

CDMA2000 1x 还采用了前向快速功控技术，从而可以进行前向快速闭环功控，较 IS-95 系统前向信道只能进行较慢速的功率控制相比，大大提高了前向信道的容量，并且减少了基站耗电。

CDMA2000 1x 前向信道还可以采用传输分集发射（OTD 和 STS），提高了信道的抗衰落能力，改善了前向信道的信号质量。总之，CDMA2000 1x 前向信道采用了传输分集发射技术和前向快速功控后，前向信道的容量约为 IS-95 系统的 2 倍。

同时，在 CDMA2000 1x 中，业务信道可以采用 Turbo 码，因为信道编码采用 Turbo 码比采用卷积具有 2dB 的增益，因此 CDMA2000 1x 系统的容量还能提高到未采用 Turbo 码时的 1.6 倍。

从网络系统的仿真结果来看，如果用于传送语音业务，CDMA2000 1x 系统的总容量是 IS-95 系统的 2 倍；如果传送数据业务，CDMA2000 1x 的系统总容量是 IS-95 系统的 3.2 倍。在 CDMA2000 1x 中引入了快速寻呼信道，极大地减少了移动台的电源消耗，提高了移动台的待机时间。支持 CDMA2000 1x 的移动台的待机时间是 IS-95 移动台待机时间的 15 倍或更多。CDMA2000 还定义了新的接入方式，可以减少呼叫建立时间，并减少移动台在接入过程中对其他用户的干扰。

对于 CDMA2000 1x 的分组业务，系统除了建立前向和反向基本业务信道之外，还需要建立相应的辅助码分信道，如果前向需要很多的分组数据传输量，基站通过发送辅助信道指配消息建立相应的前向辅助码分信道，使数据在消息指定的时间段内通过前向辅助码分信道发送给移动台。如果反向需要很多的分组数据传输量，移动台通过发送辅助信道请求消息与基站建立相应的反向辅助码分信道，使数据在消息指定的时间段内通过反向辅助码分信道发送给基站。可以看出，辅助信道的设立对 CDMA2000 更灵活地支持分组业务起到了很大作用。

总之，CDMA2000 1x 可以提供 144 kbit/s 速率以上的数据业务，而且增加了辅助信道，可以对一个用户同时承载多个数据流和多种业务，所以 CDMA2000 1x 提供的业务比 IS-95 有很大的提高，为支持未来的各种多媒体分组业务打下了基础。

3．实践活动：归纳 CDMA2000 1x 系统与 IS-95 系统的区别

（1）实践目的

熟悉 CDMA2000 1x 系统与 IS-95 系统的区别。

（2）实践要求

各位学员独立完成。

（3）实践内容

熟悉表 8-2 和表 8-3 中 CDMA2000 1x 与 IS-95 物理信道类型的区别。与 IS-95 相比，CDMA2000 1x 在物理信道类型、物理信道调制和无线分组接口功能上都有很大增强，在网络部分则引入了分组交换机制，支持移动 IP 业务，支持 QoS，以适应更多、更复杂的第三代业务。表 8-2 和表 8-3 显示了 CDMA2000 1x 与 IS-95 物理信道类型的比较。

表 8-2　CDMA2000 1x 与 IS-95 反向物理信道的比较

信道类型	IS-95A	IS-95B	CDMA2000 1x
反向导引信道			√
接入信道	√	√	√
增强接入信道			√
反向公用控制信道			√
反向专用控制信道			√

续表

信 道 类 型	IS-95A	IS-95B	CDMA2000 1x
反向基本信道	√	√	√
反向补充码分信道		√	√
反向补充信道			√

表 8-3　　　　CDMA2000 1x 与 IS-95 前向物理信道的比较

信 道 类 型	IS-95A	IS-95B	CDMA2000 1x
导引信道	√	√	√
同步信道	√	√	√
寻呼信道	√	√	√
广播控制信道			√
快速寻呼信道			√
公用功率控制信道			√
公用指配信道			√
前向公用控制信道			√
前向专用控制信道			√
前向基本信道	√	√	√
前向补充码分信道		√	√
前向补充信道			√

任务 5　CDMA2000 物理层

【问题引入】作为 CDMA2000 系统最有特色的地方，就是其物理层，那么 CDMA2000 物理层有哪些关键特征？物理信道是如何划分的？物理层信道的应用情况如何？这都是我们要掌握的知识。

【本任务要求】

1. 识记：CDMA2000 物理层的关键特征。
2. 领会：CDMA2000 物理信道的划分。
3. 应用：物理层信道的应用情况。

CDMA2000 标准支持高速数据业务，提高了频谱利用率，并增加了系统的容量。CDMA2000 兼容 IS-95 系列标准，允许系统从 CDMAOne 系统平滑过渡到第三代 CDMA2000 移动通信系统。

CDMA2000 物理层标准规范了 CDMA2000 系统的无线空中接口，详细定义了 CDMA2000 移动台和基站的各种无线空中接口参数，主要包括 CDMA 系统定时规定，频率参数，射频输出参数，编码、扩频等调制参数，各种反向和前向物理信道规范，以及其他的物理层规范。

1. CDMA2000 物理层的关键特征

CDMA2000 是在 IS-95 基础上进一步发展的，它对现有 IS-95 系统具有后向兼容性，因此 CDMA2000 无线接口保留了许多 IS-95 空中接口设计的特征，当然，为了支持高速数据业务，它又具有新的特征。CDMA2000 所支持的一些空中接口的特征如下。

（1）多种射频信道带宽

射频信道带宽可为 $N \times 1.25$MHz，其中，$N = 1$、3、6、9、12，但 IS-2000 仅支持前两种带宽。

（2）前向链路的快速功率控制

移动台检测前向链路的 E_b/N_0 后送出功率控制比特；功率控制信道与反向导频信道时分复用；为了避免编码、成帧和解码造成的时延，功率控制比特不用编码；发送功率控制比特的速率是固定的，为 800bit/s。

（3）两种扩展技术——多载波（MC）和直接扩谱（DS）

在 MC 方式中，编码和交织后的调制符号可多路分解到 N 个 1.25MHz 的载波上，每个载波的码片速率仅为 1.228 8Mchip/s，结果在整个传输带宽上能有效地扩展信号。与 MC 方式相对应的是 DS 方式，调制符号的码片速率为 $N \times 1.228$ 8Mchip/s（$N = 1$、3、6、9 或 12），但这么高码片速率的扩展信号都在一个载波上调制，当然，这个载波的带宽为 $N \times 1.25$MHz。因为 IS-95 的扩展信号带宽为 1.25MHz，所以多载波可以覆盖 N 个相邻的 IS-95 载波。

CDMA2000 前向链路支持 DS 和 MC 两种方式，反向链路仅支持 DS 方式。

（4）前向链路的发射分集

前向链路采用的发射分集方式有 3 种。

① 多载波发射分集（MCTD）：对于 MC 方式，不同的载波可映射到不同的天线上；

② 正交发射分集（OTD）：对于 DS 方式，可以通过分离数据流，采用正交序列扩展两个数据流来完成；

③ 空时扩展（STS）：对于 DS 方式，通过对数据流进行空时编码，采用两个不同的 Walsh 码进行扩展，并发送到两个天线上。

（5）Turbo 编码

对较高速率的信道，采用 Turbo 编码。比起传统的卷积码，其对 E_b/N_0 的要求更低。Turbo 编码用在高速率信道中，卷积码用在公共信道和低速率信道中。

（6）导频辅助

不仅前向链路使用公共导频信道，反向链路中还为每个业务信道都配备了一个导频信道，这有别于 IS-95 技术。

（7）反向链路相干解调

（8）增强信道结构

（9）灵活的帧长（交织器的时间跨度）

CDMA2000 支持 5ms、10ms、20ms、40ms 和 80ms 的帧，交织器的时间跨度是由时延、交织器内存的要求和 E_b/N_0 的要求权衡而得到的。较短的帧长可以减少端到端的时延，而对较长的帧而言，帧头占的比重小，要求的 E_b/N_0 也将减小。

（10）可选择的长交织器

2．物理信道的划分

CDMA2000 物理层规范详细定义了 CDMA2000 系统前向和反向链路的信道结构和各种参数设置。

"扩频速率"即"SR"。表示前向或反向 CDMA 传送的 PN 码片速率。SR 有两种。

SR1，通常记作"1X"或"1x"，SR1 的前向和反向 CDMA 信道在单载波上都采用码片速率为 1.228 8Mchip/s 的直接序列（DS）扩频。实际上，SR1 的基本作用是为了兼容 IS-95 并满足向 3G 平滑过渡的需要。SR3，也通常记作"3X"或"3x"' SR3 的前向 CDMA 信道有 3 个载波，每个载波上都采用 1.228 8Mchip/s 的 DS 扩频，总称多载波（MC）方式；SR3 的反向 CDMA 信道在单载波上采用码片速率为 3.686 4Mchip/s 的 DS 扩频。

无线配置即"RC"是指一系列前向或反向业务信道的工作模式，每种 RC 支持一组数据速率，其差别在于物理信道的各种参数，包括调制特性和扩频速率（SR）等。

SR1 所对应的 RC 可分为两类，一类是和 IS-95 兼容的，另一类则采用了新的信道调制编码等技术；BS 或 MS 在支持 SR1 时，要么工作于前一类 RC，要么工作于后一类 RC，而不能同时使用两者。而第一类信道又有 RC1/2/3/4/5 等多种类型。

（1）物理信道类型

RC1/2 物理信道如图 8-11 所示，RC3/4/5 物理信道如图 8-12 所示。从图中可以看出，RC2/3/4/5 信道都是在 RC1 信道的基础上增加一些信道构成的，而系统中最主要的信道就是 RC1 中的几种信道。

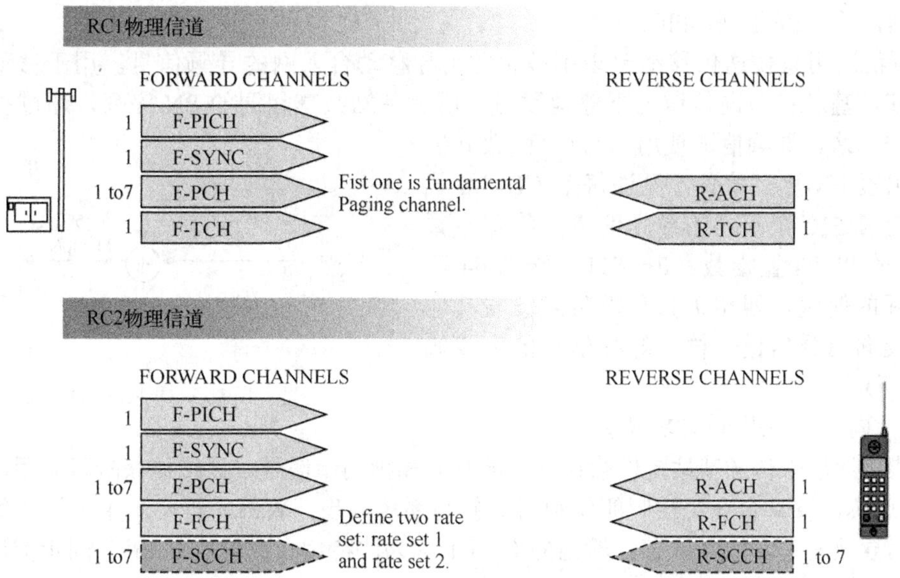

图 8-11　RC1/2 物理层信道

（2）CDMA2000 前向信道的作用与结构

① RC1/2 前向信道的作用与结构

前向链路（基站到移动台）提供了基站到各移动台之间的通信。前向链路由以下逻辑信道构成：导频信道、同步信道、寻呼信道、前向业务信道和前向补充码分信道。

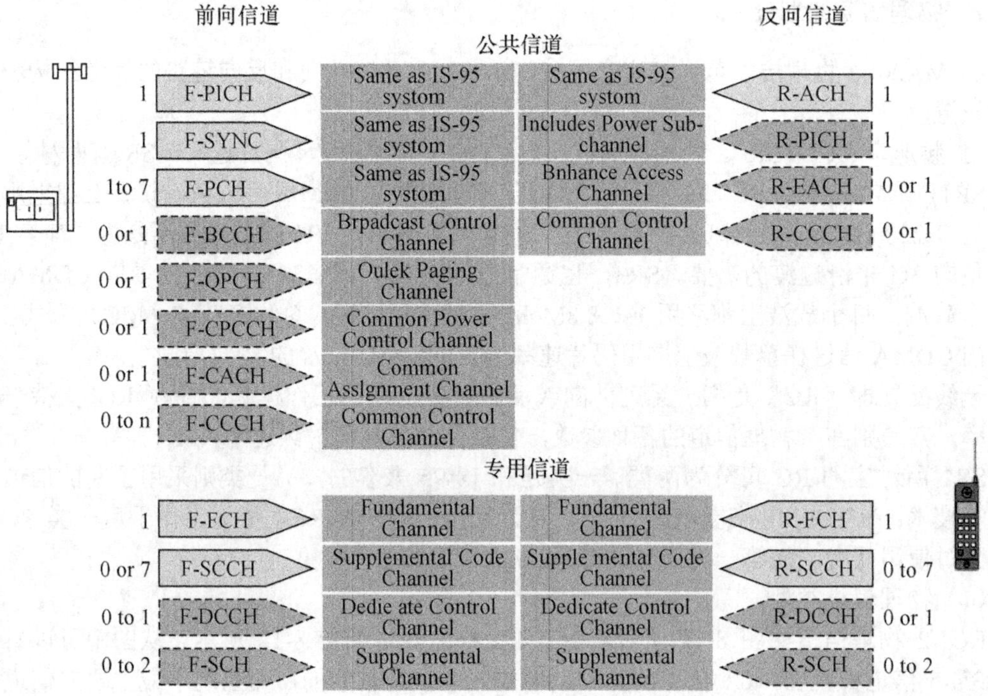

图 8-12　RC3/4/5 物理层信道

- 前向导频信道（F-PICH）

导频信道用来传送供移动台识别基站并引导移动台入网的导频信号。用于移动台初始系统捕获，基站在前向信道上不停地发射，所有基站共享相同的 PN 序列，通过相位偏置区分每个基站。导频信道使用 Walsh 函数 0 扩频，采用短 PN 序列偏置，允许每个 CDMA 载频最多可有 512 个不同的导频信道，特定导频 PN 序列的 PN 偏置指数（0～511）乘以 64 可确定实际的偏置，四相扩频和基带滤波与其他前向和反向码分信道一样。导频信道的生成如图 8-13 所示。

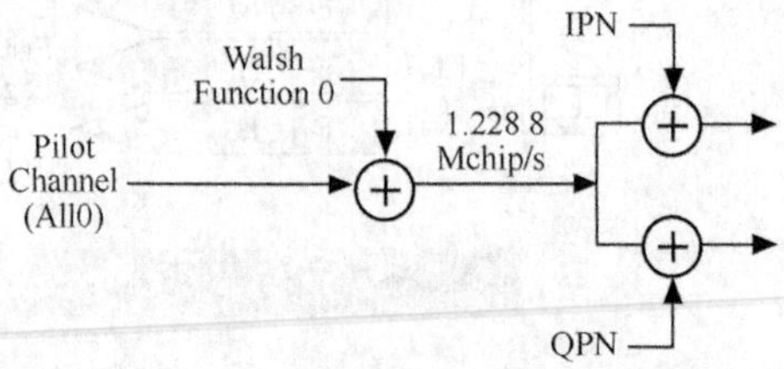

图 8-13　导频信道的生成

- 前向同步信道（F-SYNC）

同步信道用来传送基站提供给移动台的时间和帧同步信号。系统捕获阶段采用，比特率为 1 200bit/s，移动台在每次呼叫结束时重新与系统同步，Walsh 码#32 用于扩展每个调制符，因而导致速率增加 256 倍；输出的 0 和 1 称为比特片（或码片 chip）。同步信道的生成如图 8-14 所示。

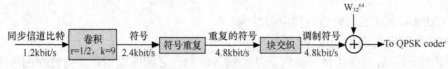

图 8-14　同步信道的生成

- 前向寻呼信道（F-PCH）

寻呼信道用来传送基站向移动台发送的系统消息和寻呼消息。单个 CDMA 载频最多可支持 7 个寻呼信道，信道 1（Walsh 码 1）为基本寻呼信道，其他附加的寻呼信道用 Walsh 码 2 到 7，不用的寻呼信道可用于前向业务信道，支持两种速率：9 600 和 4 800bit/s。Walsh 码#1（或#2，…或#7）用于扩频，因此其速率增加 64 倍，为 1.228 8Mchip/s。寻呼信道的生成如图 8-15 所示。

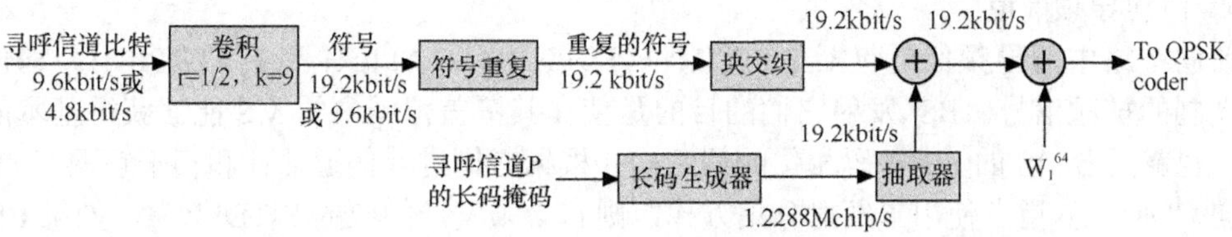

图 8-15　寻呼信道的生成

- 前向业务信道（F-TCH）

前向业务信道用来传送基站向移动台发送的用户信息和信令信息，在每个前向业务信道中包含有向移动台传送的业务数据和功率控制信息。

业务信道的最大数目：64 减去一个导频信道、一个同步信道、1～7 个寻呼信道，这样，每个 CDMA 载频最少可以有 55 个业务信道，不用的寻呼信道可以额外提供 6 个信道。前向业务信道的生成如图 8-16 所示。

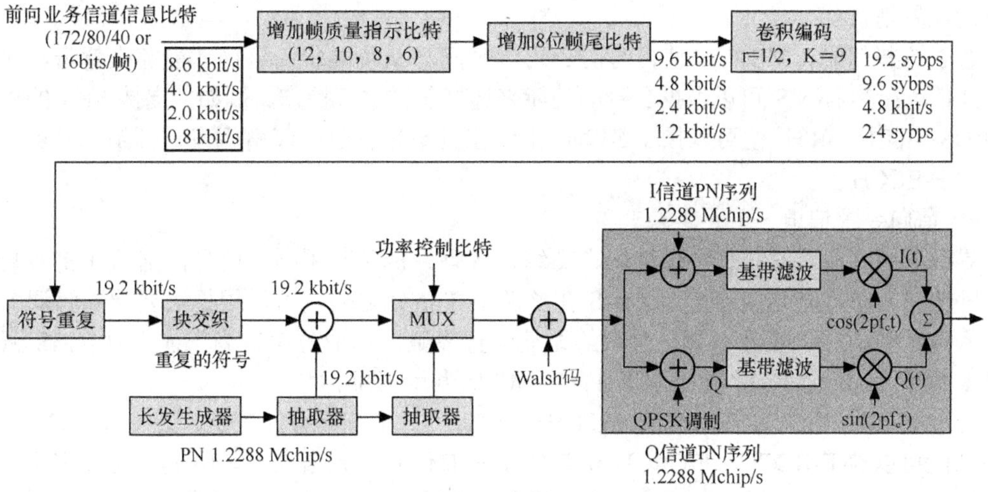

图 8-16　前向业务信道的生成

- 前向补充码分信道（F-SCCH）

前向补充码分信道用来在一次呼叫中传递用户信息给指定的移动台。F-SCCH 只适用于 RC1 和 RC2。每个前向业务信道可以包括 7 个 F-SCCH。F-SCCH 在 RC1 和 RC2 时的帧长为 20ms。在 RC1 下，F-SCCH 的数据速率为 9 600bit/s；在 RC2 下，其数据速率为 14 400bit/s。

② RC3/4/5 前向信道的作用与结构

前向公共物理信道包括：导频信道、同步信道、寻呼信道、广播控制信道、快速寻呼信道、公共功率控制信道、公共指配信道和公共控制信道。其中，前 3 种是和 IS-95 系统兼容的前向信道，后面的信道则是 IS-2000 新定义的前向信道。

前向专用物理信道主要包括：专用控制信道、基本信道、补充信道和补充码分信道，它们用来在 BS 和某一特定的 MS 之间建立业务连接。其中，前向基本信道中的 RCl 和 RC2 两种是和 IS-95 系统中的业务信道兼容的，其他的信道则是 IS-2000 新定义的前向专用信道。

- 前向导频信道

前向链路中的导频信道包括 F-PICH、F-TDPICH、F-APICH 和 F-ATDPICH。它们都是未经调制的扩频信号。BS 发射它们的目的是使在其覆盖范围内的 MS 能够获得基本的同步信息，也就是各 BS 的 PN 短码相位的信息，并根据它们进行信道估计和相干解调。如果 BS 在前向 CDMA 信道上使用了发射分集方式，则它必须发送相应的 F-TDPICH。如果 BS 在前向应用了智能天线或波束成形，则可以在一个 CDMA 信道上产生一个或多个（专用）辅助导频（F-APICH），用来提高容量或满足覆盖上的特殊要求（如定向发射）。当使用了 F-APICH 的 CDMA 信道采用了分集发送方式时，BS 应发送相应的 F-ATDPICH。

- 同步信道

同步信道（F-SCH）传送经过编码、交织、扩频和调制的信号。在基站的覆盖范围内，MS 通过对它的解调可以获得长码状态、系统定时信息和其他一些基本的系统配置参数，包括：BS 当前使用的协议版本号，BS 所支持的最小协议版本号，网络和系统标识，频率配置，系统是否支持 SR1 或 SR3，如果支持，所对应的发送开销（overhead）信息的信道的配置情况等。

有了这些信息，MS 可以使自身的长码、时间与系统同步，这样才能够去解调经过扰码的前向信道；然后 MS 可以根据自身的功能来选择怎样进行操作。例如，支持 SR3 的 MS 若发现 BS 也支持 SR3，便可以按 F-SYNC 上给出的参数去进一步解调发送开销信息的公共信道，如 F-BCCH。

- 前向寻呼信道

寻呼信道（F-PCH）是经过编码、交织、扰码、扩频和调制的信号，基站 BS 利用此信道在呼叫建立阶段传送控制信息。MS 在解调 F-SYNC 之后，可以根据需要通过解调 F-PCH 获得系统参数、接入参数、邻区列表等系统配置参数。当业务信道尚未建立时，MS 还可以通过 F-PCH 收到诸如寻呼消息等针对特定 MS 的专用消息。

与 F-PICH、F-SYNCH 一样，F-PCH 是和 IS-95 系统兼容的信道，在 CDMA2000 中，它的功能可以被 F-BCCH、F-QPCH 和 F-CCCH 取代并得到增强。其中 F-BCCH 发送公共系统开销消息；F-QPCH 和 F-CCCH 联合起来发送针对 MS 的专用消息，提高了寻呼的成功率，同时降低了 MS 的功耗。

- 前向广播控制信道

广播控制信道（F-BCCH）传送经过编码、交织、扰码、扩频、调制和滤波的信号。BS 用它来发送系统开销信息（例如原来在 F-PCH 上发送的开销信息），以及需要广播的消息（例如短消息）。

F-BCCH 以 38 400bit/s、19 200bit/s、9 600bit/s 或 4 800bit/s 的速率传送信息。当 F-BCCH 工作在较低的数据速率时，如 4 800bit/s，即时隙的周期为 160ms，40ms 帧每时隙重复 3 次，则 F-BCCH 可以以较低的功率发射，而 MS 则通过对重复的信息进行合并来获得时间分集的增益，减小 F-BCCH 的发射功率对于提高前向的容量是有帮助的。

若采用 SR1，在 FEC 编码 R=1/2 的条件下使用 F-BCCH，它将占用码分信道 W_n^{64}，其中 $1<n<63$；在 FEC 编码 R=1/4 的条件下使用 F-BCCH，它将占用码分信道 W_n^{32}，其中 $1<n<31$；如果在 SR3 的条件下使用 F-BCCH，它将占用码分信道 W_n^{128}，共中 $1<n<127$。n 的值由 BS 指定，n 的选择还应保证不和其他已分配的码信道资源冲突。

- 前向快速寻呼信道

快速寻呼信道（F-QPCH）传送未编码的、扩频的开关键控（OOK）调制信号。BS 用它来通知其覆盖范围内、工作于时隙模式、且处于空闲状态的 MS，是否应该在下一个 F-CCCH 或 F-PCH 的时隙上接收 F-CCCH 或 F-PCH。使用 F-QPCH 最主要的目的是使 MS 不必长时间地监听 F-PCH，从而达到延长 MS 待机时间的目的。为实现此目的，F-QPCH 采用了 OOK 调制方式，MS 对它的解调可以非常简单迅速。

- 前向公共功率控制信道

前向公共功率控制信道（F-CPCCH）的目的是对多个 R-CCCH 和 R-EACH 进行功控。BS 可以支持一个或多个 F-CPCCH，每个 F-CPCCH 又分为多个功控子信道（每个子信道 1 个比特，相互间时分复用），每个功控子信道控制一个 R-CCCH 或 R-EACH。

公共功控子信道用于 R-CCCH 还是 R-EACH 取决于工作模式。当工作在功率受控接入模式（Power Controlled Access Mode）时，MS 利用指定的 F-CPCCH 上的子信道控制 R-EACH 的发射功率。当工作在预留接入模式（Reservation Access Mode）或指定接入模式（Designated Access Mode）时，MS 利用指定的 F-CPCCH 上的子信道控制 R-CCCH 的发射功率。

- 前向公共指配信道

前向公共指配信道（F-CACH）专门用来发送对反向信道快速响应的指配信息，提供对反向链路的随机接入分组传输的支持。F-CACH 在预留接入模式中控制 R-CCCH 和相关的 F-CPCCH 子信道，并且在功率受控接入模式下提供快速的证实，此外还有拥塞控制功能。BS 可以不使用 F-CACH，而是选择 F-BCCH 来通知 MS。

F-CACH 的发送速率固定为 9 600bit/s，帧长 5ms；它可以在 BS 控制下工作在非连续方式，断续的基本单位为帧。

- 前向公共控制信道

前向公共控制信道（F-CCCH）传送经过编码、交织、扰码、扩频、调制和滤波的信号。BS 利用该信道给整个覆盖区的移动台传递系统控制信息以及移动台指定的信息。

F-CCCH 具有可变的发送速率：9 600bit/s、19 200bit/s、或 38 400bit/s；帧长为 20ms、10ms 或 5ms。尽管 F-CCCH 的数据速率能以帧为单位改变，但发送给 MS 的指定帧的数据速率对于 MS 来说是已知的。

- 前向专用控制信道

前向专用控制信道（F-DCCH）用来在通话（包括数据业务）过程中向特定的 MS 传送用户信息和信令信息。每个前向业务信道可以包括最多 1 个 F-DCCH。基站以固定的速率 9.6kbit/s 或 14.4kbit/s 传递 F-DCCH 的信息；在 RC5、RC8、RC9 时 20ms 帧的速率为 14.4kbit/s，5ms 帧的速率为 9.6kbit/s。F-DCCH 的帧长为 5ms 或 20ms。F-DCCH 必须支持非连续的发送方式，断续的基本单位为帧，每帧决定是否发送该信道。在 F-DCCH 上，允许附带一个前向功率控制子信道。对于给定的基站，F-DCCH 所使用的 I 和 Q 路导频 PN 序列和前向导频信道的导频 PN 序列偏置相同。

- 前向基本信道

前向基本信道（F-FCH）用来在通话（可包括数据业务）过程中向特定的 MS 传送用户信息和信令信息。每个前向业务信道可以包括最多 1 个 F-FCH。F-FCH 可以支持多种可变速率，工作于 RC1 或 RC2 时，它分别等价于 IS-95A 或 IS-95B 的业务信道。F-FCH 在 RC1 和 RC2 时的帧长为 20ms；在 RC3～RC9 时的帧长为 5ms 或 20ms。在某一 RC 下，F-FCH 的数据速率和帧长可以以帧为单位进行选择，但调制符号的速率保持不变。对于 RC3～RC9 的 F-FCH，BS 可以在一个 20ms 帧内暂停发送最多 3 个 5ms 帧。数据速率越低，相应的调制符号能量也低，这和已有的 IS-95 系统相同。在 F-FCH 上，允许附带一个前向功率控制子信道。

在 F-FCH 帧结构中，第一个比特为“保留/标志”比特，简称 R/F 比特。R/F 比特用于 RC2、RC5、RC8 和 RC9。当正在使用一个或多个 F-SCCH 时，可以使用 R/F 比特；否则应保留该比特并置为“0”。当使用 R/F 比特时，如果 MS 将处理从当前帧后第 2 帧开始发送的 F-SCCH 时，BS 应将当前 F-FCH 帧的 R/F 比特设为“0”。当 BS 不准备在当前帧后第 2 帧开始发送 F-SCCH，BS 应将当前 F-FCH 帧的 R/F 比特置为“1”。

- 前向补充信道

前向补充信道（F-SCH）用来在通话（可包括数据业务）过程中向特定的 MS 传送用户信息。F-SCH 只适用于 RC3～RC9。每个前向业务信道可以包括最多 2 个 F-SCH。F-SCH 可以支持多种速率，当它工作在某一允许的 RC 下时，并且分配了单一的数据速率（此速率属于相应 RC 对应的速率集），则它固定在这个速率上工作；而如果分配了多个数据速率，F-SCH 则能够以可变速率发送。F-SCH 的帧长为 20ms、40ms 或 80ms。BS 可以支持 F-SCH 帧的非连续发送。速率的分配是通过专门的补充信道请求消息等完成的。

前向补充信道（F-SCH）和补充码分信道（F-SCCH）都是用来在通话（可包括数据业务）过程中向特定的 MS 传送用户信息，进一步讲，主要是支持（突发/电路）数据业务。F-SCH 只适用于 RC3～RC9，F-SCCH 只适用于 RC1 和 RC2。每个前向业务信道可以包括最多 2 个 F-SCH，或包括最多 7 个 F-SCCH；F-SCH 和 F-SCCH 都可以动态地灵活分配，并支持信道的捆绑以提供很高的数据速率。

（3）CDMA2000 反向信道的作用与结构

① RC1/2 反向信道的作用与结构

反向链路（移动台到基站）提供了移动台到基站之间的通信。反向链路由以下逻辑信道构成：接入信道和业务信道。

- 反向接入信道

移动台使用接入信道来发起同基站的通信，以及响应基站发来的寻呼信道消息。它是一种随机接入信道，每个寻呼信道能同时支持 32 个接入信道。固定数据率：4 800bit/s。反向接入信道的生成如图 8-17 所示。

- 反向业务信道

反向业务信道用于在呼叫期间移动台向基站发送用户信息和信令信息。支持可变速率操作：8kbit/s 声码器（速率集 1——9 600，4 800，2 400 和 1 200bit/s）和 13kbit/s 声码器（速率集 2——14 400，7 200，3 600，1 800bit/s）。反向业务信道的生成如图 8-18 所示。

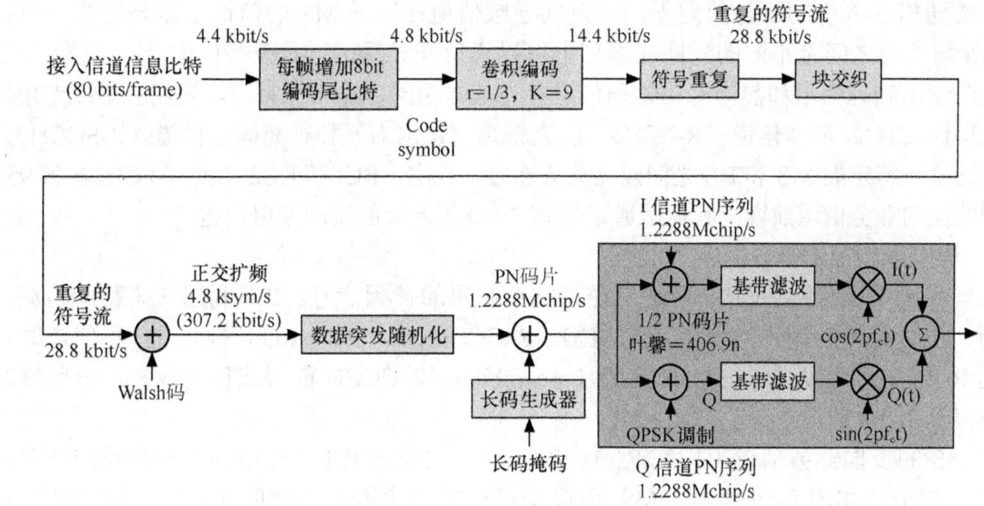

图 8-17　反向接入信道的生成

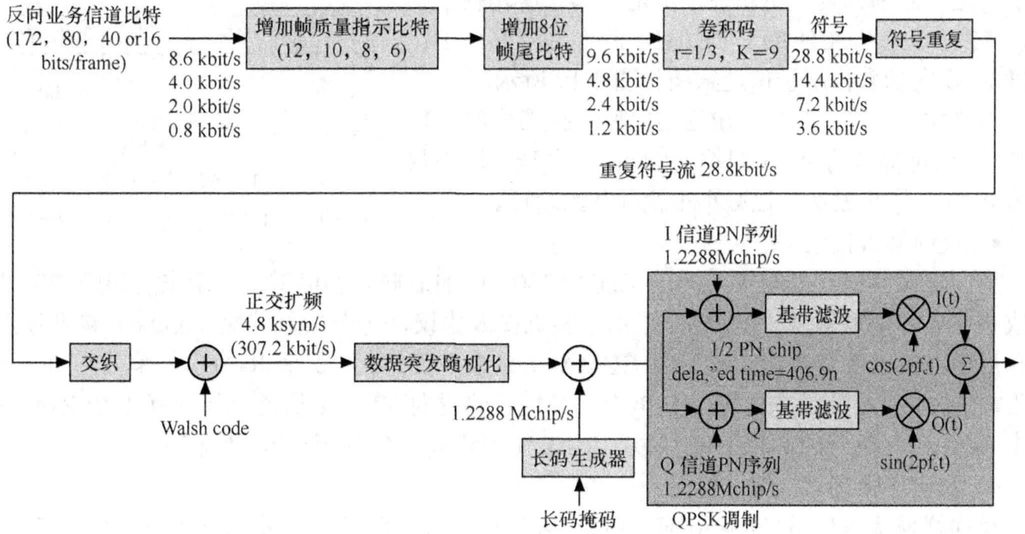

图 8-18　反向业务信道的生成

- 反向补充码分信道

反向补充码分信道（R-SCCH）用于在通话中向 BS 发送用户信息，它只适用于 RC1 和 RC2。反向业务信道中可包括最多 7 个 R-SCCH。R-SCCH 在 RC1 和 RC2 时的帧长为 20ms。在 RC1 下，R-SCCH 的数据速率为 9 600bit/s；在 RC2 下，其数据速率为 14 400bit/s。R-SCCH 的前缀是在其自身上发送的全速率全零帧（无帧质量指示）。当允许在 R-SCCH 上不连续发送，在恢复中断了的发送时，需要发送 R-SCCH 前缀。

② RC3/4/5 反向信道的作用与结构

反向公共物理信道包括：接入信道（R-ACH）、增强接入信道（R-EACH）和反向公共控制信道（R-CCCH），这些信道是多个 MS 共享使用的，为了实现冲突控制，IS-2000 提供了相应的随机接入机制。与前向不同，反向导频信道在同一 MS 的信道中是公用的，而各个 MS 的导频信道之间是不同的，即在局部上可以说反向导频信道是公共信道。

反向专用物理信道和前向专用物理信道种类基本相同，并相互对应，它们包括：专用控制信道（R-DCCH）、基本信道（R-FCH）、补充信道（R-SCH）和补充码分信道（R-SCCH），它们用来在某一特定的 MS 和 BS 之间建立业务连接。其中，RCl 和 RC2 中的 R-FCH 与 IS-95A/B 系统中的反向业务信道兼容，其他信道则是 IS-2000 新定义的反向专用信道。

- 反向导频信道

反向导频信道（R-PICH）传送未经调制和编码的扩频信号。BS 利用它来帮助检测 MS 的发射，进行相干解调。当使用 R-EACH、R-CCCH 或 RC3～RC6 的反向业务信道时，应该发送 R-PICH。当发送 R-EACH 前缀（preamble）、R-CCCH 前缀或反向业务信道前缀时，也应该发送 R-PICH。

当 MS 的反向业务信道工作在 RC3～RC6 时，它应在 R-PICH 中插入一个反向功率控制子信道，其结构如图 8-19 所示。MS 用该功率控制子信道支持对前向业务信道的开环和闭环功率控制。R-PICH 以 1.25ms 的功率控制组（PCG）进行划分，在一个 PCG 内的所有 PN 码片都以相同的功率发射。反向功率控制子信道又将 20ms 内的 16 个 PCG 划分后组合成两个子信道，分别称为“主功控子信道”和“次功控子信道”；前者对应 F-FCH 或 F-DCCH，后者对应 F-SCH。R-PICH 反向功率控制子信道结构如图 8-19 所示。

当诸如 F/R-FCH 和 F/R-SCH 等没有工作时，R-PICH 可以对特定的 PCG 门控（Gating）发送，即在特定的 PCG 上停止发送，以减小干扰并节约功耗。

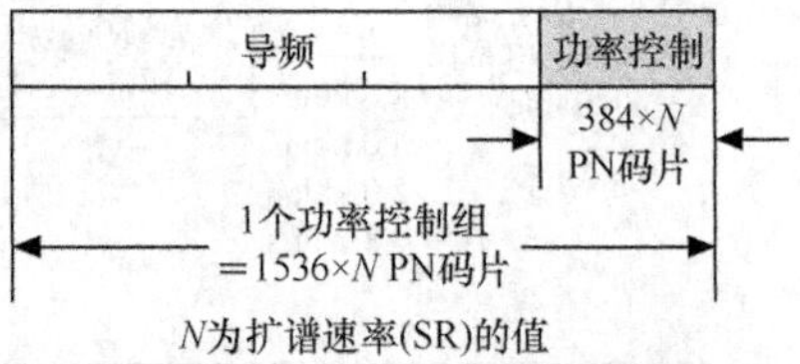

图 8-19　R-PICH 反向功率控制子信道结构

- 反向接入信道

反向接入信道（R-ACH）属于 CDMA2000 中的后向兼容信道。它用来发起同 BS 的通信或响应寻呼信道消息。R-ACH 采用了随机接入协议，每个接入试探（probe）包括接入前缀和后面的接入信道数据帧。反向 CDMA 信道最多可包含 32 个 R-ACH，编号为 0～31。对于前向 CDMA 信道中的每个 F-PCH，在相应的反向 CDMA 信道上至少有 1 个 R-ACH。每个 R-ACH 与单一的 F-PCH 相关联。R-ACH 的前缀为有 96 个‘0’的帧。

- 反向增强接入信道

反向增强接入信道（R-EACH）用于 MS 发起同 BS 的通信或响应专门发给 MS 的消息。R-EACH 采用了随机接入协议。R-EACH 可用于 3 种接入模式中：基本接入模式，功率受控模式和预留接入模式。前一种模式工作在单独的 R-EACH 上，后两种模式可以工作在同一个 R-EACH 上。与 R-EACH 相关联的 R-PICH 不包含反向功率控制子信道。

对于所支持的各个 F-CCCH，反向 CDMA 信道最多可包含 32 个 R-EACH，编号为 0～31。对于在功率受控模式或预留接入模式下工作的每个 R-EACH，有 1 个 F-CACH 与之关联。R-EACH 的前缀是在 R-PICH 上以提高的功率发射的空数据。

- 反向公共控制信道

反向公共控制信道（R-CCCH）用于在没有使用反向业务信道时向 BS 发送用户和信令信息。R-CCCH 信号在发射前经过编码、交织、扩频和调制。它可用于 2 种接入模式中：预留接入模式和指定接入模式。与 R-CCCH 相关联的 R-PICH 不包含反向功率控制子信道。

对于所支持的各 F-CCCH，反向 CDMA 信道最多可包含 32 个 R-CCCH，编号 0～31。对于所支持的各 F-CACH，反向 CDMA 信道最多可包含 32 个 R-CCCH，编号 0～31。对于前向 CDMA 信道中的每个 F-CCCH，在相应的反向 CDMA 信道上至少有 1 个 R-CCCH。每个 R-CCCH 与单一的 F-CCCH 相关联。R-CCCH 的前缀是在 R-PICH 上以提高的功率发射的空数据。

- 反向专用控制信道

反向专用控制信道（R-DCCH）用于在通话中向 BS 发送用户和信令信息。反向业务信道中可包括最多 1 个 R-DCCH。R-DCCH 的帧长为 5ms 或 20ms。MS 应支持在 R-DCCH 上的非连续发送，断续的基本单位为帧。R-DCCH 的前缀只是在 R-PICH 上连续（非门控）发送。

- 反向基本信道

反向基本信道（R-FCH）用于在通话中向 BS 发送用户和信令信息。反向业务信道中可包括最多 1 个 R-FCH。RC1 和 RC2 的 R-FCH 为后向兼容方式，其帧长为 20ms。RC3～RC6 的 R-FCH 帧长为 5ms 或 20ms。在某一 RC 下的 R-FCH 的数据速率和帧长应该以帧为基本单位进行选取，同时保持调制符号速率不变。

在 RC1 和 RC2 中，R-FCH 的前缀为在 R-FCH 上发送的全速率全零帧（无帧质量指示）。RC3～RC6 中，R-FCH 的前缀只是在 R-PICH 上连续发送。

- 反向补充信道

反向补充信道（R-SCH）用于在通话中向 BS 发送用户信息，它只适用于 RC3～RC6。反向业务信道中最多可包括 2 个 R-SCH。R-SCH 可以支持多种速率，当它工作在某一允许的 RC 下时，并且分配了单一的数据速率，则它固定在这个速率上工作；而如果分配了多个数据速率，R-SCH 则能够以可变速率发送。R-SCH 必须支持 20ms 的帧长；它也可以支持 40ms 或 80ms。

③ SR1 反向信道复用、扩频过程

SR1 反向信道复用、扩频过程如图 8-20 所示。

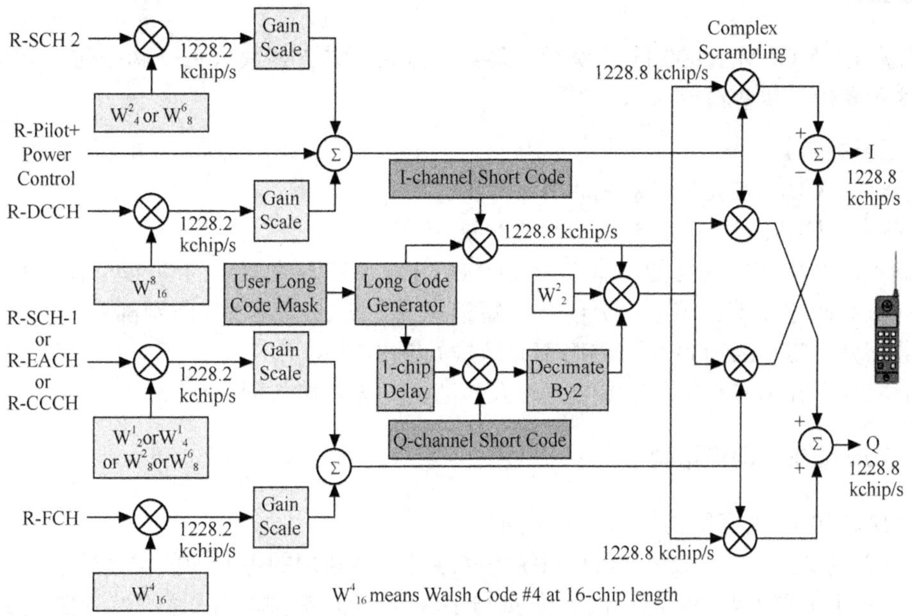

图 8-20　SR1 反向信道复用、扩频过程

3. 实践活动：物理层信道的应用

（1）实践目的

熟悉物理层信道的应用。

（2）实践要求

各位学员通过用户的接入过程所占用的信道熟悉信道的应用情况。

（3）实践内容

① 熟悉图 8-21 所示的用户接入系统时占用信道的情况。

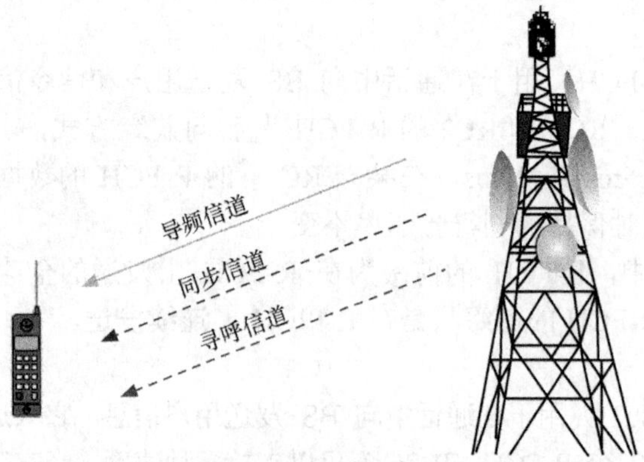

图 8-21 用户接入系统占用信道情况

② 描述用户接入系统的过程。

任务 6 CDMA2000 网络系统结构

【问题引入】CDMA2000 1x 系统的网络结构如何？其无线接入网结构如何？主要接口有哪些？这是我们应该掌握的内容。

【本任务要求】

1. 识记：CDMA2000 1x 系统的网络结构。

2. 领会：CDMA2000 1x 无线网结构和接口。

根据不同网络实体的功能，本书将 CDMA2000 系统网络部分的功能实体划分为如下几个部分：核心网电路域；核心网分组域；短消息业务部分；无线智能网部分；WAP 部分；定位业务部分。CDMA2000 系统网络部分结构如图 8-22 所示。

在此将重点介绍核心网分组域技术以及核心网与无线接入网的接口。

1. CDMA2000 网络结构

CDMA2000 1x 网络结构如图 8-23 所示。

与 IS-95 系统相比，CDMA2000 系统的网络结构中新增的主要功能实体如下。

分组控制功能模块（PCF）：PCF 负责与 BSC 配合，完成与分组数据有关的无线信道控制功能。PCF 与 BSC 间的接口为 A8/A9 接口，又称为 R-P 接口。

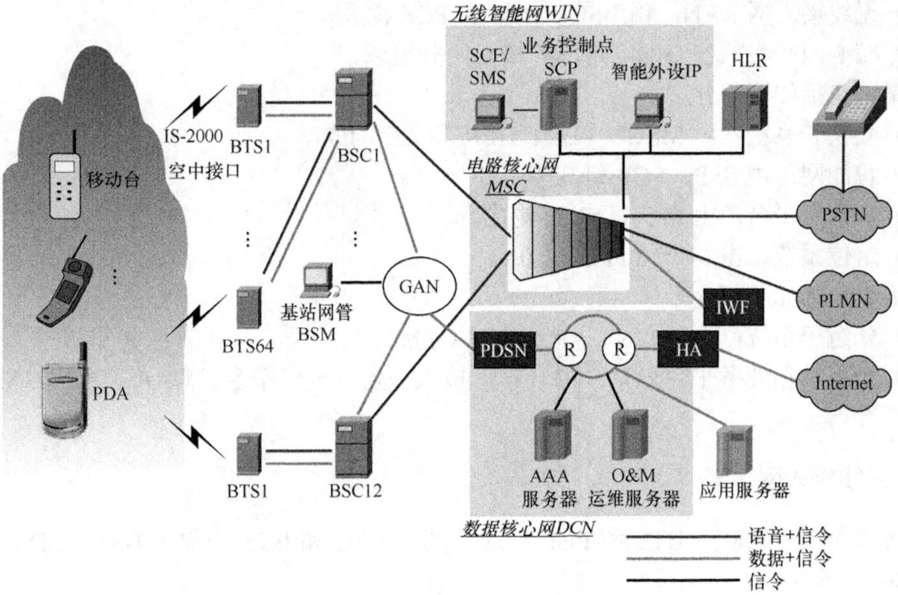

图 8-22　CDMA2000 网络系统结构

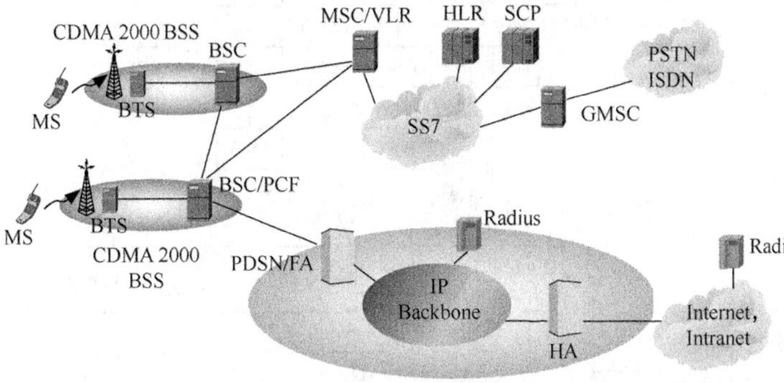

图 8-23　CDMA2000 1x 网络结构

分组数据服务节点（PDSN）：PDSN 负责管理用户通信状态（点对点连接的管理），转发用户数据。当采用移动 IP 技术时，PDSN 中还应增加外部代理（FA）功能。FA 负责提供隧道出口，并将数据解封装后发往 MS。PDSN 与 PCF 间的接口为 A10/A11 接口。

鉴权、认证和计费模块（AAA）：AAA 负责管理用户，其中包括用户的权限、开通的业务、认证信息、计费数据等内容。目前，AAA 采用的主要协议为远程鉴权拨号用户业务（RADIUS）协议，所以 AAA 也可直接叫 RADIUS 服务器。这部分功能与固定网使用的 RADIUS 服务器基本相同，仅增加了与无线部分有关的计费信息。

本地代理（HA）：HA 负责将分组数据通过隧道技术发送给移动用户，并实现 PDSN 之间的移动管理。

CDMA 系统采用模块化的结构，将整个系统划分为不同的子系统，每个子系统由多个功能实体构成，实现一系列的功能。不同子系统之间通过特定的接口相联，共同实现各种业务。CDMA 系统主要包括如下部分。

（1）移动台 MS：即移动终端，包括射频模块、核心芯片、上层应用软件和 UIM 卡。

（2）无线接入网 RAN：由 BSC、BTS 和 PCF 构成。

（3）核心网：包括核心网电路域和核心网分组域。

电路域包括如下部分。

（1）交换子系统：由 MSC、VLR、HLR 和 AC 构成。

（2）智能网：由 SSP、SCP 和 IP 构成。

（3）短消息平台：由 MC 和 SME 构成。

（4）定位系统：由 MPC 和 PDE 构成。

分组域包括如下部分。

（1）分组子系统：由 PDSN、AAA 和 HA 构成。

（2）分组数据业务平台包括：综合管理接入平台、定位平台、WAP 平台、JAVA 平台、BREW 平台等。

2．无线接入网

无线接入网由 BSC、BTS 和 PCF 组成，其中 BSC 和 BTS 合称为 BSS。CDMA2000 接口如图 8-24 所示。

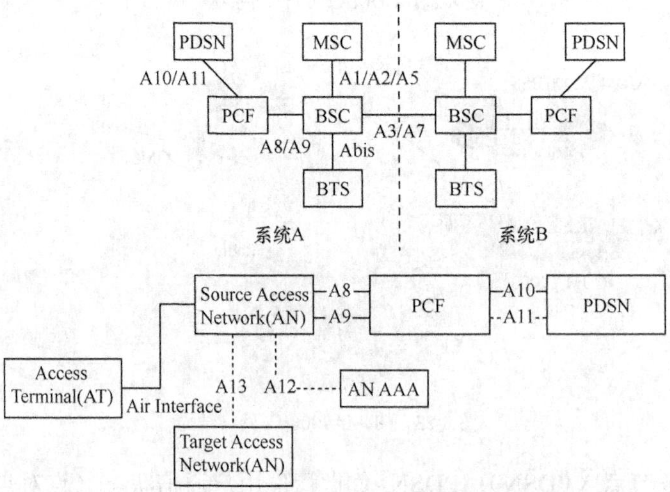

图 8-24　CDMA2000 接口

AT 为接入终端，与 IS-2000 系统中的 MS 是同一个概念；AN 为接入网络，包含 BSC 和 BTS；AN-AAA 为接入网络侧的 AAA 服务器。主要接口参考点分为 4 类：A、Ater、Aquinter 和 Aquater。各参考点的分类以及功能如表 8-4 所示。

表 8-4　各参考点的分类以及功能

接口参考点分类	接　口	接口的主要功能
A	A1	用于传输 MSC（呼叫控制和移动性管理功能）和 BSC（BSC 的呼叫控制）之间的信令消息
	A2	在 MSC 交换部分与下述单元之间传输业务信息：BSC 的信道单元部分（模拟空中接口的情况下）、选择/分配单元 SDU 功能（数字空中接口的语音呼叫的情况下）
	A5	传输 IWF 和 SDU 之间的全双工数据流

续表

接口参考点分类	接　　口	接口的主要功能
Ater	A3	传输 BSC 和 SDU 之间的用户话务(语音和数据)和信令，A3 接口包括独立的信令和话务子信道
	A7	传输 BSC 之间的信令，支持 BSC 之间的软切换
Aquinter	A8	传输 BS 和 PCF 之间的用户业务
	A9	传输 BS 和 PCF 之间的信令业务
Aquater	A10	传输 PDSN 和 PCF 之间的用户业务
	A11	传输 PDSN 和 PCF 之间的信令业务

任务 7　CDMA2000 的分组域网络技术

【问题引入】CDMA2000 1x 系统的网络结构中，其分组域网络技术颇具特色，那么移动 IP 技术是怎样的？移动 IP 技术的工作原理是怎样的？3GPP2 无线网络的分组域功能模型如何？简单 IP 技术是怎样的？移动 IP 技术特点和应用情况怎样？这些都是我们应该掌握的内容。

【本任务要求】

1. 识记：3GPP2 无线网络的分组域功能模型。
2. 领会：移动 IP 技术的工作原理、简单 IP 技术。
3. 应用：移动 IP 技术特点和应用。

为在 CDMA2000 网络中向用户提供高速的分组型数据业务，3GPP2 的无线网络参考模型中引入了分组域功能实体，并定义了基于 IP 技术的网络接口。这一部分从移动 IP 的基础入手，简要介绍移动 IP 技术的各个技术细节，重点在于分组域网络的结构以及移动 IP 在 CDMA2000 系统网络中的实现和应用。

1. 简单 IP 技术

简单 IP（SIP）类似于拨号上网，每次给 MS 分配的 IP 地址是动态可变的。可实现 MS 作为主叫的分组数据呼叫，协议简单，容易实现。但是切换 PPP 链路时，需要中断正在进行的数据通信。基于简单 IP 的呼叫过程如图 8-25 所示。

简单 IP 业务具有以下特点：

① 类似于拨号业务。用户需要数据业务时，采用类似于拨号的形式建立与 PDSN 的点对点 PPP 连接。PDSN 负责数据的收发。

② 采用动态 IP 地址分配进行连接。

③ 不能保证用户移动时的业务持续性。

④ 用户在同一个 PDSN 覆盖范围内时，可以保持 IP 地址不变。当移出当前 PDSN 覆盖的网络时，必须重新拨号连接。

基于简单 IP 的网络参考模型如图 8-26 所示。基于 SIP 的分组核心网主要包括分组数据服务节点（PDSN）、远端认证拨号接入（RADIUS）服务器等。PDSN 位于分组核心网与 CDMA2000 无线接入网之间，负责管理用户状态，转发用户数据，并为移动终端分配 IP 地址。RADIUS 服务器位于分组核心网中，类似于 AAA 服务器，主要完成认证、鉴权和计费的功能，代理 RADIUS 服务器负责转发拜访 RADIUS 服务器和归属 RADIUS 服务器之间的认证和计费信息。

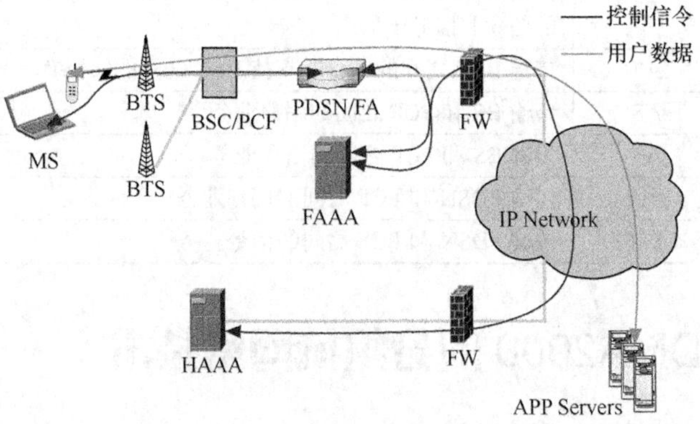

图 8-25　基于简单 IP 的呼叫过程

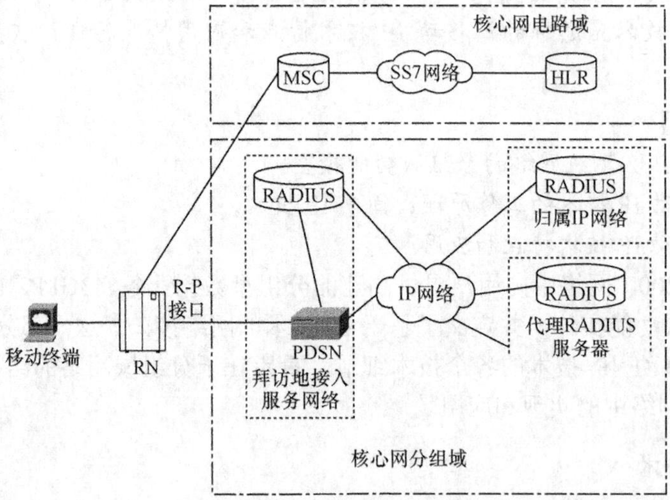

图 8-26　基于简单 IP 的网络参考模型

2．移动 IP 概述

数据业务的迅猛发展以及移动终端的迅速增加，使得对移动数据的需求越来越强烈。同时，传统的固定 IP 技术（简单 IP）由于自身的局限性，不能很好地支持移动数据的传输。由此，移动 IP 技术应运而生。移动 IP 即为解决移动数据传输而采用的技术。

为何引入移动 IP？如图 8-27 所示，分析当主机 4 分别在以太网 B 和以太网 C 时，主机 1 发送到主机 4 的数据包的路由情况。

在主机 4 移动之前，它在以太网 B 段，此链路的网络前缀为 2.0.0。此时，主机 1 送往主机 4 的数据包的路由过程如下。

① 主机 1 首先将检测自己的路由表，判断得知此数据包的目的地址不是自己，所以按照默认路由把它转发到路由器 A 的 a 端口。

② 路由器 A 检测自己的路由表，按照最大前缀匹配原则，判断得知与第三条路由表项匹配。于是将数据包从路由器 A 的 c 端口转发到路由器 B。

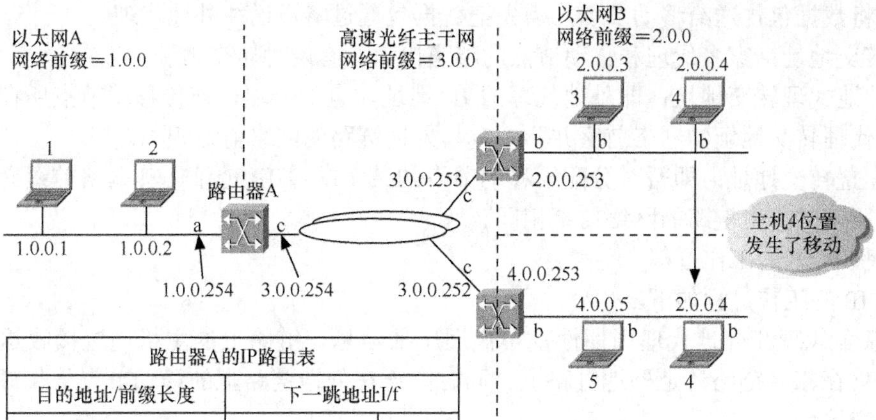

路由器A的IP路由表		
目的地址/前缀长度	下一跳地址I/f	
1.0.0.0/24	直连	a
3.0.0.0/24	直连	c
2.0.0.0/24	3.0.0.0/253	c
4.0.0.0/24	3.0.0.0/252	c

图 8-27　移动终端发生移动时的路由分析

③ 路由器 B 检测自己的路由表，按照最大前缀匹配原则，判断得知应该将数据包从自己的 b 端口转发出去。

④ 主机 4 检测判断得知此数据包是发给自己的，于是把它接收并送往高层进行处理。于是主机 4 成功地接收到来自主机 1 的数据包。

当主机 4 移动到以太网 C 段后，它所在的链路的网络前缀为 4.0.0。此时，主机 1 送往主机 4 的数据包的路由过程如下。

① 主机 1 首先检测自己的路由表，判断得知此数据包的目的地址不是自己，所以按照默认路由把它转发到路由器 A 的 a 端口。

② 路由器 A 检测自己的路由表，按照最大前缀匹配原则，判断得知第三条路由表项匹配。于是将数据包从路由器 A 的 c 端口转发到路由器 B。

③ 路由器 B 检测自己的路由表，按照最大前缀匹配原则，判断得知应该将数据包从自己的 b 端口转发出去。

但是，由于此时主机 4 已经移动到以太网 C 段了，因此不可能接收到这些数据包。

3．移动 IP 技术的工作原理

移动 IP 就是在全球 Internet 网上提供一种 IP 路由机制，使 MS 可以以一个永久的 IP 地址连接到任何子网中，实现 MS 作为主叫或被叫的分组数据通信，并可保证 MS 在切换 PPP 链路时仍保持正在进行的通信。

（1）几个基本概念

移动 IP 技术的网络实体主要由以下几个部分组成。

① 移动节点：可从一条链路切换到另一条链路上，而仍然保持所有正在进行的通信，并且只使用它的家乡地址的那些节点。

② 家乡代理：即本地代理，有一个端口与移动节点家乡链路相连的路由器。

③ 外地代理：在移动节点的外地链路上的路由器。

④ 隧道：当一个数据包被封装在另一个数据包的净荷中进行传送时所经过的路径。家

乡代理为将数据包传送给移动节点，需先把数据包通过隧道送往外地代理。

⑤ 转交地址：家乡代理和移动节点的隧道出口。有两种转交地址。

- 外地代理转交地址：即外地代理的 IP 地址，有一个端口连接移动节点所在的外地链路。外地代理转交地址的网络前缀并不一定与外地链路的网络前缀相同。
- 配置转交地址：即暂时分配给移动节点的某个端口 IP 地址，其网络前缀必须与移动节点当前所连的外地链路的网络前缀相同。

（2）移动 IP 的工作过程

移动 IP 的工作过程如下。

① 家乡代理和外地代理周期性发布代理广播消息，链路上的主机通过接收这个信息判断自己是处在家乡链路还是外地链路上。同时，连在外地链路上的移动节点从代理广播消息中得到转交地址。

② 处于外地链路的移动节点向家乡代理注册转交地址。

③ 家乡代理和其他路由器广播对移动节点家乡地址的可达性，接收发往移动节点家乡地址包。

④ 家乡代理截取发往移动节点家乡地址的包，并通过隧道送往它的转交地址，外地代理从隧道中取出原始数据包，并通过外地链路送往移动节点。

（3）移动 IP 的实现

移动 IP 的实现，主要通过三个步骤来完成：代理搜索、注册、数据包的选路。

① 代理搜索

主要完成以下几个功能：判断移动节点当前连在家乡链路上还是外地链路上；检测移动节点是否切换了链路；当移动节点连在外地链路上时，得到一个转交地址。

② 注册

主要完成以下几个功能：同时注册多个转交地址，家乡代理将送往移动节点家乡地址的数据包，通过隧道送往每个转交地址。可以在注销一个转交地址的同时保留其他转交地址；在先前不知家乡代理的情况下，移动节点可以通过注册动态地址得到一个可能的家乡代理的地址。

③ 数据包的选路

对于数据包的选路过程，主要考虑当移动节点在外地链路上的情形。因为当移动节点位于家乡链路上时，数据包的选路与固定节点的选路原理相同。只有当移动节点位于外地链路上时，才使用移动 IP 机制进行选路。

4．CDMA2000 分组域网络概述

为支持最新引入的高速分组数据业务，3GPP2 为无线网络的分组域技术设定了如下的设计目标。

① 支持动态和静态归属地址配置，同一时刻支持多个 IP 地址。

② 提供无缝漫游服务。

③ 提供可靠的认证与授权服务。

④ 提供 QoS 服务，以支持不同等级的业务。

⑤ 提供计费服务，支持根据 QoS 信息计费，支持对漫游用户的计费等。

3GPP2 无线网络的分组域功能模型如图 8-28 所示。

3GPP2 无线网络的分组域功能模型中各个实体的功能如下。

归属代理（HA）：对移动台发出的移动 IP 注册请求进行认证；从 AAA 服务器获得用户业务信息；把由网络侧来的数据包正确传输至当前为移动台服务的外地代理（FA）；为移动用户动态指定归属地址。

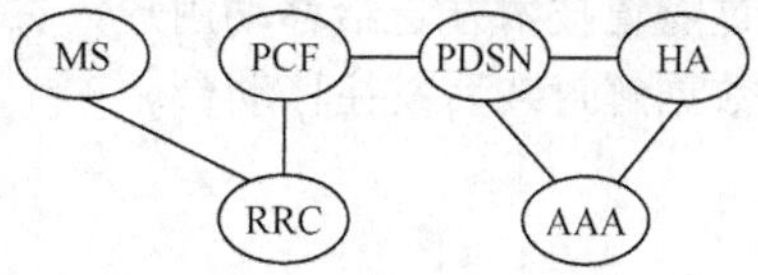

图 8-28　3GPP2 无线网络的分组域功能模

分组数据服务节点（PDSN）：建立、维护与终止与移动台的 PPP 连接；为简单 IP 用户指定 IP 地址；为移动 IP 业务提供 FA 的功能；与 AAA 服务器通信，为移动用户提供不同等级的服务，并将服务信息通知 AAA；与 PCF 共同建立、维护及终止第二层的连接。

分组控制功能（PCF）：建立、维护与终止和 PDSN 的第二层链路连接；与 PDSN 交互以便支持休眠切换；与 RRC 联系请求与管理无线资源，并记录无线资源的状态；在移动用户不能获得无线资源时，提供数据分组的缓存功能；收集与无线链路有关的计费信息，并通知 PDSN。

无线资源控制（RRC）：建立、维护与终止为分组用户提供的无线资源；管理无线资源，记录无线资源状态。

鉴权、授权和计费（AAA）：业务提供网络的 AAA 负责在 PDSN 和归属网络之间传递认证和计费信息；归属网络的 AAA 对移动用户进行鉴权（Authentication）、授权（Authorization）与计费（Accounting）；中介网络的 AAA 在归属网络与业务提供网络之间进行消息的传递与转发。

移动台（MS）：建立、维护与终止和 PDSN 的数据链路协议；请求无线资源，并记录无线资源的状态；在不能获得无线资源时，提供数据分组的缓存功能；初始休眠切换。

CDMA2000 分组域的网络参考模型包括基于简单 IP（SIP）的网络参考模型和基于移动 IP（MIP）的网络参考模型两种。其中，SIP 业务是 CDMA2000 网络中最基本的分组数据业务模式，类似于拨号业务。MIP 业务则为移动数据业务用户提供了更加完善的移动性服务，如移动数据用户可在无线网络内获得无缝服务，与之对应的分组域技术也有所不同。

5．实践活动：移动 IP 技术特点和应用

（1）实践目的

熟悉移动 IP 技术特点和在 CDMA2000 分组域网络中的应用情况。

（2）实践要求

各位学员分成三组分别完成。

（3）实践内容

① 熟悉下列移动 IP 业务特点

移动 IP 业务具有以下特点。

- 用户在网络中移动时，用户的 IP 地址保持不变。
- 需要有能支持 MIP 业务的终端。
- 网络中需要添加一个新的设备——本地代理（HA）服务器。
- 移动用户通过 PDSN（FA）到 HA 获得 IP 地址，之后在 PDSN/FA 和 HA 之间建立业务隧道，然后就可自由访问互联网络。

② 掌握基于移动 IP 的网络参考模型

基于移动 IP 的网络参考模型如图 8-29 所示。基于 MIP 的分组核心网络除了包括 PDSN

和 RADIUS 服务器之外，还应包括 HA 和 FA。HA 负责向用户分配 IP 地址，将分组数据通过隧道技术发送给移动用户，并实现 PDSN 之间的移动管理。FA 负责提供隧道出口，并将数据解封装后发往移动台。

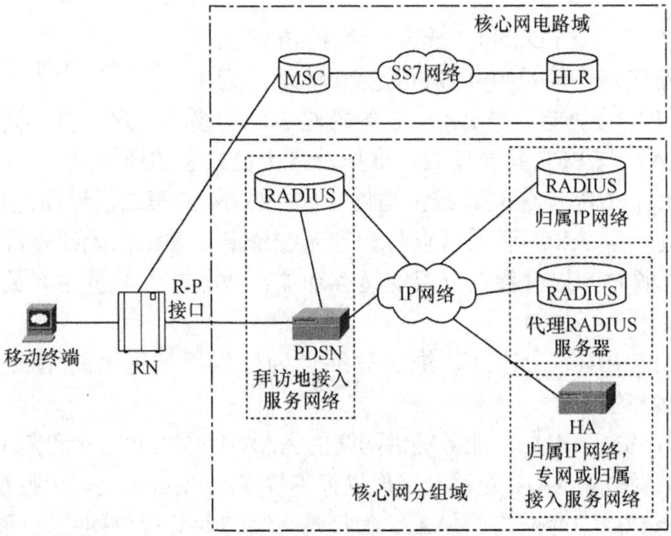

图 8-29　基于移动 IP 的网络参考模型

任务 8　CDMA2000 业务流程

【问题引入】系统搭建起来之后，关键在于其业务流程的实现。那么 CDMA2000 系统的语音业务流程如何实现？其数据业务流程又是如何实现的？这也是我们应该熟悉的内容。

【本任务要求】

1. 领会：CDMA2000 系统的语音业务流程、数据业务流程。
2. 应用：复杂业务流程的应用分析问题。

CDMA2000 业务流程包括：语音业务流程、登记流程、数据业务流程、切换流程和电路型数据业务流程。各种不同流程由 CDMA 网络中的 MS、BSS 等各相关部分通过消息交互，共同协作完成。本任务重点描述语音业务流程和数据业务流程。

1．语音业务流程

语音业务的典型流程包括：移动台起呼、移动台被呼、移动台发起的释放、BSS 发起的释放和 MSC 发起的释放。

（1）移动台起呼

移动台起呼的流程如图 8-30 所示。

A．MS 在空中接口的接入信道上向 BSS 发送 Origination Message，并要求 BSS 应答；

B．BSS 收到 Origination Message 后向移动台发送 BS Ack Order；

C．BSS 构造 CM Service Request 消息，封装后发送给 MSC。对于需要电路交换的呼叫，BSS 可以在该消息中推荐所需地面电路，并请求 MSC 分配该电路；

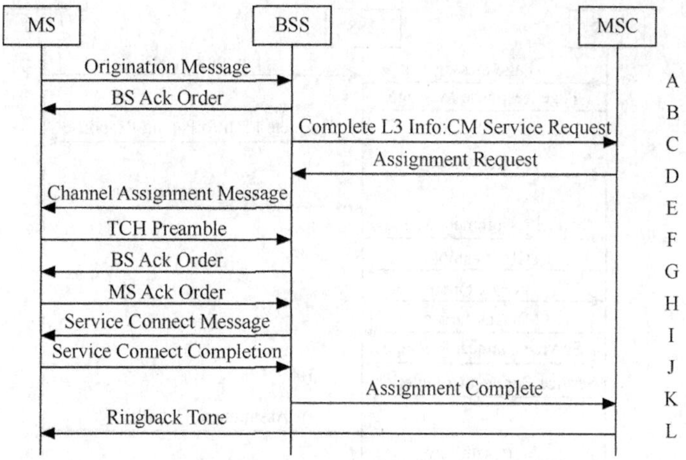

图 8-30　移动台起呼的流程

D．MSC 向 BSS 发送 Assignment Request 消息，请求分配无线资源；如果 MSC 能够支持 BSS 在 CM Service Request 消息中推荐的地面电路，那么 MSC 将在 Assignment Request 消息中指配该地面电路；否则指配其他地面电路；

E．BSS 为移动台分配业务信道后，在寻呼信道上发送 Channel Assignment Message/Extended Channel Assignment Message，开始建立无线业务信道；

F．移动台在指定的反向业务信道上发送 Traffic Channel preamble（TCH Preamble）；

G．BSS 捕获反向业务信道后，在前向业务信道上发送 BS Ack Order，并要求移动台应答；

H．移动台在反向业务信道上发送 MS Ack Order，应答 BSS 的 BS Ack Order；

I．BSS 向移动台发送 Service Connect Message/Service Option Response Order，以指定用于呼叫的业务配置；

J．移动台收到 Service Connect Message 后，移动台开始根据指定的业务配置处理业务，并以 Service Connect Completion Message 作为响应；

K．无线业务信道和地面电路均成功连接后，BSS 向 MSC 发送 Assignment Complete Message，并认为该呼叫进入通话状态；

L．在带内提供呼叫进程音的情况下，回铃音将通过语音电路向移动台发送。

（2）移动台被呼

移动台被呼的流程如图 8-31 所示。

A．当被寻呼的 MS 在 MSC 的服务区内时，MSC 向 BSS 发送 Paging Request 消息，启动寻呼 MS 的呼叫建立过程；

B．BSS 在寻呼信道上发送带 MS 识别码的 General Page Message；

C．MS 识别出寻呼信道上包含其识别码的寻呼请求后，在接入信道上向 BSS 回送 Page Response Message；

D．BSS 利用从 MS 收到的信息组成一个 Paging Response 消息，封装后发送到 MSC；BSS 可以在该消息中推荐所需的地面电路，并请求 MSC 分配该电路；

E．BSS 收到 Paging Response 消息后向移动台发送 BS Ack Order；

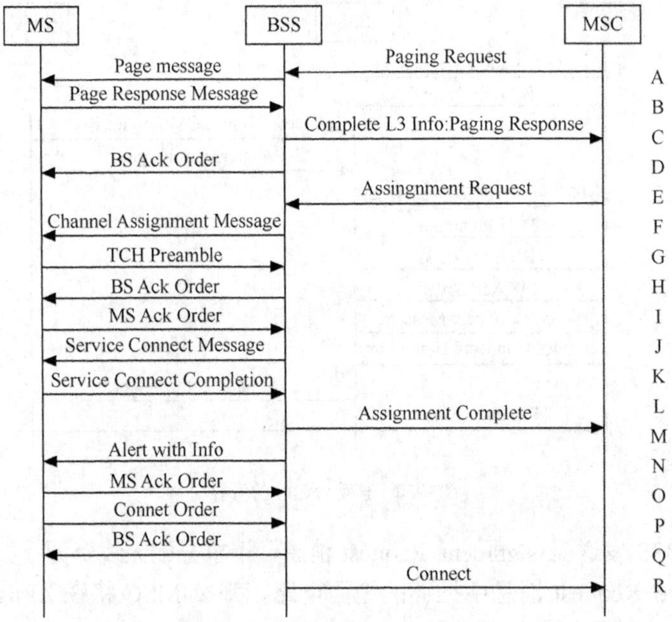

图 8-31　移动台被呼的流程

F～M．请参照移动台起呼流程的 D～K 步骤；

N．BSS 发送带特定信息的 Alert with Info 消息给 MS，指示 MS 振铃；

O．MS 收到 Alert with Info 消息后，向 BSS 发送 MS Ack Order；

P．当 MS 应答这次呼叫时（摘机），MS 向 BSS 发送带层 2 证实请求的 Connect Order 消息；

Q．收到 Connect Order 消息后，BSS 在前向业务信道上向 MS 回应 BS Ack Order；

R．BSS 发送 Connect 消息通知 MSC 移动台已经应答该呼叫。此时认为该呼叫进入通话状态。

（3）移动台发起的释放

MS 在发起网络接入以后，如果因为业务需求（如用户挂机），可以主动发起释放，其流程如图 8-32 所示。

A．移动台在反向信道上发送 Release Order 消息发起呼叫释放操作；

B．BSS 向 MSC 发送 Clear Request 消息；

C．MSC 发送 Clear Command 消息，指示 BSS 释放相关的专用资源（如地面电路资源）；

D．BSS 向 MS 发送 Release Order 消息，然后释放无线资源；

E．BSS 收到 MSC 发送的 Clear Command 消息后，释放所分配的地面电路资源，并回应 Clear Complete 消息；MSC 收到 Clear Complete 消息后，释放低层的传输连接（SCCP 连接）。

（4）BSS 发起的释放

由于 MS 没有被激活，MS 与 BSS 间无线链路连接失败，或者由于 BSS 设备损坏等原因，造成呼叫失败时，BSS 可向 MSC 发送释放请求消息，触发呼叫释放流程，如图 8-33 所示。

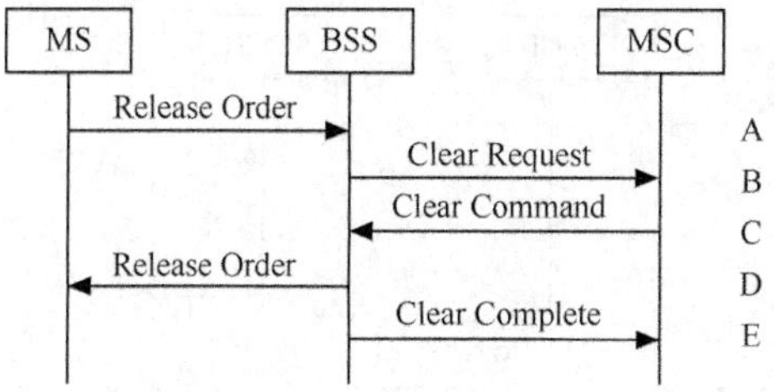

图 8-32　MS 发起的释放

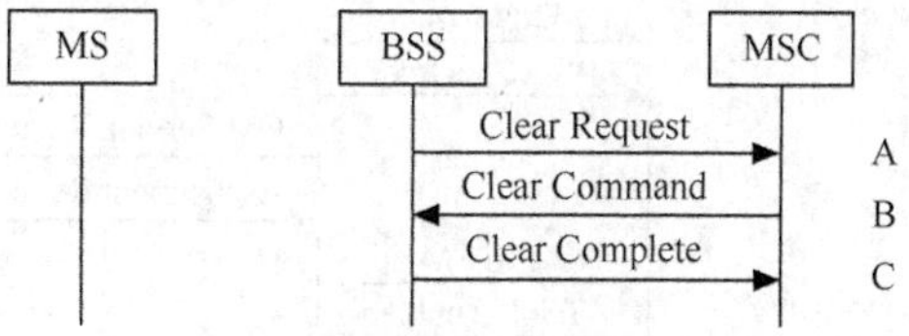

图 8-33　BSS 发起的释放

A．当无线链路失败或 MS 未激活等情况出现时，BSS 向 MSC 发送 Clear Request 消息；

B．MSC 发送 Clear Command 消息，指示 BSS 释放相关的专用资源（如地面电路资源）；

C．BSS 收到 Clear Command 消息后，回应 Clear Complete 消息；MSC 收到该消息后，释放低层的传输连接（SCCP 连接）。

（5）MSC 发起的释放

MSC 发起的释放，其流程如图 8-34 所示。

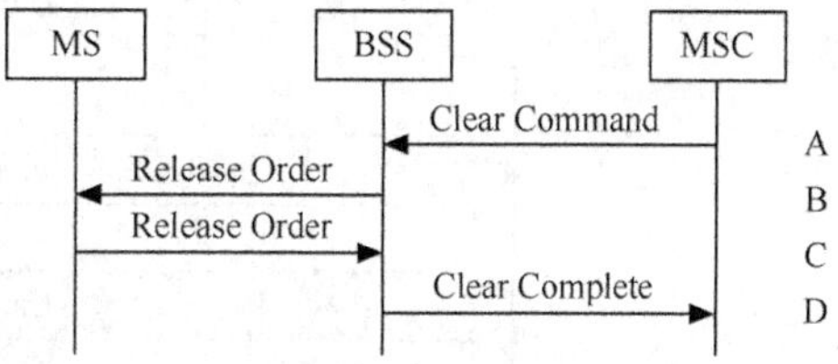

图 8-34　MSC 发起的释放

A．MSC 发送 Clear Command 消息，指示 BSS 释放相关的专用资源，并发起 Um 接口的呼叫释放程序；

B．BSS 通过在前向信道上发送 Release Order 消息，发起呼叫释放操作；

C．收到 Release Order 消息后，MS 在反向信道上回应 Release Order 消息；

D．BSS 将 Clear Complete 消息发往 MSC，MSC 收到该消息后，释放低层的传输连接（SCCP 连接）。

2．数据业务流程

在 CDMA2000 1x 数据业务流程中，无线数据用户存在以下 3 种状态。

激活态（Active）：手机和基站之间存在空中业务信道，两边可以发送数据，A1、A8、A10 连接保持；休眠状态（Dormant）：手机和基站之间不存在空中业务信道，但是两者之间存在 PPP 链接，A1、A8 连接释放，A10 连接保持；空闲状态（NULL）：手机和基站不存在空中业务信道和 PPP 链接，A1、A8、A10 连接释放。

（1）移动台起呼

移动台的数据业务起呼流程如图 8-35 所示。

A．MS 在空中接口的接入信道上向 BSS 发送起呼消息；

B．BSS 收到起呼消息后向 MS 发送基站证实指令；

C．BSS 构造一个 CM 业务请求消息发送给 MSC；

D．MSC 向 BSS 发送指配请求消息以请求 BSS 分配无线资源；

E．BSS 将在空中接口的寻呼信道上发送信道指配消息；

F．MS 开始在分配的反向业务信道上发送前导；

G．获取反向业务信道后 BSS 将在前向业务信道上向 MS 发送证实指令；

H．MS 收到基站证实指令后发送移动台证实指令，并且在反向业务信道上传送空的业务帧；

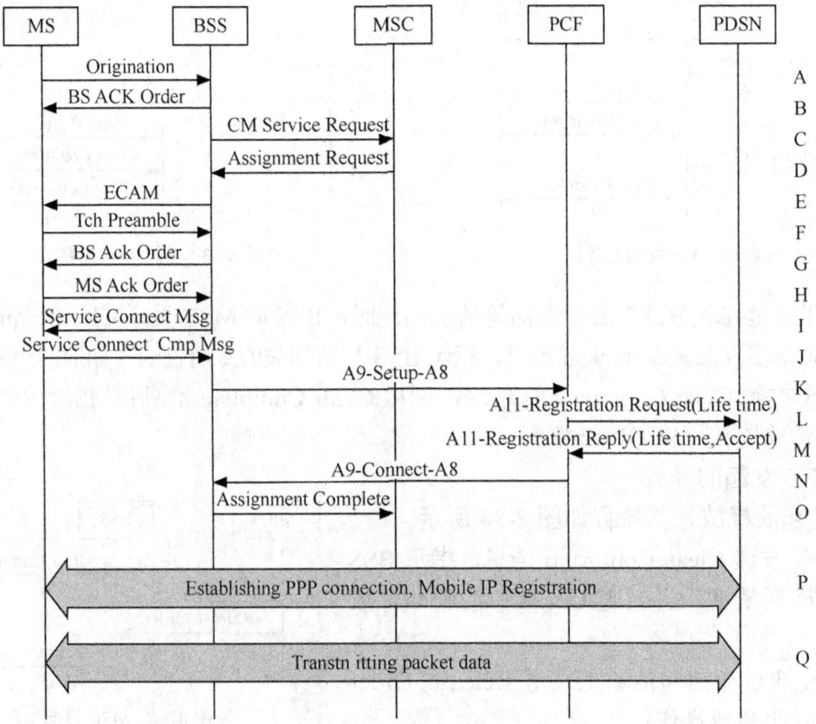

图 8-35　数据业务起呼

I．BSS 向 MS 发送业务连接消息/业务选择响应消息，以指定用于呼叫的业务配置，MS 开始根据指定的业务配置处理业务；

J．收到业务连接消息后 MS 响应一条业务连接完成消息；

K．BSS 向 PCF 发送 A9-Setup-A8 消息，请求建立 A8 连接；

L．PCF 向 PDSN 发送 A11-Registration-Request 消息，请求建立 A10 连接；

M．PDSN 接受 A10 连接建立请求，向 PCF 返回 A11-Registration-Reply 消息；

N．PCF 向 BSS 返回 A9-Connect-A8 消息，A8 与 A10 连接建立成功；

O．无线业务信道和地面电路均建立并且完全互通后，BS 向 MSC 发送指配完成消息；

P．MS 与 PDSN 之间协商建立 PPP 连接，Mobile IP 接入方式还要建立 Mobile IP 连接，PPP 消息与 Mobile IP 消息在业务信道上传输，对 BSS/PCF 透明；

Q．PPP 连接建立完成后，数据业务进入连接态。

（2）移动台发起的呼叫释放

移动台发起的呼叫释放流程如图 8-36 所示。

A．MS 在空中接口专用控制信道上向 BSS 发送 Release Order 消息；

B．BSS 收到该消息后，向 MSC 发送 Clear Request；

C．MSC 在释放网络侧资源的同时，向 BSS 发送 Clear Command；

D．BSS 收到该消息后，向 MS 发送 Release Order 消息；

E．BSS 向 PCF 发送 A9-Release-A8 消息，请求释放 A8 连接；

F．PCF 通过 A11-Registration-Request 消息向 PDSN 发送一个激活停止结算记录；

G．PDSN 返回 A11-Registration-Reply 消息；

H．PCF 用 A9-Release-A8 Complete 消息确认 A8 连接释放，连接释放完成；

I．BSS 向 MSC 发送 Clear Complete 消息，表明释放完成。

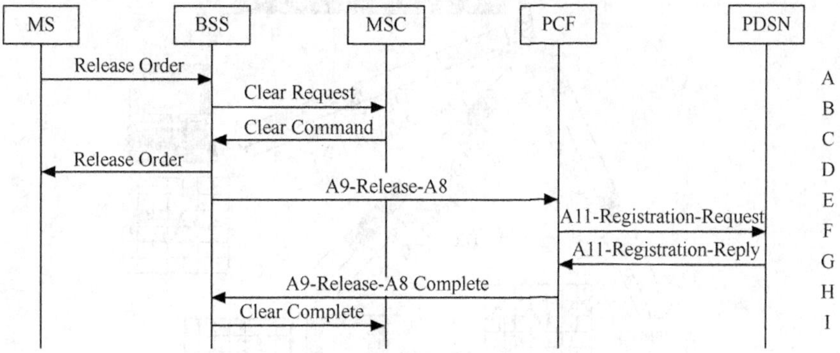

图 8-36　MS 发起的呼叫释放

任务 9　CDMA2000 EV 技术

【问题引入】CDMA2000 EV 技术才是真正的 3G 标准的技术，那么 CDMA2000 1x EV-DO 是怎样提高数据速率的？CDMA2000 1x EV-DV 又是怎样安排带宽的？这是我们应该关注的问题。

【本任务要求】

1．领会：CDMA2000 1x EV-DO 技术和 CDMA2000 1x EV-DV 技术的实现。

2．应用：EV 技术演进及规模商用时间。

1．CDMA2000 1x EV-DO 技术

我们知道，数据业务和语音业务是两种不同类型的业务。它们的主要区别在于对服务质量（QoS）的要求不同。数据业务是非实时性的业务，允许有一定的时延。另外，数据业务有突发性，不必长时间占有固定的信道。

利用数据业务的特性，1x EV-DO 对原来的 CDMA2000 系统作了重大修改。1x EV-DO 系统将码分多址方式改为了时分多址方式。也就是说，在 1x EV-DO 系统中，一个时刻只有一个用户在接受服务，不同用户在不同的时刻接受服务。这样，当用户没有数据传输的时候，就不必给用户分配信道。而 CDMA2000 系统需要维持一个业务信道（FCH）信道，很长时间才能释放。但是，原来的 CDMA 技术仍然保留在 1x EV-DO 的调制解调和扩频方式中，这就保留了原来 CDMA 技术抗多径干扰的特性。CDMA2000 1x EV-DO 系统控制方式如图 8-37 所示。

显然，为了提高系统的性能，系统应当优先向无线环境比较好的用户提供服务，这样，处于较差无线环境的用户可能长时间得不到服务。因此，1x EV-DO 系统还引入了“调度”的概念，在保证系统综合性能最大的同时，所有用户都能获得适当的服务。

另外一个重大的改进是放弃了软切换技术。我们知道，软切换是 CDMA 最关键的技术之一。处于软切换状态时，移动台同时与两个或两个以上的基站联系。所以，软切换占用了多个基站的资源，并要求这几个基站之间严格同步。这是非常高的技术要求。在 1x EV-DO

系统中，移动台选择信号质量最好的基站，信息通过这个质量最好的基站发送给移动台。

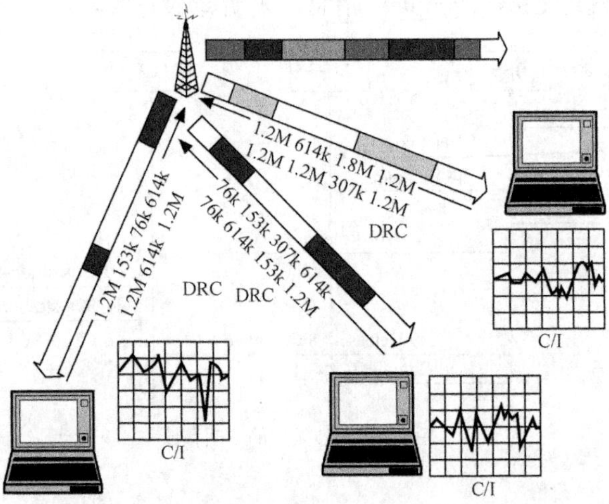

图 8-37　CDMA2000 1x EV-DO 系统控制方式示意图

通过采用上述一系列新技术和其他一些新技术，1x EV-DO 系统的性能达到了前所未有的高度。最高速率达 2.4Mbit/s，相当于 CDMA2000 1x 系统 8 倍，而平均速率约为 650kbit/s，相当于 CDMA2000 1x 系统的 3 倍。

但是，也正是由于这些新的技术破坏了与 CDMA2000 1x 系统的完全前向兼容性，1x EV-DO 技术必须使用独立的载波。由于射频参数相同，两个系统还是可以共享相同的天线等射频设备。

2．CDMA2000 1x EV-DV 技术

1x EV-DO 技术引入了很多新的技术而需要使用独立载波，这给运营商带来了巨大的不便。是否能够重新将数据业务和语音业务合并到一个载波中呢？这是 1x EV-DV 技术的出发点。

语音业务是低速率、低带宽要求，时延要求较高的业务；所以 CDMA 系统采用功率控制的方法来分配资源。为了确保前向兼容性，功率控制的方式必须保留。

数据业务是突发性的业务，对时延要求较低；所以 1x EV-DV 采用速率控制和“调度”方法来分配资源。

要将数据业务和语音业务合并到一个载波中，实际上是将两种控制方式结合在一起。

图 8-38 中展示了一个简化的系统，其中包括一个基站，一个数据业务用户和一些语音用户。

在这个系统中，基站仍然广播式地发送导频信息，这与 IS-95 和 CDMA2000 系统相同，保证前向兼容于以前的移动台。同时，基站还需要广播 Walsh 函数信息，为数据传输作准备。

语音用户仍然像 IS-95 和 CDMA2000 技术一样，需要向基站发送功率控制信息。而数据用户与 1x EV-DO 技术一样，需要向基站报告无线环境情况，与 1x EV-DO 不同的是，EV-DV 不再包括选定的数据速率，而是直接向基站报告当前的载波干扰比以反映当前的信道质量。

基站在收到语音用户和数据用户发送来的信息以后，需要分析无线资源的使用情况，首先将无线资源分配给语音用户，然后将剩余资源分配给数据用户，并用信令通知数据用户。

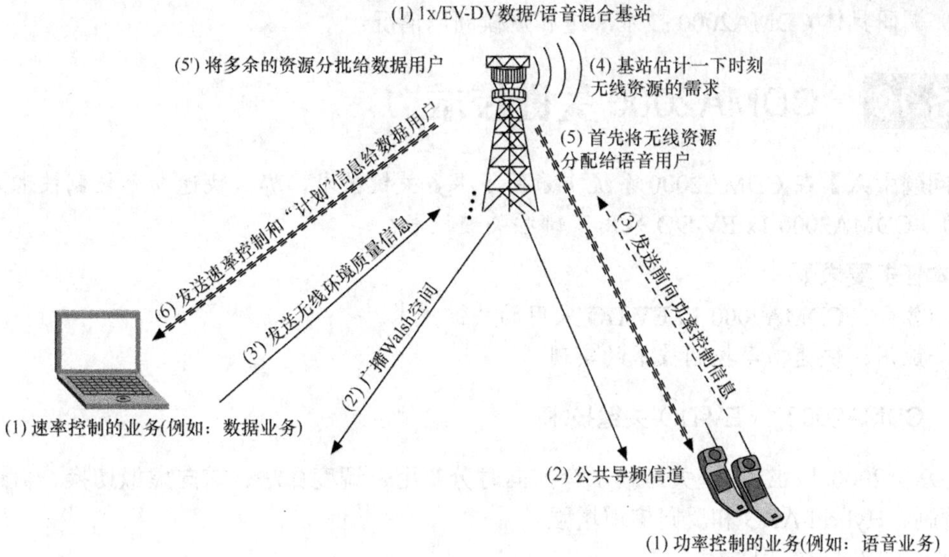

图 8-38　CDMA2000 1x EV-DV 系统控制过程示意图

1x EV-DV 技术用这种方式既保证了前向兼容，又充分挖掘了无线资源的潜力，提高了数据传输速率。

3．实践活动：调研 EV 技术演进及规模商用时间

（1）实践目的

熟悉 EV 技术演进及规模商用时间。

（2）实践要求

各位学员可分成两组分别完成。

（3）实践内容

① 熟悉下列 CDMA2000 技术演进及规模商用时间（见图 8-39）。

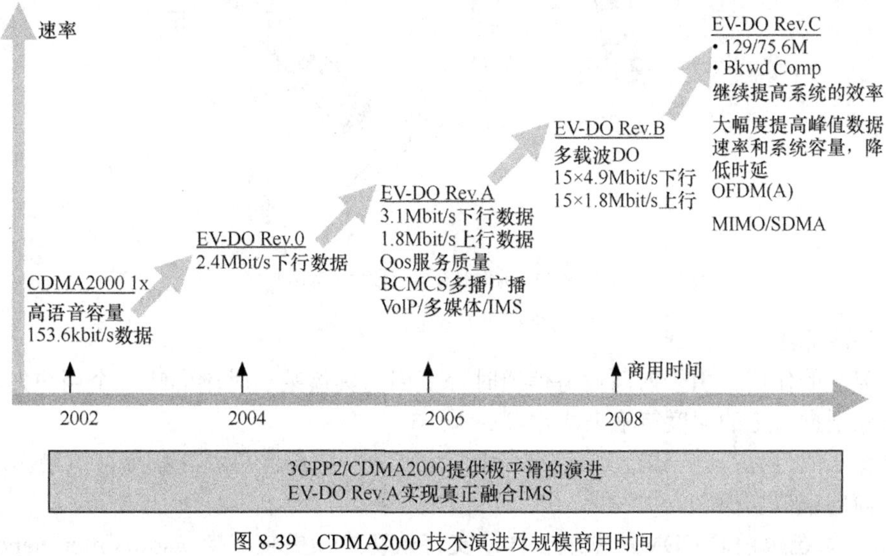

图 8-39　CDMA2000 技术演进及规模商用时间

② 调研具体CDMA2000技术演进和规模商用情况。

任务10 CDMA2000关键技术

【问题引入】在CDMA2000系统中采用了很多关键技术，那么快速功率控制技术是如何实现的？CDMA2000 1x EV-DO采用了哪些关键技术？

【本任务要求】

1. 领会：CDMA2000 1x EV-DO采用的关键技术。
2. 应用：快速功率控制技术的实现。

1. CDMA2000 1x EV-DO关键技术

CDMA2000 1x EV-DO关键技术有前向时分复用、调度算法、前向虚拟切换、自适应编码与调制、Hybrid-ARQ和反向信道增强。

（1）前向时分复用技术

在EV-DO中，前向信道作为一个“宽通道”，供所有的用户时分共享。最小分配单位是时隙（slot），一个时隙有可能分配给某个用户传送数据或是分配给开销消息（称为active slot），也有可能处于空闲状态，不发送任何数据（称为idle slot）。前向时分复用技术如图8-40所示。

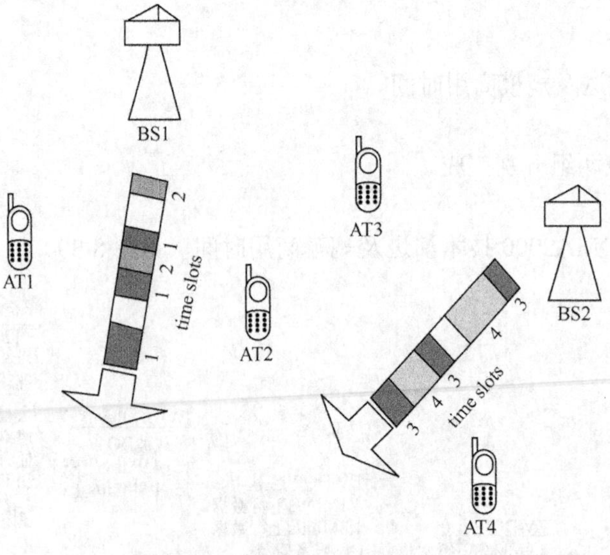

图8-40 前向时分复用技术示意图

（2）调度算法

调度算法的作用：由于前向业务信道时分复用，具体某一时刻向哪一个用户发送数据需要调度程序根据一定的调度策略来决定。

调度算法的目标：同一扇区下所有用户尽可能公平；扇区总吞吐量尽可能最大。

（3）前向虚拟切换

EV-DO系统跟任何CDMA系统一样，支持软切换、更软切换（soft/softer handoff）。但是 EV-DO 软切换跟 1x 语音有一个区别在于：对于语音系统，当一个手机处于软切换中时，反向有几条链路，前向就有几条链路；但是在 EV-DO 系统中，当一个手机处于 n 方软切换时，反向跟语音一样有 n 条腿，而前向在任何时候只有一条链路。

这样就导致了 EV-DO 系统中一种特殊的切换：前向虚拟软切换（virtual soft handoff），它的定义是：在 EV-DO 系统中，任何一个时刻对同一个 AT，最多只有一个扇区（Serving sector）在给该 AT 发送数据，即只有一条链路；AT 根据前向信道的好坏决定谁是当前的服务扇区（serving sector）。AT 选择服务扇区的过程就是虚拟软切换，有时也称快速扇区选择（Fast Cell Site Selection）。

前向虚拟切换示意图如图 8-41 所示，快速扇区选择如图 8-42 所示。

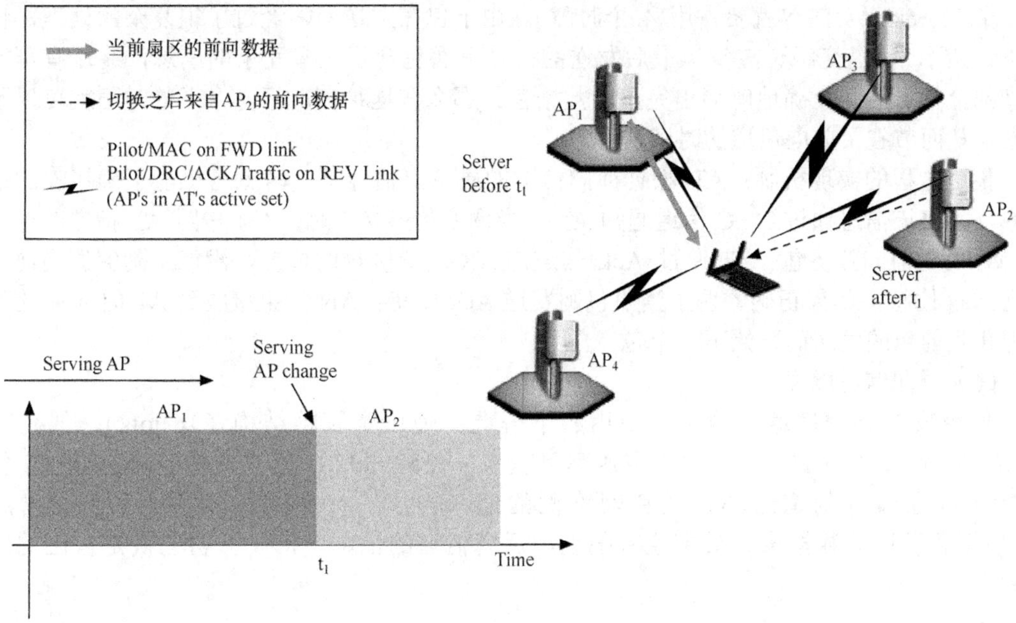

图 8-41　前向虚拟切换示意图

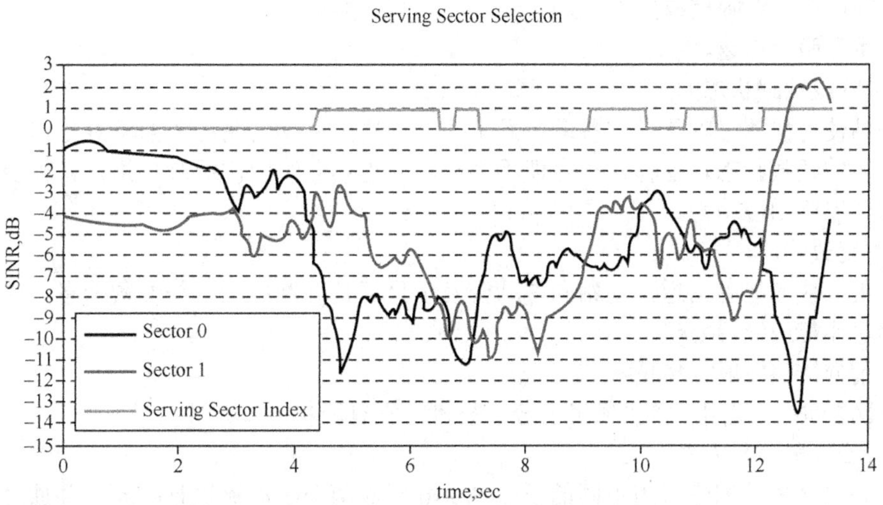

图 8-42　快速扇区选择

（4）自适应编码与调制

1xEV-DO 系统能根据前向信道的变化情况自动调整前向信道的数据速率（从 38.4～2.457 6Mbit/s）、调制方式（QPSK、8-PSK、16QAM）、Turbo 编码率（2/3、1/3、1/5）。信道环境好的时候使用较高的速率等级，信道环境差的时候使用较低的速率等级。

前向信道自适应调整机制，是通过 AT 不停地测量前向信道的状况，并将这些信息通过 DRC 信道以 600Hz 的更新速率反馈给网络，网络然后根据这些信息决定下一时隙的速率等级。

（5）Hybrid ARQ

Hybrid ARQ 基于以下基本原理：在前向信道发包时，一般一个包会占用多个时隙（比如一个 153.6kbit/s 的包就要占用 4 个时隙）。由于包在发送前，经过了很复杂的处理，包括 Turbo 编码、信道交织、重复，最后发送的符号里面包含了很多冗余的信息，终端有可能在收到部分符号后即正确地解调出完整的数据包。那么在这种情况下，余下的时隙就可以不再发送，从而节省了前向信道的时隙资源。

整个过程的实现机制：AT 根据前向信道的质量，估计下一时刻自己能正确接收的最大速率，并将该信息通过 DRC 信道通知 AN；当调度到该 AT 时，AN 按照 AT 指定的速率，向 AT 发送前向业务包；AT 通过 Ack 信道向 AN 反馈接收的情况，没能正确解调当前包则发送 Nak 比特，如果正确解调了当前包则发送 Ack 比特；AN 如果接收到 AT 的 Ack 比特，则停止当前包的发送而开始下一个包。

（6）反向信道增强

使用反向导频信道，网络可使用相干解调；使用定长帧结构（16slots），低码率的 Turbo 编码（1/2 和 1/4）；反向信道速率可从 9.6～153.6kbit/s 变化，并专门使用一个信道（RRI）指示反向信道速率，避免网络侧的速率判决；分布式的反向速率动态指派，AT 根据要发送的数据量、最高速率限制、反向信道的忙闲（RAB）自己决定自己的发送速率。

2．其他关键技术

（1）前向快速寻呼信道技术

此技术有两个用途。

① 寻呼或睡眠状态的选择

因基站使用快速寻呼信道向移动台发出指令，决定移动台是处于监听寻呼信道状态还是处于低功耗的睡眠状态，这样移动台便不必长时间连续监听前向寻呼信道，可减少移动台激活时间和节省移动台功耗。

② 配置改变

通过前向快速寻呼信道，基站向移动台发出最近几分钟内的系统参数消息，使移动台根据此新消息作相应设置处理。

（2）前向链路发射分集技术

CDMA2000 1x 采用直接扩频发射分集技术，它有两种方式。

① 正交发射分集方式

方法是先分离数据流再用不同的正交 Walsh 码对两个数据流进行扩频，并通过两个发射天线发射。

② 空时扩展分集方式

使用空间两根分离天线发射已交织的数据，使用相同原始 Walsh 码信道。

使用前向链路发射分集技术可以减少发射功率，抗瑞利衰落，增大系统容量。

（3）反向相干解调

基站利用反向导频信道发送的扩频信号捕获移动台的发射，再用 RAKE 接收机实现相干解调，与 IS-95 采用非相干解调相比，提高了反向链路性能，降低了移动台发射功率，提高了系统容量。

（4）连续的反向空中接口波形

在反向链路中，数据采用连续导频，使信道上数据波形连续，此措施可减少外界电磁干扰，改善搜索性能，支持前向功率快速控制以及反向功率控制连续监控。

（5）Turbo 码使用

Turbo 码具有优异的纠错性能，适于高速率对译码时延要求不高的数据传输业务，并可降低对发射功率的要求、增加系统容量，在 CDMA2000 1x 中 Turbo 码仅用于前向补充信道和反向补充信道中。Turbo 编码器由两个 RSC 编码器（卷积码的一种）、交织器和删除器组成。每个 RSC 有两路校验位输出，两个输出经删除复用后形成 Turbo 码。Turbo 译码器由两个软输入、软输出的译码器、交织器、去交织器构成，经对输入信号交替译码、软输出多轮译码、过零判决后得到译码输出。

（6）灵活的帧长

与 IS-95 不同，CDMA2000 1x 支持 5ms、10ms、20ms、40ms、80ms 和 160ms 多种帧长，不同类型信道分别支持不同帧长。前向基本信道、前向专用控制信道、反向基本信道、反向专用控制信道采用 5ms 或 20ms 帧，前向补充信道、反向补充信道采用 20ms、40ms 或 80ms 帧，语音信道采用 20ms 帧。较短帧可以减少时延，但解调性能较低；较长帧可降低对发射功率要求。

（7）增强的媒体接入控制功能

媒体接入控制子层控制多种业务接入物理层，保证多媒体的实现。它实现语音、分组数据和电路数据业务、同时处理、提供发送、复用和 QOS 控制、提供接入程序。与 IS-95 相比，可以满足宽带更宽带宽和更多业务的要求。

3．实践活动：快速功率控制技术的实现

（1）实践目的

熟悉快速功率控制技术的实现。

（2）实践要求

各位学员分别独立完成。

（3）实践内容

熟悉下列 CDMA2000 采用快速功率控制方法。

CDMA2000 采用快速功率控制，方法是移动台测量接收到的业务信道的 E_b/N_0。并与门限值比较，根据比较结果，向基站发出调整基站发射功率的指令，功率控制速率可以达到 800bit/s。前向闭环功率控制如图 8-43 所示，反向闭环功率控制如图 8-44 所示。

由于使用快速功率控制，可以达到减少基站发射功率、减少总干扰电平，从而降低移动台信噪比要求，最终可以增大系统容量。

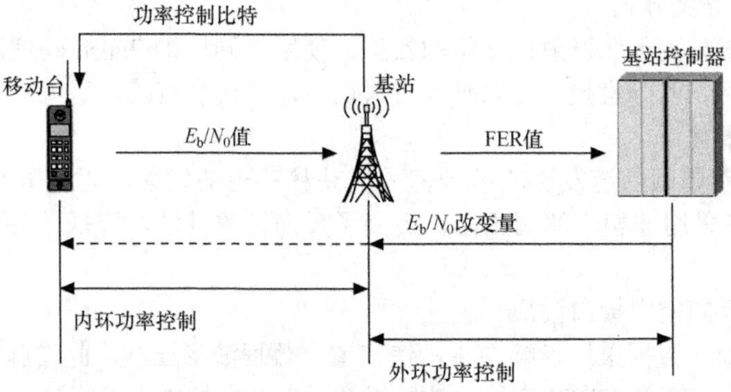

图 8-43　反向闭环功率控制

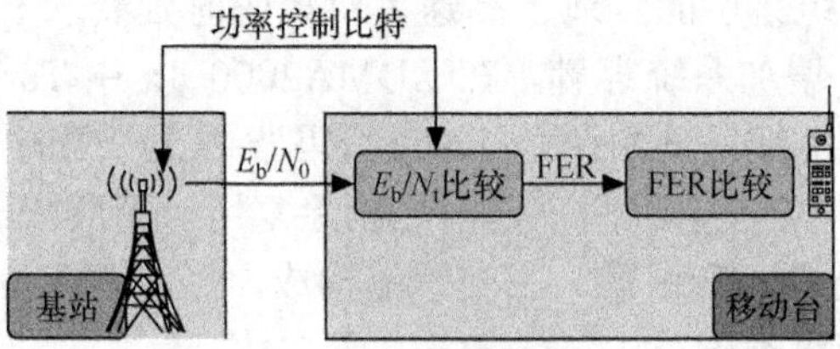

图 8-44　前向闭环功率控制

过关训练

一、填空题

1．________是公用 CDMA 移动通信网中用户使用的设备，也是用户能够直接接触的整个 CDMA 系统中的唯一设备。

2．基站子系统是由________和________这两部分功能实体构成。

3．操作子系统（OSS）主要包括网络管理中心（NMC）、安全性管理中心（SEMC）、用于用户识别卡管理的________、用于集中计费管理的________等功能实体。

4．CDMA2000 1x 提供反向导频信道，从而使反向信道也可以做到________解调，它比 IS-95 系统反向信道所采用的非相关解调技术可以提高________dB 增益。

5．从网络系统的仿真结果来看，如果用于传送语音业务，CDMA2000 1x 系统的总容量是 IS-95 系统的________倍；如果传送数据业务，CDMA2000 1x 的系统总容量是 IS-95 系统的________倍。

6．CDMA2000 扩频码速率：________Mchip/s；扩频码：前向为________码和________短码，反向为________长码。

7．DMA2000 系统 A 系列接口中，________接口是 BSC 和 PCF 的接口。

8．CDMA2000 系统中有两种扩展技术，分别是________和________。

9．CDMA2000 系统中，低信息比特速率（小于 19.2kbit/s）采用________码，大于或等于 19.2kbit/s 的高信息数据速率一般采用________码。

10．CDMA2000 系统 A 系列接口中，________接口是 BSC 和 MSC 间的接口。

11．CDMA2000 系统 A 系列接口中，________接口是两个基站控制器间的接口。

12．利用数据业务的特性，1x EV-DO 对原来的 CDMA2000 系统作了重大修改。1x EV-DO 系统将码分多址方式改为了________。另外一个重大的改进是放弃了软切换技术而采用了________。

13．CDMA2000 前向链路采用的发射分集方式有三种：________、________和________。

14．使用 F-QPCH 的目的，最主要是使 MS 不必长时间地监听________，从而延长了________。

15．无线接入网由________、________和________组成，其中________和________合称为 BSS。

16．基于 MIP 的分组核心网络除了包括 PDSN 和 RADIUS 服务器之外，还应包括 HA 和 FA。________负责向用户分配 IP 地址，将分组数据通过隧道技术发送给移动用户，并实现 PDSN 之间的移动管理。________负责提供隧道出口，并将数据解封装后发往移动台。

二、名词解释

1．简单 IP

2．1xEV-DV

3．HA

4．FA

5．CDMA One

6．IS-2000

7．移动 IP

8．前向虚拟软切换

9．AAA

10．SR

11．RC

三、简答题

1．简述 CDMA2000 1x A 系列接口类型及功能。

2．简述与 IS-95 系统相比，CDMA2000 系统的网络模型中新增的主要功能实体。

3．简述移动 IP 的实现。

4．简述 CDMA2000 1x 移动台的语音业务起呼流程。

5．简述 CDMA2000 1x 移动台的数据业务起呼流程。

6．简述在 CDMA2000 1x 数据业务流程中，无线数据用户存在的 3 种状态。

7．CDMA2000 1x EV-DO 关键技术有哪些？

8．简述 Hybrid ARQ 基本原理和基本实现机制。

9．简述 CDMA2000 1x 采用的发射分集技术。

模块 9

CDMA2000 基站操作与维护

【本模块问题引入】移动通信网络质量的好坏离不开设备的正常运行，而设备正常运行又离不开规范的操作维护和及时有效的故障处理。针对这一特点，本模块以 CDMA2000 目前主流的基站设备做介绍，在熟悉基站设备结构及处理流程的基础上，进一步阐述基站日常操作维护的规范，并归纳总结了常见故障处理的思路及方法。

【本模块内容简介】本模块共分 3 个任务，包括 CDMA2000 基站硬件介绍、CDMA2000 基站日常操作与维护、CDMA2000 基站故障分析处理。

【本模块重点难点】重点是 CDMA2000 基站硬件介绍、CDMA2000 基站日常操作与维护；难点 CDMA2000 基站故障分析处理。

任务 1 认识 CDMA2000 基站硬件

【问题引入】在进行 BTS 开通之前，我们必须对 BTS 的硬件结构、逻辑结构进行详细的了解，特别是熟悉各功能单板的功能，更是应能灵活运用各功能组成部分进行系统信号流的分析。本任务涵盖 BTS 整机结构、机柜结构、逻辑结构及单板原理和特性、系统信号流。通过认识硬件、熟悉逻辑功能、思考分析系统信号流，培养学习者的动手技能和分析能力。

【本任务要求】

1. 识记：理解 BTS 整机、机柜的硬件结构。
2. 领会：BTS 逻辑组成、各功能单板的功能及特性。
3. 应用：BTS 信号处理流程。

1. CDMA2000 基站系统

CDMA 基站在 CDMA 通信系统中的位置处于 BSC 和 MS 之间，它是由 BSC 控制，服务于某个小区或多个逻辑扇区的无线收发设备。

在对 MS 侧，根据不同的终端（1X、PTT、EV-DO），完成不同 Um 接口的物理层协议，即完成无线信号的收发、调制解调，无线信道的编码、扩频、解扩频，以及开环、闭环功率控制。并对无线资源进行管理。

在对 BSC 侧，完成 Abis 接口协议的处理。CDMA 基站通过 Abis 接口与 BSC 相连，协助 BSC 完成无线资源管理、无线参数管理和接口管理，通过 Um 接口实现和 MS/AT 之间的无线传输及相关的控制功能。

在前向，基站通过 Abis 接口接收来自基站控制器 BSC 的数据，对数据进行编码和调制，再把基带信号变为射频信号，经过功率放大器，射频前端和天线发射出去。

在反向，基站通过天馈和射频前端接收来自移动台的微弱无线信号，经过低噪声放大和下变频处理，再对信号进行解码和解调，通过 Abis 接口发送到 BSC 去。

CDMA2000 基站系统如图 9-1 所示，由 BSC（ZXC10 BSCB）和 BTS（ZXC10 CBTS I2）组成。

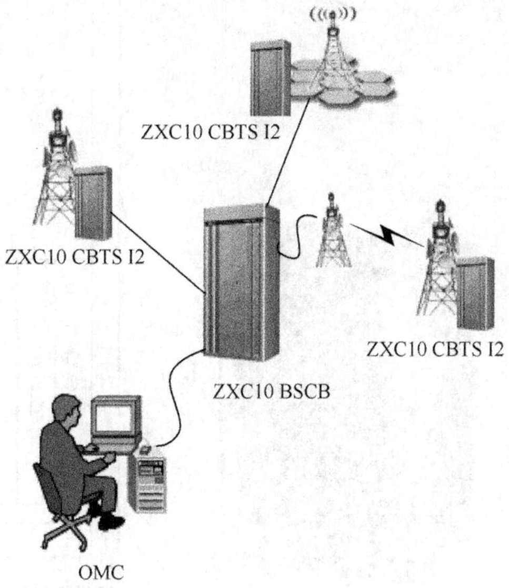

图 9-1　CDMA2000 基站系统图

2．CBTS I2 的性能及物理构架

本模块将以中兴厂家主推的 ZXC10 CBTS I2 这款型号的基站为例，对 CDMA2000 的基站进行介绍。

（1）CBTS I2 的性能

① CBTS I2 的尺寸

外观尺寸：H×W×D = 850mm×600mm×600 mm

② CBTS I2 工作电压

- DC48V 电压工作范围：40V57V
- AC110V 电压工作范围：85V135V
- AC220V 电压工作范围：150V300V

③ CBTS I2 工作环境：

- 工作温度：5℃～+45℃；推荐温度：+15℃～+35℃
- 工作湿度：15%～93% RH；　推荐湿度：40%～60%RH

④ CBTS I2 容量

单机柜最大可支持 12 个载扇。

（2）CBTS I2 的物理构架

CBTS I2 分为 3 个子系统，分别为 BDS（Baseband Digital Subsysten，基带数字子系统）、RFS（Radio Frequenc Subsystem 射频子系统）和 PWS（Power Subsystem，电源子系统）。其中，BDS 负责基带信号的处理；RFS 负责射频信号的处理；PWS 为 CBTS I2 提供-48V 直流电源，为可选部分。

（3）CBTS I2 外观及内部结构

CBTS I2 机柜外观及机柜内各机框单板组成结构如图 9-2 所示。

3．CBTS I2 的单板介绍

（1）基带数字子系统

① CCM

CCM（Communication Control Module，通信控制板）是整个 BTS 的信令处理、资源管理以及操作维护的核心，负责 BTS 内数据、信令的路由。CCM 也是信令传送证实的集中点，BTS 内各单板之间、BTS 与 BSC 单板之间的信令传送都由 CCM 转发。CCM 主要提供两大功能：构建 BTS 通信平台和集中 BTS 所有控制。

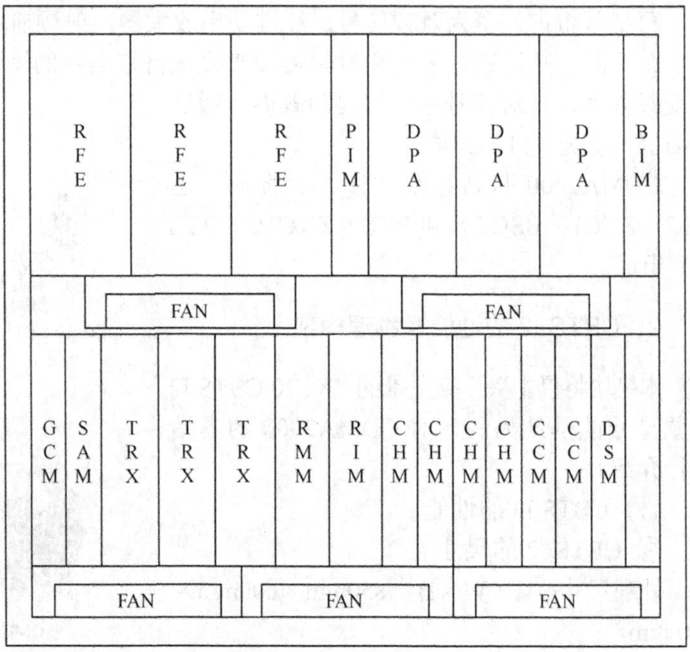

图 9-2　ZXC10 CBTS I2 的外观及内部结构图

CCM 有两种型号：CCM_6、CCM_0，两种型号 CCM 功能说明如表 9-1 所示。

表 9-1　CCM 功能说明

型　号	功能说明
CCM_6	支持 12 载扇 DO 业务以及 24 载扇的 1X 业务
CCM_0	扩展机柜配置时主机柜配置 CCM_0，扩展机柜内配置 CCM_6

② DSM

DSM（Data Service Module，数据服务板），实现 Abis 接口的中继功能、Abis 接口数据传递和信令处理功能。DSM 根据需要对外可提供 4 路、8 路 E1/T1，也可提供以太网接入BSC。

DSM 可灵活配置用来与上游 BSC 连接以及与下游 BTS 连接的 E1/T1；同时 DSM 可以接传输网，支持 SDH 光传输网络。

DSM 单板目前有 DSMA、DSMB 和 DSMC 3 种，3 种 DSM 的功能说明如表 9-2 所示。

表 9-2　DSM 的功能说明

型　号	功能说明
DSMA	不支持主备功能，内置传输、并柜功能，提供 T1、E1 连接
DSMB	支持主备功能，内置传输、并柜功能，提供 T1、E1 连接
DSMC	支持 Abis 口以太网连接，对外提供 1 条到 BSC 的百兆以太网（FE）接口

③ CHM

CHM（Channel Processing Module，信道处理板），是系统的业务处理板，位于 BDS 和 TRX 插箱，单机柜满配置是 4 块 CHM 板。CHM 主要完成基带的前向调制与反向解调，实现 CDMA 的多项关键技术，如分集技术、RAKE 接收、更软切换和功率控制等。

CHM 单板目前有 CHM0、CHM1、CHM2、CHM3 四种型号，四种 CHM 的功能说明如表 9-3 所示。根据系统设计 BDS 和 TRX 机框支持 CHM 的混插，同时支持多种业务。一个 CHM 支持一载三扇的业务数据处理。

表 9-3　　CHM 单板说明

型　号	功 能 说 明
CHM0	支持 cdma2000 1X 的业务
CHM1	支持 cdma2000 1X EV-DO 业务，前向数据业务速率从 38.4 kbit/s 到 2.4576 Mbit/s，反向数据业务速率从 9.6 kbit/s 到 153.6 kbit/s
CHM2	支持 cdma2000 1X EV-DO Release A 业务，前向数据业务速率最大可达 3.1Mbit/s，反向数据业务速率可达 1.8 Mbit/s
CHM3	支持 cdma2000-1X 业务，前反向数据业务速率最高可达到 307.2kbps，单块基本配置的 CHM3 可提供前向 285 个 CE，反向 256 个 CE，通过扩展子卡可提供前向 570 个 CE，反向 512 个 CE。单块 CHM3 可支持 24 载扇业务和智能天线

④ RIM

RIM（RF Interface Module，射频接口板）是基带系统与射频系统的接口。前向链路上的 RIM 将 CHM 送来的前向基带数据分扇区求和，将求和数据、HDLC 信令、GCM 送来的 PP2S 复用后送给 RMM；反向链路上的 RIM 通过接收 RMM 送来的反向基带数据和 HDLC 信令，根据 CCM 送来的信令进行选择，并将选择后的基带数据和 RAB 数据广播送给 CHM 板处理，将 HDLC 数据送给 CCM 板处理。RIM 有 3 种型号：RIM1、RIM3、RIM5，3 种型号的 RIM 功能说明如表 9-4 所示。

表 9-4　　RIM 功能说明

型　号	功 能 说 明
RIM1	提供 12 载扇射频信号处理能力，一般用于单机柜配置或需要扩展 BDS 双机柜配置时主/扩展机柜配置，与 RMM7 成对配置
RIM3	提供 24 载扇射频信号处理能力，需要扩展 RFS 多机柜或射频拉远配置时主机柜配置，基本配置的 RIM3 可连接一个远端 RFS，通过扩展 OIB 子卡最多可接入 6 个远端 RFS
RIM5	提供 24 载扇射频信号处理能力，需要扩展 RFS 多机柜或射频拉远配置时主机柜配置，基本配置的 RIM5 可连接 1 个本地 RFS 和 6 个远端 RFS，并且可配置为支持 CPRI 光接口

⑤ GCM

GCM（GPS Control Module，GPS 控制板）是 CDMA 系统中产生同步定时基准信号和频率基准信号的单板。GCM 接收 GPS 卫星系统的信号，提取并产生 1PPS 信号和相应的导航电文，并以该 1PPS 信号为基准锁相产生 CDMA 系统所需要的 PP2S、16CHIP、30MHz 信号和相应的 TOD 消息。GCM 具有与 GPS/GLONASS 双星接收单板的接口功能，在接收不到 GPS 信号时也能通过 GLONASS 信号产生时钟。

GCM 有两种型号：GCM-3、GCM-4，两种型号的 GCM 功能说明如表 9-5 所示。

表 9-5　　GCM 功能说明

型　号	功 能 说 明
GCM_3	用于单机柜配置
GCM_4	用于并柜或射频拉远配置时主机柜配置

⑥ SAM

SAM（Site Alarm Module，现场告警板）位于BDS插箱中，主要功能是完成SAM机柜内的环境监控，以及机房的环境监控。SAM有3种型号：SAM3、SAM4、SAM5，3种型号的SAM功能说明如表9-6所示。

表9-6　　SAM功能说明

型　号	功能说明
SAM3	用在单机柜配置（不包括机柜外监控和扩展监控接入）
SAM4	扩展机柜配置时主机柜使用
SAM5	扩展机柜配置时从机柜使用（完成本机柜监控信号转接到主机柜的SAM4，是一个无源模块）

当系统配置有扩展机柜时，有以下两种机柜的监控板配置方案。

- 主柜配置SAM4+扩展柜配置SAM5+并柜电缆；
- 主柜配置SAM3+扩展柜配置SAM3。

⑦ BIM

BIM（BDS Interface Module，BDS接口板）为可拔插的无源单板，完成系统各接口的保护功能及接入转换，提供BDS级联接口、测试接口、勤务电话接口、与BSC连接的E1/T1/FE接口以及模式设置等功能。

BIM有3种型号单板：BIM7_C、BIM7_D、BIM-E，它们各自的功能说明如表9-7所示。BIM7_C、BIM7_D用于不采用CBM的配置模式，BIM7_E用于采用CBM的配置模式。

表9-7　　BIM7功能说明

型　号	功能说明
BIM7_C	跳线设置： 1. Abis口基本E1链路接口处理 2. 测试网口（信令流与媒体流） 3. Abis口以太网接口处理
BIM7_D	在BIM7_C的功能上添加： 1. BDS扩展级联（信令流与媒体流） 2. Abis扩展E1链路接口处理 3. 勤务电话接口处理
BIM-E	是采用CBM配置模式时，为CBTS I2统一提供E1/T1及IP接入接口的单板

⑧ CBM

CBM（Compact BDS Module，紧凑型BDS板）是CBTS I2的一种基带配置方案，在一块单板上实现了基带的所有功能，集中了CHM/CCM/DSM/GCM/RIM/RMM功能，并结合射频框部分单板功能。

（2）射频子系统

① RMM

RMM（RF Management Module，射频管理板）作为射频系统的主控板，主要完成三大功能。

- 对RFS的集中控制，包括RFS的所有单元模块，如TRX、PA、PIM；

- 完成“基带—射频接口”的前反向链路处理；
- 系统时钟、射频基准时钟的处理与分发。

RMM 有 3 种型号：RMM5、RMM6、RMM7，3 种型号的 RMM 功能说明如表 9-8 所示。

表 9-8　RMM 功能说明

型　号	功 能 说 明
RMM5	用于近端射频子系统，支持 24 载扇的基带数据的前反向处理，与 RIM3 成对配置
RMM6	用于射频拉远子系统或扩展机柜射频子系统，支持 24 载扇的基带数据的前反向处理，与 RIM3 成对配置
RMM7	用于近端射频子系统，支持 12 载扇的基带数据的前反向处理，与 RIM1 成对配置

② TRX

TRX（Transceiver，收发信机板）位于 BTS 的射频子系统中，是射频子系统的核心单板，也是关系基站无线性能的关键单板。1 块 TRX 可以支持 4 载扇配置。

TRX 有两种类型：削峰 TRX（TRXB）和预失真 TRX(TRXC)。两种型号的 TRX 功能说明如表 9-9 所示。

表 9-9　TRX 功能说明

型　号	功 能 说 明
削峰 TRX	具备削峰功能，最大支持 4 载波应用，推荐用于 1～2 载波配置
预失真 TRX	具备削峰和预失真功能，最大支持 4 载波应用，推荐用于超过 2 载波配置

③ PIM

PIM（Power Amplifier Interface Module，功放接口板），单板位于 PA/RFE 框，主要实现对 DPA 与 RFE 进行监控，并将相关信息上报到 RMM。

④ DPA

DPA（Digital Predistortion Power Amplifier，数字预失真功放板）将来自 TRX 的前向发射信号进行功率放大，使信号以合适的功率经射频前端滤波处理后，由天线向小区内辐射。支持 800MHz、1900MHz、450MHz 三个频段。DPA 采用了功率回退技术，是用于基带预失真系统的功率放大器。

⑤ RFE

RFE（Radio Frequency End，射频前端板）主要实现射频前端功能及反向主分集的低噪声放大功能，RFE 有两种类型：RFE_A 和 RFE_B。两种型号的 RFE 功能说明如表 9-10 所示。

表 9-10　RFE 功能说明

型　号	功 能 说 明
RFE_A	4 载波及其以下应用
RFE_B	4 载波以上应用

（3）采用 CBM 板的配置

这种方式实现的 BDS 只有 CBM 一种单板，是 CBTS 的控制中心、通信平台，实现 Abis 接口通信、CDMA 基带调制解调、与射频的接口等功能。

这种方式实现的 BDS 能实现 2 载 3 扇的 CDMA 1X 业务，通过扩展可以配置一个 CSM6700 子卡或 CSM6800 子卡，实现 4 载 3 扇的 CDMA 1X 业务或 2 载 3 扇的 CDMA 1X

业务+1 载 3 扇的 DO 业务。

CBTS I2 在应用场合使用何种配置模式，需要根据实际网络情况选择配置，两种配置模式下都使用相同的机框，方便相互更换。采用 CBM 板配置的 BDS 和 TRX 机框的槽位配置，如图 9-3 所示。

	SAM3	TRX	TRX	TRX	CBM									

图 9-3　采用 CBM 板配置的 BDS 和 TRX 机框配置图

（4）不采用 CBM 板的配置

不采用 CBM 板实现的 BDS 由 CCM、DSM、GCM、RIM、RMM 和 CHM 共同组成，完成 CBTS 的控制、CDMA 信号的调制解调、Abis 口通信、射频的管理和接口等功能。这种方式实现的 BDS 最大提供 12 载扇 DO 业务或 24 载扇 1X 业务的基带处理能力。

不采用 CBM 板配置的 BDS 和 TRX 机框在物理上由 4 块 CHM（信道处理板）2 块 CCM（通信控制板）、1 块 RIM（射频接口板）、1 块 GCM（GPS 控制模块）和 3 块 TRX（收发信机）、1 块 RMM（射频管理板）、1 块 SAM（环境监控板）、1 块 DSM（数据服务模块）组成。不采用 CBM 板配置的 BDS 和 TRX 机框的满配置槽位，如图 9-4 所示。

GCM	SAM	TRX	TRX	TRX	RMM	RIM	CHM	CHM	CHM	CHM	CCM	CCM	DSM	

图 9-4　不采用 CBM 板配置的 BDS 和 TRX 机框配置图

4. CBTS I2 信号处理流程

（1）BDS 工作原理

基带数字子系统（BDS）信号处理流程如图 9-5 所示，是 BTS 中最能体现 CDMA 特征的部分，包含了 CDMA 许多关键技术：如扩频解扩、分集技术、RAKE 接收、软切换和功率控制。BDS 是 BTS 的控制中心、通信平台，用于实现 Abis 接口通信以及 CDMA 基带信号的调制解调，其包括的单板有：DSM、SNM、CCM、RIM、SAM、GCM、BIM。

Abis 压缩数据包经 E1/T1 送到 DSM 进行解压缩以及其他的 Abis 接口协议处理。处理之后的 IP 数据包被分为媒体流和控制流两类。其中媒体流通过 CCM 上的媒体流 IP 通信平台交换到信道板。媒体流到达信道板后，由 CDMA 调制解调芯片对其进行编码调制，变成前向基带数据流。来自所有信道板的前向基带数据流由 RIM 汇集、求和后，送到 RFS。控制流通过 CCM 上的一个控制流 IP 通信平台进行交换。控制流的目的地址可以是 CHM 或 CCM。控制流和媒体流完全分离，不发生相互影响。

对于反向数据流，其处理顺序与前向相反。

GCM 接收 GPS 卫星信号，产生精确的与 UTC 时间对齐的系统时钟，并送到 RIM，由

RIM 对时钟进行分发，送到信道板及 CCM，满足 CDMA 基站精确定时的需求。

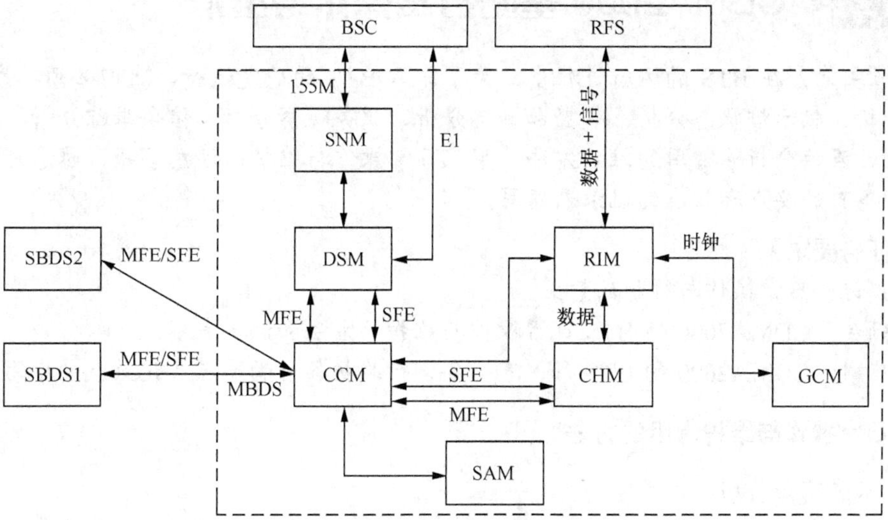

图 9-5　BDS 基带数字子系统信号处理流程

SAM 收集并上报系统的环境参数，以及功效和电源的告警消息。

（2）RFS 工作原理

射频子系统（RFS）信号处理流程如图 9-6 所示，用于完成 CDMA 信号的载波调制发射和解调接收，并实现各种相关的检测、监测、配置和控制功能。RFS 由机柜部分和机柜外的天馈线部分组成。机柜部分包括的单板有：RMM、TRX、DPA、RFE、PIM；天馈线部分包括天线、馈线及相应的结构安装件。

来自 BDS 的前向数据流，在 RMM 上汇集并分发到 TRX。TRX 首先对信号进行中频变频，生成的中频信号再被上变频，变成射频信号，通过 DPA 放大功率，再通过 DUP 和天馈系统发射出去。

在反向，从天线接收到的无线信号通过 DUP 和 DIV 滤波，送到 LAB（含主分集 LNA）对信号进行低噪声放大；放大后的信号送到 TRX 进行下变频，再进行数字中频处理，将射频信号变为基带信号，送到 RMM。RMM 将来自 TRX 的数据打包成一定格式，通过基带射频接口送往 BDS。

PIM 作为 RMM 的监控代理，收集 DPA 和 RFE 的告警和管理信息，并分时检测各 RFE 的功率、驻波比和 LNA 电流。PIM 还完成 RFE 高、低载配置时的选择控制。

图 9-6 中，RMM 对各单板的通信控制和时钟分发均用“信令”线（虚线）表示。

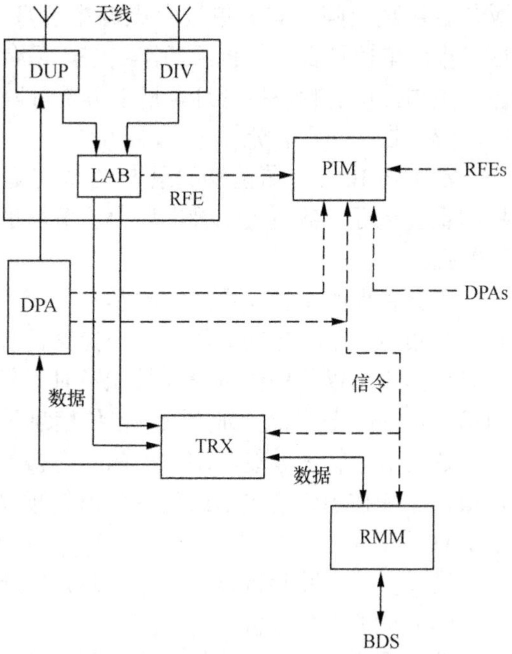

图 9-6　RFS 射频子系统信号处理流程

任务2 CDMA2000基站日常操作与维护

【问题引入】在BTS的运行过程中，为了保障BTS的稳定运行，我们必须熟悉BTS故障现象分析、指示灯状态分析、告警和日志分析、业务观察分析、信令跟踪分析、仪器仪表测试分析、互换分析等常用的维护方法，牢记日常操作与维护的注意事项，熟悉月、季、年例行维护各自的要点和相应的记录表填写。

【本任务要求】

1. 识记：日常操作与维护的意义。
2. 领会：CDMA2000的BTS日常操作与维护的方法和注意事项。
3. 应用：CDMA2000的BTS月、季、年例行维护各自的要点及记录表的填写规范。

1. 日常操作与维护常用的方法

（1）故障现象分析

一般说来，无线网络设备包含多个设备实体，各设备实体出现问题或故障，表现出来的现象是有区别的。维护人员发现了故障，或者接到出现故障的报告，可对故障现象进行分析，判断何种设备实体出现问题才导致此现象，进而重点检查出现问题的设备实体。

在出现突发性故障时，这一点尤其重要，只有经过仔细的故障现象分析，准确定位故障的设备实体，才能避免对运行正常的设备实体进行错误操作，缩短解决故障时间。

（2）指示灯状态分析

为了帮助用户了解设备的运行状况，设备都提供了状态指示灯。例如，前台各单板中，大多数单板有状态指示灯，用于指示设备的运行状态；有的单板有错误指示灯，用于指示单板是否出现故障；有的单板有电源指示灯，用于指示电源是否已经供电；有的单板有闪烁灯，指示单板是否进入正常工作状态。后台服务器有电源指示灯和故障指示灯。

根据提供的状态指示灯，可以分析故障产生的部位，甚至分析产生的原因。

（3）告警和日志分析

ZXC10-BSC系统能够记录BTS设备运行中出现的错误信息和重要的运行参数。错误信息和重要运行参数主要记录在后台服务器的日志记录文件（包括操作日志和系统日志）和告警数据库中。

告警管理的主要作用是检测基站系统、后台服务器节点和数据库以及外部电源的运行状态，收集运行中产生的故障信息和异常情况，并将这些信息以文字、图形、声音、灯光等形式显示出来，以便操作维护人员能及时了解，并作出相应处理，从而保证基站系统正常可靠地运行。同时告警管理部分还将告警信息记录在数据库中以备日后查阅分析。

通过日志管理系统，用户可以查看操作日志、系统日志。并且可以按照用户的过滤条件过滤日志和按照先进先出或先进后出的顺序显示日志，使得用户可以方便的查看到有用的日志信息。

通过分析告警和日志，可以帮助分析产生故障的根源，同时发现系统的隐患。

（4）业务观察分析

业务观察可以协助维护人员进行系统资源分析观察、呼叫观察、呼叫释放观察、切换观察、BSS 软切换观察、指定范围的业务数据（呼叫、呼叫释放、切换、BSS 软切换）观察、指定进程数据区观察和历史数据的查看等。它可为用户提供尽可能多的信息以帮助了解系统的运行情况，解决系统中存在的问题。

（5）信令跟踪分析

信令跟踪工具是系统提供的有效分析定位故障的工具，从信令跟踪中，可以很容易知道信令流程是否正确，信令流程各消息是否正确，消息中的各参数是否正确，通过分析就可查明产生故障的根源。

（6）仪器仪表测试分析

仪器仪表测试是最常见的查找故障的方法，可测量系统运行指标及环境指标，将测量结果与正常情况下的指标进行比较，分析产生差异的原因。

（7）对比互换

用正常的部件更换可能有问题的部件，如果更换后问题解决，即可定位故障。此方法简单、实用。另外，可以比较相同部件的状态、参数以及日志文件、配置参数，检查是否有不一致的地方。可以在安全时间里进行修改测试，解决故障。

2. 日常操作与维护的注意事项

（1）保持机房的正常温湿度，保持环境清洁干净，防尘防潮，防止鼠虫进入机房。

（2）保证系统一次电源的稳定可靠，定期检查系统接地和防雷地的情况。尤其是在雷雨季节来临前和雷雨后，应检查防雷系统，确保设施完好。

（3）建立完善的机房维护制度，对维护人员的日常工作进行规范。应有详细的值班日志，对系统的日常运行情况、版本情况、数据变更情况、升级情况和问题处理情况等做好详细的记录，便于问题的分析和处理。应有接班记录，做到责任分明。

（4）严禁在计算机终端上玩游戏、上网等，禁止在计算机终端安装、运行和拷贝其他任何与系统无关的软件，禁止将计算机终端挪作它用。

（5）网管口令应该按级设置，严格管理，定期更改；并只能向维护人员开放。

（6）维护人员应该进行上岗前的培训，了解一定的设备和相关网络知识，接触设备硬件前应佩带防静电手环，避免因人为因素而造成事故。维护人员应该有严谨的工作态度和较高的维护水平，并通过不断学习提高维护技能。

（7）不要盲目对设备复位、加载或改动数据，尤其不能随意改动网管数据库数据。改动数据前要做数据备份，修改数据后应在一定的时间内（一般为一周）确认设备运行正常后，才能删除备份数据。改动数据时要及时作好记录。

（8）应配备常用的工具和仪表，如螺丝刀（一字、十字）、信令仪、网线钳、万用表、维护用交流电源、电话线和网线等。应定期对仪表进行检测，确保仪表的准确性。

（9）经常检查备品备件，要保证常用备品备件的库存和完好性，防止受潮、霉变等情况的发生。备品备件与维护过程中更换下来的坏品坏件应分开保存，并做好标记进行区别，常用的备品备件在用完时要及时补充。

（10）维护过程中可能用到的软件和资料应该指定位置就近存放，在需要使用时能及时获得。

（11）机房照明应达到维护的要求，平时灯具损坏应及时修复，不要有照明死角，防止给维护带来不便。

（12）发现故障应及时处理， 无法处理的问题应及时与中兴通讯当地办事处联系。

（13）将中兴通讯当地办事处的联络方法放在醒目的地方并告知所有维护人员，以便在需要支持时能及时联络。注意时常更新联络方法。

（14）涉及到电源部分的检查、调整，必须由专业人员进行，否则容易导致人员伤亡和设备故障。

（15）修改并同步数据前，一定要征得主管人员的同意，否则随意修改数据会造成重大事故。

3. 例行维护

例行维护是指对设备定期进行预防性维护检测，使得设备长期处于稳定运行状态。

例行工作主要包括以下方面。

定期维护检测工作应按技术规范及设备部件的技术要求，定期、有计划地用规定的各种后台操作或使用必要的仪器、仪表，按照规定的操作步骤和方法，对基站设备的运行情况、应具备的各种功能、基站设备重要性能指标及基站设备硬件的完好情况等进行例行检查和测试。

定期检查要求对基站设备及附属设备的硬件部分逐一检查，若发现问题，立即予以调整、补正或更换，以确保设备的硬件完好。对设备中某些防尘要求高或易损的部件，应进行定期的维护保养及清洁工作。其他外围设备的重要部件，应定期进行清洁，保证运行正常。

各种定期检查维护工作，应按照实际情况，制定合理的维护工作周期表，按规定的维护周期实施。

由于BTS是无人值守设备，其运行状态可以在BSC侧实时观测到，BTS的日例行维护和周例行维护由BSC维护人员完成。本书仅介绍BTS的月例行维护、季例行维护和年例行维护。

（1）月例行维护

每月例行维护的项目如表9-11所示。

表9-11　　月例行维护项目

项　目	项目详细说明
机架清洁	使用吸尘器、毛巾等对机柜进行清洁，特别注意不要误动开关或者接触电源，避免水滴进入机架
温度和湿度检查	在后台的告警管理系统中检查
基站的单板运行状况检查	在后台的告警管理系统中检查，对于有问题的单板可以通过诊断测试系统检查；在基站现场观察前台各个单板的面板灯状态
检查语音业务和数据业务	在基站现场用手机进行测试，同时在BSC进行业务观察，测绘各个CE单元的通话情况，检查是否有掉话、断话、通话有杂音、单方通话等现象。手机的数据业务是否正常等
检查电源的运行情况	主要检查给BTS供电的电源架的运行情况
检查风扇运行情况	在后台检查基站风扇的运行情况；在基站现场检查风扇的运行情况
检查接地、防雷系统	检查接地系统、防雷系统的工作情况，连接是否可靠，避雷器有无烧焦的痕迹等
检查DPA的功率	后台检查各个扇区DPA的功率，检查是否存在过高或过低的情况
检查天馈驻波比	检查是否有驻波比告警，测量每一个天馈系统的驻波比，特别注意驻波比测试完毕后要将馈线连接可靠
其他说明	

月例行维护完毕后，需要填写月例行维护记录表，月例行维护记录表如表 9-12 所示。

表 9-12　　月例行维护记录表

基　站　名	月维护时间	年　　月　　日
维护人员		
项目	状况	备注
机架清洁	□正常　□不正常	
温度和湿度检查	□正常　□不正常	
基站的单板运行状况检查	□正常　□不正常	
检查语音业务和数据业务	□正常　□不正常	
检查电源的运行情况	□正常　□不正常	
检查风扇运行情况	□正常　□不正常	
检查接地、防雷系统	□正常　□不正常	
检查 DPA 的功率	□正常　□不正常	
检查天馈驻波比	□正常　□不正常	
故障情况及其处理		
遗留问题		
班长核查		

（2）季例行维护项目

每季例行维护的项目如表 9-13 所示。

表 9-13　　季例行维护项目

项　　目	项目详细说明
机架清洁	使用吸尘器、毛巾等对机柜进行清洁，特别注意不要误动开关或者接触电源，避免水滴进入机架
温度、湿度、门禁、烟雾等检查	在后台的告警管理系统中检查
基站的单板运行状况检查	在后台的告警管理系统中检查，对于有问题的单板可以通过诊断测试系统检查；在基站现场观察前台各个单板的面板灯状态
检查语音业务和数据业务	在基站现场用手机进行测试，同时在 BSC 进行业务观察，测绘各个 CE 单元的通话情况，检查是否有掉话、断话、通话有杂音、单方通话等现象。手机的数据业务是否正常等
检查电源的运行情况	主要检查给 BTS 供电的电源架的运行情况
检查风扇运行情况	在后台检查基站风扇的运行情况；在基站现场检查风扇的运行情况
检查接地、防雷系统	检查接地系统、防雷系统的工作情况，连接是否可靠，避雷器有无烧焦的痕迹等
检查 DPA 的功率	后台检查各个扇区 DPA 的功率，检查是否存在过高或过低的情况
检查天馈驻波比	检查是否有驻波比告警，测量每一个天馈系统的驻波比，特别注意驻波比测试完毕后要将馈线连接可靠
接地电阻阻值测试及地线检查	使用地阻测试仪进行地阻测量，检查是否合格；检查每个接地线的接头是否有松动现象和老化程度
天馈线接头、避雷接地卡的防水和接地连接检查	检查外部是否完好，必要时需要打开绝缘胶带进行检查。注意检查完毕后需要重新封包好

续表

项　　目	项目详细说明
天线牢固程度和定向天线的俯仰角和方向角检查	主要是核查天线是否被风吹超出了网络规划要求的范围，需要使用扳手和角度仪等工具，注意用扳手拧螺母时用力不要过大
一次电源检查	测量一次电源的输出电压。测量每一块电池的电压，并检查直流电源线的老化程度。输出电压应该在−43.5V 到−55.2V 之间。电池电压差的绝对值小于 0.3V
检查电池组的运行情况	主要检查电池组是否有泄漏，连接是否可靠有没有脱落，电池是否正常，充放电是否正常，具体参考电池厂家提供的技术说明书
基站周围路测	使用测试手机测试基站的切换和覆盖范围是否正常
其他说明	

季例行维护完毕后，需要填写季例行维护记录表，季例行维护记录表如表 9-14 所示。

表 9-14　　季例行维护记录表

基站名	季维护时间　　　年　　　月　　　日	
维护人员		
项目	状况	备注
机架清洁	□正常　□不正常	
温度、湿度、门禁、烟雾检查	□正常　□不正常	
基站的单板运行状况检查	□正常　□不正常	
检查语音业务和数据业务	□正常　□不正常	
检查电源的运行情况	□正常　□不正常	
检查风扇运行情况	□正常　□不正常	
检查接地、防雷系统	□正常　□不正常	
检查 DPA 的功率	□正常　□不正常	
检查天馈驻波比	□正常　□不正常	
接地电阻阻值测试及地线检查	□正常　□不正常	
天馈线接头、避雷接地卡的防水和接地连接检查	□正常　□不正常	
天线牢固程度和定向天线的俯仰角和方向角检查	□正常　□不正常	
一次电源检查	□正常　□不正常	
检查电池组的运行情况	□正常　□不正常	
基站周围路测	□正常　□不正常	
故障情况及其处理		
遗留问题		
班长核查		

（3）年度例行维护项目

每年例行维护的项目如表 9-15 所示。

表 9-15　　年例行维护项目

项　　目	项目详细说明
机架清洁	使用吸尘器、毛巾等对机柜进行清洁，特别注意不要误动开关或者接触电源，避免水滴进入机架
温度、湿度、门禁、烟雾等检查	在后台的告警管理系统中检查
基站的单板运行状况检查	在后台的告警管理系统中检查，对于有问题的单板可以通过诊断测试系统检查；在基站现场观察前台各个单板的面板灯状态
检查语音业务和数据业务	在基站现场用手机进行测试，同时在 BSC 进行业务观察，测绘各个 CE 单元的通话情况，检查是否有掉话、断话、通话有杂音、单方通话等现象。手机的数据业务是否正常等
检查电源的运行情况	主要检查给 BTS 供电的电源架的运行情况
检查风扇运行情况	在后台检查基站风扇的运行情况；在基站现场检查风扇的运行情况
检查接地、防雷系统	检查接地系统、防雷系统的工作情况，连接是否可靠，避雷器有无烧焦的痕迹等
检查 DPA 的功率	后台检查各个扇区 DPA 的功率，检查是否存在过高或过低的情况
检查天馈驻波比	检查是否有驻波比告警，测量每一个天馈系统的驻波比，特别注意驻波比测试完毕后要将馈线连接可靠
接地电阻阻值测试及地线检查	使用地阻测试仪进行地阻测量，检查是否合格；检查每个接地线的接头是否有松动现象和老化程度
天馈线接头、避雷接地卡的防水和接地连接检查	检查外部是否完好，必要时需要打开绝缘胶带进行检查。注意检查完毕后需要重新封包好
天线牢固程度和定向天线的俯仰角和方向角检查	主要是核查天线是否被风吹超出了网络规划要求的范围，需要使用扳手和角度仪等工具，注意用扳手拧螺母时用力不要过大
一次电源检查	测量一次电源的输出电压。测量每一块电池的电压，并检查直流电源线的老化程度。输出电压应该在−43.5V 到−55.2V 之间。电池电压差的绝对值小于 0.3V
检查电池组的运行情况	主要检查电池组是否有泄漏，连接是否可靠有没有脱落，电池是否正常，充放电是否正常，具体参考电池厂家提供的技术说明书
基站周围路测	使用测试手机测试基站的切换和覆盖范围是否正常
防雷检查	避雷接地线连接是否可靠，连接处的防锈检查
其他说明	

年例行维护完毕后，需要填写年例行维护记录表，年例行维护记录表如表 9-16 所示。

表 9-16　　年例行维护记录表

基　站　名	年维护时间　　年　　月　　日	
维护人员		
项　　目	状　　况	备　　注
机架清洁	□正常　□不正常	
温度、湿度、门禁、烟雾检查	□正常　□不正常	

续表

项　目	状　况	备　注
基站的单板运行状况检查	□正常　□不正常	
检查语音业务和数据业务	□正常　□不正常	
检查电源的运行情况	□正常　□不正常	
检查风扇运行情况	□正常　□不正常	
检查接地、防雷系统	□正常　□不正常	
检查 DPA 的功率	□正常　□不正常	
检查天馈驻波比	□正常　□不正常	
接地电阻阻值测试及地线检查	□正常　□不正常	
天馈线接头、避雷接地卡的防水和接地连接检查	□正常　□不正常	
天线牢固程度和定向天线的俯仰角和方向角检查	□正常　□不正常	
一次电源检查	□正常　□不正常	
检查电池组的运行情况	□正常　□不正常	
基站周围路测	□正常　□不正常	
防雷检查	□正常　□不正常	
故障情况及其处理		
遗留问题		
班长核查		

任务3　CDMA2000 基站故障分析处理

【问题引入】在进行 BTS 故障处理的过程中，我们必须熟悉 BTS 关于时钟系统告警、射频系统告警、传输系统告警、数字处理系统告警、语音业务性能告警的故障分析、故障定位和故障处理的方法。

【本任务要求】

1. 识记：告警的分类。

2. 领会：钟系统告警、射频系统告警、传输系统告警、数字处理系统告警、语音业务性能告警的故障现象和相关部件。

3. 应用：时钟系统告警、射频系统告警、传输系统告警、数字处理系统告警、语音业务性能告警的故障分析、故障定位、故障处理和处理过程中应注意的事项。

本任务将以 ZXC10 CBTS I2 为例，介绍 BTS 各种故障的现象描述、分析定位和解决步骤，便于维护人员对系统故障进行进一步处理。所列的告警信息指在操作维护系统告警管理程序中经常出现的告警。按照告警信息单元所属系统分为以下几个部分介绍：

（1）时钟系统告警

（2）射频系统告警

（3）传输系统告警

（4）数字处理系统告警

（5）语音业务性能告警

对常见的告警信息进行了详细的分析，便于使用者参考。对故障的处理过程，还列举了一些典型处理案例。

1. 时钟系统告警

为了便于分析时钟系统的告警，首先介绍下时钟系统的工作原理，基站 GPS 时钟模块的工作原理如图 9-7 所示。

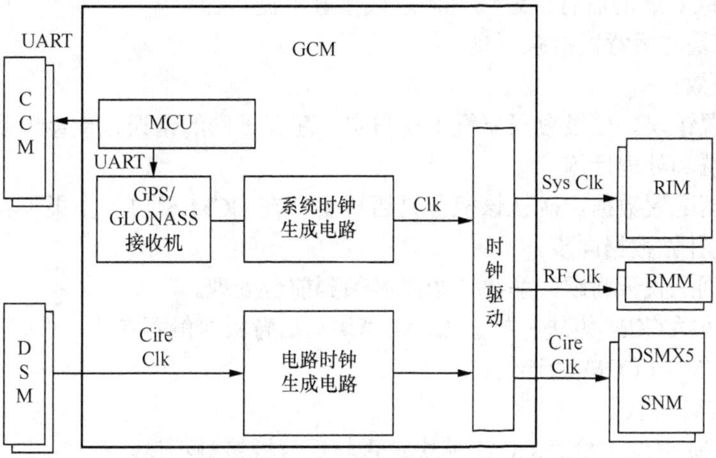

图 9-7　BTS 时钟系统

GCM 的工作原理为：

通过双模接收机（GPS/GLONASS）接收卫星信号，通过 UART 接口输出 TOD（UTC 报文），并输出 1PPS 脉冲信号。GPS 时钟模块 GCM 主要功能是为 BTS 的各模块提供高稳可靠的时钟源，主要包括：TOD（UTC 定时报文）、系统时钟（16CHIP、PP2S）、电路时钟（2MB、8K）、射频基准时钟（30M）。

系统时钟：GCM 同时接收系统时钟 1PPS 与电路时钟 2MB 的输入，并进行源相位比较，跟踪两输入源的相位波动，并选择好的一路作为系统时钟同步基准。由高稳定度的本振经数字锁相后产生高稳定度的系统时钟。

电路时钟：主要接收来自 DSM 的电路时钟，与系统时钟互为备份，选择其中好的一路作为电路时钟的基准。由高稳定度的本振级数字锁相后产生电路时钟。

TOD：GCM 通过 UART 将 TOD 消息送到 CCM，再由 CCM 将其转换为 IP 包分发到各个模块。

时钟分发主要分发给本框和从 BDS 框的 RIM，再由 RIM 分发给 CCM，CHM。

电路时钟分发，可从 GPS 或电路中提取出电路时钟，并作为全局的电路时钟分发下去。GCM 通过时钟分发电路，将系统时钟分发到所有 RIM 和本地 RMM，同时产生出射频时钟送到本地 RMM。将电路时钟分发到 DSM。

时钟系统各类告警分析处理如下：

（1）未探测到 GCM

① 故障现象

在后台的操作维护系统告警管理程序中，出现“未探测到 GCM”告警。

② 相关部件

GCM 模块、GCM 模块与 CCM 的通信连线、CCM 模块。

③ 初步分析

GCM 只要电源正常、天馈正常即可正常工作。如果只有未探测到 GCM 的告警，说明 GCM 与 CCM 的通信中断，但 GCM 的时钟输出基本正常。

造成 GCM 与 CCM 的通信中断的原因可能是：

- GCM 模块与后背板接触不良。
- GCM 与 CCM 的后背板连线有问题或接触不良。
- CCM 模块与后背板接触不良。
- GCM 失效。
- 数据配置错误。如果数据配置出现与实际配置不同的错误，也会出现告警。

④ 定位方法和处理措施

a．检查物理配置数据，确认该槽位是否确实存在 GCM 模块；如果不存在 GCM 模块，更改配置数据，并做数据同步。

b．如果数据配置无问题，解决该故障必须到前台处理。

c．倒换或拔插 CCM 模块，检查 CCM 模块与后背板接触不良。

d．检查 GCM 与 CCM 的连线。

e．复位 GCM 模块。

f．拔插 GCM 模块，检查 GCM 模块是否与后背板接触不良。

g．用代换法验证是否 GCM 模块失效。

⑤ 注意事项

在故障定位和处理过程中，更换 GCM 模块或重新上电，会出现 GPS 处于时延告警。但只要“未探测到 GCM”告警消失，可以认为该故障处理结束。对出现的其他告警，请参考其它告警的处理方法。

（2）时延告警（GPS 无法锁定卫星）

① 故障现象

在后台的操作维护系统告警管理程序中，出现“时延告警（GPS 无法锁定卫星）”的未恢复告警。

该告警暂时不会影响该基站用户通信，但会影响切换。也有可能引起该基站服务区和相邻基站服务区内用户掉线或服务质量下降。如果告警基站位于市区，必须立即处理。

② 相关部件

GPS 天线、GPS 馈线、GPS 避雷器、GPS 机顶跳线、GCM 机架内跳线、GCM 模块

③ 初步分析

GPS 处于时延阶段的告警说明 GCM 模块已启动，GCM 已探测到天馈，未能跟踪到卫星，未收到卫星定位信号或收到的卫星信号极弱。

造成该告警的原因可能有：

- GPS 天线面向天空部分被严重遮挡。
- GPS 天线已被供电，但接收、放大卫星信号能力极差。
- GPS 馈线能提供 GPS 天线所需的直流通路，但 GPS 射频信号衰减很大。
- GCM 模块插针与后背板接触不良。
- GCM 模块失效

④ 定位方法和处理措施

此故障必须到前台处理。

a．检查 GPS 天馈系统：检查 GPS 天线是否被遮挡、检查各接头连接部位是否拧紧、接头焊接部位是否牢靠。

b．可用代换法检查 GPS 天线的放大性能。

c．复位 GCM 模块。

d．拔插 GCM 模块，以检查是否 GCM 模块与后背板接触不良。

e．用代换法验证是否 GCM 模块失效。

f．更换 GCM 模块。

⑤ 注意事项

在故障定位和处理过程中，更换 GCM 模块或重新上电，故障排除的正常情况下，5 分钟后“时延告警”告警会消失。

⑥ 案例：接头制作不良

- 故障现象

某基站的两块 GPS 均处于时延告警。

- 分析定位处理

该站以前曾多次出现该故障，说明故障比较隐蔽。经过反复检查和多次代换，最后确定为 GPS 馈线头制作不良及 GPS 天线性能下降两个问题同时存在。检查 GPS 馈线头，发现是馈线的外层铜网没有被牢固夹住，造成馈线的信号损耗过大。重新制作 GPS 馈线头，并更换 GPS 天线后问题解决。

（3）GPS 天馈断路

① 故障现象

在后台的操作维护系统告警管理程序中，出现“GPS 天馈断路”的未恢复告警。

前台 GCM 面板 RUN 灯慢闪。

该告警暂时不会影响该基站用户通信，但会影响软切换。也有可能引起该基站服务区和相邻基站服务区内用户掉线或服务质量下降。

② 相关部件

GPS 天线、GPS 馈线、GPS 跳线、GPS 避雷器、GCM 模块

③ 初步分析

GPS 天馈故障，说明 GCM 模块已正常启动，但未检测到天馈系统。

造成该告警的原因可能有：

- GPS 天线失效
- GPS 馈线或跳线在某处开路或短路
- 相关各接头存在接触不良的现象
- 避雷器失效
- GCM 模块失效

④ 定位方法和处理措施

a．用万用表测试连接室外 GPS 天线的馈线头芯线和外铜皮之间的电压。正常电压一般为 5V 左右。如果电压正常，用代换法检查 GPS 天线。

b．如果电压不正常，检查 GCM 模块后背板处射频接口输出电压（此时 GCM 模块不能断电），如果没有，拔插 GCM 模块，如果仍然没有电压，说明 GCM 模块失效。

c．逐段检查 GPS 馈线系统。通过测量电压的方法可以最终定位故障点。检查顺序可以自 GPS 天线处逐渐向下到 GCM 模块后背板处射频接口处，也可按反向顺序检查。

⑤ 注意事项

测量电压时，不要造成短路，否则可能引起 GCM 模块失效。

⑥ 案例：雷击造成的避雷器失效

- 故障现象

在告警管理中发现某基站出现“GPS 天馈断路”告警。

- 分析定位处理

到前台基站侧检查，发现 GCM 板 ALM 灯慢闪。在线测量避雷器信号输入端口的电压，没有电压。试用 GPS 天线单独接 GPS 室内跳线，即跳过避雷器，告警消失。由此判断是避雷器故障。检查避雷器，发现有雷击痕迹。说明是雷击造成避雷器失效，使系统不能探测到 GPS 天线而告警。更换 GPS 避雷器后告警消失。

（4）GPS 初始化失败

① 故障现象

在后台的操作维护系统告警管理程序中，出现“GPS 初始化失败”的未恢复告警。

在有两块 GCM 的前提下，暂时不会影响该基站用户通信。

② 相关部件

GCM 模块、GCM 与 CCM 的通信线路、CCM 模块

③ 初步分析

GPS 初始化失败，说明 GCM 模块已经存在，但是上电出现问题。

如果该告警一直存在，说明 GCM 上电失败，存在的原因可能是：

- GCM 模块与后背板接触不良。
- GCM 与 CCM 的通信线路有问题或接触不良。
- CCM 模块与后背板接触不良。
- GCM 失效。

④ 定位方法和处理措施

a．倒换或拔插 CCM 模块，检查 CCM 模块与后背板接触是否不良。

b．检查 GCM 与 CCM 的连线。

c．复位 GCM 模块。

d．拔插 GCM 模块，检查 GCM 模块是否与后背板接触不良。

e．用代换法验证是否 GCM 模块失效。

⑤ 注意事项

无。

2．射频系统告警

为了便于分析射频系统的告警，首先介绍下射频系统的工作原理，射频系统 RFS，位于基带系统与移动台之间，在空中，实现空中射频接口功能，在有线侧，完成射频系统与基带系统间的数据接口功能。

信号通过射频系统的过程为：

来自基带的前向数据流，在 RMM 上汇集并分发到 TRX，TRX 首先对信号进行数字中

频变频，生成的中频信号再被射频上变频，变成射频信号，通过功放放大，再通过 RFE 和天馈发射出去。在反向，从天线接收到的无线信号通过 RFE 的双工器和低噪放大，送到 TRX 进行下变频。首先变为中频，之后进行数字中频处理，变成基带的采样信号，送到 RMM，RMM 汇集来自所有 TRX 的数据，并将数据打包成一定格式通过基带射频接口送往基带。

射频系统的工作原理如图 9-8 所示。

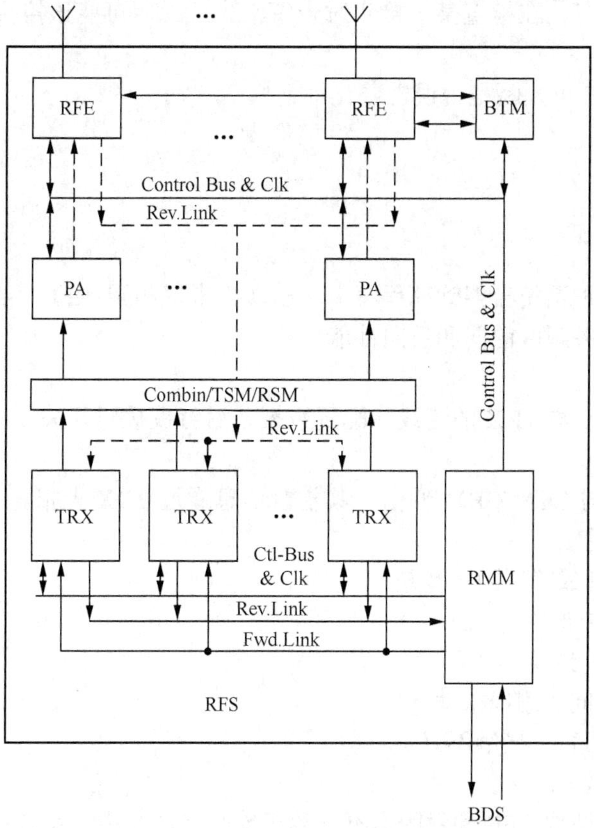

图 9-8　RFS 工作原理图

射频系统各类告警分析处理如下。

（1）RFE 驻波比异常

① 故障现象

在后台的操作维护系统告警管理程序中，出现“RFE 驻波比一般异常”或“RFE 驻波比严重异常”的未恢复告警。

该告警会严重影响相关扇区前向性能。如果告警一直存在，必须立即处理。

② 相关部件

RFE 模块、主馈线、主馈线接头、主馈线避雷器、天线、室外跳线、室内跳线、机架内跳线。

③ 初步分析

RFE 驻波比一般异常，说明 RFE 探测到其输出口的驻波比已超过 1.5。

RFE 驻波比严重异常，说明 RFE 探测到其输出口的驻波比已超过 3.0。

一般是天馈接线故障。

④ 定位方法和处理措施

a．用驻波比测试仪定位。

b．检查接头。请检查机内跳线、机顶跳线、天馈等接头是否短路、断路、拧紧、有渗水现象。

c．由于连接器可能存在接触不良的现象，导致用驻波比测试仪测试不准。因此检查时，后台密切关注告警，在检查某一接头时告警消失，说明可能该接头处存在接触不良的现象，应该重点检查。

d．通过代换 RFE 可判断是否误告警。

⑤ 注意事项

无。

（2）未探测到 RFE

① 故障现象

在后台的操作维护系统告警管理程序中，出现“未探测到 RFE”的未恢复告警。

该告警会影响相关扇区前向和反向性能。

② 相关部件

RFE、TRX、RFE 与 TRX 的连线、配置数据、后背板拨码开关。

③ 初步分析

RFE 通过 TRX 与 CCM/CBM 通信，其告警信息通过 TRX 上报。若 TRX 探测不到，则相应 RFE 也探测不到。

若 TRX 正常，则故障原因可能是：

- 无线数据配置错误
- RFE 拨码开关错误
- RFE 与 TRX 间的缆线松动
- RFE 模块与后背板接触不好
- RFE 模块失效

另外同一扇区的两块 RFE 硬件版本不一致可能会造成其中一块 RFE 探测不到。

④ 定位方法和处理措施

a．首先确认 TRX 是否正常。如果 TRX 不正常，先解决 TRX 问题，参考 TRX 的相关故障解决办法等。

b．如果 TRX 前台和后台均无告警，检查配置数据。

c．拔插告警的 RFE，如果告警消失，说明故障原因是接触不好。

d．用好的 RFE 模块代换。如果告警消失，说明故障原因是 RFE 模块失效。

e．检查 RFE 背板上的与 TRX 间的缆线连接是否松动； 可用好的 RFE 与 TRX 间的缆线代换。

⑤ 注意事项

更换 RFE 前，必须关断 PA。否则可能造成 PA 输出开路而失效，同时对操作人员因为高功率辐射造成伤害。

（3）未探测到 TRX

① 故障现象

在后台的操作维护系统告警管理程序中，出现“未探测到 TRX”的未恢复告警。

② 相关部件

TRX、RIM、TRX 与 RIM 的连线、配置数据

③ 初步分析

未探测到 TRX，表示 CCM 与 RIM 通信不通。可能的原因是：

- 数据配置不正确；
- TRX 在自动定标，自动定标过程中出现该告警是正常现象；
- 有部分 RIM 单板由于故障，会导致断电重启探测不到，需更换；
- 如果与 RFE 连线有问题，在告警通知中容易出现“总线错误，也可能是 TRX 或 RFE 器件坏，请检查”的通知。

④ 定位方法和处理措施

a．检查配置数据。如果配置数据正确，重新进行数据同步到 CCM/CBM。

b．前台复位 TRX。

c．拔插 TRX。

d．更换 TRX。

⑤ 注意事项

无。

（4）未探测到 PA

① 故障现象

在后台的操作维护系统告警管理程序中，出现“未探测到 PA”的未恢复告警。

② 相关部件

TRX、PA、PA 与 TRX 的通信连线。

③ 初步分析

未探测到 PA，说明 PA 与 TRX 的通信中断。PA 通过 TRX 通信，若 TRX 探测不到，则相应 PA 也探测不到。若 TRX 通信正常，则可能的原因是：

- 数据配置不正确，实际上不存在该板件；
- 功放未加电（前面板有电源开关）；
- TRX 与 PA 通信线坏
- PA 模块通信电路失效。

④ 定位方法和处理措施

a．检查前台是否存在该板。

b．到前台检查 PA 是否在位和上电。

c．通过代换高功放可判断是模块故障还是线缆故障。

d．检查功放与 TRX 间的线缆是否故障。

⑤ 注意事项

更换 PA 模块时，只有在单板完全插入槽位且输入输出射频电缆连接可靠的情况下，才能开启 PA 上电源开关。

3．传输系统告警

传输系统各类告警分析处理如下。

（1）未探测到 DSM

① 故障现象

在后台的操作维护系统告警管理程序中，出现“未探测到DSM”的未恢复告警。

② 相关部件

DSM 单板、E1 线

③ 初步分析

- 没有 DSM 单板；
- DSM 没有上电；
- 如果 DSM 所在的系统重新配置过，可能数据配置有问题。

④ 定位方法和处理措施

a．检查数据配置是否正确。

b．检查 DSM 单板的连线，保证 DSM 正常连接。

c．确认 DSM 单板是否上电

d．检查传输链路。

⑤ 注意事项

无。

（2）DSM 上的 HW 单元告警

① 故障现象

在后台的操作维护系统告警管理程序中，出现“DSM 上的 HW 单元告警”的未恢复告警。

② 相关部件

DSM 单板

③ 初步分析

- DSM 的 8K 时钟丢失
- DSM 的 16K 时钟丢失
- DSM 的 2M 时钟丢失
- SNM 的 8K 时钟丢失
- HW 单元不在位
- HW 单元信号丢失

④ 定位方法和处理措施

a．如果是 HW 单元问题，请检查 HW 单元；

b．其余的问题请插拔或者复位 DSM。

⑤ 注意事项

无。

（3）DSM 上/下行 E10 告警

① 故障现象

在后台的操作维护系统告警管理程序中，出现“DSM 上行 E10 告警”或“DSM 下行 E10 告警”的未恢复告警。

同时，DSM 面板 ALM 灯（红灯）可能会闪烁。

② 相关部件

DSM 单板、E1 线、传输系统

③ 初步分析

DSM 在上电后获得后台配置后，会定时对后台配置的 E1 进行检测，发现有各种 E1 故障会上报 E1 的各种告警。

引起告警原因有：

- 传输质量差
- E1 出现滑码告警
- CRC-3 校验错
- E1 接收载波丢失
- E1 远端告警

④ 定位方法和处理措施

a．检查 DSM 单板。

b．检查 DSM 单板的 E1 连线是否正确，保证 DSM 正常连接。

c．检查机架以及 DSM 单板 E1 线的接地问题。

d．检查传输设备。

e．更换 DSM 单板。

⑤ 注意事项

无。

4．数字处理系统告警

数字处理系统各类告警分析处理如下。

（1）未探测到 CCM/CBM

① 故障现象

在后台的操作维护系统告警管理程序中，出现“未探测到 CCM/CBM”的未恢复告警。

② 相关部件

CCM/CBM 单板、DSM 单板、E1 线、BDS 背板

③ 初步分析

未探测到 CCM/CBM 的主要原因是 CCM/CBM 与后台的链路不通，有如下几种可能：

- CCM/CBM 没有在位或没有上电
- DSM 工作不正常
- E1 线连接不正确或没有接好
- BDS 机框的信道号拨位设置不正确
- E1 线连接关系和数据库配置不一致
- CCM/CBM 单板损坏
- 传输中断
- 基站掉电
- 时钟问题
- 软件版本
- 硬件版本

④ 定位方法和处理措施

a．诊断测试 BTS 侧的 DSM 和 BSC 侧的 DSM 的链路否正常，有确认帧或无确认帧是

否有丢失，误帧率是否不为 0。若确认则说明传输有问题或 DSM 板坏；

b．检查 CCM/CBM 是否在位并上电；

c．检查该信道上的 BSC 侧 DSM、BTS 侧 DSM 工作是否正常；

d．前台 CCM/CBM 运行灯是否快闪，如是则可能是传输断；

e．检查 E1 线连接是否正确；

f．检查 BDS 机框的信道号拨位是否正确，和后台配置是否一致；

g．检查 E1 线连接关系和数据库配置是否一致；

h．以上措施无效请更换 CCM/CBM 单板。

⑤ 注意事项

无。

（2）未探测到 CHM

① 故障现象

在后台的操作维护系统告警管理程序中，出现“未探测到 CHM”的未恢复告警。

该故障会影响用户打电话，如果该信道板上配置了控制信道，影响会更大。

② 相关部件

CCM 模块、GCM 模块、射频接口模块

③ 初步分析

未探测到 CHM，说明 CHM 与 CCM 的通信中断。

要保证 CHM 与 CCM 的通信畅通，必须同时满足以下条件：CCM 工作正常、CHM 和 CCM 软件版本适合、CHM 硬件版本适合软件版本、CHM 在位、CHM 正常。

CHM 未探测到的原因有：

- 物理配置中配置了 CHM 单板，但实际槽位中没有插 CHM 单板。
- 主控模块 CCM 单板故障或者不在槽位，导致 CHM 单板与 CCM 单板通信故障。
- GCM 不正常导致 CHM 无时钟。
- CHM 单板故障，无法上电运行。
- CCM 单板中没有与 CHM 单板相对应的、正确的应用软件版本，导致 CHM 单板无法下载到软件版本，CHM 单板无法正常运行。
- 射频接口单板故障或者不在槽位，无法给 CHM 单板提供时钟，导致 CHM 单板无法正常运行。

④ 定位方法和处理措施

a．后台告警管理查看是否有 GCM 告警故障；

b．检查是否后台数据库配置了该 CHM 但并没有插板；

c．检查主控模块 CCM 是否正常；

d．检查射频接口模块是否正常；

e．检查 CHM 单板是否在槽位和是否上电；

f．检查 CCM 单板上 CHM 的软件版本是否正确；

g．检查 CHM 运行的软件版本是否正确；

h．复位 CHM 单板；

i．更换 CHM 单板。

⑤ 注意事项

插入 CHM 单板时必须到位，CHM 单板与后背板紧接触。

（3）未探测到 SAM

① 故障现象

在后台的操作维护系统告警管理程序中，出现“未探测到 SAM”的未恢复告警。

② 相关部件

SAM 单板、CCM/CBM 单板、SAM 板与后背板接触

③ 初步分析

SAM 单板会定时向 CCM/CBM 单板发送主控消息，当 CCM/CBM 在一段时间内接收不到 SAM 单板上报的消息时，会上报 SAM 单板探测不到的告警。

需要注意的是 SAM 和 CCM/CBM 之间通过背板之间通信，无外部电缆。

出现 CCM/CBM 接收不到 SAM 单板的主控消息的原因如下：

- SAM 单板死机或硬件故障导致不能正常运行，SAM 单板不发送主控消息。
- SAM 单板上与 CCM/CBM 通信的接口芯片损坏，导致链路故障。
- CCM/CBM 单板上与 SAM 通信的接口芯片损坏，导致链路故障。
- SAM 板与后背板接触不良。

④ 定位方法和处理措施

a．前台复位 SAM 单板，观察告警是否消失。

b．拔插 SAM 单板，消除由于某些原因引起的接触不良。

c．倒换 CCM/CBM，观察告警是否消失。如果消失，说明 CCM/CBM 单板问题，更换 CCM/CBM 单板。

d．更换 SAM 单板。

⑤ 注意事项

无。

（4）模块物理地址与数据库配置不一致

① 故障现象

在后台的操作维护系统告警管理程序中，出现“模块物理地址与数据库配置不一致”的未恢复告警。

② 相关部件

数据配置、数据同步、拨码开关

③ 初步分析

告警信息说明实际在位的模块和后台配置的情况不一致。涉及的模块有告警模块、机框、操作维护的物理配置系统。原因在于：

- 如果前台实际的槽位有单板，而后台物理配置中没有进行配置，此时会出现告警。
- 更改数据后进行数据同步时，没有将数据同时传到 BSC 和 CCM/CBM 上，造成两者数据不一致也可能会出现告警。
- 机架或机框的拨码开关影响到后台读取前台单板的网络地址，所以拨码开关错误也可能引起告警。

④ 定位方法和处理措施

a．核实告警信息中的模块物理地址与配置数据。根据设计要求更改配置数据或前台的配置单板。

b．检查机框拨码开关。

c．如果是更改数据后进行数据同步时，没有将数据同时传到 OMP 和 CCM/CBM 上，可以重传数据。

⑤ 注意事项

重传数据时必须将所传对象 BSC 和 CCM/CBM 同时选上。否则可能造成基站控制器和宏基站的数据不一致而留下隐患。

5．语音业务性能告警

（1）小区语音呼叫失败率告警

① 故障现象

在后台的操作维护系统告警管理程序中，出现“小区语音呼叫失败率达到设定门限”的未恢复告警。

② 相关部件

小区硬件故障、相邻小区故障、空间干扰、非法移动台呼叫

③ 初步分析

- 可能该小区所在基站有单板告警。
- 该小区在该告警周期内是否用户量过多，导致 TCH 和 CE 拥塞。
- 该小区在该告警周期内是否存在空间干扰。
- 非法移动台的呼叫也造成小区呼叫失败率告警。

④ 定位方法和处理措施

a．首先查看该小区的单板在该告警周期中是否存在告警，是否恢复。

b．最好的定位措施是打开业务观察，观测该小区的呼叫（包括起呼和寻呼），分析导致呼叫失败的原因。

c．如果呼叫失败原因是 MSC 发起释放，和 MSC 侧一起检查。一般是非法移动台呼叫或设置不对的移动台呼叫引起。

d．检查反向链路情况，判断是否存在上行干扰。干扰可能来自空间各个方面，包括相邻基站或直放站故障引起。但是下行干扰无法通过后台检查，必须到现场进行路测判断。

e．如果问题没有得到进一步解决，可以暂时修改告警门限值，将失败率相对设置高些，将其产生的告警进行恢复，然后进行深入跟踪失败的原因。

⑤ 注意事项

此时可以将后台的告警和用户的反映结合起来考虑。特别在开局阶段或小区用户很少的情况下，非法用户呼叫很容易引起小区呼叫失败率告警。

（2）小区语音切换失败率告警

① 故障现象

在后台的操作维护系统告警管理程序中，出现“小区语音切换失败率达到设定门限”的未恢复告警。

② 相关部件

小区单板故障、时钟故障、配置数据

③ 初步分析

- 一般情况，切换的失败率在正常情况下是很低，如果产生了切换失败很高，查看这

个小区的单板在性能告警周期中是否产生过告警。

- 可以查看性能管理里面的原因分析，看看导致切换的原因主要是什么。
- 查看性能管理里面的邻区切换数据，看看该小区的切换邻区的情况，可能是由于网络规划中，对于邻区的配置不合理。

④ 定位方法和处理措施

a．在该告警周期中是否存在单板告警。

b．是否存在时钟告警。如果有，必须消除时钟告警。

c．打开业务观察，跟踪该小区的切换失败原因，找出具体的失败原因。

d．观测性能管理中切换的失败原因，查看具体的原因分析。

e．查看性能管理中的切换邻区的数据，是否存在该小区的许多无效导频，考虑是否该小区的邻区配置有问题。

⑤ 注意事项

无。

（3）全局语音切换失败率告警

① 故障现象

在后台的操作维护系统告警管理程序中，出现“全局语音切换失败率告警超过门限”的未恢复告警。

② 相关部件

时钟系统告警、传输误码、邻区数据配置、直放站干扰

③ 初步分析

全局切换失败率高，说明系统中很多基站或移动台的切换失败率高。可能存在的原因有：

- 系统中存在一些开通不久的基站
- 某些基站时钟出现问题
- 某些基站传输不稳定
- 某些基站资源故障
- 邻区数据不全
- 还有可能是空间反向干扰或直放站工作异常干扰。

④ 定位方法和处理措施

a．检查系统中是否存在 GPS 告警的基站。如果有，可以先将这些基站的发射功率降低或将 PA 在后台关闭，以免这些基站干扰其余基站。待消除 GPS 的告警后，可以再将 PA 打开（使能）。

b．检查系统中是否存在大量 DSM 传输告警。

c．在业务观察中检查切换失败原因。

d．利用网络优化工作完善邻区配置。

⑤ 注意事项

无。

（4）小区语音掉话率告警

① 故障现象

在后台的操作维护系统告警管理程序中，出现“小区语音掉话率超过门限告警”的未恢复告警。

② 相关部件

无。

③ 初步分析

- 掉话地点在弱信号区域
- 导频污染，包括相邻基站功率异常
- 传输误码
- 资源故障（信道单元和声码器单元）
- 反向干扰
- 反向链路问题
- 是否对方电话问题
- 移动台灵敏度
- 直放站工作异常

④ 定位方法和处理措施

a．检查该小区所在基站在这段时间的 DSM 有无 10-3、10-6、E1 不可用告警。

b．检查该小区所在基站的 CHM 板是否有已恢复告警，有无上电通知。

c．检查相邻基站的功率是否有突变。

d．检查有无干扰。

⑤ 注意事项

无。

过关训练

一、填空题

1．CDMA2000 基站系统由________和________组成。

2．CBTS I2 的单机柜最大容量可以支持________。

3．CBTS I2 的物理构架由________、________和________三部分组成。

4．CCM 板主要提供两大功能：________和________。

5．________实现 Abis 接口的中继、数据传递和信令处理功能。

6．________是 CDMA 系统中产生同步定时基准信号和频率基准信号的单板。

7．TRX 有两种类型：________和________。

8．BTS 例行维护除了日例行维护和周例行维护外，还有________、________和________。

二、名词解释

1．CCM

2．DSM

3．CHM

4．RIM

5．GCM

6．SAM

7．BIM

8．RMM

9．TRX

10．PIM

11．DPA

12．RFE

三、简答题

1．CBTS I2 主机柜由哪几部分组成？

2．CBTS I2 的 BDS 有哪两种配置方式？

3．试分析 BDS 的信号处理流程。

4．试分析 RFS 的信号处理流程。

英文缩略语

3G	3rd Generation	第三代数字通信
3GPP	3rd Generation Partnership Project	第三代合作伙伴计划

A

AAA	Authentication Authorization Accounting	鉴权 认证和计费模块
AAL2	ATM Adaptation Layer type 2	ATM 适配层 2
AAL5	ATM Adaptation Layer type 5	ATM 适配层 5
AAS	Adaptive Antenna System	自适应天线系统
AC	Authentication Center	鉴权中心
ADSL	Asymmetric Digital Subscriber Line	非对称数字用户电路/线
AI	Acquisition Indicator	捕获指示
AICH	Acquisition Indicator Channel	捕获指示信道
AIE	Air Interface Evolution	3GPP2 的空中接口演进
ALCAP	Access Link Control Application Protocol	接入链路控制应用部分
AM	Acknowledged Mode	确定模式
AMC	Adaptive Modulation and Coding	自适应调制编码
AMPS	Advanced Mobile Phone System	高级移动电话系统
AMR	Adaptive Multi Rate	自适应多速率（语音声码器）
ANSI	American National Standards Institute	美国国家标准局
AP	Access Point	接入点
API	Application Programming Interface	应用程序编程接口
ARIB	Association of Radio Industries and Businesses	日本电波产业协会
ARPU	Average Revenue Per User	每用户平均收益
ARQ	Automatic Repeat Request	自动重发请求
AS	Access Stratum	接入层
ASIC	Application Specific Integrated circuit	专用集成电路
ASN.1	Abstract Syntax Notation One	抽象语法表示 1
ATM	Asynchronous Transfer Mode	异步传输模式
AUC	Authentication Center	鉴权中心
AWGN	Additive White Gaussian Noise	加性高斯白噪声

B

BC	Broadcast	广播

BCCH	Broadcast Control Channel	广播控制信道
BCH	Broadcast Channel	广播信道
BER	Bit Error Ratio	误码率/比特差错率
BG	Border Gateway	边界网关
BICC	Bearer Independent Call Control protocol	与承载无关的呼叫控制协议
BMC	Broadcast/Multicast Control	广播/多播控制
BPSK	Binary Phase Shift Keying	二相相移键控
BSC	Base Station Controller	基站控制器
BSS	Base Station System	基站子系统
BSSAP	Base Station Subsystem Application Part	基站子系统应用部分
BSSMAP	Base Station Subsystem Mobile Application Part	基站子系统移动应用部分
BTS	Base Transceiver Station	基站收发信台
BWAMAN	Broadband Wireless Access Metropolitan Area Network	宽带无线接入城域网

C

CAMEL	Customized Application for Mobile Enhanced Logic	用于移动网络增强逻辑定制的应用
CAP	CAMEL Application Part	CAMEL 应用部分
CATT	Chinese Academe of Telecommunications Technology	中国电信科技研究院
CBS	Cell Broadcast Service	小区广播业务
CCCH	Common Control Channel	公共控制信道
CCITT	Consultative Committee on International Telegraph and Telephone	国际电话和电报咨询委员会
CCPCH	Common Control Physical Channel	公共控制物理信道
CCTrCH	Coded Composite Transport Channel	编码组合传输信道
CDMA	Code Division Multiple Access	码分多址
CDMA2000	Code Division Multiple Access 2000	CDMA2000
CDMA2000 1x EV	CDMA2000 1X Evolution	CDMA2000 1x 增强
CDMA2000 1x EV-DO	CDMA2000 1X Evolution-Data Only	CDMA2000 1x 演进数据业务
CDMA2000 1x EV-DV	CDMA2000 1x Evolution-Data&Voice	CDMA2000 1x 演进数据语音业务
CDMA-DS	CDMA-Direct Sequence Spread Spectrum	CDMA 的直接序列扩频
CDPD	Cellular Digital Packet Data	蜂窝数字式分组数据交换网络
CDR	Call Detail Record	呼叫细节记录
CFB	Call Forwarding On Mobile Subscriber Busy	遇忙呼叫前转

CFNA	Call Forwarding No Reply	无应答呼叫前转
CFU	Call Forwarding Unconditional	无条件呼叫前转
CG	Charging Gateway	计费网关
CM	Configuration Management	配置管理
CN	Core Network	核心网
CNIP	Calling Number Identification Presentation	呼叫号码识别显示
CNIR	Calling Number Identification Restriction	呼叫号码识别限制
CP	Circulation Prefix	循环前缀
CPCH	Common Packet Channel	公共分组信道
CPE	Customer premise equipment	客户端设备
CPICH	Common Pilot Channel	公共导频信道
CPS	Common Part Sublayer	公共部分子层
CRC	Cyclic Redundancy Check	循环冗余校验
CRNC	Controlling Radio Network Controller	控制 RNC
CSCF	Call Server Control Function	呼叫服务器控制功能
CSPDN	Circuit-Switched Public Data Network	电路交换公用数据网
CT	Call Transfer	呼叫转移
CTCH	Common Traffic Channel	公共业务信道
CW	Call Waiting	呼叫等待
CWTS	China Wireless Telecommunication Standard Group	中国无线通信标准研究组

D

D/A	Digital/Analog	数字/模拟
DAB	Digital Audio Broadcasting	数字音频广播
DAMA	Demand Assigned Multiple Access	按需分配的多址接入
D-AMPS	Digital-Advanced Mobile Phone Service	数字高级移动电话服务
DC	Dedicated Control (SAP)	专用控制（SAP）
DCA	Dynamic Channel Allocation	动态信道分配
DCCH	Dedicated Control Channel	专用控制信道
DCH	Dedicated Channel	专用信道
DECT	Digital Enhanced Cordless Telecommunications	数字增强无绳通信
DL	DownLink	下行链路
DPCCH	Dedicated Physical Control Channel	专用物理控制信道
DPCH	Dedicated Physical Channel	专用物理信道
DPDCH	Dedicated Physical Data Channel	专用物理数据信道
DRNS	Drift RNS	漂移 RNS
DS	Direct Spread	直接序列扩频
DSCH	Downlink Shared Channel	下行共享信道
DSL	Digital Subscriber Line	数字用户线

DSP	Ditital Signal Processor	数字信号处理器
DSSS	Direct Sequence Spread Spectrum	直接序列扩频
DTAP	Direct Transfer Application Part	直接传递应用部分
DTCH	Dedicated Traffic Channel	专用业务信道
DTX	Discontinuous Transmission	不连续发射
DVB	Digital video Broadcasting	数字视频广播
DWPTS	Downlink Pilot Time Slot	下行导频时隙

E

EDGE	Enhanced Data rates for GSM Evolution	GSM 增强型数据速率
EIR	Equipment Identity Register	设备识别寄存器
ESN	Electron Serial Number	电子序列号
ETSI	European Telecommunications Standards Institute	欧洲电信标准化协会
EVRC	Enhanced Variable Rate Coder	增强型变速率编码器

F

FA	Foreign Agent	外地代理
FACH	Forward Access Channel	前向接入信道
FBCCH	Forward Broadcast Control Channel	前向广播控制信道
FBI	Feedback Information	反馈信息
FCACH	Forward Common Assignment Channel	前向公共指配信道
FCCCH	Forward Common Control Channel	前向公共控制信道
FCPCCH	Forward Common Power Control Channel	前向公共功率控制信道
FDCCH	Forward Dedicated Control Channel	前向专用控制信道
FDD	Frequency Division Duplex	频分双工
FEC	Forward Error Correction	前向纠错
FER	Frame Error Ratio	误帧率
FFT	Fast Fourier Transform	快速傅里叶变换
FHSS	Frequency Hopping Spread Spectrum	跳频扩频
FL	Forward Link	前向链路
FPACH	Fast Physical Access Channel	快速物理接入信道
FPCH	Forward Pilot Channel	前向导频信道
FPLMTS	Future Public Land Mobile Telecommunication Systems	未来公众陆地移动通信系统
FQPCH	Forward Quick Paging Channel	前向快速寻呼信道
FSCCH	Forward Supplemental Code Channel	补充码分信道
FSCH	Forward Supplemental Channel	前向补充信道

G

GC	General Control (SAP)	通用控制（SAP）

GDP	Gross Domestic Product	国内生产总值
GERAN	GSM EDGE Radio Access Network	GSM EDGE 无线接入网络
GGSN	Gateway GSN	网关 GSN
GMLC	Gateway Mobile Location Center	网关移动位置中心
GMSC	Gateway Mobile Switching Center	网关移动交换中心
GP	Guard period	保护时间
GPRS	General Packet Radio Service	通用分组无线服务
GPS	Global Positioning System	全球定位系统
GSM	Global System for Mobile Communications	全球移动通信系统
GSN	GPRS Support Nodes	GPRS 支持节点
GTP	GPRS Tunneling Protocol	GPRS 隧道传输协议

H

H.248		媒体网关控制协议
HA	Home Agent	归属代理
HARQ	Hybrid-ARQ	混合自动重传请求
HDR	High Data Rate	高速率数据
HDSL	High-rate Digital Subscriber Line	高比特率数字用户线
HDTV	High Definition Television	高清晰度电视
H-FDD	Half-Frequency Divison Duplex	半频分双工
HLR	Home Location Register	归属位置寄存器
HPSK	Hybrid Phase Shift Keying	混合移相键控
HSDPA	High Speed Downlink Packages Access	高速下行分组接入
HS-DPCCH	High-Speed Dedicated Physical Control Channel	高速专用物理控制信道
HS-DSCH	High-Speed Downlink Shared Channel	高速下行共享信道
HSPA	High Speed Packet Access	高速分组接入
HSS	Home Subscriber Server	归属用户服务器
HS-SCCH	High-Speed Shared Control Channel	高速共享控制信道

I

IEEE	Institute of Electrical and Electronics Engineers	美国电气电子工程师协会
IETF	Internet Engineering Task Force	互联网工程任务组
IM	Intermodulation	互调失真
IMEI	International Mobile EquipmentIdentity	国际移动设备识别
IMS	IP Multimedia Sub-system	IP 多媒体子系统
IMSI	International Mobile Subscriber Identity	国际移动用户识别号
IMT-2000	International Mobile Telecommunication-2000	国际移动通信 2000
IMT-DS	IMT-Direct Sequence Spread Spectrum	IMT 直接序列扩频

IMT-MC	IMT-Multi Carrier	IMT 多载波
IMT-SC	IMT-Single Carrier	IMT 单载波
IMT-TD	IMT-Time Division	IMT 时分
IP	Internet Protocol	Internet 协议
ISDN	Integrated Services Digital Network	综合业务数字网
ISUP	ISDN User Part	ISDN 用户部分
ITU	International Telecommunication Union	国际电信联盟
IWF	Inter Working Funtion	交互功能

L

L1	Layer 1(physical layer)	层 1（物理层）
L2	Layer 2 (data link layer)	层 2（数据链路层）
L3	Layer 3 (network layer)	层 3（网络层）
LAN	Local Area Network	局域网
LAP	Link Access Procedure	链路访问规程
LCR	Low Code Rate	低码片速率
LOS	Line-Of-Sight	视距
LPI	Length of Page Indicatior	寻呼指示长度
LSRANS	Lossless SRNS Relocation	无损 SRNS 重定位
LTE	Long Term Evolution	长期演进

M

MAC	Media Access Control	媒体接入控制
MAI	Multiple Access Interference	多址干扰
MAN	Metropolitian Area Network	城域网
MAP	Mobile Application Part	移动应用部分
MBMS	Multimedia Broadcast Multicast Service	多媒体广播和组播技术
MBWA	Mobile Broadband Wireless Access	移动宽带接入
MC	Multi-Carrier	多载波
MCTD	Multi-Carrier Transmit Dirersity	多载波发射分集
ME	Mobile Equipment	移动设备
MGCF	Media Gateway Control Part	媒体网关控制部分
MGW	Media Gateway	媒体网关
MIB	Master Indication Block	主信息块
MIMO	Multiple-Input Multiple-Out-put	多入多出
MM	Mobility Management	移动性管理
MPC	Multimedia Personal Computer	多媒体个人计算机
MRF	Media Resource Function	媒体资源功能
MRFC	Multimedia Resource Function Controller	多媒体资源控制器
MRFP	Multimedia Resource Function Processor	多媒体资源处理器

MSC	Mobile-services Switching Center	移动业务交换中心
MSH	Mesh	网状
MSISDN	Mobile Station International ISDN Number	移动台国际 ISDN 号码
MSRN	Mobile Station Roaming Number	移动台漫游号码
MSS	Mobile Satellite Service	移动卫星服务
MT	Mobile Termination	移动终端
MTP	Message Transfer Part	消息传递部分
MUD	Multi User Detection	多用户检测
MWN	Maessage Waiting Notices	消息等待通知

N

NAS	Non Access Stratum	非接入层
NBAP	Node B Application Part	NodeB 应用部分
NGN	Next Generation Network OR New Generation Network	下一代网络或新一代网络
NLOS	Non-Line-Of-Sight	非视距
NMC	Network Management Center	网络管理中心
NMT	Nordic Mobile Telephony - 450	北欧移动电话-450
NSS	Network Sub-System	网络子系统
Nt	Notification	通知
NTT	NIPPON Telegraph and Telephone corporation	日本电信电话株式会社

O

O&M	Operation And Maintenance	运行和维护
ODMA	Opportunity Driven Multiple Access	机会驱动多址接入
ODTH	ODMA Dedicated Transport Channel	ODMA 专用传输信道
OFDM	Orthogonal Frequency Division Multiplexing	正交频分复用
OFDMA	Orthogonal Frequency Division Multiplexing Access	正交频分复用接入
OMC	Operation Maintenance Centre	操作维护中心
OPCH	ODMA Dedicated Physical Channel	ODMA 专用物理信道
ORACH	ODMA Random Access Channel	ODMA 随机接入信道
OSA	Open Service Architecture	开放业务结构
OSI	Open Systems Interconnection	开放系统互联
OSS	Operating Subsystem	操作子系统
OTD	Orthogonal Transmit Diversity	正交发射分集
OVSF	Orthogonal Variable Spreading Function	正交可变扩频函数

P

PAPR	Peak-to-Average Power Ratio	峰均功率比
PA	Power Amplifier	功率放大器

PCCC	Parallel Concatenated Convolutional Code	并行级联卷积码
PCCH	Paging Control Channel	寻呼控制信道
PCCPCH	Primary Common Control Physical Channel	主公共控制物理信道
PCF	Packet Control Function	分组控制功能
PCH	Paging Channel	寻呼信道
PCM	Pulse Code Modulation	脉冲编码调制
PCPCH	Physical Common Packet Channel	物理公共分组信道
PCS	Personal Communication Systems	个人通信系统
PDA	Personal Digital Assistant	个人数字助理
PDC	Personal Digital Cellular	个人数字蜂窝技术（日本的 2G 标准）
PDCP	Packet Data Convergence Protocol	分组数据汇聚协议
PDN	Public Data Network	公用数据网
PDP	Packet Data Protocol	分组数据协议
PDSCH	Physical Downlink Shared Channel	物理下行链路共享信道
PDSN	Packet Data Serving Node	分组数据业务节点
PDU	Protocol Data Unit	协议数据单元
PHS	Personal Handy-phone System	个人手持式电话系统（即小灵通）
PHY	Physical Layer	物理层
PICH	Paging Indicator Channel	寻呼指示信道
PLMN	Public Land Mobile Network	公共陆地移动网
PMP	Point-to-MultiPoint	点到多点
PN	Pseudo Noise	伪随机噪声
POC	PTT Over Cellular	利用蜂窝网实现 PTT（无线一键通）
PRACH	Physical Random Access Channel	物理随机接入信道
PS	Packet Switched	分组交换
PSC	Primary Synchronization Code	主同步码
PSCH	Physical Shared Channel	物理共享信道
PSMM	Pilot Strength Measurement Message	导频强度测量消息
PSPDN	Packet Switch Public Data Network	分组交互公用数据网
PSTN	Public Switched Telephone Network	公共交换电话网
PTT	Push-To-Talk	一键通
PUSCH	Physical Uplink Shared Channel	物理上行共享信道

Q

QAM	Quadrature Amplitude Modulation	正交幅度调制
QCELP	Qualcomm Code Excited Linear Prediction	Qualcomm 码激励线性预测

QoS	Quality of Service	服务质量
QPSK	Quadrature Phase Shift Keying	正交相移键控

R

RAB	Radio Access Bearer	无线接入承载
RACH	Random Access Channel	随机接入信道
RADIUS	Remote Authentication Dial-In User Service	拨入用户远端认证
RAN	Radio Access Network	无线接入网络
RANAP	Radio Access Network Application Part	无线接入网络应用部分
RBS	Radio Base Station	无线基站
RC	Radio Configuration	无线配置
REQ	REQuest	请求
RF	Radio Frequency	射频
RLC	Radio Link Control	无线链路控制
RNC	Radio Network Controller	无线网络控制器
RNS	Radio Network Subsystem	无线网络子系统
RNSAP	Radio Network Subsystem Application Part	无线网络子系统应用部分
RRC	Radio Resource Control	无线资源控制
RRI	Reverse Rate Indication	反向速率指示
RRM	Radio Resource Management	无线资源管理
RTP	Real Time Protocol	实时协议
rtPS	real-time Polling Service	实时轮询业务
RTT	Radio Transnnssion Technology	无线传输技术
Rx	Receiver	接收机

S

SAP	Service Access Point	业务接入点
SAR	Segmentation and Reassembly	分段和重组
SC	Single Carrier	单载波
SCCP	Signaling Connection Control Part	信令连接控制部分
S-CCPCH	Secondary Common Control Physical Channel	辅助公共控制物理信道
SCH	Synchronization Channel	同步信道
SCP	Service Control Point	业务控制点
SCTP	Stream Control Transmission Protocol	串流控制传输协议
SDU	Service Data Unit	业务数据单元
SEMC	Safety Equipment Management Centre	安全性设备管理中心
SF	Spreading Factor	扩频因子
SFID	Service Flow Identifier	业务流标识符
SGSN	Serving GPRS Support Node	服务 GPRS 支持节点
SGW	Signaling Gateway	信令网关

SIGTRAN	Signaling Transport	信令传输（协议）
SIM	Subscriber Identity Module	用户识别模块
SIP	Session Initiated Protocol	会议初始协议
SIR	Signal to Interference Ratio	信干比
SM	Session Management	会话管理
SMC	Serial Management Controller	串行管理控制器
SME	Short Message Entity	短消息实体
SMLC	Serving Mobile Location Centre	服务移动位置中心
SMS	Short Message Service	短消息业务
SNR	Signal to Noise Ratio	信噪比
SR	Spreading Rate	扩频速率
SRNC	Serving RNC	服务 RNC
SRNS	Serving RNS	服务 RNS
SS7	Signaling System #7	7 号信令系统
SSC	Secondary Synchronization Code	辅助同步码
SSCF-NNI	Service Specific Coordination Function-Network Node Interface	特定业务协调功能一网络节点接口
SSCOP	Service Specific Connection Oriented Protocol	特定业务面向连接协议
SSCS	Service Specific Convergence Sublayer	特定业务聚合子层
SSM	Supplimentary Sercice Management	补充业务管理
SSP	Service Switching Point	业务交换点
SSTG	Subscriber Station Transition Gap	用户站转换间隔
STBC	Space-Time Block Code	空时分组码
STC	Signaling Transport Converter	信令传送转换
STS	Space-Time Spread	空时扩展
STTC	Space-Time Trellis Code	空时格码
STTD	Space-Time Transmit Diversity	空间时间发射分集
SVC	Switched Virtual Circuit	交换虚电路

T

TA	Termination Adapter	终端适配器
TACS	Total Access Communications System	全入网通信系统
TCH	Traffic Channel	业务信道
TCP	Transmission Control Protocol	传输控制协议
TDD	Time Division Duplex	时分双工
TDM	Time Division Multiplexing	时分复用
TDMA	Time Division Multiple Access	时分多址接入
TD-SCDMA	Time Division-Synchronous Code Division Multiple Access	时分同步码分多址接入
TE	Terminal Equipment	终端设备

TFCI	Transport Format Combination Indicator	传送格式组合指示
THIG	Topology Hiding Inter-network Gateway	拓扑隐藏内部网络网关
THSS	Time Hopping Spread Spectrum	跳时扩频
TIA	Telecommunications Industry Association	美国电信工业协会
TM	Transparent Mode	透明模式
TMN	Telecommunication Management Network	电信管理网络
TPC	Transmission Power Control	传输功率控制
TrFO	Transcoder Free Operation	免码变换操作
TRX	Transmitter and Receiver	射频收发系统
TS	Technical Specification	技术规范
TSTD	Time Switched Transmit Diversity	时间切换发射分集
TTA	Telecommunications Technology Association	韩国电信技术协会
TUP	Telephone User Part	电话用户部分
Tx	Transmitter	发射机

U

UDP	User Datagram Protocol	用户数据报协议
UE	User Equipment	用户设备
UGS	Unsolicited Grant Service	主动授权业务
UIM	User Identity Model	用户识别模块
UL	UpLink	上行链路
UM	Unacknowledged Mode	非确认模式
UMS	User Mobility Server	用户移动性服务器
UMTS	Universal Mobile Telecommunications System	通用移动通信系统（欧洲的 3G 名称）
UpPTS	Up Pilot Time Slot	上行导频时隙
USCH	Uplink Shared Channel	上行共享信道
USIM	Universal Subscriber Identity Module	全球用户识别模块
UTRA	Universal Telecommunication Radio Access	通用通信无线接入
UTRAN	UMTS Terrestrial Radio Access Network	UMTS 陆地无线接入网
UWB	Ultra Wideband	超宽带
UWC-136	Universal Wireless Communications-136	通用无线通信-136

V

VHE	Virtual Home Environment	虚拟归属环境
VLAN	Virtual Local Area Network	虚拟局域网
VLR	Vistor Location Register	拜访位置寄存器
VMR	Voice Messages Retriered	取回语音信息
VMSC	Visited Mobile-services Switching Centre	访问 MSC
VoIP	Voice Over IP	IP 网上承载的语音

VPN	Virtual Private Network	虚拟专用网

W

WAN	Wide Area Network	广域网
WAP	Wireless Application Protocol	无线应用协议
WARC	World Administrative Radio Conference	世界无线电管理大会
WCDMA	Wideband Code Division Multiple Access	宽带码分多址接入
WiFi	Wireless Fidelity	无线宽带
WiMAX	Worldwide Interoperability for Microwave Access	全球微波互连接入
WLAN	Wireless Local Area Networks	无线局域网络
WLL	Wireless Local Loop	无线本地环路
WR	Wireless Router	无线路由器
WRC	World Radio Conference	世界无线电大会

参 考 文 献

[1] 宋燕辉，等. 第三代移动通信技术. 北京：人民邮电出版社，2009.

[2] 杜庆波，等. 3G 技术与基站工程. 北京：人民邮电出版社，2008.

[3] 宋燕辉，等. 3G 基站系统设备开通与维护. 北京：北京邮电大学出版社，2011.

[4] 张建华，等. WCDMA 无线网络技术. 北京：人民邮电出版社，2007.

[5] 李立华，等. TD-SCDMA 无线网络技术. 北京：人民邮电出版社，2007.

[6] 谢显中. TD-SCDMA 第三代移动通信系统技术与实现. 北京：电子工业出版社，2004.

[7] 康桂霞，等. CDMA2000 1x 无线网络技术. 北京：人民邮电出版社，2007.

[8] 华为技术有限公司：BSC6800 WCDMA 无线网络控制器技术手册.

[9] 华为技术有限公司：DBS3900 WCDMA 无线基站技术手册.

[10] 中兴技术有限公司：ZXTR B328 技术手册.

[11] 中兴技术有限公司：ZXTR R04 技术手册.

[12] 中兴技术有限公司：ZXC10 CBTS I2 CDMA2000 紧凑型基站技术手册.

[13] 3GPP Technical Specification 23.002，Network Architecture

[14] 3GPP Technical Specification 23.101，General UMTS Architecture

[15] 3GPP Technical Specification 23.110，Access Stratum(AS):Services and Functions

[16] MeshNetworks Co. System and Method for Auto-configuration and Discovery of IP to MAC Address Mapping and Gateway Presence in Wireless Peer-to-Peer ad-hoc Routing Networks［P］.US:US6728232B2，April 2004.